**나합격
대기환경기사**

실기 X 무료특강

나만의 합격비법
나합격은 다르다!

나합격 독자만을 위한
무료 동영상강의

공부가 어려우신가요?
합격을 위한 모든 동영상 강의를 무료로 시청할 수 있습니다.
지금 바로 나합격 쌤을 만나보세요.

오리엔테이션 > 이론 특강 > 기출 특강

모든 시험정보가 한곳에!
나합격 수험생지원센터

이제 혼자서 공부하지 마세요.
합격후기, 시험정보, Q&A 등 나합격 독자분들을 위한
다양한 서비스를 네이버 카페를 통해 지원받을 수 있습니다.

시험자료 > 질의응답 > 합격후기

본서의 정오사항은 상시 업데이트 해드리고 있습니다.
정오표 확인 및 오류문의는 네이버 카페를 이용해 주세요.

나합격 교재인증 & 무료 동영상 수강방법

나합격 카페 가입하기

공부하는 자격증에 해당하는 카페에 가입합니다.

바로가기

https://cafe.naver.com/napass4   search

교재인증페이지에 닉네임 작성

교재 맨 뒤페이지의 교재인증페이지에
가입하신 카페 닉네임을 지워지지 않는 펜으로 작성합니다.

교재인증페이지 촬영하기

교재인증페이지 전체가 나오게 촬영합니다.
중고도서 및 보정의 여지가 보일 경우 등업이 불가합니다.

나합격 카페에 게시물 작성하기

등업게시판에 촬영한 이미지를 업로드합니다.
평일 1일 3회(오전 9시 ~ 오후 6시 사이) 등업을 진행됩니다.

무료 동영상 시청하기

카페 등업이 완료된 후 해당 카페에서 무료 동영상 시청이 가능합니다.

NOTICE

교재인증 및 무료 강의 수강 방법에 대한 자세한 설명을
QR코드를 찍어 영상으로 확인해보세요!

모바일로 등업하고 싶어요!

PC로 등업하고 싶어요!

시험접수부터 자격증발급까지 응시절차

01
시험일정 & 응시자격조건 확인

- 큐넷 시험일정안내에서 응시종목의 접수기간과 시험일을 확인합니다.
- 큐넷 자격정보에서 응시종목의 자격조건을 확인합니다(기능사 제외).

04
필기시험 합격자 발표

- 인터넷, ARS 또는 접수한 지사에서 공고됩니다.
- CBT의 경우 큐넷 합격자 발표조회에서 바로 확인이 가능합니다.

www.Q-net.or.kr 큐넷은 한국산업인력공단에서 운영하는 국가 자격증 포털 사이트입니다.

02 필기시험 원서접수

- 큐넷 www.Q-net.or.kr 에 로그인 합니다.
  (회원가입 시 반명함판 사진 등록 필수)
- 큐넷 원서접수에서 신청순서에 따라 접수하면 됩니다.
- 시험일자 및 장소는 현재접수 가능인원을 반드시 확인 후 선택해야 합니다.
- 결제하기에서 검정수수료 확인 후 결제를 진행합니다.

03 필기시험 응시 및 유의사항

- 신분증은 반드시 지참해야 하며, 기타 준비물은 큐넷 수험자준비물에서 확인하시면 됩니다.
- 시험시간 20분 전부터 입실이 가능합니다.
  (시험시간 미준수 시 시험응시 불가)

05 실기시험 원서접수

- 인터넷 접수 www.Q-net.or.kr만 가능하며, 필기시험 합격자에 한하여 실기접수기간에 접수합니다.
- 최종합격여부는 큐넷 홈페이지를 통해 확인 가능합니다.

06 자격증 신청 및 수령

- 큐넷 자격증 발급 신청에서 상장형, 수첩형 자격증 선택
- 상장형- 무료 / 수첩형 수수료- 6,110원

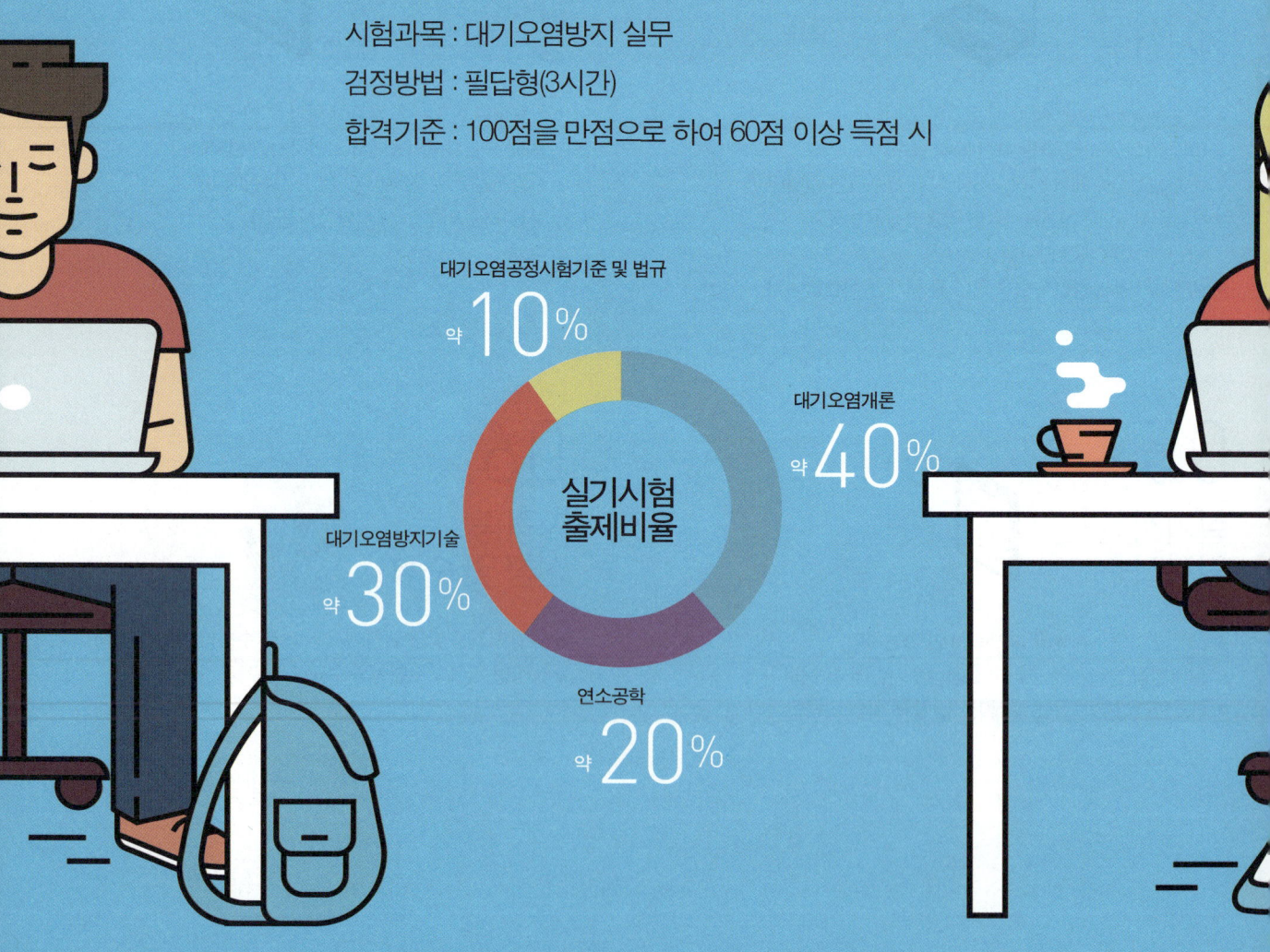

대기환경기사 실기(필답형)

작업형이 없어진 후 20문제 중 1과목은 40%, 2과목은 20%, 3과목은 30%의 비중으로 출제 되며 2 ~ 3문제 정도 4과목과 5과목에서 출제되고 있습니다.
그러므로 4, 5과목은 기출문제에 나왔던 부분만 정독한 후 1 ~ 3과목에 집중하여 공부를 한다면 충분히 합격 할 수 있습니다. 문제풀이 방법은 필기와는 다른 방법으로 식(간혹 생략 가능), 풀이, 답 순으로 적어야 하며 답에는 단위를 반드시 적어야 합니다

여러분들의 합격을 기원합니다 :)

개념잡는 핵심이론
나합격만의 본문구성

NEW DESIGN

나합격만의 아이덴티티를 강조한
새로운 디자인과 함께 최신 출제경향을
완벽히 반영한 최신 개정판입니다.

본문의 이론을 유기적인 보충설명을 통해
지루하지 않고 탄탄하게 흡수하도록 구성했습니다.

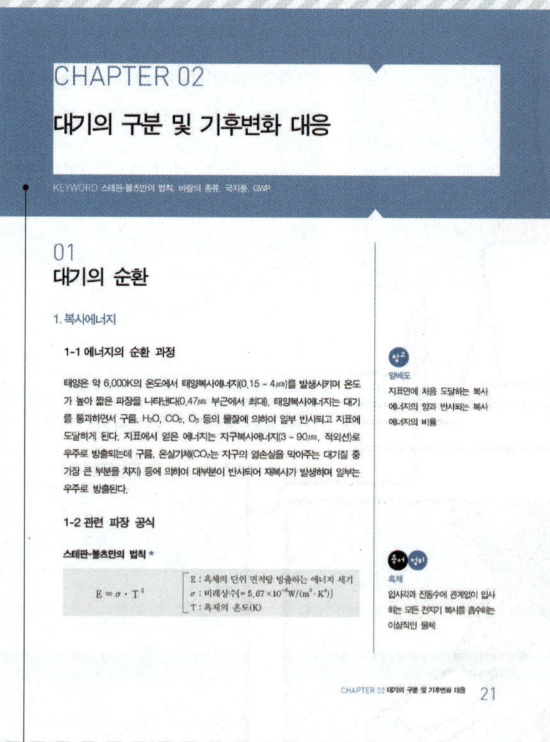

KEYWORD

빅데이터 키워드를 통해
시험에 중요한 키워드를
확인하세요.

대기환경기사 실기 공부에
필요한 핵심키 이론과
우쌤의 공부팁을 만나보세요.

용어정리부터 핵심KEY까지
다양한 보충 설명과 정보로
학습에 도움을 드립니다.

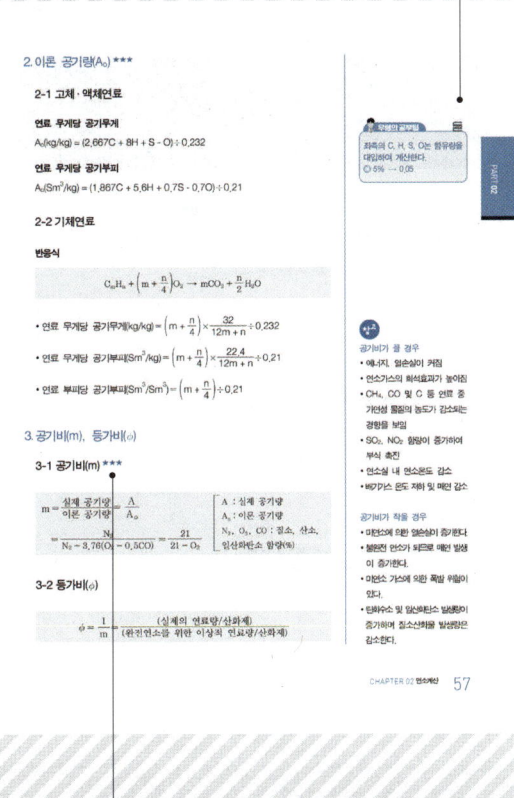

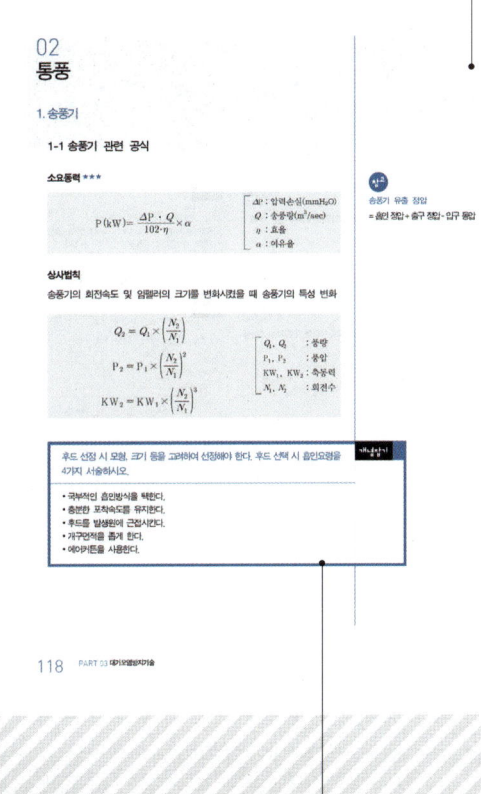

★★★
출제되는 정도에 따라
중요도를 별표로
표기하였습니다.

개념잡기
지루한 본문의 흐름을 피하고
문제의 개념잡기를 위해 바로바로
예제를 배치했습니다.

19개년 연도별 필답형 기출문제

2006년~2024년까지 19개년 기출을 구성하여
문제의 유형을 익히고 실력을 다지세요.

빈출 체크

지금 풀고있는 문제가 언제 또 출제되었는지
빈출 정도를 파악하여 중요도를 체크할 수
있습니다.

필답형 기출문제 구성

문제와 해설이 함께 있지만 한손으로 충분히 가릴 수 있어
스스로 문제를 풀어 볼 수 있습니다. 상세한 해설로 문제의
유형을 익히고 나아가 실전에 대비해 보세요.

인강 시청 횟수 또는 문제 회독 횟수를 체크하고
문제만 보고 풀었다면 O, 해설을 봐야 풀린다면 △,
전혀 모르겠다면 X를 표기하세요.

시험의 흐름을 잡는 나합격만의 합격도우미

공정시험기준 개정
변경된 용어 정리표 수록

시험 당일까지 공부일정 및 계획을 짜는 것은 매우 중요합니다. 셀프스터디 합격플래너를 통해 스스로의 합격을 만들어 보세요.

공정시험기준 개정으로 인해 변경된 용어들을 정리하였습니다. 변경 전 용어와 변경 후 용어를 파악하여 시험에 대비할 수 있습니다.

나만의 합격플래너
스스로 공부한 날이나 시험일을 적어 공부 진척도를 한 눈에 확인할 수 있고, 체크 박스를 통해 공부의 완성도를 파악할 수 있도록 하였습니다.

SELF-STUDY PLANNER

시험 당일까지 공부일정 및 계획을 짜는 것은 매우 중요합니다.
셀프스터디 합격플래너를 통해 스스로의 합격을 만들어 보세요.

나의 목표		시험일 /

				Study Day	Check
PART 01 대기오염개론	01	환경공학의 기초	18	/	
	02	대기의 구분 및 기후변화 대응	21	/	
	03	입자상·가스상 오염물질	28	/	
	04	대기확산	34	/	

				Study Day	Check
PART 02 연소공학	01	연소의 이론 및 특성	46	/	
	02	연소계산	55	/	
	03	연소설비	66	/	

				Study Day	Check
PART 03 대기오염방지기술	01	입자 및 집진기초	74	/	
	02	집진기술	81	/	
	03	유해가스 및 악취처리	100	/	
	04	환기 및 통풍	116	/	

				Study Day	Check
PART 04 대기오염공정시험기준 및 대기환경관계법규	01	대기오염공정시험기준 연습문제	124	/	
	02	대기환경관계법규 보기 전 정독해야 할 부분	131	/	
	03	대기환경관계법규 연습문제	134	/	

			Study Day	Check
PART 05 필답형기출문제	2006년 1,2,4회 필답형기출문제	140	/	
	2007년 1,2,4회 필답형기출문제	157	/	
	2008년 1,2,4회 필답형기출문제	171	/	
	2009년 1,2,4회 필답형기출문제	187	/	
	2010년 1,2,4회 필답형기출문제	200	/	
	2011년 1,2,4회 필답형기출문제	216	/	
	2012년 1,2,4회 필답형기출문제	231	/	
	2013년 1,2,4회 필답형기출문제	243	/	
	2014년 1,2,4회 필답형기출문제	256	/	
	2015년 1,2,4회 필답형기출문제	271	/	

			Study Day	Check
PART 05 **필답형기출문제**	2016년 1,2,4회 필답형기출문제	285	/	
	2017년 1,2,4회 필답형기출문제	298	/	
	2018년 1,2,4회 필답형기출문제	310	/	
	2019년 1,2,4회 필답형기출문제	324	/	
	2020년 1,2,3,4,5회 필답형기출문제	339	/	
	2021년 1,2,4회 필답형기출문제	376	/	
	2022년 1,2,4회 필답형기출문제	402	/	
	2023년 1,2,4회 필답형기출문제	428	/	
	2024년 1,2,3회 필답형기출문제	459	/	

공정시험기준 개정으로 변경된 용어 정리

*2021년 9월 공정시험기준이 일부 개정되어 용어가 변경되었습니다.
2022년 1회차 시험부터 적용될 가능성이 있어 시험에 대비하고자 용어 정리 표를 추가하였습니다.

변경 전	변경 후	변경 전	변경 후
염소 이온/염소이온	염화 이온	디	다이
염화비닐	염화바이닐	트리	트라이
아황산가스	이산화황	술폰	설폰
시안	사이안	술폭	설폭
알데히드	알데하이드	니트릴	나이트릴
칼륨	포타슘	히드로	하이드로
나트륨	소듐	히드라	하이드라
크롬	크로뮴	푸란	퓨란
브롬	브로민	알골	아르곤
불소, 플루오르	플루오린	요오드	아이오딘
디클로로메탄	다이클로로메테인	란탄	란타넘
1,1-다이클로로에탄	1,1-다이클로로에테인	표시선, 표준선, 눈금	표선
1,2-다이클로로에탄	1,2-다이클로로에테인	플라즈마	플라스마
클로로포름	클로로폼	질량분석검출기	질량분석기
스틸렌	스타이렌	불꽃이온화분석기	불꽃이온화검출기
1,3-부타디엔	1,3-뷰타다이엔	눈금플라스크	부피플라스크
아크릴로니트릴	아크릴로나이트릴	메스실린더	눈금실린더
트리클로로에틸렌	트라이클로로에틸렌	바이얼	바이알
N,N-디메틸포름아미드	N,N-다이메틸폼아마이드	감응계수	감응인자
디에틸헥실프탈레이트	다이에틸헥실프탈레이트	포집, 채집	채취
비닐아세테이트	바이닐아세테이트	물, 증류수, 탈이온수, 초순수	정제수
히드라진	하이드라진	비분산형적외선분석법, 비분산형적외선분광분석법	비분산적외선분광분석법
망간	망가니즈	비분산형적외선분석계	비분산형적외선분석기
메탄	메테인	pH미터	pH 측정기
에탄	에테인	비이커	비커
프로판	프로페인	흡수도	흡광도
부탄	뷰테인	돌파	파과
헥산	헥세인	테들러, 테들라, 테드라 백, 공기주머니	시료채취 주머니
셀렌	셀레늄	검량선	검정곡선
사불화에틸렌	폴리테트라플루오르에틸렌	홑빛살형	홑살형
실리카겔	실리카젤	겹빛살형	겹살형
메틸알코올	메탄올	풍건	실온에서 자연 건조
에틸알코올	에탄올	XAD-2 수지	흡착수지
전분	녹말	모세 분리관, 분리관 컬럼	모세관 컬럼
이소부틸렌	아이소뷰틸렌	등속계수	등속흡입계수
티오	싸이오	1기압	760mmHg

PART 01

대기오염개론

01   환경공학의 기초
02   대기의 구분 및 기후변화 대응
03   입자상·가스상 오염물질
04   대기확산

 단원 들어가기 전

본 단원은 대기환경에 대한 기본 지식과 계산방법에 대하여 배울 수 있으며, 해당 단원에서의 개념을 이용하여 PART 03 대기오염방지기술에 적용하므로 각 오염물질의 특성을 파악하도록 한다.

CHAPTER 01

환경공학의 기초

01 기본 단위

1. 압력(차원 : [ML⁻¹T⁻²])

단위 면적당 받는 힘 $\left(\dfrac{N}{A}\right)$ 으로 SI단위인 "Pa(파스칼)"과 atm 단위를 많이 사용

온압 보정
부피는 온도와 압력에 따라서 변하기 때문에 상황에 맞게 보정
$\left[V_2 = V_1 \times \dfrac{T_2}{T_1} \times \dfrac{P_1}{P_2} \text{(1은 현재 상태, 2는 나중 상태)} \right]$

2. 밀도(ρ, 차원 : [ML⁻³])

단위 부피당 질량 $\left(\dfrac{m}{V}\right)$ 을 나타내는 값

3. 점성계수(μ, P = g/cm·sec)

- 점성으로 인한 저항이 얼마나 큰지 판단하는 기준으로 Poise 단위(g/cm·sec)를 사용
- N·sec/m², dyne·sec/cm², kg/m·sec, g/cm·sec 단위를 사용

계산문제의 기초가 되는 부분이므로 충분한 연습이 필요합니다.

1atm(표준대기압)
= 760mmHg = 760torr
= 101,325Pa = 1,013.25mb
= 10,332mmH₂O
= 1.033kgf/cm² = 14.7PSI

공기의 밀도
1.3g/SL(= 1.3kg/Sm³)

4. 동점성계수(ν, stoke = cm²/sec)

점성계수를 밀도로 나눠준 값 $\left(\dfrac{\mu}{\rho}\right)$으로 stoke(cm²/sec) 단위를 사용

02 농도 표시

1. 몰 농도(M, mol/L)

1-1 정의

용액 1L에 용해되어 있는 용질의 몰수

1-2 몰(mol)

원자·분자 등 질량이 작고, 입자의 수가 무수히 많을 때 사용하는 일정한 단위

- 1mol = (원자량, 분자량)g = 22.4SL(0℃, 1atm)
- 1kmol = (원자량, 분자량)kg = 22.4Sm³(0℃, 1atm)

> **핵심 KEY**
>
> 부피의 단위에 붙는 S는 표준 상태(0℃, 1atm)를 의미

2. 노르말 농도(N, eq/L)

2-1 정의

용액 1L에 용해되어 있는 용질의 g당량 수

2-2 g당량 구하기

원자 및 이온 g당량 = 원자량/원자가

- 예) Ca^{2+}의 g당량 수 = 40/2 = 20g/eq

분자의 g당량 = 분자량/양이온의 가수

- 예) $CaCO_3$의 g당량 수 = 100/2 = 50g/eq

> **핵심 KEY**
>
> $pH = \log\dfrac{1}{[H^+]} = 14 - \log\dfrac{1}{[OH^-]}$
>
> - $[H^+]$: 수소이온의 몰 농도(M)
> - $[OH^-]$: 수산화이온의 몰 농도(M)
>
> **중화반응식**
>
> $N_1V_1 = N_2V_2$
>
> - N_1 : 산의 노르말 농도(N)
> - N_2 : 염기의 노르말 농도(N)
> - V_1 : 산의 부피(mL, L)
> - V_2 : 염기의 부피(mL, L)

산의 g당량 = 분자량/H^+의 개수

예 H_2SO_4의 g당량 수 = 98/2 = 49g/eq

염기의 g당량 = 분자량/OH^-의 개수

예 NaOH의 g당량 수 = 40/1 = 40g/eq

산화제, 환원제의 g당량 수 = 분자량/주고 받은 전자수

예 $KMnO_4$ = 158/5 = 31.6g/eq
　$K_2Cr_2O_7$ = 294/6 = 49g/eq

CHAPTER 02
대기의 구분 및 기후변화 대응

KEYWORD 스테판-볼츠만의 법칙, 바람의 종류, 국지풍, GWP

01 대기의 순환

1. 복사에너지

1-1 에너지의 순환 과정

태양은 약 6,000K의 온도에서 태양복사에너지(0.15 ~ 4㎛)를 발생시키며 온도가 높아 짧은 파장을 나타낸다(0.47㎛ 부근에서 최대). 태양복사에너지는 대기를 통과하면서 구름, H_2O, CO_2, O_3 등의 물질에 의하여 일부 반사되고 지표에 도달하게 된다. 지표에서 얻은 에너지는 지구복사에너지(3 ~ 90㎛, 적외선)로 우주로 방출되는데 구름, 온실기체(CO_2는 지구의 열손실을 막아주는 대기질 중 가장 큰 부분을 차지) 등에 의하여 대부분이 반사되어 재복사가 발생하며 일부는 우주로 방출된다.

알베도
지표면에 처음 도달하는 복사 에너지의 양과 반사되는 복사 에너지의 비율

1-2 관련 파장 공식

스테판-볼츠만의 법칙 ★

$$E = \sigma \cdot T^4$$

- E : 흑체의 단위 면적당 방출하는 에너지 세기
- σ : 비례상수[$= 5.67 \times 10^{-8} W/(m^2 \cdot K^4)$]
- T : 흑체의 온도(K)

흑체
입사각과 진동수에 관계없이 입사하는 모든 전자기 복사를 흡수하는 이상적인 물체

비인의 변위법칙

$$\lambda_{max} = \frac{C}{T}$$

- λ_{max} : 에너지밀도가 높은 파장
- C : 상수($= 2,897 \mu m \cdot K$)
- T : 흑체의 온도(K)

2. 바람

2-1 바람의 종류 ★★

종류	정의 및 특성
경도풍 (Gradient wind)	등압선이 곡선일 때 기압경도력과 전향력, 원심력이 평형을 이루어 부는 바람
지균풍 (Geostrophic wind)	기압경도력과 전향력이 평형을 이루어 수직으로 부는 바람으로 등압선에 평행하게 발생
지상풍 (Surface wind)	기압경도력과 전향력, 마찰력이 평형을 이루어 부는 바람으로 높이에 따라 시계방향으로 각천이가 생기므로 위로 올라갈수록 실제 풍향은 지균풍과 가까워짐

2-2 국지풍 ★★

종류	특성
육풍	• 바다는 육지에 비해 비열이 높아 밤에 온도 저하가 적어 기압차가 발생하여 육지에서 바다로 부는 바람 • 해풍에 비해 풍속이 작고, 수직·수평적인 범위도 좁게 나타나는 편 • 바다 쪽으로 5~6km까지 영향
해풍	• 바다는 육지에 비해 비열이 높아 낮에 온도 상승이 적어 기압차가 발생하여 바다에서 육지로 부는 바람(육풍보다 강함) • 대규모 바람이 약한 맑은 여름날에 발달하기 쉬움 • 육지로 8~15km까지 영향 • 해풍전선 : 해풍의 가장 전면(내륙 쪽)에서는 해풍이 급격히 약해져서 수렴구역이 생기는 전선
산풍	• 밤에는 산의 냉각으로 고기압이 되어 산에서 곡으로 부는 바람 • 경사면 → 계곡 → 주계곡으로 수렴하면서 풍속이 가속되기 때문에 곡풍보다 더 강함

참고

전향력
지구의 자전운동에 의해서 생기는 전향가속도에 의한 힘

기압경도력
대기 중 기압의 차에 의해 발생하는 힘

마찰력
지면과 마찰에 의해 발생하는 힘

원심력
곡선의 바깥쪽으로 향하는 힘

국지풍에서 각각의 바람은 발생지점에 따라 이름이 붙는다.

종류	특성
곡풍	• 낮에는 일사량이 곡보다 산이 많아 산이 저기압이 되어 곡에서 산으로 부는 바람 • 적운형 구름을 발달시킬 수 있음
전원풍	• 열섬효과로 인해 도시의 중심부가 주위보다 고온이 되어 도시 중심부에서 상승기류가 발생하고 도시 주위의 시골에서 도시로 부는 바람
휀풍	• 산맥의 정상을 기준으로 풍상쪽 경사면을 따라 공기가 상승하면서 건조단열 변화를 하기 때문에 평지에서보다 기온이 약 1℃/100m 율로 하강

2-3 Deacon 식 ★

$$\frac{U_2}{U_1} = \left(\frac{z_2}{z_1}\right)^P$$

- U_2 : 임의 고도 풍속(m/sec)
- U_1 : 기준 높이에서의 풍속(m/sec)
- z_1 : 기준 높이(m)
- z_2 : 임의 높이(m)
- P : 풍속지수

02 지구 온난화(Global warming)

1. 정의 및 지구 온난화 지수

1-1 정의

지구복사에너지가 적외선의 형태로 외부로 방출되지 않고 일부가 온실가스에 흡수된다. 이때 안정한 상태로 돌아가기 위해 에너지를 지구 내부로 다시 방출하게 되는데 방출된 에너지에 의해 지구의 온도가 올라가게 되어 지구 온난화가 발생한다.

온실가스(GHG, GreenHouse Gas) 지표면이 반사하는 태양복사의 장파 복사를 흡수 또는 반사하여 지구표면의 온도를 상승시키는 역할을 하는 물질로 CH_4, CO_2, NOx, CFCs 등을 포함한다.

1-2 지구 온난화 지수(GWP) ★

CO_2 1kg과 비교했을 때 온실가스가 대기 중에 방출된 후 그 기체 1kg의 가열 효과가 어느 정도인가를 평가하는 척도로 지구온난화에 기여하는 정도를 나타낸 것

종류	SF_6	PFCs	HFCs	N_2O	CH_4	CO_2
크기	23,900	7,000	1,300	310	21	1

참고

온난화 기여도
$H_2O > CO_2 > CH_4 > CFC$, SF_6, $HFC > N_2O$

03
열섬현상(Dust dome effect)

1. 정의

1810년에 Luke Howard가 저술한 학술지에서 처음 등장한 개념으로 도시(직경 10km 이상)가 태양의 복사열에 의해 도시에 축적된 열이 주위 지역보다 크기 때문에 발생하는 현상

2. 발생 원인

- 도시 지역의 인구집중에 따른 인공열 발생의 증가
- 도시의 건물 등 구조물에 의한 거칠기 길이의 변화
- 도시 표면의 열적 성질의 차이 및 지표면에서의 증발잠열의 차이
- 고기압의 영향으로 하늘이 맑고 바람이 약할 때

04 오존층 파괴

1. 메커니즘 및 ODP

1-1 오존의 파괴 반응

반응식	촉매반응에 의한 파괴
$O_3 + h\nu \rightarrow O + O_2 (\lambda < 1{,}140nm)$ $O + O_3 \rightarrow 2O_2$	$H + O_3 \rightarrow OH + O_2$ $OH + O \rightarrow H + O_2$ $NO + O_3 \rightarrow NO_2 + O_2$ $NO_2 + O \rightarrow NO + O_2$

1-2 오존층 파괴물질별 ODP

물질	평균수명(year)	ODP
$CFCl_3$(CFC-11)	60	1.0
CF_2Cl_2(CFC-12)	120	1.0
$C_2F_3Cl_3$(CFC-113)	90	0.8
$C_2F_4Cl_2$(CFC-114)	200	1.0
C_2F_5Cl(CFC-115)	400	0.6
CF_2BrCl(Halon-1211)	11	3.0
CF_3Br(Halon-1301)	107	10.0
$C_2F_4Br_2$(Halon-2402)	20	6.0
CCl_4(사염화탄소)	50	1.1
CCl_3CH_3(메틸클로로폼)	6.3	0.14

해륙풍, 산곡풍, 경도풍에 대해서 서술하시오. (단, 정의, 특성, 밤과 낮일 때 차이를 구분해서 서술할 것)

- 해륙풍 : 바다와 육지의 비열차에 의하여 부는 바람으로 낮에는 바다가 육지에 비해 비열이 높아 온도 상승이 적어 해풍이 불며, 밤에는 바다가 육지에 비해 온도 저하가 적어 육풍이 분다.
- 산곡풍 : 낮에는 일사량이 곡보다 산이 많아 산이 저기압이 되어 곡풍이 불며, 밤에는 산의 냉각으로 고기압이 되어 산풍이 분다.
- 경도풍 : 등압선이 곡선일 때 기압경도력과 전향력, 원심력이 평형을 이루어 부는 바람

바람의 종류 중 지균풍과 경도풍에 대해 서술하시오.

- 지균풍 : 기압경도력과 전향력이 평형을 이루어 수직으로 부는 바람으로 등압선에 평행하게 발생
- 경도풍 : 등압선이 곡선일 때 기압경도력과 전향력, 원심력이 평형을 이루어 부는 바람

스테판-볼츠만의 법칙에 대한 정의를 서술하시오.

흑체의 단위 면적당 방출하는 에너지의 세기는 흑체의 온도의 네제곱에 비례한다.

다음의 용어를 설명하시오.

가. 알베도
나. 비인의 변위법칙

가. 지표면에 처음 도달하는 복사에너지의 양과 반사되는 복사에너지의 비율이다.
나. 흑체 표면의 온도(K)는 에너지 밀도가 높은 파장과 반비례한다.

흑체의 정의 및 스테판-볼츠만 공식, 인자를 서술하시오.

가. 흑체 : 입사각과 진동수에 관계없이 입사하는 모든 전자기 복사를 흡수하는 이상적인 물체
나. 스테판 볼츠만
$$E = \sigma \cdot T^4$$
- E : 흑체의 단위 면적당 방출하는 에너지 세기
- σ : 비례상수[$= 5.67 \times 10^{-8} W/(m^2 \cdot K^4)$]
- T : 흑체의 온도(K)

온실효과에 의한 기온상승 원리와 대표적인 원인물질 3가지를 적으시오.

가. 기온상승 원리 : 태양복사에너지는 대기를 통과하면서 구름, H_2O, CO_2, O_3 등의 물질에 의하여 일부 반사되고 지표에 도달하게 된다. 지표에서 얻은 에너지는 지구 복사에너지로 우주로 방출되는데 구름, 온실기체 등에 의하여 대부분이 반사되어 재복사가 발생하여 대기 온도가 상승하게 된다.
나. 대표적인 원인물질 : CO_2, CH_4, CFC, SF_6, PFCs, HFCs, N_2O

열섬효과에 영향을 주는 대표적인 인자 3가지를 적으시오.

- 도시 지역의 인구집중에 따른 인공열 발생의 증가
- 도시의 건물 등 구조물에 의한 거칠기 길이의 변화
- 도시 표면의 열적 성질의 차이 및 지표면에서의 증발잠열의 차이

다음 보기 중 오존파괴지수(ODP)가 큰 순서대로 나열하시오.

[보기]
① $C_2F_4Br_2$ ② CF_3Br ③ CH_2BrCl ④ $C_2F_3Cl_3$ ⑤ CF_2BrCl

② $CF_3Br(10)$ > ① $C_2F_4Br_2(6.0)$ > ⑤ $CF_2BrCl(3.0)$ > ④ $C_2F_3Cl_3(0.8)$ > ③ $CH_2BrCl(0.12)$
※ 괄호 안의 숫자는 암기할 필요 없음

CHAPTER 03
입자상·가스상 오염물질

KEYWORD 공기역학적 직경, 스토크스 직경, Coh

01 입자상 물질의 직경

1. 공기역학적 직경(Aerodynamic Diameter) ★★

- 대상 먼지와 침강속도가 동일하며, 밀도가 $1g/cm^3$인 구형입자의 직경
- 먼지의 호흡기 침착, 공기정화기의 성능조사 등 입자의 특성파악에 주로 이용

2. 스토크스 직경(Stokes Diameter) ★★

- 비구형 입자의 크기를 역학적으로 산출하는 방법 중의 하나로 알고자 하는 입자상 물질과 같은 밀도 및 침강속도를 갖는 입자상 물질의 직경

3. 광학 직경(Optical Diameter)

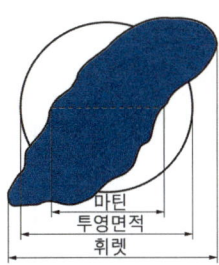

종류	특성
마틴 직경 (Martin Diameter, D_m)	입자상 물질의 그림자를 2개의 등면적으로 나눈 선의 길이를 직경으로 하는 입경
투영면적 직경 (Heyhood Diameter, D_H)	입자상 물질과 같은 면적을 갖는 원을 직경으로 하는 입경
휘렛 직경 (Feret Diameter, D_F)	입자상 물질의 끝과 끝을 연결한 선 중 가장 긴 선을 직경으로 하는 입경

02 입자의 산란

1. 가시거리 계산

1-1 헤이즈 계수(Coefficient of haze, Coh) ★

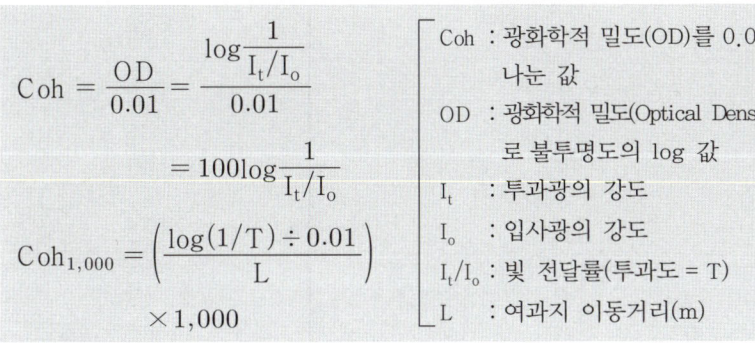

$$Coh = \frac{OD}{0.01} = \frac{\log\frac{1}{I_t/I_o}}{0.01}$$

$$= 100\log\frac{1}{I_t/I_o}$$

$$Coh_{1,000} = \left(\frac{\log(1/T) \div 0.01}{L}\right) \times 1,000$$

- Coh : 광화학적 밀도(OD)를 0.01로 나눈 값
- OD : 광화학적 밀도(Optical Density)로 불투명도의 log 값
- I_t : 투과광의 강도
- I_o : 입사광의 강도
- I_t/I_o : 빛 전달률(투과도 = T)
- L : 여과지 이동거리(m)

 참고

Coh 값에 따른 대기오염정도

Coh/1,000m	대기오염정도
0 ~ 3	약함
3.3 ~ 6.5	보통
6.6 ~ 9.8	심함
9.9 ~ 13.1	아주 심함
13.2 ↑	극심함

1-2 상대습도가 70%인 경우

$$L = \frac{10^3 \cdot A}{G}$$

- L : 가시거리(km)
- A : 계수(보통 1.2)
- G : 분진의 농도($\mu g/m^3$)

1-3 상대습도가 70% 이하인 경우

$$L = \frac{5.2 \cdot \rho \cdot r}{K \cdot C}$$

- L : 가시거리(m)
- ρ : 분진의 밀도(mg/cm^3)
- C : 분진의 농도(mg/m^3)
- K : 분산면적비(산란계수)
- r : 분진의 반지름(μm)

1-4 Lambert - Beer

$$I_t = I_o \times e^{-\sigma_{ext} \cdot L}$$

- I_t : 시정거리 한계만큼 통과 후 빛의 강도
- I_o : 초기 빛의 강도
- σ_{ext} : 빛의 소멸계수(m^{-1})
- L : 시정거리 한계(m)

03 광화학 반응★

1. 메커니즘

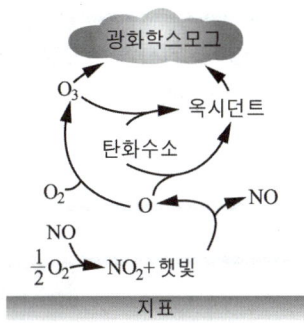

- 대기 중 HC는 광화학 반응의 복잡성 및 다양성을 증폭
- 이중결합구조를 가진 비메탄계 탄화수소가 반응성이 높음
- 일사량 및 기온이 높을 때, 풍속 및 기압경사가 낮을 때 활발하게 발생

2. 시간대별 농도변화

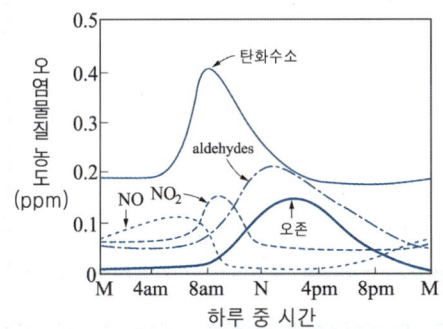

- 교통량이 많은 아침시간에 NO농도 최고치
- NO와 HC의 반응에 의해 오전 7시경 NO_2가 과도하게 발생
- NO에서 NO_2로의 산화가 거의 완료되고 NO_2가 최고농도에 도달하는 때부터 O_3가 증가하기 시작
- Aldehydes는 O_3 생성에 앞서 반응초기부터 생성되며 HC의 감소에 대응

대기 중 탄화수소가 존재하지 않는 경우

- $NO + 0.5O_2 \rightarrow NO_2$
- $NO_2 + h\nu \rightarrow NO + O$
- $O + O_2 \rightarrow O_3$
- $NO + O_3 \rightarrow NO_2 + O_2$

위와 같은 순환 반응이 발생하여 오존(O_3) 농도가 유지된다.

광화학 옥시던트 종류

O_3, PAN, H_2O_2, 아크롤레인, 케톤, NOCl, 알데하이드 등

입경의 종류 중 스토크스 직경과 공기역학적 직경에 대하여 서술하시오.

가. 스토크스 직경 : 입자상 물질과 같은 밀도 및 침강속도를 갖는 입자상 물질의 직경
나. 공기역학적 직경 : 대상 먼지와 침강속도가 동일하며, 밀도가 1g/cm³인 구형입자의 직경

광학 현미경을 이용하여 입자의 투영면적으로부터 측정하는 직경 중 입자상 물질의 끝과 끝을 연결한 선 중 가장 긴 선을 직경으로 하는 것은 무엇인가?

Feret Diameter(휘렛 직경)

다음 물음에 답하시오.

가. Coh의 정의
나. Coh 공식

가. 빛 전달률을 측정했을 때 광화학적 밀도가 0.01이 되도록 하는 여과지상의 빛을 분산시키는 고형물질의 양

나. Coh 공식

$$\text{Coh} = \frac{\text{OD}}{0.01} = \frac{\log \frac{1}{I_t/I_o}}{0.01} = 100 \log \frac{1}{I_t/I_o}$$

- Coh : 광화학적 밀도(OD)를 0.01로 나눈 값
- OD : 광화학적 밀도(Optical Density)로 불투명도의 log 값
- I_t : 투과광의 강도
- I_o : 입사광의 강도
- I_t/I_o : 빛 전달률(투과도=T)

파장이 5,240 Å인 빛 속에서 상대습도가 70% 이하인 경우 밀도가 1,700mg/cm³이고, 직경이 0.4㎛인 기름방울의 분산면적비(K)가 4.5일 때 먼지의 농도가 0.4mg/m³이라면 가시거리(m)는 얼마인지 계산하시오.

[식] $L = \dfrac{5.2 \cdot \rho \cdot r}{K \cdot C}$

[풀이] $L = \dfrac{5.2 \times 1,700 \times 0.2}{4.5 \times 0.4} = 982.2222\text{m}$

[답] ∴ 가시거리 = 982.22m

빛의 소멸계수(σ_{ext}) 0.45km^{-1}인 대기에서, 시정거리의 한계를 빛의 강도가 초기 강도의 95%가 감소했을 때의 거리라고 정의할 때, 이때 시정거리 한계(km)를 구하시오. (단, 광도는 Lambert-Beer 법칙을 따르며, 자연대수로 적용)

[식] $I_t = I_o \times e^{-\sigma_{ext} \cdot L}$

[풀이] $L = \dfrac{\ln(I_t/I_o)}{-\sigma_{ext}} = \dfrac{\ln 0.05}{-0.45 \text{km}^{-1}} = 6.6572 \text{km}$

[답] ∴ 시정거리 한계 = 6.66km

광화학 사이클에 대한 내용이다. 아래 내용 중 빈칸에 해당되는 알맞은 말을 적으시오.

오전 시간 중 자동차 등에서 발생한 NO_2가 (㉠)에 의해 NO와 (㉡)로 분해되며, O_2와 (㉢)이 반응하여 O_3이 생성된다. 이때 (㉣)는 생성된 O_3와 반응하여 NO_2로 (㉤)하여 대기 중 O_3의 농도가 유지된다.

㉠ hv
㉡ O
㉢ O
㉣ NO
㉤ 산화

탄화수소, NO_2, NO, 오존의 오전 4시부터 오후 6시까지의 시간변화에 대한 그래프를 그리시오.

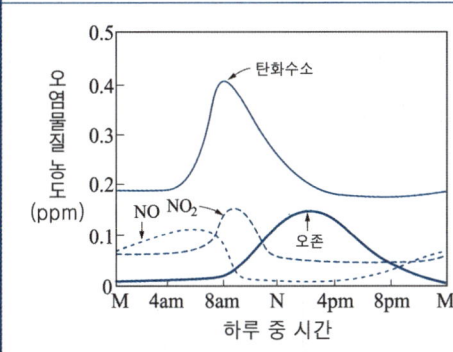

CHAPTER 04
대기확산

KEYWORD 리차드슨 수, 수용모델, 분산모델, 가우시안 확산 방정식, 최대 지표 농도, 최대 착지 거리, 통풍력 계산

01 대기안정도

1. 정적 안정도

1-1 온위(θ, Potential temperature)

단위부피의 공기가 최초기압에서 단열적으로 표준기압(1,000mbar)으로 이동되었을 때 기단이 갖는 온도

$$\theta = T \times \left(\frac{1{,}000}{P}\right)^{0.288}$$

- θ : 온위
- T : 기온(K)
- P : 최초의 압력(mbar)

참고

온위

밀도에 반비례하며 높이에 따라 온위가 감소하면 대기는 불안정, 증가하면 대기는 안정한 상태

2. 동적 안정도

2-1 리차드슨 수(R_i ; Richardson number) ★★★

무차원 수로 근본적으로 대류 난류를 기계적인 난류로 전환시키는 율을 측정한 것이며, 리차드슨 수를 산정하기 위한 인자는 그 지역의 중력가속도, 잠재온도, 풍속, 고도 등이다.

$$R_i = \frac{g}{T_m} \times \frac{(\Delta T/\Delta Z)}{(\Delta U/\Delta Z)^2}$$

- g : 중력가속도($9.8m/sec^2$)
- T_m : 상하층의 평균절대온도(K)
- ΔT : 온도차(K)
- ΔZ : 고도차(m)
- ΔU : 풍속차(m/sec)

안정도 판정

리차드슨 수(R_i)	특성
-0.04 미만	대류에 의한 혼합이 기계적 난류를 지배
-0.03 초과 0 미만	기계적 난류와 대류가 존재하나 기계적 난류가 주로 혼합을 일으킴
0	기계적 난류만 존재
0 초과 0.25 미만	성층에 의해서 약화된 기계적 난류가 존재
0.25 이상	수직방향의 혼합은 없음, 수평상의 소용돌이 존재

3. 혼합고

3-1 혼합고(Mixing Height)

지표로부터 불안정한 층까지의 높이로 대류가 발달하는 깊이

$$C_2 = C_1 \times \left(\frac{H_1}{H_2}\right)^3$$

- C_1 : 예상 오염농도(ppm)
- C_2 : 실제 오염농도(ppm)
- H_1 : 예상 혼합고(or 최대혼합고)(m)
- H_2 : 실제 혼합고(or 최대혼합고)(m)

3-2 최대 혼합고(Maximum Mixing Depth)

열부상 효과에 의한 대류에 의해 혼합층의 깊이가 결정되는 것으로 예상 최고 기온에서 건조 단열 감률선을 따라 올라가 환경감률선과 만나는 고도에서 구할 수 있다.

- 지표 위 수 km까지의 실제 공기의 온도 종단도를 작성함으로써 결정
- 계절적으로 보아 여름(6월)이 최대, 겨울에는 최소
- 온도측정은 통상 자료의 1개월 평균치를 기준
- 통상적으로 밤에 가장 낮으며 낮시간 동안 증가한다. 낮시간 동안에는 통상 2,000 ~ 3,000m값을 나타냄
- 야간 극심한 역전 상태에서는 "0"이 될 수도 있음

$$\text{MMD} = \frac{t_{max} - t}{\gamma - \gamma_d}$$

- t_{max} : 최대 온도(℃)
- t : 지면 온도(℃)
- γ : 실제감율(℃/100m)
- γ_d : 건조단열감율(℃/100m)

02 대기확산방정식 및 확산모델

1. 수용모델 · 분산모델 ★★

1-1 수용모델 장 · 단점

장점	단점
• 기상, 지형 정보 없이도 사용 가능 • 입자상·가스상 물질, 가시도 문제 등 환경화학 전반에 응용할 수 있음 • 새롭거나 불확실한 오염원, 불법배출 오염원을 정량적으로 확인 평가할 수 있음 • 수용체 입장에서 영향평가가 현실적으로 이루어질 수 있음	• 측정자료를 입력자료로 사용하므로 시나리오 작성이 곤란 • 현재나 과거에 일어났던 일을 추정하여 미래를 위한 전략을 세울 수 있으나 미래 예측이 어려움

1-2 분산모델 장·단점

장점	단점
• 미래의 대기질을 예측할 수 있음 • 점, 선, 면 오염원의 영향을 평가할 수 있음 • 2차 오염원의 확인 가능 • 대기오염제거 정책입안에 도움을 줌 • 오염원의 운영 및 설계요인의 효과를 예측할 수 있음	• 오염물의 단기간 분석 시 문제가 됨 • 지형 및 오염원의 조업조건에 영향을 받음 • 먼지의 영향평가는 기상의 불확실성과 오염원이 미확인인 경우에 문제점을 가짐 • 새로운 오염원이 지역 내 신설될 때 매번 재평가하여야 함

1-3 모델별 가정조건

모델종류	가정조건
상자 모델 (Box model)	• 오염물질의 분해가 있는 경우는 1차 반응에 의함 • 오염물질의 배출원이 지면 전역에 균등히 분포되어 있음 • 고려되는 공간에서 오염물질의 농도는 균일 • 상자 안에서는 밑면에서 방출되는 오염물질이 상자 높이인 혼합층까지 즉시 균등하게 혼합 • 고려되는 공간의 수직단면에 직각방향으로 부는 바람의 속도가 일정하여 환기량이 일정 • 오염물질은 방출과 동시에 균등하게 혼합
가우시안 모델 (Gaussian model)	• 연기의 분산은 정상상태 분포를 가정 • 바람에 의한 오염물의 주 이동방향은 x축이며, 풍속은 일정 • 대기안정도와 난류확산계수는 일정 • 오염물질은 점배출원으로부터 연속적으로 배출되므로 풍하방향으로의 확산은 무시 • 점오염원에서 풍하방향으로 plume이 정규분포를 따름 • 오염물질은 Plume 내에서 소멸되거나 생성되지 않음 • 배출오염물질은 기체(에어로졸 포함)

1-4 가우시안 확산 방정식 ★★★

$$C = \frac{Q}{2 \cdot \sigma_y \cdot \sigma_z \cdot \pi \cdot u} \exp\left[-\frac{1}{2}\left(\frac{y}{\sigma_y}\right)^2\right]$$
$$\left[\exp\left(-\frac{1}{2}\left(\frac{z - H_e}{\sigma_z}\right)^2\right) + \exp\left(-\frac{1}{2}\left(\frac{z + H_e}{\sigma_z}\right)^2\right)\right]$$

- Q : 오염물질 배출량 [MT^{-1}]
- H_e : 유효굴뚝높이[L]
- u : 풍속[LT^{-1}]
- y : 풍향에 직각인 수평 거리[L]
- z : 지면으로부터의 오염물질 높이[L]
- σ_y, σ_z : 수평, 수직방향 표준편차[L]

핵심 KEY
- 배출원이 지표면인 경우: $H_e = 0$
- 지표면의 오염물질인 경우: $z = 0$
- 중심축상인 경우: $y = 0$

2. 유효굴뚝높이(Effective Stack Height)

2-1 최대 지표 농도 ★★★

$$C_{max} = \frac{2Q}{H_e^2 \cdot \pi \cdot e \cdot u}\left(\frac{K_z}{K_y}\right)$$

- Q : 오염물질 배출량[MT^{-1}]
- H_e : 유효굴뚝높이[L]
- u : 유속[LT^{-1}]
- K_y, K_z : 수평, 수직 확산계수

2-2 최대 착지 거리 ★★

$$X_{max} = \left(\frac{H_e}{K_z}\right)^{\frac{2}{2-n}}$$

- H_e : 유효굴뚝높이[L]
- K_z : 수직 확산계수
- n : 대기안정도 지수

3. 굴뚝 통풍력

3-1 통풍력 계산 ★★

$$Z = 273 \cdot H \cdot \left(\frac{\gamma_a}{273 + t_a} - \frac{\gamma_g}{273 + t_g} \right)$$

.... 비중량이 다를 때

$$Z = 355 \cdot H \cdot \left(\frac{1}{273 + t_a} - \frac{1}{273 + t_g} \right)$$

.... 비중량이 같을 때(비중량 : $1.3 kg_f/m^3$)

$\begin{bmatrix} Z : 통풍력(mmH_2O) \\ H : 굴뚝 높이(m) \\ \gamma_a, \gamma_g : 대기, 배출가스 \\ \quad\quad\quad 비중량(kg_f/m^3) \\ t_a, t_g : 대기, 배출가스 \\ \quad\quad\quad 온도(℃) \end{bmatrix}$

개념잡기

리차드슨 수 및 대기 안정도를 표의 조건을 이용하여 구하시오.

고도	풍속	온도
3m	3.9m/sec	14.7℃
2m	3.3m/sec	15.4℃

가. 리차드슨 수
나. 안정도 판별

가. [식] $R_i = \dfrac{g}{T_m} \times \dfrac{(\Delta T/\Delta Z)}{(\Delta U/\Delta Z)^2}$

[풀이] $R_i = \dfrac{9.8}{273 + \dfrac{(14.7 + 15.4)}{2}} \times \dfrac{\left(\dfrac{14.7 - 15.4}{3 - 2}\right)}{\left(\dfrac{3.9 - 3.3}{3 - 2}\right)^2} = -0.0662$

[답] ∴ $R_i = -0.07$

나. 대류에 의한 혼합이 기계적 난류를 지배
※ 참고(해당되는 부분만 적을 것)

리차드슨 수(R_i)	특성
-0.04 미만	대류에 의한 혼합이 기계적 난류를 지배
-0.03 초과 0 미만	기계적 난류와 대류가 존재하나 기계적 난류가 주로 혼합을 일으킴
0	기계적 난류만 존재
0 초과 0.25 미만	성층에 의해서 약화된 기계적 난류가 존재
0.25 이상	수직방향의 혼합은 없음, 수평상의 소용돌이 존재

어떤 장소에서 특정 월의 최대 지표 온도가 30℃였다. 지면의 온도가 21℃, 고도가 600m에서의 온도가 18℃였을 때 최대 혼합고(m)를 구하시오.
(단, 건조 단열 체감율은 -0.98℃/100m)

[식] $MMD = \dfrac{t_{max} - t}{\gamma - \gamma_d}$

[풀이] ① $\gamma = \dfrac{18 - 21}{600m} = -0.5℃/100m$

② $MMD = \dfrac{30℃ - 21℃}{(-0.5℃/100m) - (-0.98℃/100m)} = 1,875m$

[답] ∴ 최대 혼합고 = 1,875m

분산모델과 수용모델의 특징을 각각 3가지씩 기술하시오.

가. 분산모델
- 미래의 대기질을 예측할 수 있다.
- 점, 선, 면 오염원의 영향을 평가할 수 있다.
- 2차 오염원의 확인 가능하다.
- 대기오염제거 정책입안에 도움을 준다.
- 오염원의 운영 및 설계요인의 효과를 예측할 수 있다.

나. 수용모델
- 기상, 지형 정보없이도 사용 가능하다.
- 입자상·가스상 물질, 가시도 문제 등 환경화학 전반에 응용할 수 있다.
- 새롭거나 불확실한 오염원, 불법배출 오염원을 정량적으로 확인 평가할 수 있다.
- 수용체 입장에서 영향평가가 현실적으로 이루어질 수 있다.

대기오염물질의 농도를 추정하기 위한 상자모델 이론을 적용하기 위한 가정조건을 4가지만 서술하시오.

- 오염물질의 분해가 있는 경우는 1차 반응에 의한다.
- 오염물질의 배출원이 지면 전역에 균등히 분포한다.
- 고려되는 공간에서 오염물질의 농도는 균일하다.
- 상자 안에서는 밑면에서 방출되는 오염물질이 상자 높이인 혼합층까지 즉시 균등하게 혼합된다.
- 고려되는 공간의 수직단면에 직각방향으로 부는 바람의 속도가 일정하여 환기량이 일정하다.
- 배출된 오염물질은 다른 물질로 변하지도 않고 지면에 흡수되지 않는다.

가우시안 모델의 대기오염 확산방정식을 적용할 때 지면에 있는 오염원으로부터 바람부는 방향으로 200m 떨어진 연기의 중심축상 지상오염농도(mg/m^3)를 계산하시오. (단, 오염물질의 배출량은 6g/sec, 풍속은 3.5m/sec, σ_y, σ_z는 각각 22.5m, 12m)

[식] $C = \dfrac{Q}{2 \cdot \sigma_y \cdot \sigma_z \cdot \pi \cdot u} \exp\left[-\dfrac{1}{2}\left(\dfrac{y}{\sigma_y}\right)^2\right]$
$\times \left[\exp\left(-\dfrac{1}{2}\left(\dfrac{z-H_e}{\sigma_z}\right)^2\right) + \exp\left(-\dfrac{1}{2}\left(\dfrac{z+H_e}{\sigma_z}\right)^2\right)\right]$

[풀이]

① $Q = \dfrac{6g}{\sec} \left|\dfrac{10^3 mg}{g}\right. = 6 \times 10^3 \, mg/\sec$

② 지상 오염물질 : z=0, 지면에 있는 오염원 $H_e=0$, 중심축상 : y=0

③ $C = \dfrac{Q}{2 \cdot \sigma_y \cdot \sigma_z \cdot \pi \cdot u} \exp[0] \times [\exp(0) + \exp(0)]$

$\Rightarrow C = \dfrac{Q}{2 \cdot \sigma_y \cdot \sigma_z \cdot \pi \cdot u} \times 1 \times 2 = \dfrac{Q}{\sigma_y \cdot \sigma_z \cdot \pi \cdot u}$

④ $C = \dfrac{6 \times 10^3}{22.5 \times 12 \times \pi \times 3.5} = 2.021 \, mg/m^3$

[답] ∴ 지상오염농도 = 2.02 mg/m^3

유효굴뚝높이가 50m인 연돌을 높여 최대 지표 농도를 1/3로 감소시키려 한다. 다른 조건이 동일할 경우 유효굴뚝높이(m)를 처음보다 얼마나 높여야 하는지 구하시오.

[식] $C_{max} = \dfrac{2Q}{H_e^2 \cdot \pi \cdot e \cdot u}\left(\dfrac{K_z}{K_y}\right)$

[풀이]

① $C_{max} \propto \dfrac{k}{H_e^2}$ 최대 지표 농도는 유효굴뚝높이의 제곱에 반비례하므로 최대 지표 농도를 1/3로 감소시키기 위해서는 유효굴뚝높이를 $\sqrt{3}$ 배로 해야 한다.
따라서, 기존의 50m의 $\sqrt{3}$ 배인 86.6025m

② 높여야 하는 유효굴뚝높이 = 86.6025 − 50 = 36.6025m

[답] ∴ 높여야 하는 유효굴뚝높이 = 36.60m

유효굴뚝높이가 60m인 굴뚝에서 오염물질이 40g/sec로 배출되고 있다. 그리고 지상 5m에서의 풍속이 4m/sec일 때 500m 하류에 위치하는 중심선상의 오염물질의 지표농도($\mu g/m^3$)를 계산하시오. (단, 풍속지수는 0.25, $\sigma_y = 37m$, $\sigma_z = 18m$이고, Deacon의 식, 가우시안 확산식을 이용)

[식] $$C = \frac{Q}{2 \cdot \sigma_y \cdot \sigma_z \cdot \pi \cdot u} \exp\left[-\frac{1}{2}\left(\frac{y}{\sigma_y}\right)^2\right]$$
$$\times \left[\exp\left(-\frac{1}{2}\left(\frac{z-H_e}{\sigma_z}\right)^2\right) + \exp\left(-\frac{1}{2}\left(\frac{z+H_e}{\sigma_z}\right)^2\right)\right]$$

[풀이]
① Deacon 식을 이용한 풍속

$$U_2 = U_1 \times \left(\frac{z_2}{z_1}\right)^P = 4 \times \left(\frac{60}{5}\right)^{0.25} = 7.4448 \text{m/sec}$$

② 중심선상의 오염물질의 지표 농도
- 지표 오염물질 : z=0, 중심축 : y=0

$$C = \frac{Q}{\sigma_y \cdot \sigma_z \cdot \pi \cdot u} \exp\left(-\frac{1}{2}\left(\frac{H_e}{\sigma_z}\right)^2\right)$$

- $Q = \frac{40g}{sec} \Big| \frac{10^6 \mu g}{g} = 4 \times 10^7 \mu g/\text{sec}$

- $C = \frac{4 \times 10^7}{37 \times 18 \times \pi \times 7.4448} \times \exp\left(-\frac{1}{2}\left(\frac{60}{18}\right)^2\right) = 9.9274 \mu g/m^3$

[답] ∴ 지표 농도 = $9.93 \mu g/m^3$

개념잡기

유효 굴뚝 높이가 200m인 연돌에서 배출되는 가스량은 40,000Sm³/hr, SO_2의 농도가 1,000ppm일 때 Sutton식에 의한 최대 지표 농도와 최대 착지 거리를 계산하시오. (단, $K_y = K_z = 0.07$, 유속은 5m/sec, 대기안정도 지수는 0.25, 최대 지표 농도는 소수점 세 번째 자리까지)

가. 최대 지표 농도(ppm)
나. 최대 착지 거리(m)

가. 최대 지표 농도

[식] $C_{max} = \dfrac{2Q}{H_e^2 \cdot \pi \cdot e \cdot u}\left(\dfrac{K_z}{K_y}\right)$

[풀이] ① $u = \dfrac{5\text{m}}{\text{sec}}\Big|\dfrac{3{,}600\text{sec}}{\text{hr}} = 18{,}000\text{m/hr}$

② $C_{max} = \dfrac{2 \times 40{,}000 \times 1{,}000}{200^2 \times \pi \times e \times 18{,}000} \times \left(\dfrac{0.07}{0.07}\right) = 0.0130\text{ppm}$

[답] ∴ $C_{max} = 0.013\text{ppm}$

나. 최대 착지 거리

[식] $X_{max} = \left(\dfrac{H_e}{K_z}\right)^{\frac{2}{2-n}}$

[풀이] $X_{max} = \left(\dfrac{200}{0.07}\right)^{\frac{2}{2-0.25}} = 8{,}905.0532\text{m}$

[답] ∴ $X_{max} = 8{,}905.05\text{m}$

개념잡기

굴뚝높이가 50m, 대기온도 25℃, 배기가스의 평균온도가 225℃일 때, 통풍력을 1.5배 증가시키기 위해서 요구되는 배출가스의 온도(℃)를 계산하시오.

[식] $Z = 355 \cdot H \cdot \left(\dfrac{1}{273+t_a} - \dfrac{1}{273+t_g}\right)$

[풀이]
① 기존의 통풍력(mmH_2O)

$Z = 355 \times 50 \times \left(\dfrac{1}{273+25} - \dfrac{1}{273+225}\right) = 23.9212\text{mmH}_2\text{O}$

② $23.9212 \times 1.5 = 355 \times 50 \times \left(\dfrac{1}{273+25} - \dfrac{1}{273+t_g}\right) \Rightarrow t_g = 476.5157℃$

[답] ∴ 배출가스의 온도 = 476.52℃

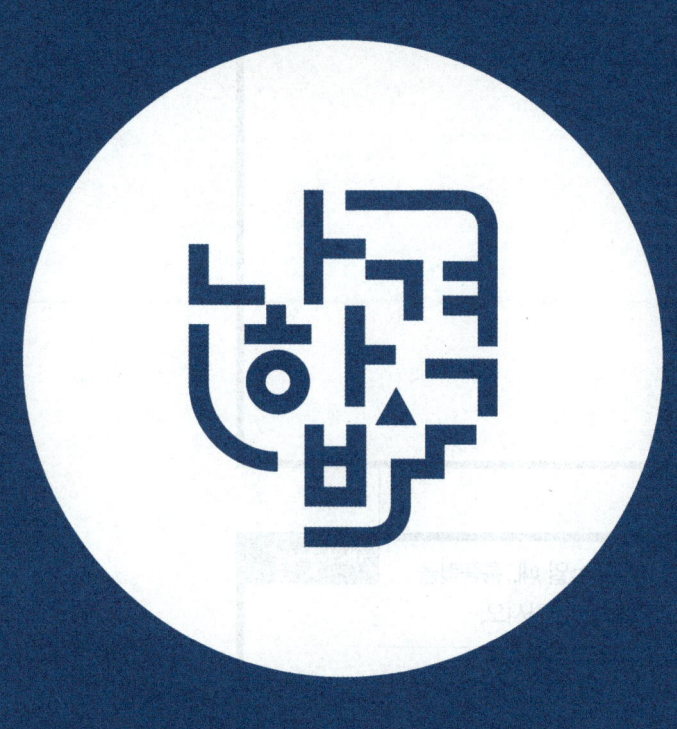

PART 02

연소공학

01   연소의 이론 및 특성
02   연소계산
03   연소설비

단원 들어가기 전
연소공학 PART는 다른 PART에 비해 화학적, 수학적으로 계산하는 과정이 많기 때문에 충분한 연습이 필요한 부분이다.
단순하게 공식을 암기해서 풀이를 하는 것이 아니기 때문에 책을 따라서 차근차근 풀어나가야 한다.

CHAPTER 01
연소의 이론 및 특성

KEYWORD 1차 반응식, 연소범위 계산, 폭굉

01 연소의 기초개념

1. 화학평형 및 반응속도

1-1 화학평형

생성물(C, D) 형성속도(정반응)와 반응물(A, B) 형성속도(역반응)가 같을 때 화학평형이 존재한다.

$$aA + bB \rightleftarrows cC + dD$$

$$k(\text{평형상수}) = \frac{[C]^c[D]^d}{[A]^a[B]^b}$$

참고

폭굉
초음속 연소파로 가스폭발 중 가장 파괴적인 형태

폭굉 유도거리
관중에 폭굉 가스가 존재할 때 최초의 완만한 연소가 격렬한 폭굉으로 발전할 때까지의 거리

폭굉 유도거리가 짧아지는 요건
- 압력이 높음
- 점화원의 에너지가 큼
- 연소속도가 큼
- 관경이 작은 경우

1-2 반응속도

반응조에서 화학 반응의 속도이며 반응물의 농도 및 온도 등에 영향을 받으며 반응차수에 따라서 달리 표현

0차 반응(A → 생성물)

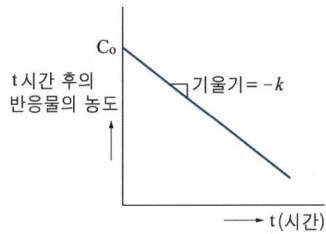

$\dfrac{dC}{dt} = -k \cdot C^0 = -k$ ································· 양변을 적분

[농도는 시간에 따라 감소되므로 (-)를 붙인다]

$$\int_{C_o}^{C_t} dC = -k \int_0^t dt$$
$$\Rightarrow C_t - C_o = -k \cdot t$$

- C_t : t시간이 지난 후 물질의 농도
- C_o : 초기 농도
- k : 반응속도상수
- t : 반응시간

1차 반응(A → B + C) ★★

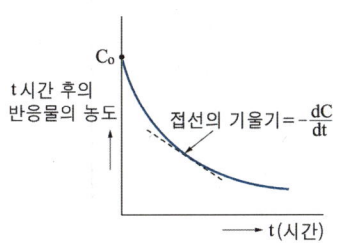

$\dfrac{dC}{dt} = -k \cdot C^1$ ································· 양변을 적분

$$\int_{C_o}^{C_t} \dfrac{1}{C} dC = -k \int_0^t dt$$
$$\Rightarrow \ln \dfrac{C_t}{C_o} = -k \cdot t$$

- C_t : t시간이 지난 후 물질의 농도
- C_o : 초기 농도
- k : 반응속도상수
- t : 반응시간

2차 반응(A + B → C + D)

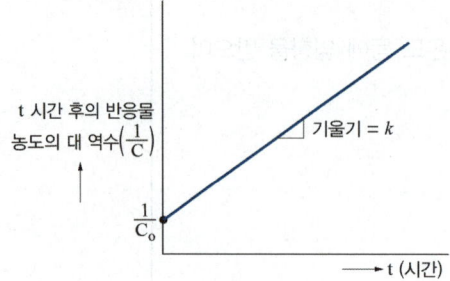

$$\frac{dC}{dt} = -k \cdot C^2 \quad \cdots\cdots\cdots\cdots\cdots\cdots \text{양변을 적분}$$

$$\int_{C_o}^{C_t} \frac{1}{C^2} dC = -k \int_0^t dt$$

$$\Rightarrow \frac{1}{C_t} - \frac{1}{C_o} = k \cdot t$$

- C_t : t시간이 지난 후 물질의 농도
- C_o : 초기 농도
- k : 반응속도상수
- t : 반응시간

2. 연소범위(폭발범위)

2-1 계산방법 ★

$$L = \frac{100}{\frac{P_1}{n_1} + \frac{P_2}{n_2} + \cdots + \frac{P_n}{n_n}}$$

- L : 연소범위(연소한계)
- P_n : 각 성분가스의 체적(%)
- n_n : 각 성분 단일의 연소한계

02 연소의 형태와 분류★

1. 고체연료의 연소형태

1-1 표면연소(직접연소)

코크스, 목탄, 숯, 나트륨, 금속 등이 고온으로 될 때 빨간 짧은 불꽃(불꽃이 거의 없음)을 내면서 연소하는 것으로, 휘발성분이 없는 고체연료의 연소형태, 열분해에 의해 가연성 가스를 발생하지 않고 그 물질 자체가 연소하는 현상

1-2 자기연소(내부연소)

히드라진류, 니트로화합물류, 셀룰로이드류, 니트로글리세린 등이 공기 중의 산소가 아닌 그 자체가 함유하고 있는 산소에 의해 연소하는 현상으로 공기·산소 없이도 연소하는 현상

1-3 분해연소

종이, 석탄, 목재, 섬유, 플라스틱 등이 착화온도에 도달하기 전에 열분해에 의해 가연성 가스(휘발분)가 생성되고 긴 화염을 발생시키면서 공기와 혼합하여 연소하는 현상

1-4 증발연소

유황, 나프탈렌, 파라핀, 왁스 등이 점화에너지의 축적을 통하여 가연성 가스가 공기와 혼합되어 불꽃이 생기지 않는 상태로 연소하는 현상

2. 액체연료의 연소형태

2-1 증발연소(액면연소)

휘발유, 등유, 알콜, 벤젠 등이 화염으로부터 열을 받으면 가연성 증기가 공기와 혼합 연소 범위 내에 있을 때 열원에 의하여 연소

2-2 등심연소(심지연소)

목면, 유리 섬유 등의 심지에 모세관 현상으로 액체연료가 올라가 화염으로부터 대류나 복사열로 증발시켜 연소(공급 공기의 유속이 낮을수록, 공기의 온도가 높을수록 화염의 높이는 높아짐)

2-3 분무연소

벙커C유와 같이 가열하여 점도를 낮추어 버너 등을 사용하여 액체의 입자를 안개상으로 분출하여 연소로 연소장치를 작게 할 수 있고, 고부하의 연소가 가능

3. 기체연료의 연소형태

3-1 확산연소

- 연료와 연소용 공기를 따로 공급하여 연소
- 화염의 안정범위가 넓고 조작이 용이
- 역화의 위험이 없는 연소현상으로 불꽃은 있으나 불티가 없는 연소(수소, 아세틸렌, 프로판, 부탄)의 형태
- 화염이 길게 늘어나 그을음이 발생하기 쉬움

3-2 예혼합연소

- 기체연료와 공기를 미리 혼합한 후에 연소실에 공급하는 방법
- 혼합기의 분출속도가 느릴 경우 역화의 위험이 있으므로 역화 방지기를 부착
- 화염온도가 높아 연소부하가 큰 곳에 사용이 가능
- 화염길이가 짧으며 그을음이 발생하지 않음

3-3 부분 예혼합연소

- 연소용 공기의 일부를 미리 연료와 혼합하고, 나머지 공기는 연소실 내에서 혼합하여 확산 연소
- 소·중형 버너에 적용

3-4 폭발연소

- 밀폐된 용기에 공기와 혼합가스가 있을 때 점화되면 연소속도가 증가하여 폭발적으로 연소

03
연료별 특성

1. 연료의 장·단점

1-1 고체 연료의 장·단점

장점	• 가격, 설비비가 저렴하며 저장이 용이함 • 연소속도가 작아 특수용도에 적합함 • 노천 야적이 가능함 • 연소장치가 간단함
단점	• 품질이 균일하지 못하며 오염물질 배출이 많음 • 점화 및 소화가 어려움 • 회분이 많아 매연발생량이 많고, 잔재물이 남음 • 연소용 공기가 많이 필요함 • 발열량이 낮음

1-2 액체 연료의 장·단점

장점	• 품질이 일정하며 회분이 거의 없음 • 발열량 및 연소효율이 좋음 • 저장·운반·점화 및 연소조절이 용이함
단점	• 연소온도가 높아 국부적 과열 발생 • 역화(Back fire)의 위험이 큼 • 연소 시 소음 발생 우려 • 고황분인 것이 많아 SO_x 발생 우려

1-3 기체 연료의 장·단점

장점	• 연소조절, 점화 및 소화가 용이(부하의 변동범위가 넓음) • 회분이 거의 없어 먼지발생량이 적음 • 연료의 예열이 쉽고, 저질연료로도 고온을 얻을 수 있음 • 유황함유량이 적어 연소 배기가스 중 SO_2 발생량이 매우 적음 • 적은 과잉공기로 완전연소 가능
단점	• 취급 시 화재, 폭발의 위험성이 높음 • 설비비, 연료비가 많이 소요됨 • 수송, 저장이 어려움

개념잡기

A물질이 1차 반응에서 550초 동안 50%가 분해되었다면 20%가 남을 때까지의 시간(sec)을 계산하시오.

[식] $\ln \dfrac{C_t}{C_o} = -k \cdot t$

[풀이] ① $k = \dfrac{\ln(50/100)}{-550\mathrm{sec}} = 1.2603 \times 10^{-3} \mathrm{sec}^{-1}$

② $t = \dfrac{\ln(C_t/C_o)}{-k} = \dfrac{\ln(20/100)}{-1.2603 \times 10^{-3} \mathrm{sec}^{-1}} = 1{,}277.0276 \mathrm{sec}$

[답] ∴ 20% 남을 때까지의 시간 = 1,277.03sec

개념잡기

해당 물음에 답하시오.

가. 반응속도의 의미
나. 1차 반응(반응시간과 농도와의 관계)
다. 2차 반응(반응시간과 농도와의 관계)

가. 반응속도의 의미 : 반응조에서 화학 반응의 속도이며 반응물의 농도 및 온도 등에 영향을 받으며 반응차수에 따라 달리 표현하는 것

나. 1차 반응(반응시간과 농도와의 관계)

$\ln \dfrac{C_t}{C_o} = -k \cdot t$

- C_t : t시간이 지난 후 물질의 농도
- C_o : 초기 농도
- k : 반응속도상수
- t : 반응시간

다. 2차 반응(반응시간과 농도와의 관계)

$$\frac{1}{C_t} - \frac{1}{C_o} = k \cdot t$$

- C_t : t시간이 지난 후 물질의 농도
- C_o : 초기 농도
- k : 반응속도상수
- t : 반응시간

개념잡기

폭굉에 관한 다음 물음에 답하시오.

가. 유도거리의 정의
나. 폭굉 유도거리가 짧아지는 이유 3가지
다. 혼합기체의 하한 연소범위(%)

성분	조성	하한 연소범위
CH_4	80	5.0
C_2H_6	14	3.0
C_3H_8	4	2.1
C_4H_{10}	2	1.5

가. 유도거리의 정의 : 관중에 폭굉 가스가 존재할 때 최초의 완만한 연소가 격렬한 폭굉으로 발전할 때까지의 거리
나. 폭굉 유도거리가 짧아지는 이유 3가지
- 압력이 높음
- 점화원의 에너지가 큼
- 연소속도가 큼
- 관경이 작은 경우

다. 혼합기체의 하한 연소범위(%)

[식] $L = \dfrac{100}{\dfrac{P_1}{n_1} + \dfrac{P_2}{n_2} + \cdots + \dfrac{P_n}{n_n}}$

[풀이] $L = \dfrac{100}{\dfrac{80}{5} + \dfrac{14}{3} + \dfrac{4}{2.1} + \dfrac{2}{1.5}} = 4.1833\%$

[답] ∴ 하한 연소범위 = 4.18%

연소방법의 종류를 해당물질 1가지 이상을 언급하여 서술하시오.

가. 증발연소
나. 분해연소
다. 표면연소
라. 확산연소
마. 내부연소

가. 가연성 가스가 공기와 혼합되어 불꽃이 생기지 않는 상태로 연소하는 현상
　　(유황, 나프탈렌, 파라핀 등)
나. 열분해에 의해 가연성 가스가 생성되고 긴 화염을 발생시키면서 공기와 혼합하여
　　연소하는 현상(종이, 석탄, 목재 등)
다. 휘발성분이 없는 고체연료의 연소형태로 그 물질 자체가 연소하는 현상
　　(코크스, 목탄, 숯 등)
라. 역화의 위험이 없는 연소현상으로 불꽃은 있으나 불티가 없는 연소 현상
　　(수소, 아세틸렌, 프로판 등)
마. 공기·산소 없이도 연소하는 현상(히드라진류, 니트로화합물류, 니트로글리세린 등)

액체 연료의 특성 3가지 적으시오.

- 품질이 일정하며 회분이 거의 없음
- 발열량 및 연소효율이 좋음
- 저장·운반·점화 및 연소조절이 용이함
- 연소온도가 높아 국부적 과열 발생
- 역화(Back fire)의 위험이 큼
- 연소 시 소음 발생 우려
- 고황분인 것이 많아 SO_x 발생 우려

CHAPTER 02

연소계산

KEYWORD 이론 산소량, 이론 공기량, 공기비, 연소가스 분석

01 산소량 · 공기량

1. 이론 산소량(O_0) ★★★

연료 성분별 연소 반응식

연료 무게당 산소 무게	연료 무게당 산소 부피
• $C + O_2 \rightarrow CO_2$ 12kg : 32kg : 44kg Ckg : X : CO_2 발생량 $\therefore X = \dfrac{C \times 32}{12} = 2.667C(kg/kg)$ $\therefore CO_2$ 발생량 $= \dfrac{C \times 44}{12} = 3.667C(kg/kg)$	• $C + O_2 \rightarrow CO_2$ 12kg : 22.4Sm^3 : 22.4Sm^3 Ckg : X : CO_2 발생량 $\therefore X = \dfrac{C \times 22.4}{12} = 1.867C(Sm^3/kg)$ $\therefore CO_2$ 발생량 $= \dfrac{C \times 22.4}{12} = 1.867C(Sm^3/kg)$
• $H_2 + 0.5O_2 \rightarrow H_2O$ 2kg : 0.5×32kg : 18kg Hkg : Y : H_2O 발생량 $\therefore Y = \dfrac{H \times 0.5 \times 32}{2} = 8H(kg/kg)$ $\therefore H_2O$ 발생량 $= \dfrac{H \times 18}{2} = 9H(kg/kg)$	• $H_2 + 0.5O_2 \rightarrow H_2O$ 2kg : 0.5×22.4Sm^3 : 22.4Sm^3 Hkg : Y : H_2O 발생량 $\therefore Y = \dfrac{H \times 0.5 \times 22.4}{2} = 5.6H(Sm^3/kg)$ $\therefore H_2O$ 발생량 $= \dfrac{H \times 22.4}{2} = 11.2H(Sm^3/kg)$

연료 무게당 산소 무게	연료 무게당 산소 부피
• $S + O_2 \rightarrow SO_2$ 32kg : 32kg : 64kg Skg : Z : SO_2 발생량 $\therefore Z = \dfrac{S \times 32}{32} = S(kg/kg)$ $\therefore SO_2$ 발생량 $= \dfrac{S \times 64}{32} = 2S(kg/kg)$	• $S + O_2 \rightarrow SO_2$ 32kg : 22.4Sm^3 : 22.4Sm^3 Skg : Z : SO_2 발생량 $\therefore Z = \dfrac{S \times 22.4}{32} = 0.7S(Sm^3/kg)$ $\therefore SO_2$ 발생량 $= \dfrac{S \times 22.4}{32} = 0.7S(Sm^3/kg)$
• $CO + 0.5O_2 \rightarrow CO_2$ 28kg : 0.5×32kg : 44kg COkg : W : CO_2 발생량 $\therefore W = \dfrac{CO \times 1/2 \times 32}{28} = 0.571CO(kg/kg)$ $\therefore CO_2$ 발생량 $= \dfrac{CO \times 44}{28} = 1.571CO(kg/kg)$	• $CO + 0.5O_2 \rightarrow CO_2$ 28kg : 0.5×22.4Sm^3 : 22.4Sm^3 COkg : W : CO_2 발생량 $\therefore W = \dfrac{CO \times 1/2 \times 22.4}{28} = 0.4CO(Sm^3/kg)$ $\therefore CO_2$ 발생량 $= \dfrac{CO \times 22.4}{28} = 0.8CO(Sm^3/kg)$

1-1 고체 · 액체연료

연료 무게당 산소무게

$O_o(kg/kg) = 2.667C + 8H + S - O$

연료 무게당 산소부피

$O_o(Sm^3/kg) = 1.867C + 5.6H + 0.7S - 0.7O$

1-2 기체연료 ★★★

연료 성분 중 O_2가 포함될 경우 이론 산소량에서 빼줘야 한다.

반응식

$$C_mH_n + \left(m + \dfrac{n}{4}\right)O_2 \rightarrow mCO_2 + \dfrac{n}{2}H_2O$$

- 연료 무게당 산소무게(kg/kg) $= \left(m + \dfrac{n}{4}\right) \times \dfrac{32}{12m + n}$

- 연료 무게당 산소부피(Sm^3/kg) $= \left(m + \dfrac{n}{4}\right) \times \dfrac{22.4}{12m + n}$

- 연료 부피당 산소부피(Sm^3/Sm^3) $= \left(m + \dfrac{n}{4}\right)$

2. 이론 공기량(A_o) ★★★

2-1 고체·액체연료

연료 무게당 공기무게

$A_o(kg/kg) = (2.667C + 8H + S - O) \div 0.232$

연료 무게당 공기부피

$A_o(Sm^3/kg) = (1.867C + 5.6H + 0.7S - 0.7O) \div 0.21$

2-2 기체연료

반응식

$$C_mH_n + \left(m + \frac{n}{4}\right)O_2 \rightarrow mCO_2 + \frac{n}{2}H_2O$$

- 연료 무게당 공기무게(kg/kg) $= \left(m + \dfrac{n}{4}\right) \times \dfrac{32}{12m + n} \div 0.232$

- 연료 무게당 공기부피(Sm^3/kg) $= \left(m + \dfrac{n}{4}\right) \times \dfrac{22.4}{12m + n} \div 0.21$

- 연료 부피당 공기부피(Sm^3/Sm^3) $= \left(m + \dfrac{n}{4}\right) \div 0.21$

3. 공기비(m), 등가비(ϕ)

3-1 공기비(m) ★★★

$$m = \frac{실제\ 공기량}{이론\ 공기량} = \frac{A}{A_o}$$

$$= \frac{N_2}{N_2 - 3.76(O_2 - 0.5CO)} = \frac{21}{21 - O_2}$$

A : 실제 공기량
A_o : 이론 공기량
N_2, O_2, CO : 질소, 산소, 일산화탄소 함량(%)

3-2 등가비(ϕ)

$$\phi = \frac{1}{m} = \frac{(실제의\ 연료량/산화제)}{(완전연소를\ 위한\ 이상적\ 연료량/산화제)}$$

우쌤의 공부팁

좌측의 C, H, S, O는 함유량을 대입하여 계산한다.
예) 5% → 0.05

참고

공기비가 클 경우
- 에너지, 열손실이 커짐
- 연소가스의 희석효과가 높아짐
- CH_4, CO 및 C 등 연료 중 가연성 물질의 농도가 감소되는 경향을 보임
- SO_2, NO_2 함량이 증가하여 부식 촉진
- 연소실 내 연소온도 감소
- 배기가스 온도 저하 및 매연 감소

공기비가 작을 경우
- 미연소에 의한 열손실이 증가한다.
- 불완전 연소가 되므로 매연 발생이 증가한다.
- 미연소 가스에 의한 폭발 위험이 있다.
- 탄화수소 및 일산화탄소 발생량이 증가하며 질소산화물 발생량은 감소한다.

02 연소가스 분석 및 농도산출

1. 연소가스 분석 ★★★

1-1 최대 탄산 가스량[$(CO_2)_{max}(\%)$]

$$(CO_2)_{max}(\%) = \frac{CO_2 \text{ 발생량}}{G_{od}} \times 100 = \frac{21(CO_2 + CO)}{21 - O_2 + 0.395CO}$$

1-2 이론 건연소 가스량(G_{od}), 실제 건연소 가스량(G_d)

$$G_{od} = (1 - 0.21)A_o + CO_2 + SO_2$$
$$G_d = (m - 0.21)A_o + CO_2 + SO_2$$

1-3 이론 습연소 가스량(G_{ow}), 실제 습연소 가스량(G_w)

$$G_{ow} = (1 - 0.21)A_o + CO_2 + SO_2 + H_2O$$
$$G_w = (m - 0.21)A_o + CO_2 + SO_2 + H_2O$$

03 발열량과 연소온도

1. 고·저위 발열량

1-1 고위 발열량(Hh) - Dulong 식

$$Hh(kcal/kg) = 8,100C + 34,000\left(H - \frac{O}{8}\right) + 2,500S$$

⎡ C, H, O, S : 탄소, 수소, 산소, 황의 함량
⎣ (예 1% → 0.01 대입)

총 발열량이라고도 하며 연료 중의 수분 및 연소에 의해 생성된 수분의 응축열을 포함한 열량(열량계로 측정되는 열량)

1-2 저위 발열량(Hl)

$$Hl(kcal/kg) = Hh - 600(9H + W)$$
$$Hl(kcal/Sm^3) = Hh - 480\sum H_2O$$

⎡ W, H : 수소, 수분의 함량
⎢   (예 1% → 0.01 대입)
⎣ $\sum H_2O$: H_2O의 총 몰수

고위 발열량에서 수분 및 연소에 의해 생성된 수분의 응축을 제외한 열량(통상적으로 소각로의 설계기준이 되는 진발열량을 의미)

2. 공기와 연료의 혼합비

2-1 공연비(AFR, Air Fuel Ratio) ★★

$$AFR_v = \frac{m_a \times 22.4}{m_f \times 22.4} \quad \cdots\cdots \text{부피비}$$

$$AFR_m = \frac{M_A \times m_a}{M_F \times m_f} \quad \cdots\cdots \text{무게비}$$

⎡ m_a : 연소에 사용되는 공기의 몰수
⎢ m_f : 연료의 몰수
⎢ M_A : 공기 1몰의 질량
⎣ M_F : 연료 1몰의 질량

> **우쌤의 공부팁**
> AFR_m을 구하는 경우 공기의 질량이 주어져 있다면 M_A에 주어진 질량값을 대입하며 공기의 몰수는 산소의 몰수 ÷ 0.21을 적용한다.

3. 연소온도, 연소실 열발생률

3-1 연소온도

$$t_1 = \frac{Hl}{G \cdot C_p} + t_2 \quad \begin{bmatrix} t_1 & : 연소온도(℃) \\ t_2 & : 실제온도(℃) \\ Hl & : 저위발열량(kcal/Sm^3) \\ G & : 연소 가스량(Sm^3/Sm^3) \\ C_p & : 연소가스의 평균 정압비열(kcal/Sm^3 \cdot ℃) \end{bmatrix}$$

3-2 연소실 열발생률

$$Q_v = \frac{Hl \cdot G_f}{V} \quad \begin{bmatrix} Q_v & : 연소실 열발생률(kcal/m^3 \cdot hr) \\ Hl & : 연료 저위발열량(kcal/kg) \\ G_f & : 시간당 연료 사용량(kg/hr) \\ V & : 연소실 부피(m^3) \end{bmatrix}$$

개념잡기

중유조성이 탄소 86.6%, 수소 4%, 황 1.4%, 산소 8%이었다면 이 중유연소에 필요한 이론 산소량(Sm^3/kg), 이론 습연소 가스량(Sm^3/kg)을 계산하시오.

가. 이론 산소량(Sm^3/kg)
나. 이론 습연소 가스량(Sm^3/kg)

가. 이론 산소량

[풀이]

⟨반응식⟩ C + O_2 → CO_2
  12kg : 22.4Sm^3 : 22.4Sm^3
  0.866kg/kg : X : CO_2 발생량

$$X = \frac{0.866 \times 22.4}{12} = 1.6165 Sm^3/kg$$

⟨반응식⟩ H_2 + 0.5O_2 → H_2O
  2kg : 0.5×22.4Sm^3 : 22.4Sm^3
  0.04kg/kg : Y : H_2O 발생량

$$Y = \frac{0.04 \times 0.5 \times 22.4}{2} = 0.224 Sm^3/kg$$

⟨반응식⟩ S + O_2 → SO_2
  32kg : 22.4Sm^3 : 22.4Sm^3
  0.014kg/kg : Z : SO_2 발생량

$$Z = \frac{0.014 \times 22.4}{32} = 0.0098 Sm^3/kg$$

$O_o = 1.6165 + 0.224 + 0.0098 - 0.056 = 1.7943 Sm^3/kg$

※ 연료에 포함된 산소는 이론산소량에서 빼준다.

$$O_2 = \frac{0.08 \times 22.4}{32} = 0.056 Sm^3/kg$$

[답] ∴ 이론 산소량 = 1.79Sm^3/kg

나. 이론 습연소 가스량

[식] $G_{ow} = (1-0.21)A_o + CO_2 + H_2O + SO_2$

[풀이]

① $A_o = O_o \div 0.21 = 1.79 \div 0.21 = 8.5238 Sm^3/kg$

② $G_{ow} = (1-0.21) \times 8.5238 + 1.6165 + 0.448 + 0.0098 = 8.8081 Sm^3/kg$

[답] ∴ 이론 습연소 가스량 = 8.81Sm^3/kg

개념잡기

탄소 85%, 수소 15%된 경유(1kg)를 공기과잉계수 1.1로 연소했더니 탄소 1%가 검댕(그을음)으로 된다. 건조 배기가스 $1Sm^3$ 중 검댕의 농도(g/Sm^3)를 계산하시오.

[식] $C = \dfrac{검댕\ 발생량}{G_d}$

[풀이] ① 이론 공기량

〈반응식〉 $\quad C \quad + \quad O_2 \quad \rightarrow \quad CO_2$
$\qquad\qquad 12kg \quad : 22.4Sm^3 \; : \; 22.4Sm^3$
$\qquad\qquad 0.85kg \quad : \quad X \quad\; : \; CO_2\ 발생량$

$X = \dfrac{0.85 \times 22.4}{12} = 1.5867 Sm^3$

$CO_2\ 발생량 = \dfrac{0.85 \times 0.99 \times 22.4}{12} = 1.5708 Sm^3$

※ 1%는 검댕으로 변하므로 99%만 CO_2로 발생한다.

〈반응식〉 $\quad H_2 \quad + \quad 0.5O_2 \quad \rightarrow \quad H_2O$
$\qquad\qquad 2kg \quad : 0.5 \times 22.4Sm^3$
$\qquad\qquad 0.15kg \;\; : \quad Y$

$Y = \dfrac{0.15 \times 0.5 \times 22.4}{2} = 0.84 Sm^3$

$A_o = O_o \div 0.21 = (1.5867 + 0.84) \div 0.21 = 11.5557 Sm^3$

② $G_d = (m - 0.21)A_o + CO_2$
$\quad = (1.1 - 0.21) \times 11.5557 + 1.5708 = 11.8554 Sm^3$

③ 검댕 발생량 $= 0.85 \times 0.01 kg \times 10^3 g/kg = 8.5 g$

④ $C = \dfrac{8.5g}{11.8554 Sm^3} = 0.7170 g/Sm^3$

[답] ∴ 검댕의 농도 $= 0.72 g/Sm^3$

개념잡기

프로판 $1Sm^3$의 이론 건연소 가스량(Sm^3)을 계산하시오.

[식] $G_{od} = (1 - 0.21)A_o + CO_2$

[풀이] ① 이론 공기량

〈반응식〉 $C_3H_8 + 5O_2 \rightarrow 3CO_2 + 4H_2O$

$A_o = O_o \div 0.21 = 5 \div 0.21 = 23.8095 Sm^3$

② $G_{od} = (1 - 0.21) \times 23.8095 + 3 = 21.8095 Sm^3$

[답] ∴ 이론 건연소 가스량 $= 21.81 Sm^3$

중유연소 가열로의 배기가스를 분석한 결과 용량비로 CO_2 = 15%, CO = 5%, O_2 = 10%의 결과를 얻었다. 공기비를 구하시오.

[식] $m = \dfrac{N_2}{N_2 - 3.76(O_2 - 0.5CO)}$

[풀이] $m = \dfrac{70}{70 - 3.76(10 - 0.5 \times 5)} = 1.6746$

[답] ∴ 공기비 = 1.67

부탄 $1Sm^3$을 연소하였을 때 건조 배기가스 중 CO_2가 11%일 때 공기비를 구하시오.

[식] $CO_2(\%) = \dfrac{CO_2}{G_d} \times 100$

[풀이] ① 이론 공기량

⟨반응식⟩ $C_4H_{10} + 6.5O_2 \rightarrow 4CO_2 + 5H_2O$

$A_o = O_o \div 0.21 = 6.5 \div 0.21 = 30.9524 Sm^3$

② $11 = \dfrac{4}{G_d} \times 100 \Rightarrow G_d = 36.3636 Sm^3$

③ $36.3636 = (m - 0.21) \times 30.9524 + 4 \Rightarrow m = 1.2556$

[답] ∴ m = 1.26

공기비가 작을 경우 발생하는 현상 3가지를 서술하시오.

- 미연소에 의한 열손실이 증가한다.
- 불완전 연소가 되므로 매연 발생이 증가한다.
- 미연소 가스에 의한 폭발 위험이 있다.
- 탄화수소 및 일산화탄소 발생량이 증가하며 질소산화물 발생량은 감소한다.

개념잡기

탄소 80%, 수소 20%를 함유하는 중유의 $(CO_2)_{max}(\%)$를 구하시오.

[식] $(CO_2)_{max}(\%) = \dfrac{CO_2 \text{ 발생량}}{G_{od}} \times 100$

[풀이] ① 이론 공기량

〈반응식〉 $C + O_2 \rightarrow CO_2$
  12kg : 22.4Sm³ : 22.4Sm³
  0.80kg/kg : X : CO_2 발생량

$X = \dfrac{0.80 \times 22.4}{12} = 1.4933 Sm^3/kg$

〈반응식〉 $H_2 + 0.5O_2 \rightarrow H_2O$
  2kg : 0.5×22.4Sm³
  0.20kg/kg : Y

$Y = \dfrac{0.20 \times 0.5 \times 22.4}{2} = 1.12 Sm^3/kg$

$A_o = O_o \div 0.21 = (1.4933 + 1.12) \div 0.21 = 12.4443 Sm^3/kg$

② $G_{od} = (1-0.21)A_o + CO_2$
  $= (1-0.21) \times 12.4443 + 1.4933 = 11.3243 Sm^3/kg$

③ $(CO_2)_{max}(\%) = \dfrac{1.4933}{11.3243} \times 100 = 13.1867\%$

[답] ∴ $(CO_2)_{max}(\%) = 13.19\%$

개념잡기

저위 발열량이 6,000kcal/kg인 연료의 이론 연소온도(℃)는 약 얼마인가? (단, 연소가스량 13Sm³/kg 연료 연소가스의 평균정압비열 0.64kcal/Sm³·℃, 열손실은 저위발열량의 15%, 기준온도 18℃, 공기는 예열하지 않으며 연소가스는 해리되지 않는다고 본다)

[식] $t_1 = \dfrac{Hl}{G \cdot C_p} + t_2$

[풀이] $t_1 = \dfrac{6,000 \times (1-0.15)}{13 \times 0.64} + 18 = 630.9808℃$

[답] ∴ 이론 연소온도 = 630.98℃

개념잡기

가솔린($C_8H_{17.5}$)을 연소시킬 경우 질량기준의 공연비와 부피기준의 공연비를 계산하시오. (단, 공기 분자량은 29)

가. 질량기준
나. 부피기준

가. 질량기준

[식] $AFR_m = \dfrac{M_A \times m_a}{M_F \times m_f}$

[풀이] 〈반응식〉 $C_8H_{17.5} + 12.375O_2 \rightarrow 8CO_2 + 8.75H_2O$

① $m_a = 12.375 \div 0.21 = 58.9286$

② $AFR_m = \dfrac{29 \times 58.9286}{113.5 \times 1} = 15.0566$

[답] ∴ $AFR_m = 15.06$

나. 부피기준

[식] $AFR_v = \dfrac{m_a \times 22.4}{m_f \times 22.4}$

[풀이] 〈반응식〉 $C_8H_{17.5} + 12.375O_2 \rightarrow 8CO_2 + 8.75H_2O$

① $m_a = 12.375 \div 0.21 = 58.9286$

② $AFR_v = \dfrac{58.9286 \times 22.4}{1 \times 22.4} = 58.9286$

[답] ∴ $AFR_v = 58.93$

개념잡기

저위 발열량 10,000kcal/kg의 중유를 100kg/hr로 연소실에서 연소시킬 때 연소실의 열발생율(kcal/m³·hr)을 구하시오. (단, 연소실은 가로 1.2m, 세로 2.0m, 높이 1.5m)

[식] $Q_v = \dfrac{Hl \cdot G_f}{V}$

[풀이] $Q_v = \dfrac{10,000 \times 100}{1.2 \times 2.0 \times 1.5} = 277,777.7778$

[답] ∴ 연소실 열발생율 = 277,777.78kcal/m³·hr

CHAPTER 03
연소설비

KEYWORD 유동층 연소장치, 미분탄 연소장치

01 연소장치 및 연소방법

1. 고체연료 연소장치

1-1 화격자식(스토커)

장점	• 대량의 폐기물 소각 가능 • 수분이 많거나 발열량이 낮은 것도 처리 가능 • 기술적으로 안정하고 신뢰성이 높음 • 상대적으로 소요 전력이 작음 • 건설비, 유지비가 적게 듦
단점	• 플라스틱류 등은 부적합 • 로 내 온도가 높을 경우 클링커 발생 • 교반력이 약해 국부가열 발생 • 과잉공기투입량이 많아 배출가스량이 많음

1-2 유동층 연소장치 ★

장점	• 수분함량이 높은 폐기물을 처리할 수 있음 • 석회석 등의 탈황제를 사용하여 로내 탈황 가능 • 연료의 층내 체류시간이 길어 완전연소 가능 • 공기와의 접촉면적이 커 연소효율이 좋음 • NO_x 생성량이 적음 • 건설비와 전열면적이 적게 소요
단점	• 유동매체의 손실을 보충 • 투입 전 파쇄하여 투입 • 부하변동에 따른 적응성이 낮음 • 압력손실 및 동력비가 높음

1-3 미분탄 연소장치 ★

장점	• 작은 과잉공기로 완전연소 가능 • 부하변동에 따른 적응성이 높고 대용량 설비에 적합 • 고온의 예열공기를 사용하여 연소효율이 높음 • 저질탄, 점결탄도 완전연소 가능 • 사용연료의 범위가 넓음 • 연소제어가 용이하고 점화 및 소화 시 손실이 적음
단점	• 설비비 및 유지비 많이 소요 • 연소온도가 높아 노재의 손상 우려 • Fly ash가 많아 고성능 집진장치 필요 • 분쇄기 및 배관 중에 폭발, 수송관의 마모 우려

2. 액체연료 연소장치

저압공기식	• 소형가열로에 적용 • 분무각도 : 30 ~ 60° • 유량조절범위는 1 : 5 • 연료 분사유량 : 2 ~ 200L/hr • 적용 공기압 : 0.05 ~ 0.25kg$_f$/cm^2 • 무화용 공기량 : 이론 공기량의 30 ~ 50%
고압공기식	• 대용량에 적용 • 분무각도 : 20 ~ 30° • 유량조절범위는 1 : 10 • 연료 분사유량 : 3 ~ 1,200L/hr • 적용 공기압 : 2 ~ 10kg$_f$/cm^2 • 무화용 공기량 : 이론 공기량의 7 ~ 12% • 저압공기식에 비하여 소음이 큼
건 타입	• 유압식과 공기분무식을 합한 것 • 소형 보일러 등에 적용 • 적용 유압 : 7kg$_f$/cm^2 이상 • 연소가 양호하고, 자동 연소가 가능
유압분무식	• 대용량에 적용하며 구조는 간단 • 분무각도 : 40 ~ 90° • 유량조절범위는 환류식(1 : 3), 비환류식(1 : 2) • 부하변동의 적응성이 낮음 • 연료 분사유량 : 15 ~ 2,000L/hr • 적용 유압 : 5 ~ 30kg$_f$/cm^2
회전식	• 중소량에 작용하며 구조는 간단 • 분무각도 : 40 ~ 80° • 유량조절범위는 1 : 5 • 부하변동의 적응성이 낮음 • 연료 분사유량 : 1,000 ~ 2,700L/hr • 적용 유압 : 0.5kg$_f$/cm^2 • 유압식에 비해 분무의 입자가 커 분무 힘이 약함

3. 기체연료 연소장치

3-1 확산연소에 사용되는 버너

포트형		• 버너 자체가 로 벽과 함께 내화벽돌로 조립되어 내부에 개구된 것 • 가스와 공기를 함께 가열 • 고발열량 탄화수소를 사용할 경우에는 가스압력을 이용하여 노즐로부터 고속으로 분출하게 하여 그 힘으로 공기를 흡인하는 방식을 취함 • 밀도가 큰 공기 출구는 상부, 밀도가 작은 출구는 하부 배치 • 구조상 가스와 공기압을 높이지 못한 경우에 사용
버너형	선회	• 저발열량의 가스를 사용할 경우
	방사	• 천연가스와 같은 고발열량의 가스를 사용할 경우

3-2 예혼합연소에 사용되는 버너

저압버너	• 역화방지를 위해 1차 공기량을 이론 공기량의 약 60% 정도만 흡입하고 2차 공기는 로 내의 압력을 부압으로 하여 공기를 흡인 • 분출압력 : 70 ~ 160mmHg • 소형 가열로에 사용
고압버너	• 연소실 내 압력($2kg/cm^2$ ↑)을 정압으로 하여 가스와 공기를 혼합 연소시키는 버너 • 소형 가열로에 사용(LPG, 부탄가스 등을 혼합)
송풍버너	• 연소용 공기를 가압하여 송입하는 버너

고체연료의 연소장치 중 유동층 연소장치에 대한 장점 2가지, 단점 2가지를 적으시오.

가. 장점
- 수분함량이 높은 폐기물을 처리할 수 있다.
- 석회석 등의 탈황제를 사용하여 로내 탈황이 가능하다.
- 연료의 층내 체류시간이 길어 완전연소가 가능하다.
- 공기와의 접촉면적이 커 연소효율이 좋다.
- NO_x 생성량이 적다.
- 건설비와 전열면적이 적게 소요된다.

나. 단점
- 유동매체의 손실을 보충하여야 한다.
- 투입 전 파쇄하여 투입하여야 한다.
- 부하변동에 따른 적응성이 낮다.
- 압력손실 및 동력비가 높다.

고체연료 연소장치의 종류 중 하나인 미분탄 연소장치의 장점 3가지를 적으시오.

- 작은 과잉공기로 완전연소가 가능하다.
- 부하변동에 따른 적응성이 높고 대용량 설비에 적합하다.
- 고온의 예열공기를 사용하여 연소효율이 높다.
- 저질탄, 점결탄도 완전연소가 가능하다.
- 사용연료의 범위가 넓다.
- 연소제어가 용이하고 점화 및 소화 시 손실이 적다.

액체연료 연소장치인 유압분무식 버너의 특성 5가지를 적으시오.

- 대용량에 적용하며 구조가 간단하다.
- 오일의 점도가 크면 무화가 나빠진다.
- 유량조절범위가 적다.
- 부하변동의 적응성이 낮다.
- 연료의 점도가 크거나 유압이 $5kg/cm^2$ 이하가 되면 분무화가 불량하다.
- 선박용, 대용량 보일러에 사용된다.

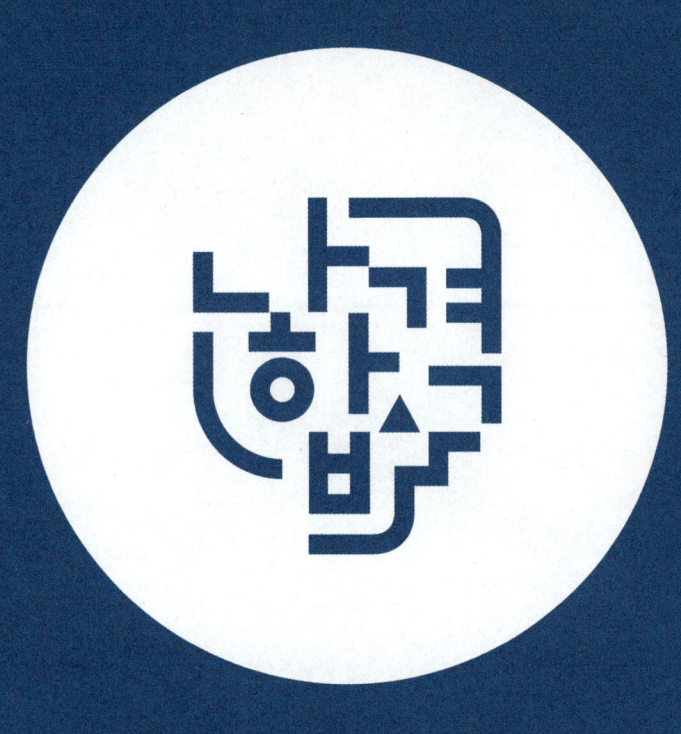

PART 03

대기오염방지기술

01 입자 및 집진기초
02 집진기술
03 유해가스 및 악취처리
04 환기 및 통풍

 단원 들어가기 전

대기오염방지기술 PART는 대기오염개론에서 배운 것을 토대로 방지기술에 적용하는 것으로 정리할 내용 및 계산식이 다양하여 정확하게 구분하여 정리하는 것이 중요하다. 또한 필답형에서 자주 출제되는 PART이므로 꼼꼼하게 공부하도록 한다.

CHAPTER 01
입자 및 집진기초

KEYWORD 레이놀즈 수, 스토크스 법칙, 비표면적 직경, 먼지의 입경 측정방법

01 입자동력학

1. 레이놀즈 수(Reynolds Number) ★★★

$$Re = \frac{관성력}{점성력} = \frac{D \cdot V \cdot \rho}{\mu} = \frac{D \cdot V}{\nu}$$

- D : 유체의 직경[L]
- V : 유체의 속도[LT^{-1}]
- ρ : 유체의 밀도[ML^{-3}]
- μ : 유체의 점성계수[ML^{-1}T^{-1}]
- ν : 유체의 동점성계수[L^{2}T^{-1}]

레이놀즈 수에 따른 형태

Re 범위	형태
Re < 2,300	층류(Laminar flow)
2,300 < Re < 4,000	천이운동(Transient flow)
Re > 4,000	난류(Turbulent flow)

2. 스토크스 법칙(Stokes law) ★★★

2-1 스토크스 법칙 유도

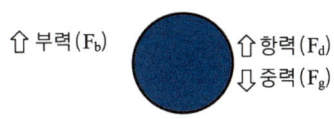

중력·부력

- 사용공식

$$F = m \cdot a, \quad \rho = \frac{m}{V}, \quad V = \frac{\pi \cdot d_p^3}{6}$$

- 중력 : $F_g = m \cdot a = \rho_p \cdot V \cdot g = \rho_p \times \dfrac{\pi d_p^3}{6} \times g$

- 부력 : $F_b = m \cdot a = \rho \cdot V \cdot g = \rho \times \dfrac{\pi d_p^3}{6} \times g$

항력

- 사용공식

$$C_D = \frac{24}{Re}(층류), \quad Re = \frac{d_p \cdot V \cdot \rho_p}{\mu}, \quad A = \frac{\pi d_p^2}{4}$$

증명

중력(F_g) − 부력(F_b) = 항력(F_d)

↓ 위의 식 대입

$$\rho_p \times \frac{\pi d_p^3}{6} \times g - \rho \times \frac{\pi d_p^3}{6} \times g = 3\pi\mu \cdot d_p \cdot V_g$$

↓ 공통 인자들로 묶기

$$\frac{\pi d_p^3}{6} \times g(\rho_p - \rho) = 3\pi \cdot \mu \cdot d_p \cdot V_g$$

↓ V_g만 놔두고 전부 이항

$$\therefore V_g = \frac{d_p^2(\rho_p - \rho)g}{18\mu}$$

- V_g : 침강속도 [LT^{-1}]
- m : 질량 [M]
- d_p : 입자의 직경 [L]
- ρ_p : 입자의 밀도 [ML^{-3}]
- ρ : 가스의 밀도 [ML^{-3}]
- g : 중력 가속도 [LT^{-2}]
- μ : 가스 점도 [$ML^{-1}T^{-1}$]
- C_D : 항력계수
- V : 부피 [L^3]
- A : 단면적 [L^2]

커닝험 보정계수

미세한 기체분자가 입자에 충돌할 때 미끄러지는 현상으로 항력이 작아져 침강속도가 커지게 되는데 입경이 1㎛ 이하가 되면 더욱 심각해진다. 이를 보정한 계수를 커닝험 보정계수라 하며 항상 1보다 크다.

※ 커닝험 보정계수 값은 가스온도가 높을수록, 분진이 미세할수록, 가스 압력이 낮을수록 증가하게 된다.

02 입경과 입경분포

1. 입경의 종류 및 관련공식

1-1 공기역학적 직경(Aerodynamic Diameter)

$$d_a = d_p \cdot \sqrt{\frac{\rho_p}{\rho_a}}$$

- d_a : 공기역학적 직경[L]
- d_p : 스토크스 직경[L]
- ρ_p : 입자의 밀도[ML^{-3}]
- ρ_a : 공기의 밀도[ML^{-3}]

1-2 스토크스 직경(Stokes Diameters)

$$d_p = \sqrt{\frac{18\mu \cdot V_g}{(\rho_p - \rho_a)g}}$$

- d_p : 스토크스 직경[L]
- ρ_p : 입자의 밀도[ML^{-3}]
- ρ_a : 공기의 밀도[ML^{-3}]
- μ : 점성계수[ML^{-1}T^{-1}]
- V_g : 침강속도[LT^{-1}]
- μ : 점성계수[ML^{-1}T^{-1}]
- g : 중력 가속도[LT^{-2}]

1-3 비표면적 직경(Specific Surface Diameter) ★

$$d_s = \frac{6}{S_v}$$

- d_s : 비표면적 직경[L]
- S_v : 비표면적[L^{2}M^{-1}]

> **참고**
> 입자의 개수
> = 질량 ÷ (부피×밀도)

2. 먼지의 입경측정방법 ★

구분	종류 및 특성
직접 측정법	• 표준체 측정법 : 다양한 크기의 표준체를 이용하여 입경별로 분리하여 측정하는 방법 • 현미경법 : 사용자가 직접 각각의 입자를 눈으로 보면서 측정하는 방법
간접 측정법	• 관성충돌법 : 입자의 관성충돌을 이용하여 측정하는 방법 • 액상침강법 : 액상 중 입자를 침강속도를 적용하여 측정하는 방법 • 공기투과법 : 입자의 비표면적을 측정하여 입경을 측정하는 방법 • 광산란법 : 입자의 표면에서 일어나는 빛의 산란정도를 광학분진계로 측정하는 방법

Rosin-Rammler 분포식

$R(\%) = 100 \cdot \exp(-\beta \cdot d_p^n)$

β값이 클수록 입경이 미세하고, n이 클수록 입경분포범위가 좁다.

개념잡기

반경이 15cm인 원통에 공기가 2m/sec로 흐른다. 유체의 밀도가 1.2kg/m³, 점도가 0.2cP일 경우 레이놀즈 수를 구하시오.

[식] $\mathrm{Re} = \dfrac{D \cdot V \cdot \rho}{\mu}$

[풀이] ※ MKS 단위로 통일

① $D = \dfrac{2 \times 15 \mathrm{cm}}{} \left| \dfrac{m}{100 \mathrm{cm}} \right. = 0.3 \mathrm{m}$

② $\mu = \dfrac{0.2 \mathrm{cP}}{} \left| \dfrac{P}{100 \mathrm{cP}} \right| \dfrac{g/cm \cdot sec}{P} \left| \dfrac{kg}{10^3 g} \right| \dfrac{100 \mathrm{cm}}{m} = 2 \times 10^{-4} \mathrm{kg/m \cdot sec}$

③ $\mathrm{Re} = \dfrac{0.3 \times 2 \times 1.2}{2 \times 10^{-4}} = 3,600$

[답] ∴ $\mathrm{Re} = 3,600$

개념잡기

직경 10μm인 쇠구슬이 공기 중에서 낙하하였다. 쇠구슬의 내부는 물로 채워져 있으며 그 직경은 9μm라면 이 쇠구슬의 침강속도(m/sec)를 계산하시오. (단, 쇠의 밀도는 8,000kg/m³, 점도는 0.05kg/m·hr, 층류영역)

[식] $V_g = \dfrac{d_p^2(\rho_p - \rho)g}{18\mu}$

[풀이] ① $m = \rho \cdot V$

$m_T = m_H + m_I$

$= 1{,}000 \times \dfrac{\pi}{6}(9 \times 10^{-6}\text{m})^3 + 8{,}000 \times \dfrac{\pi}{6}[(10 \times 10^{-6}\text{m})^3$

$- (9 \times 10^{-6}\text{m})^3] = 1.5169 \times 10^{-12}\text{kg}$

② $\rho_p = \dfrac{1.5169 \times 10^{-12}}{\dfrac{\pi}{6} \times (10 \times 10^{-6})^3} = 2{,}897.0656 \text{kg/m}^3$

③ $\mu = \dfrac{0.05\text{kg}}{\text{m} \cdot \text{hr}} \Big| \dfrac{\text{hr}}{3{,}600\text{sec}} = 1.3889 \times 10^{-5} \text{kg/m} \cdot \text{sec}$

④ $V_g = \dfrac{(10 \times 10^{-6})^2 \times (2{,}897.0656 - 1.3) \times 9.8}{18 \times 1.3889 \times 10^{-5}} = 0.0114 \text{m/sec}$

[답] ∴ 침강속도 = 0.01m/sec

개념잡기

Stokes 침강속도식을 유도하시오. (단, 항력 $F_d = 3\pi \cdot \mu \cdot d_p \cdot V_g$)

① 중력($F_g = m \cdot a = \rho_p \cdot V \cdot g = \rho_p \times \dfrac{\pi d_p^3}{6} \times g$)

- 부력($F_b = m \cdot a = \rho \cdot V \cdot g = \rho \times \dfrac{\pi d_p^3}{6} \times g$) = 항력($F_d$)

② $\rho_p \times \dfrac{\pi d_p^3}{6} \times g - \rho \times \dfrac{\pi d_p^3}{6} \times g = 3\pi\mu \cdot d_p \cdot V_g$

③ $\dfrac{\pi d_p^3}{6} \times g(\rho_p - \rho) = 3\pi\mu \cdot d_p \cdot V_g$

④ $V_g = \dfrac{d_p^2(\rho_p - \rho)g}{18\mu}$

커닝험 보정계수에 대해 서술하시오.

미세한 기체분자가 입자에 충돌할 때 미끄러지는 현상으로 항력이 작아져 침강속도가 커지게 되는데 입경이 $1\mu m$ 이하가 되면 더욱 심각해진다. 이를 보정한 계수를 커닝험 보정계수라 하며 항상 1보다 크다.

먼지의 Stokes 직경이 5×10^{-4}cm, 입자의 밀도가 $1.8g/cm^3$일 때 이 분진의 공기역학적 직경(cm)을 계산하시오. (단, 유효숫자 세자리)

[식] $d_a = d_p \cdot \sqrt{\dfrac{\rho_p}{\rho_a}}$

[풀이] $d_a = 5\times10^{-4} \times \sqrt{\dfrac{1.8}{1}} = 6.7082\times10^{-4}$cm

[답] ∴ $d_a = 6.71\times10^{-4}$cm

먼지 입경측정방법 중 직접적 방법과 간접적 방법을 각각 2가지씩 적고 간략하게 서술하시오.

가. 직접 측정법
  - 표준체 측정법 : 다양한 크기의 표준체를 이용하여 입경별로 분리하여 측정하는 방법
  - 현미경법 : 사용자가 직접 각각의 입자를 눈으로 보면서 측정하는 방법

나. 간접 측정법
  - 관성충돌법 : 입자의 관성충돌을 이용하여 측정하는 방법
  - 액상침강법 : 액상 중 입자를 침강속도를 적용하여 측정하는 방법
  - 공기투과법 : 입자의 비표면적을 측정하여 입경을 측정하는 방법
  - 광산란법 : 입자의 표면에서 일어나는 빛의 산란정도를 광학분진계로 측정하는 방법

A공정에서 배출되는 먼지의 입경을 Rosin-Rammler 분포에 의해 $R(\%) = 100 \cdot \exp(-\beta \cdot d_p^n)$으로 나타낸다. 중위경이 $30\mu m$일 때, $15\mu m$ 이상의 입자가 차지하는 분율(%)을 계산하시오. (단, 입경지수는 1)

[식] $R(\%) = 100 \cdot \exp(-\beta \cdot d_p^n)$

[풀이] ① $50 = 100\exp(-\beta \times 30^1) \Rightarrow \beta = 0.0231$
  ② $R(\%) = 100 \cdot \exp(-0.0231 \times 15^1) = 70.7159\%$

[답] ∴ $R = 70.72\%$

4㎛의 직경을 갖는 구형입자의 비표면적(m²/kg)과 질량이 1kg일 경우 입자의 개수를 구하시오. (단, 입자의 밀도는 1.4g/cm³)

가. 비표면적(m²/kg)
나. 입자의 개수(단, 유효숫자는 세자리)

가. 비표면적

[식] $S_v = \dfrac{6}{d_s \times \rho}$

[풀이] ① $d_s = \dfrac{4\mu m \,|\, m}{10^6 \mu m} = 4 \times 10^{-6} \, m$

② $\rho = \dfrac{1.4g}{cm^3} \Big| \dfrac{10^6 cm^3}{m^3} \Big| \dfrac{kg}{10^3 g} = 1,400 \, kg/m^3$

③ $S_v = \dfrac{6}{4 \times 10^{-6} \times 1,400} = 1,071.4286 \, m^2/kg$

[답] ∴ 비표면적 = 1,071.43 m²/kg

나. 입자의 개수

[식] $n = \dfrac{m}{\rho \cdot V}$

[풀이] ① $V = \dfrac{\pi D^3}{6} = \dfrac{\pi \times (4 \times 10^{-6})^3}{6} = 3.351 \times 10^{-17} \, m^3$

② $n = \dfrac{1}{1,400 \times 3.351 \times 10^{-17}} = 2.1316 \times 10^{13}$

[답] ∴ 입자의 개수 = 2.13 × 10¹³개

CHAPTER 02
집진기술

KEYWORD 각 집진장치의 관련공식, 사이클론의 집진효율 증기조건, Blow down, 노즐의 개수, 관성충돌계수를 크게 하기 위한 조건, 전기집진장치 장애현상의 원인 및 대책

01 집진장치의 종류 및 특성

1. 중력집진장치(Gravitic collection chamber)

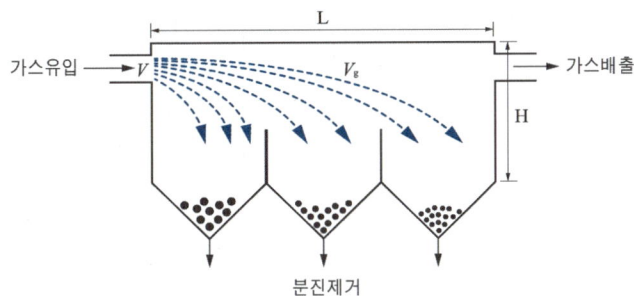

1-1 개요 및 집진 원리

기본적으로 입자(50 ~ 100㎛)를 중력하에서 침강할 정도로 수평속도(1 ~ 2m/sec)를 감소시키는 확장실과 침강하는 먼지를 포집하는 먼지 퇴적함으로 구성되며 기계적인 제어없이 자연적으로 입자의 분리가 이루어지는 장치

1-2 장·단점

장점	• 설치비, 유지비가 적게 소요 • 압력 손실이 적음(10 ~ 15mmH$_2$O) • 먼지부하가 높은 가스와 고온 가스처리에 용이
단점	• 집진효율이 낮음(40 ~ 60%) • 먼지부하변동 및 유량변동에 적응성이 낮음 • 시설의 규모가 큼

1-3 관련공식 ★★★

최소제거입경

$$d_{min} = \sqrt{\frac{18 \cdot \mu \cdot V \cdot H}{(\rho_p - \rho) \cdot g \cdot L}}$$

$$= \sqrt{\frac{18 \cdot \mu \cdot Q}{(\rho_p - \rho) \cdot g \cdot B \cdot L}}$$

- d_{min} : 최소제거입경[L]
- μ : 배출가스의 점도[ML^{-1}T^{-1}]
- V : 수평속도[LT^{-1}]
- Q : 유량[L^{3}T^{-1}]
- B : 중력집진장치의 폭[L]
- L : 중력집진장치의 길이[L]
- H : 중력집진장치의 높이[L]
- ρ_p : 입자 밀도[ML^{-3}]
- ρ : 공기 밀도[ML^{-3}]
- g : 중력가속도[LT^{-2}]

> **우쌤의 공부팁**
> 평행판이 존재할 경우 높이가 낮아지므로 기존의 높이 대신 (높이 ÷ 평행판의 개수)를 대입하여 계산

부분집진효율

$$\eta_d = \frac{V_g L}{V H} \quad \text{층류}$$

$$\eta_d = 1 - \exp\left(-\frac{V_g L}{V H}\right) \quad \text{난류}$$

- η_d : 부분집진효율
- V_g : 침강속도[LT^{-1}]
- L : 중력집진장치의 길이[L]
- V : 수평속도[LT^{-1}]
- H : 중력집진장치의 높이[L]

2. 원심력 집진장치

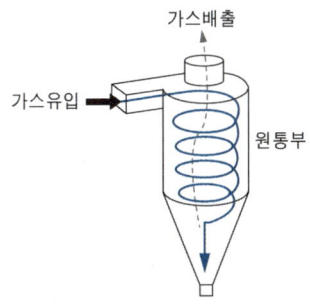

2-1 개요 및 집진원리

분진 함유 가스를 접전 유입하여 선회효과로 발생되는 원심력에 의해 처리가스 내에 포함된 분진들을 제거하는 장치로 대용량 처리에 적합하며 고효율 집진장치의 전처리용으로 사용

2-2 종류

구분		특성
유입방식에 따른 분류	접선유입식	• 종류 : 나선형, 와류형, 직진형, 반전형 • 원통에 접한 유입구에서 나선형을 따라 돌면서 내부에 진입 • 압력손실 : 150mmH$_2$O • 입구유속 : 7 ~ 15m/sec • 대용량의 가스를 처리하는 데 사용
	축류유입식 (도익선회식)	• 종류 : 직선형, 반전형 • 날개의 방향에 의해 축을 따라가며 내부로 유입 • 압력손실 : 80mmH$_2$O • 입구유속 : 10m/sec 전후(반전형) • Blow down이 필요없고, 유입구의 안내익에 따라 집진효율이 달라짐 • 가스의 균일한 분배가 용이
연결방식에 따른 분류	멀티 싸이클론	• 처리가스량이 많고 높은 집진효율을 필요로 하는 경우에 작은 몸통경의 싸이클론을 여러 개 병렬로 연결해서 사용 • 작은 압력손실로 많은 용량 처리(고농도) • 축류식 사이클론을 다수 병렬로 사용
	멀티 스테이지 싸이클론	• 동일한 크기의 싸이클론을 직렬로 연결하여 접속시킨 구조 • 응집성이 강한 먼지처리에 이용 • 통상 3단 이하로 연결

핵심 KEY

사이클론의 집진효율 증가조건 ★★
- Blow Down 효과 적용
- 원통의 직경, 내경이 작을수록
- 입경과 밀도가 클수록
- 입구유속이 빠를수록
- 직렬로 사용하는 경우
- 회전수가 클수록

용어정리

Blow Down ★★
Dust Box 또는 멀티 사이클론의 Hopper 부에서 처리가스량의 5 ~ 10%를 흡인하여 재순환시키는 방법
- 유효원심력 증가
- 분진의 재비산 방지
- 집진효율 증대
- 내통의 분진 폐색방지

2-3 장·단점

장점	• 설치비가 저렴 • 온도의 영향없이 운전 가능 • 운전이 간단하며 유지관리비가 적게 듦 • 먼지부하가 높은 먼지에 적합
단점	• 작은 입경의 집진효율이 낮음 • 가스의 습도가 높거나 점착성 분진의 처리가 어려움

2-4 관련공식

임계입경(100% 분리한계입경), 절단입경 ★★★

$$d_{p.100} = \sqrt{\frac{9 \cdot \mu \cdot B}{\pi \cdot N_e \cdot V \cdot (\rho_p - \rho)}}$$
……………… 임계입경

$$d_{p.50} = \sqrt{\frac{9 \cdot \mu \cdot B}{2 \cdot \pi \cdot N_e \cdot V \cdot (\rho_p - \rho)}}$$
……………… 절단입경

- $d_{p.100}$: 임계입경[L]
- $d_{p.50}$: 절단입경[L]
- μ : 배출가스의 점도[$ML^{-1}T^{-1}$]
- B : 유입구의 폭[L]
- N_e : 유효 회전수
- V : 입구 유속[LT^{-1}]
- ρ_p : 입자 밀도[ML^{-3}]
- ρ : 가스 밀도[ML^{-3}]

분리계수

$$S = \frac{F_c}{F_g} = \frac{V^2}{R \cdot g}$$

- S : 분리계수
- V : 입구 유속[LT^{-1}]
- R : 원추하부반경[L]
- g : 중력가속도[LT^{-2}]
- F_c : 원심력
- F_g : 중력

참고

원심력
$$F_c = m \times \frac{V^2}{R}$$

중력
$$F_g = m \times g$$

부분집진효율

$$\eta_d = \frac{d_p^2(\rho_p - \rho) \cdot \pi \cdot N_e \cdot V}{9\mu \cdot B}$$

- η_d : 부분집진효율
- d_p : 먼지입경[L]
- ρ_p : 입자 밀도[ML^{-3}]
- ρ : 가스 밀도[ML^{-3}]
- N_e : 유효 회전수
- V : 입구 유속[LT^{-1}]
- μ : 배출가스의 점도[$ML^{-1}T^{-1}$]
- B : 유입구의 폭[L]

선회류 회전수

$$N_e = \frac{L_1 + (L_2/2)}{H_c}$$

- N_e : 회전수(회)
- H_C : 유입구 높이(m)
- L_1 : 원통부 높이(m)
- L_2 : 원추부 높이(m)

3. 세정집진장치

3-1 개요 및 집진 원리

액적, 액막, 기포 등을 이용하여 함진가스를 세정한 후 입자의 부착, 상호 응집을 촉진시켜 먼지를 분리·포집하는 장치

3-2 집진 메커니즘

메커니즘 종류	특성
관성충돌	• 분진이 유선의 발산에 따라 이동하지 않고 관성에 의하여 유선 발산에서 이탈하여 똑바로 액적과 충돌하여 포집 • 입자경이 1㎛ 이상 될 때에 지배적으로 발생
차단	• 미세입자의 중심은 액적에서 발산하는 유선과 같이 이동하는데, 액적과 미세입자의 중심과의 거리가 반지름보다 짧게 되면 입자는 액적과 직접 충돌하여 집진 • 입자경이 0.1 ~ 1㎛에서 지배적으로 발생
확산	• 입자가 브라운 운동을 하는 정도가 아주 적게 되면, 이 확산작용에 의해 입자는 물방울표면에 접촉 부착하면서 분리 • 입자경이 0.1㎛ 이하에서 지배적으로 발생
응축	• 수분이 가스 내 흐름에서 응축하여 안개를 형성할 때 입자상 물질들이 응축핵으로 작용하여 더욱 큰 입자를 형성한 후 충돌에 의해 제거
중력	• 입자가 액적을 통과하는 동안 중력이 작용하여 액적 표면에 침적 • 입자경이 50㎛ 이하에서 지배적으로 발생

핵심 KEY

세정집진장치의 관성충돌계수를 크게 하기 위한 조건
- 먼지입경이 클수록
- 분진의 밀도가 클수록
- 가스의 점도가 낮을수록
- 처리가스의 온도가 낮을수록
- 물방울 직경이 작을수록
- 가스유속이 빠를수록

3-3 장·단점

장점	• 포집된 먼지의 재비산 염려가 없음 • 단일장치로 입자상 물질과 가스상 물질 동시 처리가능 • 소요설치면적이 적고, 설치비용이 저렴 • 점착성, 조해성 먼지처리 용이 • 부식성 가스 중화 및 고온가스 냉각
단점	• 처리 후 가스의 확산이 어려움 • 소수성 먼지의 처리가 어려움 • 먼지부하 및 가스유동에 민감 • 압력손실이 크며 동력비가 많이 듦 • 폐수 발생하며 부식의 위험이 있음 • 먼지가 습식상태로 포집되어 회수에 어려움이 따름

조해성
공기 중에 있는 수분을 흡수하여 스스로 녹는 현상

3-4 관련 공식

물방울 직경

$$d_w = \frac{4,980}{V_t} + 28.8L^{1.5} \quad \cdots\cdots \text{ 가압수식}$$

$$d_w = \frac{200}{N\sqrt{R}} \times 10^4 \quad \cdots\cdots\cdots\cdots \text{ 회전식}$$

$\begin{bmatrix} d_w : \text{물방울 직경}(\mu m) \\ V_t : \text{목부의 가스 속도}(m/sec) \\ R : \text{반경}(cm) \\ L : \text{액가스비}(L/m^3) \end{bmatrix}$

노즐의 개수

$$n\left(\frac{d_n}{D_t}\right)^2 = \frac{V_t \cdot L}{100\sqrt{P}}$$

$\begin{bmatrix} n : \text{노즐의 개수} \\ d_n : \text{노즐의 직경}(m) \\ D_t : \text{목부의 직경}(m) \\ V_t : \text{목부의 유속}(m/sec) \\ L : \text{액가스비}(L/m^3) \\ P : \text{수압}(mmH_2O) \end{bmatrix}$

물방울 입경과 효율 관계
• 분진입자의 집진은 세정집진장치의 종류와 관계없이 물방울 입경이 감소함에 따라 효율 감소
• 세정액 방울의 크기가 $100\mu m$ 이하 시 집진효율 감소
• 물방울 입경과 분진의 최적 직경비는 150 : 1 정도가 가장 좋음

압력손실

$$\Delta P = (a+bL) \times \frac{r \cdot V_t^2}{2g}$$

$\begin{bmatrix} \Delta P : \text{압력손실}(mmH_2O) \\ L : \text{액가스비}(L/m^3) \\ a, b : \text{관 내의 거칠기 계수} \\ V_t : \text{목부의 유속}(m/sec) \\ r : \text{가스의 밀도}(kg/m^3) \end{bmatrix}$

액가스비 크게 하는 요인
• 농도, 점착성, 처리가스온도 ↑
• 친수성, 먼지 입경 ↓

4. 여과집진장치

4-1 개요 및 집진 원리

함진 가스를 여과재에 통과시켜 미세한 입자를 관성충돌, 확산, 차단, 중력 작용 등에 의해 제거

4-2 집진 메커니즘 ★

메커니즘 종류	특성
관성충돌	• 입경이 비교적 굵고 비중이 큰 분진입자가 기체유선에서 벗어나 섬유층에 직접 충돌하여 포집
차단	• 기체 유선에 벗어나지 않는 크기의 미세입자가 섬유와 접촉하여 포집
확산	• 처리가스의 겉보기 유속이 느릴 때 포집된 분진 입자층에 의해 유효하게 작용하는 집진기구 • 0.1㎛ 이하인 아주 작은 입자는 브라운 운동을 통한 확산에 의해 포집
중력	• 입경이 비교적 굵고 비중이 큰 분진입자가 저속기류 중에서 중력에 의해 낙하하여 포집되는 집진기구

4-3 종류(탈진 방식에 따른 분류)

종류	특성
간헐식	• 종류 : 진동형, 역기류형 • 3~4실로 나누어 규정에 맞는 압력손실 도달 시 처리 가스의 흐름을 차단한 후 처리하는 방식 • 연속식에 비하여 먼지의 재비산이 적고 집진율이 좋음 • 대량의 가스, 점성이 있는 조대먼지 처리에 부적합 • 여포의 수명이 연속식에 비해 긴 편
연속식	• 종류 : 리버스 제트형, 펄스 제트형 • 포집과 탈진을 동시에 하는 방식 • 여포의 수명이 짧음 • 압력손실이 일정 • 고농도, 대용량 가스 처리에 효율적 • 재비산이 많아 집진율이 낮음

4-4 장·단점

장점	• 집진효율이 높음 • 다양한 입자에 적용가능 • 유용한 물질 회수 용이
단점	• 온도, 수분, 여과속도에 대한 적응성이 낮음 • 폭발성, 점착성 먼지의 제거가 곤란함 • 여과재가 고가여서 유지비가 많이 듦

4-5 관련공식

여과포 소요개수 ★★★

$$n = \frac{Q_T}{Q_i} = \frac{Q_T}{\pi D L V_f} = \frac{Q_T}{W L V_f}$$

$\begin{bmatrix} n : \text{여과포 소요개수} \\ Q_T : \text{총 유량}[L^3 T^{-1}] \\ Q_i : \text{여과포 1개의 처리가능 유량}[L^3 T^{-1}] \\ D : \text{여과포의 직경}[L] \\ L : \text{여과포의 길이}[L] \\ V_f : \text{여과속도}[LT^{-1}] \\ W : \text{여과포의 폭}[L] \end{bmatrix}$

집진효율 ★★

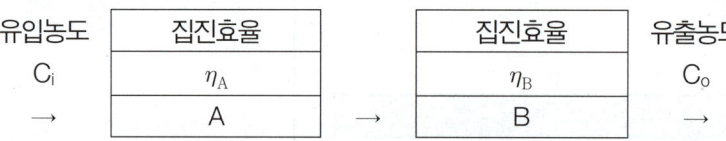

$$\eta_T = 1 - (1 - \eta_A)(1 - \eta_B) = (1 - C_o/C_i)$$

$\begin{bmatrix} \eta_T : \text{총 효율} \\ \eta_A, \eta_B : 1, 2\text{번 집진효율} \\ C_o : \text{유출농도} \\ C_i : \text{유입농도} \end{bmatrix}$

먼지부하 ★★

$$L_d = C_i \cdot V_f \cdot t \cdot \eta$$

$\begin{bmatrix} L_d : \text{먼지부하}[ML^{-2}] \\ C_i : \text{입구 먼지농도}[ML^{-3}] \\ V_f : \text{여과속도}[LT^{-1}] \\ t : \text{탈진주기}[T] \\ \eta : \text{집진효율} \end{bmatrix}$

5. 전기집진장치(ESP ; Electrostatic Precipitator)

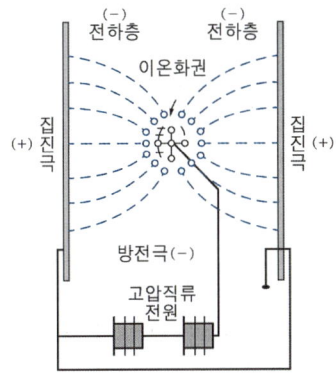

5-1 개요 및 집진원리

전기력, 관성력, 중력 등의 집진작용이 이용되고 있으며 전기력에 의한 분진포집 원리는 코로나 방전의 형성 및 분진의 대전, 대전입자의 이동, 집진극에 포집 등의 메커니즘으로 집진

5-2 장·단점

장점	• 운전비용이 적게 소요 • 건식, 습식 모두 가능하며 집진효율 우수(99% 이상) • 광범위한 온도범위에 적용가능 • 보수가 간단하고 보수 및 유지비가 적음 • 압력손실 20mmH$_2$O, 처리가스 유속 4m/sec ↓
단점	• 소요면적, 설치비가 많이 소요 • 부하변동 적응이 곤란함 • 비저항이 큰 분진제거에 어려움이 있음

 전기적 구획화의 이유
입구는 분진농도가 높아 코로나 전류가 상대적으로 감소하며 출구는 분진농도가 낮아 코로나 전류가 급증하여 전기집진장치의 효율이 감소하므로 전기적 특성에 따라 몇 개의 집진실로 구획하여 집진장치의 효율을 증가시키기 위함이다.

5-3 Deutsch 식(효율계산) ★★★

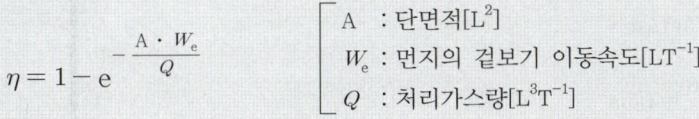

$$\eta = 1 - e^{-\frac{A \cdot W_e}{Q}} \quad \begin{bmatrix} A &: 단면적[L^2] \\ W_e &: 먼지의 겉보기 이동속도[LT^{-1}] \\ Q &: 처리가스량[L^3T^{-1}] \end{bmatrix}$$

5-4 장애현상의 원인 및 대책 ★★

장애현상	원인	대책
재비산	• 비저항 $10^4 \Omega \cdot cm$ ↓ • 입구의 유속 ↑	• 처리가스의 속도를 낮춤 • NH_3 주입 • 온도, 습도 조절 • 집진극에 Baffle 설치 • 미연탄소분 제거
역전리	• 비저항 $10^{11} \Omega \cdot cm$ ↑ • 미분탄 연소 시 • 배가스의 점성 ↑	• 황함량 높은 연료 투입 • SO_3, TEA 주입 • 온도, 습도 조절 • 전극 청결 유지
1차 전압 저하 및 과대전류	• 고압부의 절연상태 불량	• 고압부의 절연상태 점검
2차 전류 현저한 저하	• 먼지 비저항이 너무 높음 • 입구분진농도가 큼	• 입구분진 농도 조절 • 조습용 스프레이 수량 증가 • 스파크 횟수 증가
2차 전류 주기적 불안정	• 집진극과 방전극 간격 이완 • 스파크빈도의 증가	• 방전극, 집진극 간격 점검 • 1차 전압 낮춤 • 충분한 분진 탈리
2차 전류 과도한 흐름	• 먼지 농도가 낮음 • 공기 부하시험을 행함 • 방전극이 가늚 • 이온이동가 큰 가스 처리	• 방전극 교체 • 고압부의 절연상태 점검

> **개념잡기**
>
> 40㎛의 분진의 침강속도가 1.5m/sec일 경우 20㎛의 분진을 중력 집진장치로 100% 처리한다면 침강실의 높이(m)는 얼마로 해야 하는가?
> (단, 중력 집진장치 침강실의 길이는 8m, 유입속도는 2m/sec, 층류)
>
> [식] $\eta_d = \dfrac{V_g \cdot L}{V \cdot H}$
>
> [풀이] ① 침강속도는 입경의 제곱에 비례하므로
> $$1.5 m/sec : (40 \mu m)^2 = X : (20 \mu m)^2$$
> $$X = \dfrac{1.5 \times (20)^2}{(40)^2} = 0.375 m/sec$$
>
> ② $H = \dfrac{V_g \cdot L}{V \cdot \eta_d} = \dfrac{0.375 \times 8}{2 \times 1} = 1.5 m$
>
> [답] ∴ 침강실의 높이 = 1.5m

개념잡기

다음 조건을 이용하여 중력집진장치를 이용하여 배기가스 중 분진을 제거하려고 한다. 다음 물음에 답하시오. (단, 층류와 난류영역에서의 침강속도는 층류에 적용되는 침강속도로 통일함)

[조건]
- 함진가스 유량 : 80m³/min
- 입자의 밀도 : 1,500kg/m³
- 침강실 폭 : 3m
- 입자의 직경 : 50㎛
- 침강실 길이 : 5m
- 점성도 : 3.0×10⁻⁴g/cm·sec
- 침강실 높이 : 4m

가. 집진효율(%)
나. 집진효율이 90%가 되기 위하여 추가적으로 늘려야 하는 길이(m)

가. 집진효율

[식] $\eta_d = 1 - \exp\left(-\dfrac{V_g \cdot L}{V \cdot H}\right)$

[풀이] ※ MKS 단위로 통일

① $Re = \dfrac{D \cdot V \cdot \rho}{\mu}$

② $V = \dfrac{Q}{A} = \dfrac{80\text{m}^3}{\text{min}} \Big| \dfrac{1}{3\text{m} \times 4\text{m}} \Big| \dfrac{\text{min}}{60\text{sec}} = 0.1111\text{m/sec}$

③ $D_o = \dfrac{2HW}{H+W} = \dfrac{2 \times 4 \times 3}{4+3} = 3.4286\text{m}$

④ $\mu = \dfrac{3.0 \times 10^{-4}\text{g}}{\text{cm} \cdot \text{sec}} \Big| \dfrac{100\text{cm}}{\text{m}} \Big| \dfrac{\text{kg}}{10^3\text{g}} = 3.0 \times 10^{-5}\text{kg/m} \cdot \text{sec}$

⑤ $Re = \dfrac{3.4286 \times 0.1111 \times 1.3}{3.0 \times 10^{-5}} = 16,506.4233$

⇒ 난류이므로 난류에 해당하는 집진공식 사용

⑥ $V_g = \dfrac{d_p^2(\rho_p - \rho)g}{18\mu} = \dfrac{(50\mu\text{m})^2}{1} \Big| \dfrac{(1,500-1.3)\text{kg}}{\text{m}^3} \Big| \dfrac{9.8\text{m}}{\text{sec}^2}$

$\Big| \dfrac{\text{m} \cdot \text{sec}}{18 \times 3.0 \times 10^{-5}\text{kg}} \Big| \dfrac{(1\text{m})^2}{(10^6\mu\text{m})^2} = 0.068\text{m/sec}$

⑦ $\eta_d = 1 - \exp\left(-\dfrac{0.068 \times 5}{0.1111 \times 4}\right) = 0.5347 \Rightarrow 53.47\%$

[답] ∴ 집진효율 = 53.47%

나. 집진효율이 90%가 되기 위하여 추가적으로 늘려야 하는 길이

[풀이] ① $0.90 = 1 - \exp\left(-\dfrac{0.068 \times L}{0.1111 \times 4}\right) \Rightarrow L = 15.0481\text{m}$

② 기존 길이가 5m이므로 늘려야 하는 길이는 10.0481m

[답] ∴ 늘려야 하는 길이 = 10.05m

개념잡기

원심력 집진장치를 이용하여 분진을 처리하고자 한다. Lapple식을 적용하여 총 집진효율(%)을 계산하시오.

[조건]
- 유입구 폭 : 0.25m
- 유입구 높이 : 0.5m
- 유효 회전수 : 6회
- 유입 함진가스 : 1m³/sec
- 가스 밀도 : 1.2kg/m³
- 가스 점도 : 1.85×10^{-4} poise
- 분진 밀도 : 1.8g/cm³

입경(μm)	10	30	60	80	100
중량분포(%)	5	15	50	20	10
d_p/d_{p50}	0.16	0.48	1.14	1.27	2.06
부분 집진효율(%)	3	19	51	62	81
d_p/d_{p50}	3.42	3.83	6.85	9.13	11.42
부분 집진효율(%)	93	94	97	99	100

[식] $d_{p.50}(\mu m) = \sqrt{\dfrac{9 \cdot \mu \cdot B}{2 \cdot \pi \cdot N_e \cdot V \cdot (\rho_p - \rho)}} \times 10^6$

[풀이] ① d_{p50}

- $\mu = \dfrac{1.85 \times 10^{-4}\text{g}}{\text{cm} \cdot \text{sec}} \Big| \dfrac{100\text{cm}}{\text{m}} \Big| \dfrac{\text{kg}}{10^3\text{g}} = 1.85 \times 10^{-5}\text{kg/m} \cdot \text{sec}$

- $V = \dfrac{Q}{A} = \dfrac{1\text{m}^3}{\text{sec}} \Big| \dfrac{1}{0.25\text{m} \times 0.5\text{m}} = 8\text{m/sec}$

- $d_{p.50}(\mu m) = \sqrt{\dfrac{9 \times 1.85 \times 10^{-5} \times 0.25}{2\pi \times 6 \times 8 \times (1,800 - 1.2)}} \times 10^6 = 8.7594\mu m$

② 입경별 부분 집진효율

- 10μm 부분 집진효율 $\Rightarrow \dfrac{10}{8.7594} = 1.1416$이므로 51%

- 30μm 부분 집진효율 $\Rightarrow \dfrac{30}{8.7594} = 3.4249$이므로 93%

- 60μm 부분 집진효율 $\Rightarrow \dfrac{60}{8.7594} = 6.8498$이므로 97%

- 80μm 부분 집진효율 $\Rightarrow \dfrac{80}{8.7594} = 9.133$이므로 99%

- 100μm 부분 집진효율 $\Rightarrow \dfrac{100}{8.7594} = 11.4163$이므로 100%

③ 총 집진효율

$\eta_T = (5 \times 0.51) + (15 \times 0.93) + (50 \times 0.97) + (20 \times 0.99) + (10 \times 1)$
$= 94.8\%$

[답] ∴ 총 집진효율 = 94.8%

개념잡기

1m의 직경을 갖는 원심력 집진장치에서 3m³/sec의 가스(1atm, 320K)를 처리하고자 한다. 이때 처리 입자의 밀도는 1.6g/cm³, 점도는 1.85×10⁻⁵kg/m·sec라고 할 때 다음의 조건을 구하시오. (단, 입구 높이 = 0.5m, 입구 폭 = 0.25m, 유효회전수 = 4, 공기밀도 1.3kg/m³)

가. 유입속도(m/sec)
나. 절단입경(μm)

가. 유입속도

[식] $V = \dfrac{Q}{A}$

[풀이] $V = \dfrac{3}{0.5 \times 0.25} = 24\,\mathrm{m/sec}$

[답] ∴ 유입속도 = 24m/sec

나. 절단입경

[식] $d_{p.50}(\mu m) = \sqrt{\dfrac{9 \cdot \mu \cdot B}{2 \cdot \pi \cdot N_e \cdot V \cdot (\rho_p - \rho)}} \times 10^6$

[풀이] ※ MKS 단위로 통일

① $\rho_p = \dfrac{1.6\,\mathrm{g}}{\mathrm{cm}^3} \Big| \dfrac{\mathrm{kg}}{10^3\,\mathrm{g}} \Big| \dfrac{10^6\,\mathrm{cm}^3}{\mathrm{m}^3} = 1{,}600\,\mathrm{kg/m^3}$

② $d_{p.50}(\mu m) = \sqrt{\dfrac{9 \times 1.85 \times 10^{-5} \times 0.25}{2\pi \times 4 \times 24 \times (1{,}600 - 1.3)}} \times 10^6 = 6.5700\,\mu m$

[답] ∴ 절단입경 = 6.57μm

개념잡기

원심력 집진장치에서 블로우 다운(Blow down) 방법과 효과를 3가지 서술하시오.

가. 방법 : Dust Box 또는 멀티 사이클론의 Hopper부에서 처리 가스량의 5~10%를 흡인하여 재순환시키는 방법

나. 효과
- 유효원심력 증가
- 분진의 재비산 방지
- 집진효율 증대
- 내통의 분진 폐색방지

원심력 집진장치의 집진효율 향상 조건을 3가지 적으시오. (단, Blow Down효과는 제외)

- 원통의 직경, 내경이 작을수록
- 입경과 밀도가 클수록
- 입구유속이 빠를수록
- 직렬로 사용하는 경우
- 회전수가 클수록

세정집진장치의 기본원리와 포집원리 3가지를 적으시오.

가. 기본원리 : 액적, 액막, 기포 등을 이용하여 함진가스를 세정한 후 입자의 부착, 상호 응집을 촉진시켜 먼지를 분리·포집하는 장치
나. 포집원리 : 관성충돌, 차단, 확산, 응축

세정집진장치에서 관성충돌계수를 크게 하기 위한 입자배출원 특징, 운전 조건 6가지를 서술하시오.

- 먼지입경이 클수록
- 분진의 밀도가 클수록
- 가스의 점도가 낮을수록
- 처리가스의 온도가 낮을수록
- 물방울 직경이 작을수록
- 가스유속이 빠를수록

송풍기 회전판 회전에 의하여 집진장치에 공급되는 세정액이 미립자로 만들어져 집진하는 원리를 가진 회전식 세정집진장치에서 직경이 12cm인 회전판이 4,400rpm으로 회전할 때 형성되는 물방울의 직경(μm)을 구하시오.

[식] $d_w = \dfrac{200}{N\sqrt{R}} \times 10^4$

[풀이] $d_w = \dfrac{200}{4,400 \times \sqrt{6}} \times 10^4 = 185.5674 \mu m$

[답] ∴ 물방울의 직경 = 185.57 μm

개념잡기

벤츄리 스크러버에서 목 부의 직경 0.22m, 수압 2atm, Nozzle의 수 6개, 액가스비 0.5L/m³, 목 부의 가스유속이 60m/sec일 때, Nozzle의 직경(mm)을 계산하시오.

[식] $n\left(\dfrac{d_n}{D_t}\right)^2 = \dfrac{V_t \cdot L}{100\sqrt{P}}$

[풀이] ① $P = 2\text{atm} \Big| \dfrac{10,000\text{mmH}_2\text{O}}{\text{atm}} = 20,000\text{mmH}_2\text{O}$

(※ 벤츄리 스크러버에서는 공학기압 10,000mmH₂O 사용)

② $6 \times \left(\dfrac{d_n}{0.22}\right)^2 = \dfrac{60 \times 0.5}{100\sqrt{20,000}} \Rightarrow d_n = 4.1367 \times 10^{-3}\text{m}$

③ $d_n = 4.1367 \times 10^{-3}\text{m} \Big| \dfrac{10^3 \text{mm}}{\text{m}} = 4.1367\text{mm}$

[답] ∴ Nozzle의 직경=4.14mm

개념잡기

여과집진장치의 집진원리 4가지를 적고 간단하게 설명하시오.

- 관성충돌 : 입경이 비교적 굵고 비중이 큰 분진입자(1㎛ 이상)가 기체유선에서 벗어나 섬유층에 직접 충돌하여 포집
- 차단 : 기체 유선에 벗어나지 않는 크기의 미세입자(0.1 ~ 1㎛) 섬유와 접촉에 의해서 포집
- 확산 : 0.1㎛ 이하인 아주 작은 입자는 브라운 운동을 통한 확산에 의해 포집
- 중력 : 입경이 비교적 굵고 비중이 큰 분진입자가 저속기류 중에서 중력에 의하여 낙하하여 포집

개념잡기

여과집진장치 중에서 간헐식 탈진방식과 연속식 탈진방식의 장점을 각각 2가지씩 쓰시오.

가. 간헐식
- 연속식에 비하여 먼지의 재비산이 적고 집진율이 좋다.
- 여포의 수명이 연속식에 비해 긴 편이다.

나. 연속식
- 포집과 탈진을 동시에 하는 방식이므로 압력손실이 일정하다.
- 고농도, 대용량 가스 처리에 효과적이다.

여과집진기에서 유량 4.78×10⁶cm³/sec, 공기여재비 4cm/sec로 유입될 때 여과포 1개의 직경 0.2m, 유효높이 3m인 경우의 필요한 여과포의 개수를 구하시오.

[식] $n = \dfrac{Q_T}{\pi D L\, V_f}$

[풀이] ※ CGS 단위로 통일

$$n = \dfrac{4.78 \times 10^6}{\pi \times 20 \times 300 \times 4} = 63.3967 \text{이므로 64개 필요}$$

[답] ∴ 여과포의 개수 = 64개

20개의 bag을 사용한 여과집진장치에서 집진율이 90%, 입구의 먼지농도는 150℃에서 10g/Sm³이었다. 가동 중 1개의 bag에 구멍이 열려 전체 처리가스량의 1/100이 그대로 통과하였다면 출구의 먼지농도(g/Sm³)를 계산하시오.

[식] $C_o = C_i \times (1-\eta)$

[풀이] ① 출구 먼지 농도 = 처리되고 남은 먼지 + 그대로 통과한 먼지
② $C_o = 9 \times (1-0.90) = 0.9$
③ 그대로 통과한 먼지 = 1
④ 출구 먼지 농도 = 0.9 + 1 = 1.9g/Sm³

[답] ∴ 출구의 먼지 농도 = 1.9g/Sm³

전기집진장치의 집진효율을 증가시키는 방법 6가지를 서술하시오.

- 비저항 값을 $10^4 \sim 10^{11}\,\Omega \cdot cm$로 운영한다.
- 처리가스의 온도를 150℃ 이하 혹은 250℃ 이상으로 한다.
- 처리가스의 수분함량을 증가시킨다.
- 연료의 황성분 함량을 높인다.
- 인가전압을 높인다.
- 집진판의 면적을 넓게 한다.
- 입자의 이동속도를 빠르게 한다.

전기집진장치로 분진을 집진할 경우 작용하는 집진원리 4가지를 서술하시오.

- 전기풍에 의한 힘
- 입자 간의 흡입력
- 대전입자의 하전에 의한 쿨롱력
- 전계강도의 힘

> **개념잡기**
>
> 배기가스량 1,000m³/min, 농도 5.0g/Sm³, 분진을 유효 높이 8.5m, 직경 250mm인 Back Filter를 사용하여 처리할 경우 필요한 Back Filter의 개수와 탈진주기(hr)를 구하시오. (단, 여과속도 1.5cm/sec, 먼지부하 400g/m², 집진효율 95%)
>
> 가. Back Filter의 개수
> 나. 탈진주기

가. Back Filter의 개수

[식] $n = \dfrac{Q_T}{\pi D L\, V_f}$

[풀이] ※ MKS 단위로 통일

① $Q_T = \dfrac{1,000\text{m}^3}{\text{min}} \Big| \dfrac{\text{min}}{60\text{sec}} = 16.6667\text{m}^3/\text{sec}$

② $D = \dfrac{250\text{mm}}{} \Big| \dfrac{\text{m}}{10^3\text{mm}} = 0.25\text{m}$

③ $V_f = \dfrac{1.5\text{cm}}{\text{sec}} \Big| \dfrac{\text{m}}{100\text{cm}} = 0.015\text{m/sec}$

④ $n = \dfrac{16.6667}{\pi \times 0.25 \times 8.5 \times 0.015} = 166.4369$ 이므로 167개

[답] ∴ Back Filter의 개수 = 167개

나. 탈진주기

[식] $L_d = C_i \cdot V_f \cdot t \cdot \eta$

[풀이]

① $V_f = \dfrac{1.5\text{cm}}{\text{sec}} \Big| \dfrac{\text{m}}{100\text{cm}} \Big| \dfrac{3,600\text{sec}}{\text{hr}} = 54\text{m/hr}$

② $t = \dfrac{L_d}{C_i \cdot V_f \cdot \eta} = \dfrac{400}{5 \times 54 \times 0.95} = 1.5595\text{hr}$

[답] ∴ 탈진주기 = 1.56hr

> **개념잡기**
>
> 평판형 전기집진장치에서 집진면의 간격이 18cm, 배출가스의 유속이 2.8m/sec, 입자의 이동속도가 5.5cm/sec일 때 이 입자를 100% 제거하기 위한 이론적인 집진극의 길이(cm)를 계산하시오. (단, 층류영역)

[식] $L = \dfrac{R \cdot V}{W_e}$

[풀이] ① $V = \dfrac{2.8\text{m}}{\text{sec}} \Big| \dfrac{100\text{cm}}{\text{m}} = 280\text{cm/sec}$

② $L = \dfrac{9 \times 280}{5.5} = 458.1818\text{cm}$

[답] ∴ 집진극의 길이 = 458.18cm

개념잡기

전기집진장치에서의 장애현상 중 원인 및 대책을 한가지씩 서술하시오.

가. 2차 전류가 주기적으로 변하거나 불규칙하게 흐를 때
나. 2차 전류가 현저히 떨어질 때
다. 재비산현상이 일어날 때

가. 2차 전류가 주기적으로 변하거나 불규칙하게 흐를 때
- 원인
  - 집진극과 방전극 간격 이완
  - 스파크 빈도의 증가
- 대책
  - 방전극, 집진극 간격 점검
  - 1차 전압 낮춤
  - 충분한 분진 탈리

나. 2차 전류가 현저히 떨어질 때
- 원인
  - 먼지 비저항이 너무 높음
  - 입구분진 농도가 큼
- 대책
  - 입구분진 농도 조절
  - 조습용 스프레이 수량 증가
  - 스파크 횟수 증가

다. 재비산현상이 일어날 때
- 원인
  - 비저항 $10^4 \Omega \cdot cm$ 이하
  - 입구의 유속이 빠를 때
- 대책
  - 처리가스의 속도를 낮춤
  - NH_3 주입
  - 온도, 습도 조절
  - 집진극에 Baffle

평판형 전기집진기의 집진극 전압이 60kV, 집진판 간격은 30cm이다. 가스속도는 1.0m/sec, 입자 직경 0.5㎛일 때 입자의 이동속도는

$W_e = \dfrac{1.1 \times 10^{-14} \cdot P \cdot E^2 \cdot d_p}{\mu}$ 를 이용하여 계산한다. 이때 효율이 100%가 되는 집진극의 길이(m)를 구하시오. (단, P = 2, $\mu = 8.63 \times 10^{-2}$ kg/m·hr)

[식] $L = \dfrac{R \cdot V}{W_e}$

[풀이] ① $E = \dfrac{60 \times 10^3 V}{0.15 m} = 400{,}000 V/m$

② $W_e = \dfrac{1.1 \times 10^{-14} \times 2 \times 400{,}000^2 \times 0.5}{8.63 \times 10^{-2}} = 0.0204 m/sec$

③ $L = \dfrac{0.15 \times 1}{0.0204} = 7.3529 m$

[답] ∴ 집진극의 길이 = 7.35m

전기집진장치를 이용하여 120,000m³/hr의 가스를 처리하고자 한다. 먼지의 겉보기 이동속도는 10m/min, 제거효율은 99.5%, 집진판의 길이는 2m, 높이는 5m라 할 때 필요한 집진판의 개수를 구하시오. (단, Deutsch Anderson 식을 적용하여 계산)

[식] $\eta = 1 - e^{-\frac{A \cdot W_e}{Q}}$

[풀이] ① $W_e = \dfrac{10m}{min} \left| \dfrac{60min}{hr} \right. = 600 m/hr$

② $A = -\dfrac{Q}{W_e} \ln(1-\eta) = -\dfrac{120{,}000}{600} \ln(1-0.995) = 1{,}059.6635 m^2$

③ 필요한 집진 면의 개수 = $\dfrac{전체\ 면적}{1개\ 면적} = \dfrac{1{,}059.6635}{5 \times 2} = 105.9664$ 이므로 106개의 집진면이 필요

④ 2개는 단면, 52개는 양면 집진판이 필요하므로 총 집진판의 개수는 54개

[답] ∴ 집진판의 개수 = 54개

CHAPTER 03
유해가스 및 악취처리

KEYWORD 황산화물 건식 처리법, SCR, 충전탑 관련 용어, 흡수 장치의 종류, 흡수액 구비조건, 흡착형태

01 특정 물질별 처리방법

1. 황산화물(SO_x)

1-1 건식 처리법의 장·단점 ★

장점	• 배출가스의 온도 저하가 거의 없는 편 • 연돌에 의한 배출가스의 확산이 양호한 편 • 폐수가 발생하지 않음 • pH 영향을 많이 받지 않는 편
단점	• 제거반응 속도가 낮아 SO_2 제거율이 낮음 • 설비장치 및 건설비가 소요가 많음 • 부하변동에 따른 적응성이 낮음

1-2 건식 처리법

종류	특성
석회석 주입법	• 석회석이 저렴하여 재생이 필요 없음 • 부대설비가 적게 소요 • 배출가스의 온도 저하가 적음 • 소규모 보일러나 노후된 보일러에 많이 사용 • 연소로 내에서 짧은 접촉시간 • 연소로 내에서의 화학반응 소성, 흡수, 산화 • SO_2 제거효율이 낮으며 고형폐기물 처리량이 많음 • 반응식 : $SO_2 + CaCO_3 + 0.5O_2 \rightarrow CaSO_4 + CO_2$
활성산화망간법	• 분말상의 산화망간을 가스 내 주입 시 SO_2와 반응하여 황산망간을 생성하고 그 후 NH_3를 가하여 $(NH_4)_2SO_4$를 생성
활성탄 흡착법	• 활성탄의 촉매작용으로 SO_2가 SO_3로 산화되고 SO_3와 수증기와 반응하여 H_2SO_4가 생성된 후 흡착된 H_2SO_4를 탈착하여 제거
산화법	• V_2O_5와 K_2SO_4 촉매를 이용하여 SO_2를 SO_3로 산화한 후 흡수탑에서 H_2O와 반응하여 H_2SO_4가 생성된 후 회수하거나 NH_3를 주입하여 $(NH_4)_2SO_4$를 생성하여 회수

1-3 습식 처리법의 장·단점

장점	• 공정의 신뢰성이 좋음 • SO_2 제거율이 좋음 • 설치면적이 적음 • 보일러 부하율 변동이 적음
단점	• 폐수가 많이 발생함 • 처리온도가 낮아 재가열이 필요함

1-4 습식 처리법

종류	특성
석회 세정법	• 소규모에 적용 • 배기온도가 낮아 통풍력이 낮으며 통풍팬 사용 시 동력비 소모가 많아짐 • 먼지와 연소재의 동시제거가 가능하므로 제진시설 불필요 • pH의 영향을 받으며 스케일 생성 문제 발생
암모니아 흡수법	• 반응식 : $2NH_4OH + SO_2 \rightarrow (NH_4)_2SO_3 + H_2O$ $(NH_4)_2SO_3 + H_2O + SO_2 \rightarrow 2NH_4HSO_3$
Wellman-Lord법	• 석회 세정법의 스케일 생성 문제를 해결하기 위해 개발한 공법으로 제거효율은 높으나 비용이 많이 소요

Scale 생성 방지대책
- 주기적으로 세정액을 내벽을 향해 고루 분사한다.
- 배가스와 슬러지 분배를 적절하게 유지한다.
- pH의 급격한 저하를 막는다.
- L/G비를 증가시켜 슬러리 부피당 제거되는 SO_2양을 줄인다.

2. 질소산화물(NO_x)

2-1 NO_x 생성기구 ★

종류	특성
Thermal NO_x	• 공기 중의 N_2가 고온(1,000 ~ 1,400℃)의 영역에서 산화되어 생성 • 반응식(Zeldovich) $N_2 + O \rightleftarrows NO + N$ $N + O_2 \rightleftarrows NO + O$ $N_2 + O_2 \rightleftarrows 2NO$ • 생성조건 : 온도, 공기비(1.1 ~ 1.2), 연소가스의 체류시간 ↑
Fuel NO_x	• 연소 중 연료 중의 N_2가 공기 중의 O_2와 반응하여 생성 • 생성조건 : 연료와 공기의 혼합률
Prompt NO_x	• 연소 중 연료의 탄화수소와 반응하여 생성 (Flame 내부에서 빠르게 반응) • 반응식 $CH + N_2 \rightleftarrows HCN + N$ $2C + N_2 \rightleftarrows 2CN$ $N + OH \rightleftarrows H + NO$ • 생성조건 : 온도, 공기비, 연소시간 ↓

연소조절에 의한 NO_x 처리
- 2단연소
- 배기가스 재순환
- 수증기분사
- 저산소 연소
- 버너 및 연소실 구조 개량 (저 NO_x 버너)
- 희박예혼합연소
- 연소부분 냉각

2-2 건식 처리법

종류	특성
선택적 촉매 환원법 (SCR) ★★	• 촉매(TiO_2, V_2O_5)와 환원제(NH_3, CO, H_2S 등)를 이용하여 NO_x를 N_2로 환원시키는 방법 • 최적온도 범위 : 300 ~ 400℃ • NO_x 제거효율 : 90% • 암모니아 슬립이 적음 • 설치비 및 운전비가 많이 소요 • 촉매가 비싸며 압력손실이 높음 〈반응식〉 $4NO + 4NH_3 + O_2 \rightarrow 4N_2 + 6H_2O$ 　　　　$6NO + 4NH_3 \rightarrow 5N_2 + 6H_2O$ 　　　　$6NO_2 + 8NH_3 \rightarrow 7N_2 + 12H_2O$ 　　　　$NO + H_2S \rightarrow 0.5N_2 + S + H_2O$
선택적 비촉매 환원법 (SNCR)	• 촉매사용 없이 환원제(NH_3, $(NH_2)_2CO$ 등)를 이용하여 NO_x를 N_2로 환원시키는 방법 • 최적 온도 범위 : 900 ~ 1,000℃ • NO_x 제거효율 : 60% • 암모니아 슬립 발생 〈반응식〉 $4NO + 2(NH_2)_2CO + O_2 \rightarrow 4N_2 + 4CO_2 + 4H_2O$
비선택적 촉매 환원법 (NSCR)	• 산소 소모 후 환원제(CH_4, H_2, CO 등)를 이용하여 NO_x를 N_2로 환원시키는 방법 〈반응식〉 $2NO_2 + 4CO \rightarrow N_2 + 4CO_2$ 　　　　$4NO + CH_4 \rightarrow 2N_2 + CO_2 + 2H_2O$

암모니아 슬립(Ammonia Slip)
최적 온도 범위에 맞지 않거나 NO_x보다 많은 양의 NH_3가 주입하여 반응에 참여하지 못한 NH_3가 배출가스로 배출되는 현상

2-3 습식 처리법

종류	특성
물 또는 알칼리용액 흡수법	NO는 처리하기 힘들어 산화제, 산화물 등의 촉매를 이용하여 NO_2로 산화 후 처리
황산 흡수법	H_2SO_4를 이용하여 $NOHSO_4$로 제거
수산화물 흡수법	$Ca(OH)_2$ 등을 이용하여 처리

3. 기타 오염물질 처리 방법

오염물질	처리 방법
휘발성유기화합물	직접연소법, 촉매연소법, 활성탄 흡착법, 생물학적 처리, 플라즈마, UV 산화 등
다이옥신 ★	고온열분해법, 오존산화법, 촉매분해법, 광분해법, 생물학적 분해법, 초임계유체분해법
염소	물 및 알칼리액에 의한 흡수법
염화수소	수세법
불소	가성소다 흡수법(벤츄리, 충전탑, 스프레이탑)
불화수소	가성소다 석회법(스크러버)
불화규소	수세법(벤츄리, 스프레이탑, 제트스크러버)
벤젠	활성탄 흡착법, 촉매 연소법
비소	알칼리액에 의한 흡수법
일산화탄소	촉매산화법
이산화황	석회석 주입법
암모니아	흡수법

02
흡수법(Absorption)

1. 흡수이론

1-1 Henry 법칙 ★

$$P = C \cdot H$$

- P : 가스 분압(atm)
- C : 액체 농도($kmol/m^3$)
- H : 헨리상수($atm \cdot m^3/kmol$)

 참고

헨리법칙은 용해도가 작은 기체(H_2, O_2, N_2, NO, NO_2, CO, CO_2 등)에 적용되며 헨리상수는 온도에 따라 변하며 온도가 높을수록 그 값이 크다.

1-2 총괄물질 이동계수

$$\frac{1}{K_G} = \frac{1}{k_g} + \frac{H}{k_l}$$

$$\frac{1}{K_L} = \frac{1}{H \cdot k_g} + \frac{1}{k_l}$$

- K_G : 기상 총괄물질 이동계수($kmol/m^2 \cdot atm$)
- K_L : 액상 총괄물질 이동계수($kmol/m^2 \cdot atm$)
- H : 헨리상수($atm \cdot m^3/kmol$)
- k_g : 기상물질 이동계수($kmol/m^2 \cdot atm \cdot hr$)
- k_l : 액상물질 이동계수(m/hr)

2. 처리설비

흡수 장치의 종류 ★★

액분산형	충전탑(Packed tower), 분무탑(Spray tower), 사이클론 스크러버(Cyclone scrubber), 제트 스크러버(Jet scrubber), 벤츄리 스크러버(Venturi scrubber)
가스분산형	단탑[다공판탑(Sieve plate tower), 포종탑(Bubble cap tray tower)], 기포탑(Bubble tower)

2-1 충전탑

충전물을 채운 탑 내에서 액을 위에서 밑으로 흐르게 하고 가스는 아래에서 분사시켜 접촉시켜 처리하며 Flooding point의 40~70%에서 설계

관련 용어 ★★

Hold up	충전층 내 액 보유량	
Loading Point	Hold up의 증가로 급격한 압력 변화가 생기는 점	
Flooding Point	가스 속도가 커져 액이 흐르지 않고 넘는 점(향류 조작 불가능)	
편류현상	정의	충전물에 흡수액이에 균일하게 분산하여 흐르지 않고 한쪽으로만 흐르는 현상
	방지 대책	• 충전탑의 직경/충전재의 직경 비를 8~10로 설정한다. • 균일하고 동일한 충전재를 사용한다. • 높은 공극률을 갖는 충전재를 사용하다. • 저항이 적은 충전재를 사용한다. • 정류판을 설치하거나 약 4m 간격으로 재분배기를 설치한다.

> **참고**
>
> **충전물 구비조건**
> - 단위체적당 표면적이 클 것
> - 압력손실이 작을 것
> - 충전밀도, 공극률이 클 것
> - 액가스 분포 균일하게 유지할 것
> - 내식성, 내열성이 클 것
> - 내구성이 좋고 가벼울 것

> **흡수액 구비조건 ★★★**
> - 흡수액의 손실 방지를 위해 휘발성이 작을 것
> - 장치의 부식 방지를 위해 부식성이 낮을 것
> - 높은 흡수율과 범람을 줄이기 위해 점도가 낮을 것
> - 빙점이 낮고, 가격이 저렴할 것
> - 용해도 및 비점이 높을 것
> - 용매의 화학적 성질과 비슷할 것
> - 화학적으로 안정적일 것

충전탑의 높이 계산 공식 ★

$$H = H_{OG} \times N_{OG} = H_{OG} \times \ln\left(\frac{1}{1-\eta}\right)$$

H_{OG} : 총괄이동단위높이(m)
N_{OG} : 총괄이동단위수
η : 제거율

2-2 다공판탑

- 액가스비 : 0.3 ~ 5L/m³, 압력손실 : 100 ~ 200mmH₂O
- 유속 : 0.3 ~ 1m/sec
- 고체부유물 생성 및 온도변화에 대한 대응성이 좋음
- 가스량 변동이 격심할 때는 조업하기 힘듦
- 구조가 간단하며, 대형화가 가능함
- 흡수액의 Hold up이 높음
- 충전탑보다 경제성이 낮음

2-3 분무탑

- 구조가 간단, 압력손실 낮음
- 침전물이 생기는 경우에 적합
- 충전탑에 비해 설비비, 유지비가 적게 듦
- 가스의 유출 시 비말동반이 많음
- 동력소모가 많음
- 효율이 낮음

03 흡착(Adsorption) 처리

1. 흡착이론

1-1 흡착 형태 ★★

구분 \ 흡착	물리적 흡착	화학적 흡착
흡착원리	Van der Waals힘	화학결합
흡착제의 재생	흡착제의 재생가능(가역적)	재생 불가능(비가역적)
오염가스 회수	용이	어려움
온도의 영향	영향이 큼	없음
흡착층	다층	단분자층
활성온도	낮은 온도	대체적 높은 온도
흡착열	낮음(10kcal/mol 이하)	높음(20 ~ 200kcal/mol)

1-2 흡착제의 선택조건

- 단위질량당 표면적이 큰 것
- 기체 흐름에 대한 압력손실이 적을 것
- 흡착제의 강도와 경도가 클 것
- 흡착율이 우수할 것
- 흡착제의 재생이 용이할 것
- 흡착물질의 회수가 용이할 것
- 온도, 가스조성에 대한 고려를 할 것

흡착제 재생방법
- 고온공기 탈착법
- 수세 탈착법
- 수증기 탈착법
- 불활성 가스에 의한 탈착법
- 감압 진공 탈착법

2. 흡착식 ★★

2-1 Freundlich 등온흡착식

$$\frac{X}{M} = k \cdot C^{1/n}$$

- X : 흡착된 유기물의 양(mg/L)
- M : 필요한 활성탄의 양(mg/L)
- C : 흡착되고 남은 유기물의 양(mg/L)
- k, n : 상수

Freundlich 등온흡착식에서 상수 k와 n을 구하는 방법

$\frac{X}{M} = k \cdot C^{1/n}$ ·················· 양변에 log를 취함

$\log\frac{X}{M} = \log k + \frac{1}{n}\log C$ ·················· log k는 y절편, 1/n은 기울기

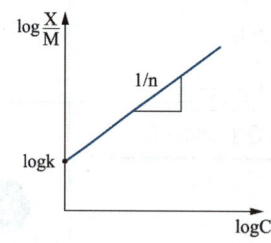

2-2 Langmuir 등온흡착식

$$\frac{X}{M} = \frac{abC}{1 + aC}$$

- X : 흡착된 유기물의 양(mg/L)
- M : 필요한 활성탄의 양(mg/L)
- C : 흡착되고 남은 유기물의 양(mg/L)
- a, b : 상수

개념잡기

배출가스 중 황산화물을 처리하고자 할 때 다음 물음에 답하시오.

가. 건식법의 종류 3가지
나. 건식법의 장점 3가지(습식법과 비교하여)

가. 종류 : 석회석 주입법, 활성산화망간법, 활성탄 흡착법
나. 장점(습식법과 비교하여)
- 배출가스의 온도 저하가 거의 없는 편이다.
- 연돌에 의한 배출가스의 확산이 양호한 편이다.
- 폐수가 발생하지 않는다.
- pH 영향을 많이 받지 않는 편이다.

개념잡기

황 1.2%를 함유한 중유를 100ton/hr 연소할 때 배출되는 SO_2를 석회석 주입법으로 처리하고자 한다. 필요한 석회석의 양(kg/hr)을 구하시오. (단, 탈황률은 90%)

[풀이] 〈반응식〉 $SO_2 + CaCO_3 + 0.5O_2 \rightarrow CaSO_4 + CO_2$
    64kg : 100kg
    SO_2 발생량 : X

SO_2 발생량 $= \dfrac{100\text{ton}_{중유}}{\text{hr}} \Big| \dfrac{1.2_S}{100_{중유}} \Big| \dfrac{10^3 \text{kg}}{\text{ton}} \Big| \dfrac{64_{SO_2}}{32_S} \Big| \dfrac{90}{100} = 2{,}160 \text{kg/hr}$

$X = \dfrac{100 \times 2{,}160}{64} = 3{,}375 \text{kg/hr}$

[답] ∴ 석회석의 양 = 3,375kg/hr

개념잡기

SO_2를 1,000ppm 함유한 가스(1기압, 25℃)가 유동층 연소로에서 10,000m³/hr로 배출될 때 이를 석회석으로 처리할 경우 필요한 $CaCO_3$의 양(kg/hr)을 계산하시오. (단, Ca/S비가 4일 경우 SO_2 100% 처리)

[풀이] 〈반응비〉 SO_2 : $4 \times CaCO_3$
    $22.4 Sm^3$: 4×100kg
    SO_2 발생량 : X

$\Rightarrow SO_2$ 발생량 $= \dfrac{1{,}000 \text{mL}}{\text{m}^3} \Big| \dfrac{10{,}000 \text{m}^3}{\text{hr}} \Big| \dfrac{273}{273+25} \Big| \dfrac{\text{m}^3}{10^6 \text{mL}}$
        $= 9.1611 Sm^3/\text{hr}$

$X = \dfrac{4 \times 100 \times 9.1611}{22.4} = 163.5911 \text{kg/hr}$

[답] ∴ 필요한 $CaCO_3$ 양 = 163.59kg/hr

선택적 촉매 환원법(SCR)의 원리를 서술하고 대표적 반응식을 3가지 적으시오.　　개념잡기

가. 원리 : 300 ~ 400℃에서 촉매(TiO_2, V_2O_5)와 환원제(NH_3, CO, H_2S 등)를 이용하여 NO_x를 N_2로 환원시키는 방법이다.

나. 대표 반응식
- $4NO + 4NH_3 + O_2 \rightarrow 4N_2 + 6H_2O$
- $6NO + 4NH_3 \rightarrow 5N_2 + 6H_2O$
- $6NO_2 + 8NH_3 \rightarrow 7N_2 + 12H_2O$

NO 224ppm, NO_2 22.4ppm을 함유한 배기가스 100,000㎥/hr를 NH_3에 의한 선택적 접촉환원법으로 처리할 경우 NO_x를 제거하기 위한 NH_3의 이론량(kg/hr)을 계산하시오.　　개념잡기

[풀이] ① 〈반응식〉 $6NO\ \ \ +\ \ \ 4NH_3 \rightarrow 5N_2 + 6H_2O$
　　　　　　　$6 \times 22.4 Sm^3 : 4 \times 17 kg$
　　　　　　　　NO 발생량 : X

NO 발생량 $= \dfrac{224 \mathrm{mL}}{\mathrm{m}^3} \Big| \dfrac{100,000 \mathrm{m}^3}{\mathrm{hr}} \Big| \dfrac{\mathrm{m}^3}{10^6 \mathrm{mL}} = 22.4 \mathrm{m}^3/\mathrm{hr}$

$X = \dfrac{4 \times 17 \times 22.4}{6 \times 22.4} = 11.3333 \mathrm{kg/hr}$

② 〈반응식〉 $6NO_2\ \ \ +\ \ \ 8NH_3 \rightarrow 7N_2 + 12H_2O$
　　　　　　　$6 \times 22.4 Sm^3 : 8 \times 17 kg$
　　　　　　　　NO_2 발생량 : Y

NO_2 발생량 $= \dfrac{22.4 \mathrm{mL}}{\mathrm{m}^3} \Big| \dfrac{100,000 \mathrm{m}^3}{\mathrm{hr}} \Big| \dfrac{\mathrm{m}^3}{10^6 \mathrm{mL}} = 2.24 \mathrm{m}^3/\mathrm{hr}$

$Y = \dfrac{8 \times 17 \times 2.24}{6 \times 22.4} = 2.2667 \mathrm{kg/hr}$

③ $X + Y = 11.3333 + 2.2667 = 13.6 \mathrm{kg/hr}$

[답] ∴ NH_3의 이론량 = 13.6kg/hr

개념잡기

소각 후 발생하는 다이옥신류를 처리하기 위한 처리 방법 3가지를 서술하시오.

- 촉매분해법 : 300 ~ 400℃에서 V_2O_5, TiO_2, Pt, Pd 등의 촉매를 사용하여 다이옥신을 분해시키는 방법
- 생물학적 분해법 : 리그닌 및 세균 등을 이용하여 다이옥신을 생물화학적으로 분해시키는 방법
- 광분해법 : 250 ~ 300nm의 파장범위를 갖는 자외선을 배기가스에 조사시켜 다이옥신의 결합을 파괴하는 방법
- 고온 열분해법 : 배기가스의 온도를 850℃ 이상 유지하여 열적으로 다이옥신을 분해시키는 방법
- 오존산화법 : 용액(저온, 염기성) 중 오존을 주입하여 PCDDs를 산화분해시키는 방법
- 초임계유체분해법 : 초임계유체의 극대 용해도(374℃, 218atm)를 이용하여 다이옥신을 흡수 제거하는 방법
- 활성탄 흡착법 : 배기가스의 유동경로에 흡착제를 분무하여 다이옥신을 흡착처리하는 방법

개념잡기

A소각로에서 발생하는 다이옥신을 측정한 결과 17%의 산소농도에서 다음과 같은 결과를 얻었다. 다이옥신의 농도(ng/Sm³)를 산소농도 10%로 환산하여 독성등가 인자를 고려하여 계산하시오. (단, 소수점 세 번째 자리까지)

다이옥신의 종류	독성등가 환산계수	농도
T_4CDD	1.0	0.1ng/Sm³
T_4CDF	0.5	0.2ng/Sm³
P_5CDD	0.5	0.5ng/Sm³
O_8CDD	0.001	12ng/Sm³
O_8CDF	0.001	2ng/Sm³

[식] $TEQ = \sum(TEF \times 치환이성체의\ 농도)$

[풀이] ① $TEQ = 1 \times 0.1 + 0.5 \times 0.2 + 0.5 \times 0.5 + 0.001 \times 12 + 0.001 \times 2$
$= 0.464 \text{ng}/\text{Sm}^3$

② 농도보정 $\Rightarrow C = 0.464 \times \dfrac{21-10}{21-17} = 1.276 \text{ng}/\text{Sm}^3$

[답] ∴ 다이옥신 농도=1.276ng/Sm³

유해가스와 물이 일정한 온도에서 평형상태에 있다. 기상의 유해가스의 분압이 38mmHg일 때 수중 유해가스의 농도가 2.5kmol/m³이면 이때 헨리상수(atm·m³/kmol)를 계산하시오.

[식] $H = \dfrac{P}{C}$

[풀이] ① $P = \dfrac{38mmHg}{} \Big| \dfrac{1atm}{760mmHg} = 0.05atm$

② $H = \dfrac{0.05}{2.5} = 0.02 atm \cdot m^3/kmol$

[답] ∴ 헨리상수 = 0.02atm·m³/kmol

다음 물음에 답하시오.

가. 액분산형 흡수장치 3가지만 적으시오.
나. Hold-up, Loading Point, Flooding Point에 대해 서술하시오.

가. 벤츄리 스크러버, 사이클론 스크러버, 제트 스크러버, 충전탑, 분무탑
나. • Hold-up : 충전층 내 액 보유량
　• Loading Point : Hold up의 증가로 급격한 압력 변화가 생기는 점
　• Flooding Point : 가스 속도가 커져 액이 흐르지 않고 넘는 점(향류 조작 불가능)

오염가스가 5,000m³/hr로 배출되고 있다. 오염가스 중 HF의 농도는 60ppm이며 이를 수산화칼슘용액으로 침전제거하려고 할 때 5일 동안 사용한 수산화칼슘의 양(kg)을 계산하시오. (단, HF는 90%가 물에 흡수, 하루 10시간 운전)

[풀이] 〈반응식〉 $2HF + Ca(OH)_2 \rightarrow CaF_2 + 2H_2O$
　　　　　　$2 \times 22.4m^3$: 74kg
　　　　　　HF 흡수량 : X

HF 흡수량 $= \dfrac{5,000m^3}{hr} \Big| \dfrac{60mL}{m^3} \Big| \dfrac{m^3}{10^6 mL} \Big| \dfrac{10hr}{day} \Big| \dfrac{5day}{} \Big| \dfrac{90}{100} = 13.5m^3$

$X = \dfrac{74 \times 13.5}{2 \times 22.4} = 22.2991 kg$

[답] ∴ 수산화칼슘의 양 = 22.30kg

개념잡기
충전탑과 단탑의 차이점 3가지를 서술하시오.

- 충전탑 흡수액의 Hold-up이 단탑에 비해 적다.
- 충전탑은 단탑에 비해 압력손실이 적다.
- 흡수액에 부유물이 포함된 경우 단탑 사용이 더 효율적이다.
- 충전탑의 충전물이 고가이므로 초기 설치비가 많이 든다.
- 부하변동의 적응성은 충전탑이 유리하다.
- 단탑의 운용 액가스비가 더 적다.

개념잡기
충전탑을 이용하여 유해가스를 제거하고자 할 때 흡수액의 구비조건 3가지를 적으시오.

- 흡수액의 손실 방지를 위해 휘발성이 작을 것
- 장치의 부식 방지를 위해 부식성이 낮을 것
- 높은 흡수율과 범람을 줄이기 위해 점도가 낮을 것
- 빙점이 낮고, 가격이 저렴할 것
- 용해도 및 비점이 높을 것
- 용매의 화학적 성질과 비슷할 것
- 화학적으로 안정적일 것

개념잡기
충전탑으로 오염물질을 처리하는 경우 처리효율을 낮추는 편류현상과 그 대책 3가지를 적으시오.

가. 편류현상(Channeling) : 충전물에 흡수액이에 균일하게 분산하여 흐르지 않고 한쪽으로만 흐르는 현상

나. 방지대책
- 충전탑의 직경/충전재의 직경 비를 8 ~ 10으로 설정한다.
- 균일하고 동일한 충전재를 사용한다.
- 높은 공극률을 갖는 충전재를 사용한다.
- 저항이 적은 충전재를 사용한다.
- 정류판을 설치하거나 약 4m 간격으로 재분배기를 설치한다.

H_{OG}가 0.8m, 제거율이 98%인 경우 충전탑의 높이(m)를 구하시오.

[식] $H = H_{OG} \times \ln\left(\dfrac{1}{1-\eta}\right)$

[풀이] $H = 0.8 \times \ln\left(\dfrac{1}{1-0.98}\right) = 3.1296\text{m}$

[답] ∴ 충전탑의 높이 = 3.13m

물리적 흡착의 특성 4가지와 흡착법의 단점을 2가지 기술하시오.

가. 물리적 흡착의 특성
- 흡착원리는 Van der Waals힘에 의한 것이다.
- 흡착과정이 가역적이다.
- 오염가스 회수에 용이하다.
- 온도의 영향이 큰 편이다.
- 흡착 시 다층으로 흡착이 가능하다.
- 흡착열이 낮은 편이다.

나. 흡착법의 단점
- 농도가 높은 경우 처리비가 많이 소요된다.
- 고온가스 처리 시 효율이 떨어진다.
- 흡착제가 고가이다.

흡착제 재생방법 5가지를 적으시오.

- 고온공기 탈착법
- 수세 탈착법
- 수증기 탈착법
- 불활성 가스에 의한 탈착법
- 감압 진공 탈착법

개념잡기

처리가스 중 오염물질 60ppm을 흡착처리하여 5ppm으로 배출할 때 흡착제의 양(g)을 구하시오. (단, 흡착용량 200L, k는 0.015, 1/n은 4)

[식] $\dfrac{X}{M} = k \cdot C^{1/n}$

[풀이] ① $M = \dfrac{X}{k \cdot C^{1/n}} = \dfrac{60-5}{0.015 \times 5^4} = 5.8667 \text{g/L}$

② 흡착제의 양 = $5.8667 \text{g/L} \times 200\text{L} = 1,173.34\text{g}$

[답] ∴ 흡착제의 양 = 1,173.34g

개념잡기

Freundlich 등온흡착식 $\dfrac{X}{M} = k \cdot C^{1/n}$ 에서 상수 k와 n을 구하는 방법을 기술하시오.

① $\dfrac{X}{M} = k \cdot C^{1/n}$ ·················· 양변에 log를 취함

② $\log \dfrac{X}{M} = \log k + \dfrac{1}{n} \log C$ ·················· logk는 y절편, 1/n은 기울기

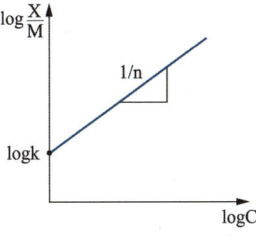

CHAPTER 04
환기 및 통풍

KEYWORD 후드의 흡인요령, 후드 흡인유량, 후드 관련 공식, 송풍기 소요동력

01 환기

1. 후드

1-1 후드의 종류

종류	용도
포위식	• 오염원을 최대로 포위해 오염물질(내부)이 후드 밖으로 누출되는 것을 막고 필요한 공기량을 최소한으로 줄일 수 있는 후드 • 포위형, 부스형, 글로브박스형
외부식	• 발생원과 후드가 일정거리 떨어져 있는 경우 • 외부 난기류 심할 경우 포착율 떨어짐 • 송풍기의 규격이 커지고 송풍량이 많음 • 근로자가 방해를 받지 않고 작업할 수 있음 • 슬롯형, 루버형, 장방형, 그리드형
수식 (리시버식)	• 유해물질의 유동속도 방향으로 수평 설치하여 흡입 • 캐노피형, 커버형, 원형

1-2 후드의 흡인요령 ★

- 국부적인 흡인방식을 택한다.
- 충분한 포착속도를 유지한다.
- 후드를 발생원에 근접시킨다.
- 개구면적을 좁게 한다.
- 에어커튼을 사용한다.

1-3 관련 공식 ★

후드의 압력손실

$$\Delta P = F_i \times P_v = \left(\frac{1 - C_e^2}{C_e^2}\right) \times P_v$$

- ΔP : 후드의 압력손실(mmH$_2$O)
- F_i : 유입 손실계수
- P_v : 동압, 속도압(mmH$_2$O)
- C_e : 유입계수

덕트의 압력손실

$$\Delta P = f \times \frac{L}{D_o} \times \frac{\gamma \cdot V^2}{2g} \quad \cdots \text{장방형}$$

$$\Delta P = 4f \times \frac{L}{D} \times \frac{\gamma \cdot V^2}{2g} \quad \cdots \text{원형}$$

- ΔP : 덕트의 압력손실(mmH$_2$O)
- f : 마찰계수
- L : 길이(m)
- D : 직경(m)
- D_o : 등가직경(m)
- γ : 가스의 비중량(kg$_f$/m^3)
- V : 유속(m/sec)
- g : 중력가속도(=9.8m/sec^2)

후드 흡인유량

$$Q_c = (10X^2 + A) \times V_c$$
······························ 일반

$$Q_c = (5X^2 + A) \times V_c$$
············ 작업대에 오염원 존재

- Q_c : 흡인유량(m^3/sec)
- X : 최대 흡인거리(m)
- A : 후드 면적(m^2)
- V_c : 통제속도(m/sec)

$$P_v = \frac{\gamma \cdot V^2}{2g}$$

- P_v : 동압, 속도압(mmH$_2$O)
- γ : 가스의 비중량(kg$_f$/m^3)
- V : 가스 속도(m/sec)
- g : 중력가속도(= 9.8m/sec^2)

$$D_o = \frac{2ab}{a+b}$$

- D_o : 등가직경(m)
- a : 가로 길이(m)
- b : 세로 길이(m)

02 통풍

1. 송풍기

1-1 송풍기 관련 공식

소요동력 ★★★

$$P(kW) = \frac{\Delta P \cdot Q}{102 \cdot \eta} \times \alpha$$

- ΔP : 압력손실(mmH$_2$O)
- Q : 송풍량(m^3/sec)
- η : 효율
- α : 여유율

송풍기 유출 정압
= 흡인 정압 + 출구 정압 - 입구 동압

상사법칙

송풍기의 회전속도 및 임펠러의 크기를 변화시켰을 때 송풍기의 특성 변화

$$Q_2 = Q_1 \times \left(\frac{N_2}{N_1}\right)$$

$$P_2 = P_1 \times \left(\frac{N_2}{N_1}\right)^2$$

$$KW_2 = KW_1 \times \left(\frac{N_2}{N_1}\right)^3$$

- Q_1, Q_2 : 풍량
- P_1, P_2 : 풍압
- KW_1, KW_2 : 축동력
- N_1, N_2 : 회전수

개념잡기

후드 선정 시 모형, 크기 등을 고려하여 선정해야 한다. 후드 선택 시 흡인요령을 4가지 서술하시오.

- 국부적인 흡인방식을 택한다.
- 충분한 포착속도를 유지한다.
- 후드를 발생원에 근접시킨다.
- 개구면적을 좁게 한다.
- 에어커튼을 사용한다.

개구면적이 0.5m²인 외부식 장방형 후드의 포집량(m³/sec)과 압력손실(mmH₂O)을 구하시오. (단, 후드 개구면에서 포착점까지의 거리 0.4m, 통제속도 0.25m/sec, 유입계수 0.85, 반응속도 10m/sec)

가. 후드의 포집량(m³/sec)
나. 압력손실(mmH₂O)

가. 후드의 포집량

[식] $Q_c = (10X^2 + A) \times V_c$

[풀이] $Q_c = (10 \times 0.4^2 + 0.5) \times 0.25 = 0.525 \mathrm{m^3/sec}$

[답] ∴ 후드의 포집량 = 0.53m³/sec

나. 압력손실

[식] $\Delta P = F_i \cdot P_v = \left(\dfrac{1-C_e^2}{C_e^2}\right) \times \dfrac{\gamma V^2}{2g}$

[풀이] $\Delta P = \left(\dfrac{1-0.85^2}{0.85^2}\right) \times \dfrac{1.3 \times 10^2}{2 \times 9.8} = 2.5475 \mathrm{mmH_2O}$

[답] ∴ 압력손실 = 2.55mmH₂O

외부식 장방형 후드의 속도압이 22mmH₂O, 유입계수가 0.79인 경우 후드의 압력손실(mmH₂O)을 계산하시오.

[식] $\Delta P = F_i \cdot P_v = \left(\dfrac{1-C_e^2}{C_e^2}\right) \times P_v$

[풀이] $\Delta P = \left(\dfrac{1-0.79^2}{0.79^2}\right) \times 22 = 13.2508 \mathrm{mmH_2O}$

[답] ∴ 압력손실 = 13.25mmH₂O

70%의 효율을 갖는 송풍기를 이용하여 72,000m³/hr의 가스를 처리하려고 한다. 배출원에서 송풍기까지의 압력손실을 150mmH₂O라 할 때 송풍기의 소요동력(kW)을 계산하시오.

[식] $P(kW) = \dfrac{\Delta P \cdot Q}{102 \cdot \eta} \times \alpha$

[풀이] ① $Q = \dfrac{72,000 \mathrm{m^3}}{\mathrm{hr}} \Big| \dfrac{\mathrm{hr}}{3,600 \mathrm{sec}} = 20 \mathrm{m^3/sec}$

② $P = \dfrac{150 \times 20}{102 \times 0.7} = 42.0168 \mathrm{kW}$

[답] ∴ 송풍기의 소요동력 = 42.02kW

송풍량이 200m³/min일 때 송풍기의 회전수가 250rpm, 정압이 60mmH₂O, 동력이 6HP이다. 회전수가 500rpm으로 변할 때 다음을 구하시오.

가. 정압(mmH₂O)
나. 동력(HP)
다. 송풍량(m³/min)

가. 정압

[식] $P_2 = P_1 \times \left(\dfrac{N_2}{N_1}\right)^2$

[풀이] $P_2 = 60 \times \left(\dfrac{500}{250}\right)^2 = 240 \mathrm{mmH_2O}$

[답] ∴ 정압 = 240mmH₂O

나. 동력

[식] $KW_2 = KW_1 \times \left(\dfrac{N_2}{N_1}\right)^3$

[풀이] $KW_2 = 6 \times \left(\dfrac{500}{250}\right)^3 = 48 \mathrm{HP}$

[답] ∴ 동력 = 48HP

다. 송풍량

[식] $Q_2 = Q_1 \times \left(\dfrac{N_2}{N_1}\right)$

[풀이] $Q_2 = 200 \times \left(\dfrac{500}{250}\right) = 400 \mathrm{m^3/min}$

[답] ∴ 송풍량 = 400m³/min

입구 유속이 20m/sec, 흡인 정압 60mmH₂O, 출구 정압 32mmH₂O인 송풍기의 유출 정압(kg_f/cm²)을 계산하시오.

[식] 유출 정압 = 흡인 정압 + 출구 정압 - 입구 동압
[풀이]

① 입구 동압 = $\dfrac{\gamma \cdot V^2}{2g} = \dfrac{1.3 \times 20^2}{2 \times 9.8} = 26.5306 \mathrm{mmH_2O}$

② 유출 정압 = $60 + 32 - 26.5306 = 65.4694 \mathrm{mmH_2O}$

③ 단위 환산

$\Rightarrow 65.4694 \mathrm{mmH_2O} \Big| \dfrac{\mathrm{kg_f/m^2}}{\mathrm{mmH_2O}} \Big| \dfrac{(1\mathrm{m})^2}{(100\mathrm{cm})^2} = 6.5469 \times 10^{-3} \mathrm{kg_f/cm^2}$

[답] ∴ 송풍기의 유출 정압 = 6.55×10^{-3} kg_f/cm²

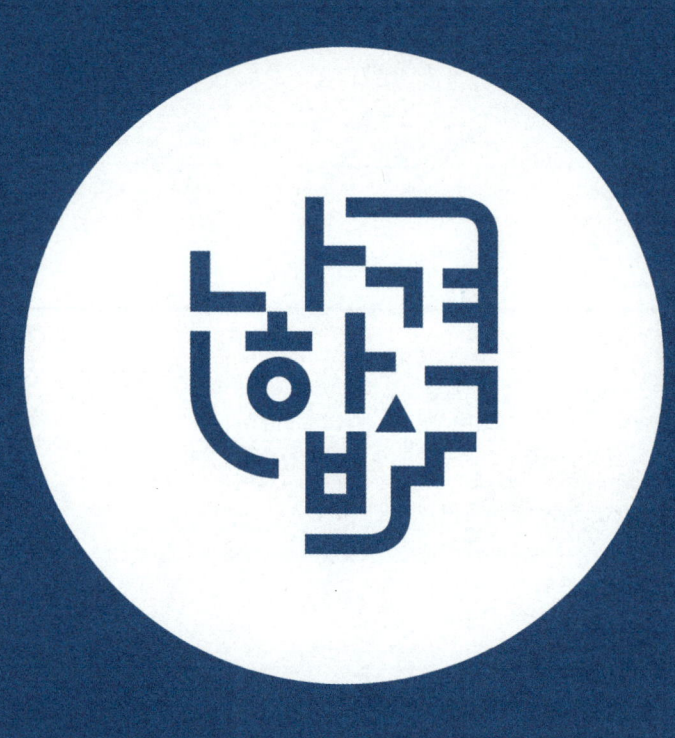

PART 04

대기오염공정 시험기준 및 대기환경관계법규

01 대기오염공정시험기준 연습문제
02 대기환경관계법규 보기 전 정독해야 할 부분
03 대기환경관계법규 연습문제

 단원 들어가기 전

범위가 넓고 모든 부분을 암기할 수 없으므로 출제된 부분에 대해서만 암기하도록 한다.

CHAPTER 01
대기오염공정시험기준 연습문제

※ 대기오염공정시험기준과 대기환경관계법규는 1~2문제가 출제(중요도 ↓)되며 범위가 광범위하므로 기출문제로 출제된 문제만 파악하도록 한다.

개념잡기

아래의 빈칸에 알맞은 것을 적으시오.

- 방울수라 함은 (㉠)℃에서 정제수 (㉡)방울을 떨어뜨릴 때 그 부피가 약 1mL가 되는 것을 뜻한다.
- (㉢)라 함은 물질을 취급 또는 보관하는 동안 기체 또는 미생물이 침입하지 않도록 내용물을 보호하는 용기를 뜻한다.
- 상온은 (㉣)℃, 실온은 1~35℃, 찬 곳은 따로 규정이 없는 한 (㉤)의 곳을 말한다.

㉠ 20
㉡ 20
㉢ 밀봉용기
㉣ 15~25
㉤ 0~15

개념잡기

대기오염공정시험기준에 의한 시료채취 지점 수의 결정방법 2가지를 기술하시오.

- 인구비례에 의한 방법 : 측정하려고 하는 대상지역의 인구분포 및 인구밀도를 고려하여 인구밀도가 5,000 명/km² 이하일 때는 그 지역의 가주지면적(그 지역 총 면적에서 전답, 임야, 호수, 하천 등의 면적을 뺀 면적)으로부터 다음 식에 의하여 측정점의 수를 결정한다.

$$측정점수 = \frac{그\ 지역\ 가주지면적}{25km^2} \times \frac{그\ 지역\ 인구밀도}{전국\ 평균\ 인구밀도}$$

- 대상지역의 오염정도에 따라 공식을 이용하는 방법

배출가스 중 가스상 물질 시료채취방법 중 시료채취관 재질의 고려사항 3가지와 폼알데하이드 여과재 2가지를 서술하시오.

가. 시료채취관 재질의 고려사항
나. 폼알데하이드 여과재

가. 시료채취관 재질의 고려사항
- 화학반응이나 흡착작용 등으로 배출가스의 분석결과에 영향을 주지 않는 것
- 배출가스 중의 부식성 성분에 의하여 잘 부식되지 않는 것
- 배출가스의 온도, 유속 등에 견딜 수 있는 충분한 기계적 강도를 갖는 것

나. 폼알데하이드 여과재
- 알칼리 성분이 없는 유리솜 또는 실리카 솜
- 소결유리

배기가스 채취 시 채취관을 보온, 가열을 하는 이유 3가지를 적으시오.

- 채취관이 부식될 염려가 있는 경우
- 여과재가 막힐 염려가 있는 경우
- 분석물질이 응축수에 용해되어 오차가 생길 염려가 있는 경우

다음은 비분산 적외선 분광분석법에 대한 용어 설명이다. ( ) 안에 알맞은 말을 쓰시오.

- 스팬 드리프트 : 동일 조건에서 제로가스를 흘려 보내면서 때때로 스팬가스를 도입할 때 제로 드리프트를 뺀 드리프트가 고정형은 24시간, 이동형은 (㉠)시간 동안에 전체 눈금의 (㉡)% 이상이 되어서는 안 된다.
- 응답시간 : 제로 조정용가스를 도입하여 안정된 후 유로를 스팬가스로 바꾸어 기준유량으로 분석계에 도입하여 그 농도를 눈금범위 내의 어느 일정한 값으로부터 다른 일정한 값으로 갑자기 변화시켰을 때 스텝응답에 대한 소비시간이 (㉢)이내이어야 한다. 또 이때 최종 지시치에 대한 90%응답을 나타내는 시간은 40초 이내이어야 한다.

㉠ 4
㉡ ±2
㉢ 1초

원자흡수분광광도법의 용어 중 공명선, 분무실의 정의를 서술하시오.

- 공명선 : 원자가 외부로부터 빛을 흡수했다가 다시 먼저 상태로 돌아갈 때 방사하는 스펙트럼선
- 분무실 : 분무기와 함께 분무된 시료용액의 미립자를 더욱 미세하게 해주는 한편 큰 입자와 분리시키는 작용을 갖는 장치

기체크로마토그래피에서의 각 정량방법 및 함유율 식을 적으시오.

가. 보정넓이 백분율법
나. 상대검정곡선법
다. 표준물질첨가법

가. 도입한 시료의 전성분이 용출되며 또한 용출 전 성분의 상대감도가 구해진 경우는 다음 식에 의하여 정확한 함유율을 구할 수 있다.

$$X_i = \frac{A_i/f_i}{\sum_{i=1}^{n}(A_i/f_i)} \times 100$$

(f_i : 성분의 상대감도, n : 전 봉우리 수)

나. 정량하려는 성분의 순물질 일정량에 내부표준물질의 일정량을 가한 혼합시료의 크로마토그램을 기록하여 봉우리 넓이를 측정한다.

$$X(\%) = \frac{\left(\dfrac{M'_X}{M'_S}\right) \times n}{M} \times 100$$

(M'_X : 피검성분량, M'_S : 표준물질량, n : 표준물질의 기지량, M : 시료의 기지량)

다. 시료의 크로마토그램으로부터 피검성분 A 및 다른 임의의 성분 B의 봉우리 넓이 a_1 및 b_1을 구한다.

$$X(\%) = \frac{\Delta W_A}{\left(\dfrac{a_2}{b_2} \times \dfrac{b_1}{a_1} - 1\right)W} \times 100$$

(ΔW_A : 성분 A의 기지량, a_1, a_2 : 성분 A의 첫 번째, 두 번째 넓이, b_1, b_2 : 성분 B의 첫 번째, 두 번째 넓이, W : 시료량)

개념잡기

기체크로마토그래피에서 분리도와 분리계수의 공식을 쓰고, 각각을 기술하시오.

분리도$(R) = \dfrac{2(t_{R2} - t_{R1})}{W_1 + W_2}$, 분리계수$(d) = \dfrac{t_{R2}}{t_{R1}}$

- t_{R1} : 시료도입점으로부터 봉우리 1의 최고점까지의 길이
- t_{R2} : 시료도입점으로부터 봉우리 2의 최고점까지의 길이
- W_1 : 봉우리 1의 좌우 변곡점에서의 접선이 자르는 바탕선의 길이
- W_2 : 봉우리 2의 좌우 변곡점에서의 접선이 자르는 바탕선의 길이

개념잡기

기체크로마토그램에서 피크의 분리정도를 나타내는 분리도와 분리계수를 구하시오. (단, 시료 도입점으로부터 봉우리 1의 최고점까지의 길이(시간)는 2분, 시료 도입점으로부터 봉우리 2의 최고점까지의 길이(시간)는 5분, 봉우리 1의 좌우 변곡점에서의 접선이 자르는 바탕선의 길이(시간)는 40초, 봉우리 2의 좌우 변곡점에서의 접선이 자르는 바탕선의 길이(시간)는 60초)

가. 분리도

[식] 분리도$(R) = \dfrac{2(t_{R2} - t_{R1})}{W_1 + W_2}$

[풀이] 분리도$(R) = \dfrac{2(5-2)}{(40+60) \div 60} = 3.6$

[답] ∴ 분리도 = 3.6

나. 분리계수

[식] 분리계수$(d) = \dfrac{t_{R2}}{t_{R1}}$

[풀이] 분리계수$(d) = \dfrac{5}{2} = 2.5$

[답] ∴ 분리계수 = 2.5

개념잡기

기체크로마토그래피에서 이론단수가 1,800 되는 분리관이 있다. 보유시간이 10min되는 피이크의 밑부분 폭(피이크 좌우 변곡점에서 접선이 자르는 바탕선의 길이)(mm)을 계산하시오. (단, 기록지 이동속도는 1.5cm/min, 이론단수는 모든 성분에 대하여 같다고 한다)

[식] $n = 16 \times \left(\dfrac{t_R}{W}\right)^2$

[풀이] ① $t_R = \dfrac{1.5\text{cm}}{\min} \Big| \dfrac{10\min}{} \Big| \dfrac{10\text{mm}}{\text{cm}} = 150\text{mm}$

② $W = \dfrac{t_R}{\sqrt{n/16}} = \dfrac{150}{\sqrt{1,800/16}} = 14.1421\text{mm}$

[답] ∴ 피이크의 밑부분 폭 = 14.14mm

개념잡기

자외선/가시선 분광법으로 측정한 A물질의 농도가 0.02M, 빛의 투사거리는 0.2mm라고 한다면 A물질의 흡광도를 계산하시오. (단, 흡광계수는 90)

[식] $A = \log \dfrac{1}{T}$

[풀이] ① $T = \dfrac{I_t}{I_o} = 10^{-\epsilon \cdot C \cdot L} = 10^{-90 \times 0.02 \times 0.2} = 0.4365$

② $A = \log \dfrac{1}{0.4365} = 0.36$

[답] ∴ 흡광도 = 0.36

개념잡기

이온크로마토그래피의 측정원리와 써프렛서의 역할을 서술하시오.

가. 측정원리
나. 써프렛서의 역할

가. 이동상으로는 액체, 그리고 고정상으로는 이온교환수지를 사용하여 이동상에 녹는 혼합물을 고분리능 고정상이 충전된 분리관내로 통과시켜 시료성분의 용출상태를 전도도 검출기 또는 광학 검출기로 검출하여 그 농도를 정량하는 방법이다.
나. 전해질을 물 또는 저전도도의 용매로 바꿔줌으로써 전기 전도도셀에서 목적이온 성분과 전기 전도도만을 고감도로 검출할 수 있게 해주는 것이다.

다음은 굴뚝 배출가스 중의 브로민화합물의 분석방법이다. (　) 안에 알맞은 말을 쓰시오.

싸이오사이안산제이수은법은 배출가스 중 브로민화합물을 수산화소듐용액에 흡수시킨 후 일부를 분취해서 산성으로 하여 (㉠)을 사용하여 브로민으로 산화시켜 (㉡)로/으로 추출한다. 흡광도는 (㉢)nm에서 측정한다.

㉠ 과망가니즈산포타슘 용액(=과망간산포타슘)
㉡ 클로로폼
㉢ 460

배출가스 중 다이옥신을 가스크로마토그래프/질량분석계(GC/MS)로 분석하고자 한다. 이때 GC/MS에 주입하기 전에 첨가하는 실린지 첨가용 내부표준물질 2가지를 서술하시오.

- ^{13}C-1,2,3,4-TeCDD
- ^{13}C-1,2,3,7,8,9-HxCDD

연돌을 거치지 않고 외부로 비산되는 먼지를 측정하려고 한다. 다음 조건을 이용하여 비산 먼지의 농도($\mu g/m^3$)를 계산하시오.

[조건]
- 최대 먼지 농도 : $6.83mg/m^3$
- 대조위치 먼지 농도 : $0.12mg/m^3$
- 풍향 보정계수 : 주 풍향 90° 이상 변함
- 풍속 보정계수 : 0.5m/sec 미만 or 10m/sec 이상되는 시간이 전 채취시간의 50% 미만

[식] $C = (C_H - C_B) \cdot W_D \cdot W_S$

[풀이] ① $C = (6.83 - 0.12) \times 1.5 \times 1.0 = 10.065 \, mg/m^3$

② 단위 환산 $\Rightarrow \dfrac{10.065 \, mg}{m^3} | \dfrac{10^3 \mu g}{mg} = 10,065 \, \mu g/m^3$

[답] ∴ 비산 먼지의 농도 = $10,065 \, \mu g/m^3$

고용량 공기 시료 채취법으로 비산먼지를 채취하고자 한다. 채취개시 직전의 유량이 1.4m³/min, 채취개시 후의 유량이 1.6m³/min일 때 흡입 공기량(m³)을 계산하시오. (단, 포집시간은 25시간)

[식] 흡입 공기량 $= \left(\dfrac{Q_s + Q_e}{2}\right) \times t$

[풀이] 흡입 공기량 $= \left(\dfrac{1.6 + 1.4}{2}\right) \times 60 \times 25 = 2{,}250 \mathrm{m}^3$

[답] ∴ 흡입 공기량 = 2,250m³

굴뚝배출가스 중 이산화황의 연속자동측정방법 3가지를 적으시오.

용액전도율법, 적외선흡수법, 자외선흡수법, 정전위전해법, 불꽃광도법

대기오염공정시험기준상 환경대기 중 SO₂를 연속적으로 자동측정 방법 3가지를 적으시오.

자외선 형광법(주), 흡광차 분광법, 용액전도율법, 불꽃광도법

환경대기 중 휘발성유기화합물(VOC)의 시험방법에서 안전부피(safe sample Volume)에 대해 서술하시오.

파과부피의 2/3배를 취하거나(직접적인 방법), 머무름 부피의 1/2 정도를 취함으로서 (간접적인 방법) 얻어진다.

CHAPTER 02
대기환경관계법규 보기 전 정독해야 할 부분

환경기준 ★★★

항목	기준
아황산가스 (SO_2)	연간 평균치 : 0.02ppm 이하
	24시간 평균치 : 0.05ppm 이하
	1시간 평균치 : 0.15ppm 이하
일산화탄소 (CO)	8시간 평균치 : 9ppm 이하
	1시간 평균치 : 25ppm 이하
이산화질소 (NO_2)	연간 평균치 : 0.03ppm 이하
	24시간 평균치 : 0.06ppm 이하
	1시간 평균치 : 0.10ppm 이하
미세먼지 (PM-10)	연간 평균치 : 50$\mu g/m^3$ 이하
	24시간 평균치 : 100$\mu g/m^3$ 이하
초미세먼지 (PM-2.5)	연간 평균치 : 15$\mu g/m^3$ 이하
	24시간 평균치 : 35$\mu g/m^3$ 이하
오존 (O_3)	8시간 평균치 : 0.06ppm 이하
	1시간 평균치 : 0.1ppm 이하
납(Pb)	연간 평균치 : 0.5$\mu g/m^3$ 이하
벤젠	연간 평균치 : 5$\mu g/m^3$ 이하

실내공기질 유지기준

다중이용시설 \ 오염물질 항목	PM-10 ($\mu g/m^3$)	PM-2.5 ($\mu g/m^3$)	이산화탄소 (ppm)	폼알데하이드 ($\mu g/m^3$)	총부유세균 (CFU/m^3)	일산화탄소 (ppm)
지하역사, 지하도상가, 철도역사의 대합실, 여객자동차터미널의 대합실, 항만시설 중 대합실, 공항시설 중 여객터미널, 도서관·박물관 및 미술관, 대규모 점포, 장례식장, 영화상영관, 학원, 전시시설, 인터넷컴퓨터게임시설제공업의 영업시설, 목욕장업의 영업시설	100 이하	50 이하	1,000 이하	100 이하	-	10 이하
의료기관, 산후조리원, 노인요양시설, 어린이집, 실내 어린이놀이시설	75 이하	35 이하		80 이하	800 이하	
실내주차장	200 이하	-		100 이하	-	25 이하
실내 체육시설, 실내 공연장, 업무시설, 둘 이상의 용도에 사용되는 건축물	200 이하	-	-	-	-	-

실내공기질 권고기준

다중이용시설	오염물질 항목			
	이산화질소 (ppm)	라돈 (Bq/m^3)	총휘발성유기화합물 ($\mu g/m^3$)	곰팡이 (CFU/m^3)
지하역사, 지하도상가, 철도역사의 대합실, 여객자동차터미널의 대합실, 항만시설 중 대합실, 공항시설 중 여객터미널, 도서관·박물관 및 미술관, 대규모점포, 장례식장, 영화상영관, 학원, 전시시설, 인터넷컴퓨터게임시설제공업의 영업시설, 목욕장업의 영업시설	0.1 이하	148 이하	500 이하	-
의료기관, 산후조리원, 노인요양시설, 어린이집, 실내 어린이놀이시설	0.05 이하		400 이하	500 이하
실내주차장	0.30 이하		1,000 이하	-

신축 공동주택의 실내공기질 권고기준

- 벤젠 : 30㎍/㎥ 이하
- 폼알데하이드 : 210㎍/㎥ 이하
- 스티렌 : 300㎍/㎥ 이하
- 에틸벤젠 : 360㎍/㎥ 이하
- 자일렌 : 700㎍/㎥ 이하
- 톨루엔 : 1,000㎍/㎥ 이하
- 라돈 : 148Bq/㎥ 이하

CHAPTER 03
대기환경관계법규 연습문제

개념잡기

환경정책기본법상 환경기준에 대한 수치를 적으시오.

항목	기준
이산화질소 (NO_2)	연간 평균치 : (　)ppm 이하
	24시간 평균치 : (　)ppm 이하
	1시간 평균치 : (　)ppm 이하
오존 (O_3)	8시간 평균치 : (　)ppm 이하
	1시간 평균치 : (　)ppm 이하
일산화탄소 (CO)	8시간 평균치 : (　)ppm 이하
	1시간 평균치 : (　)ppm 이하

항목	기준
이산화질소 (NO_2)	연간 평균치 : (0.03)ppm 이하
	24시간 평균치 : (0.06)ppm 이하
	1시간 평균치 : (0.10)ppm 이하
오존 (O_3)	8시간 평균치 : (0.06)ppm 이하
	1시간 평균치 : (0.1)ppm 이하
일산화탄소 (CO)	8시간 평균치 : (9)ppm 이하
	1시간 평균치 : (25)ppm 이하

실내공기질 관리법규상 다음 항목에 대한 알맞은 신축 공동주택의 실내공기질 권고기준에 대한 수치를 적으시오.

항목	기준
폼알데하이드	(㉠)$\mu g/m^3$ 이하
에틸벤젠	(㉡)$\mu g/m^3$ 이하
벤젠	(㉢)$\mu g/m^3$ 이하

㉠ 210, ㉡ 360, ㉢ 30

실내공기질 관리법상의 노인요양시설의 실내공기질 유지기준에 대한 수치를 적으시오.

항목	유지 기준
PM-10	( )$\mu g/m^3$ 이하
PM-2.5	( )$\mu g/m^3$ 이하
이산화탄소	( )ppm 이하
폼알데하이드	( )$\mu g/m^3$ 이하
총부유세균	( )CFU/m^3 이하
일산화탄소	( )ppm 이하

항목	유지 기준
PM-10	(75)$\mu g/m^3$ 이하
PM-2.5	(35)$\mu g/m^3$ 이하
이산화탄소	(1,000)ppm 이하
폼알데하이드	(80)$\mu g/m^3$ 이하
총부유세균	(800)CFU/m^3 이하
일산화탄소	(10)ppm 이하

실내공기질 관리법상 실내주차장의 실내공기질 권고기준에 대한 수치를 적으시오.

항목	유지 기준
NO₂	( )ppm 이하
라돈	( )Bq/m³ 이하
VOC	( )μg/m³ 이하

항목	유지 기준
NO₂	(0.30)ppm 이하
라돈	(148)Bq/m³ 이하
VOC	(1,000)μg/m³ 이하

A지점의 미세먼지(PM10) 측정농도가 74, 82, 97, 70, 60μg/m³일 때 다음 물음에 답하시오.

가. 기하학적 평균을 계산한 후 환경기준 24시간 평균치와 비교
나. 산술평균을 계산한 후 환경기준 24시간 평균치와 비교

가. 기하학적 평균을 계산한 후 환경기준 24시간 평균치와 비교
  [풀이] $C_m = (74 \times 82 \times 97 \times 70 \times 60)^{1/5} = 75.6159 \mu g/m^3$
  [답] ∴ 75.62μg/m³이므로 24시간 평균치인 100μg/m³를 초과하지 않음

나. 산술평균을 계산한 후 환경기준 24시간 평균치와 비교
  [풀이] $C_m = (74 + 82 + 97 + 70 + 60) \div 5 = 76.6 \mu g/m^3$
  [답] ∴ 76.6μg/m³이므로 24시간 평균치인 100μg/m³를 초과하지 않음

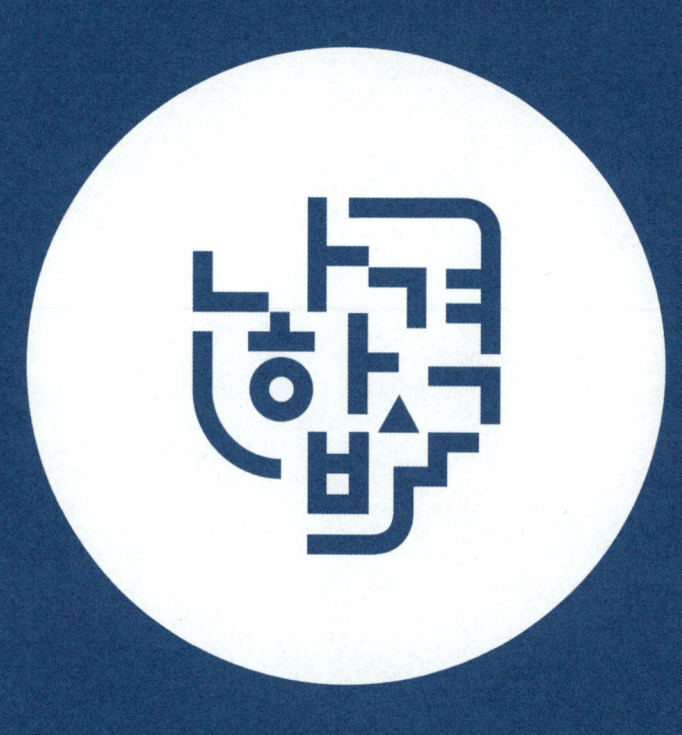

PART 05

필답형 기출문제

2006년   제1, 2, 4회 필답형 기출문제
2007년   제1, 2, 4회 필답형 기출문제
2008년   제1, 2, 4회 필답형 기출문제
2009년   제1, 2, 4회 필답형 기출문제
2010년   제1, 2, 4회 필답형 기출문제
2011년   제1, 2, 4회 필답형 기출문제
2012년   제1, 2, 4회 필답형 기출문제
2013년   제1, 2, 4회 필답형 기출문제
2014년   제1, 2, 4회 필답형 기출문제
2015년   제1, 2, 4회 필답형 기출문제
2016년   제1, 2, 4회 필답형 기출문제
2017년   제1, 2, 4회 필답형 기출문제
2018년   제1, 2, 4회 필답형 기출문제
2019년   제1, 2, 4회 필답형 기출문제
2020년   제1, 2, 3, 4, 5회 필답형 기출문제
2021년   제1, 2, 4회 필답형 기출문제
2022년   제1, 2, 4회 필답형 기출문제
2023년   제1, 2, 4회 필답형 기출문제
2024년   제1, 2, 3회 필답형 기출문제

필답형 기출문제 2006 * 1

01

고체연료 연소장치의 종류 중 하나인 미분탄 연소장치의 장점 3가지를 적으시오.

빈출 체크 16년 2회

- 작은 과잉공기로 완전연소가 가능하다.
- 부하변동에 따른 적응성이 높고 대용량 설비에 적합하다.
- 고온의 예열공기를 사용하여 연소효율이 높다.
- 저질탄, 점결탄도 완전연소가 가능하다.
- 사용연료의 범위가 넓다.
- 연소제어가 용이하고 점화 및 소화 시 손실이 적다.

02

탄소 87%, 수소 10%, 황 3%를 함유하는 중유의 $(CO_2)_{max}(\%)$를 구하시오.

빈출 체크 10년 4회 | 18년 2회 | 21년 4회 | 24년 3회

[식] $(CO_2)_{max}(\%) = \dfrac{CO_2\ 발생량}{G_{od}} \times 100$

[풀이]
① 이론 공기량

〈반응식〉 C + O_2 → CO_2
   12kg : 22.4Sm³ : 22.4Sm³
   0.87kg/kg : X : CO_2 발생량

$X = \dfrac{0.87 \times 22.4}{12} = 1.624 Sm^3/kg$

〈반응식〉 H_2 + 0.5O_2 → H_2O
   2kg : 0.5×22.4Sm³
   0.10kg/kg : Y

$Y = \dfrac{0.10 \times 0.5 \times 22.4}{2} = 0.56 Sm^3/kg$

〈반응식〉 S + O_2 → SO_2
   32kg : 22.4Sm³ : 22.4Sm³
   0.03kg/kg : Z : SO_2 발생량

$Z = \dfrac{0.03 \times 22.4}{32} = 0.021 Sm^3/kg$

$A_o = O_o \div 0.21 = (1.624 + 0.56 + 0.021) \div 0.21$
$= 10.5 Sm^3/kg$

② $G_{od} = (1-0.21)A_o + CO_2 + SO_2$
$= (1-0.21) \times 10.5 + 1.624 + 0.021$
$= 9.94 Sm^3/kg$

③ $(CO_2)_{max}(\%) = \dfrac{1.624}{9.94} \times 100 = 16.3380\%$

[답] ∴ $(CO_2)_{max}(\%) = 16.34\%$

03

Cl_2 농도가 0.05%인 배출가스 5,000Sm³/hr를 Ca(OH)₂ 현탁액으로 세정처리 시 필요한 Ca(OH)₂의 양(kg/hr)을 구하시오.

[풀이]

〈반응식〉 $2Cl_2 + 2Ca(OH)_2$
$2 \times 22.4 Sm^3 \ : \ 2 \times 74 kg$
$0.0005 \times 5,000 Sm^3/hr \ : \ X$
$\rightarrow CaCl_2 + Ca(OCl)_2 + 2H_2O$

$$X = \frac{0.0005 \times 5,000 \times 2 \times 74}{2 \times 22.4} = 8.2589 \text{ kg/hr}$$

[답] ∴ Ca(OH)₂의 양 = 8.26 kg/hr

04

굴뚝 배기량이 1,000m³/hr이고 HF 농도가 500ppm일 때 20m³의 물을 순환 사용하는 수세탑을 설치하여 5시간 운영하였을 때 순환수의 pH를 구하시오. (단, 물의 증발 손실은 없으며 제거율은 100%이다)

빈출체크 21년 1회

[식] $pH = \log \dfrac{1}{[H^+]}$

[풀이]

① $N(eq/L) = \dfrac{\text{흡수 HF 당량}}{\text{용액}}$

② 흡수 HF 당량 = $\dfrac{500\text{mL}}{m^3} \Big| \dfrac{\text{eq}}{22.4\text{L}} \Big| \dfrac{\text{L}}{10^3 \text{mL}} \Big| \dfrac{1,000 m^3}{\text{hr}} \Big| \dfrac{5\text{hr}}{}$
  = 111.6071 eq

③ 용액 = $\dfrac{20 m^3}{} \Big| \dfrac{10^3 \text{L}}{m^3} = 2 \times 10^4 \text{L}$

④ $N = \dfrac{111.6071}{2 \times 10^4} = 5.5804 \times 10^{-3}$

⑤ $pH = \log \dfrac{1}{5.5804 \times 10^{-3}} = 2.2533$

[답] ∴ pH = 2.25

05

20개의 bag을 사용한 여과집진장치에서 집진율이 90%, 입구의 먼지농도는 150℃에서 10g/Sm³이었다. 가동 중 1개의 bag에 구멍이 열려 전체 처리가스량의 1/100이 그대로 통과하였다면 출구의 먼지 농도(g/Sm³)를 계산하시오.

빈출체크 09년 4회 | 19년 2회 | 23년 1회

[식] $C_o = C_i \times (1 - \eta)$

[풀이]

① 출구 먼지농도
  = 처리되고 남은 먼지 + 그대로 통과한 먼지
② $C_o = 9 \times (1 - 0.90) = 0.9$
③ 그대로 통과한 먼지 = 1
④ 출구 먼지농도 = 0.9 + 1 = 1.9 g/Sm³

[답] ∴ 출구의 먼지농도 = 1.9 g/Sm³

06

80%의 효율을 갖는 송풍기를 이용하여 250m³/min의 가스를 처리하려고 한다. 배출원에서 송풍기까지의 압력손실을 200mmH₂O라 할 때 송풍기의 소요동력(kW)을 계산하시오. (단, 여유율은 1.2)

빈출 체크 24년 1회

[식] $P(kW) = \dfrac{\Delta P \cdot Q}{102 \cdot \eta} \times \alpha$

[풀이]
① $Q = \dfrac{250m^3}{min} \Big| \dfrac{min}{60sec} = 4.1667 m^3/sec$

② $P = \dfrac{200 \times 4.1667}{102 \times 0.8} \times 1.2 = 12.255 kW$

[답] ∴ 송풍기의 소요동력 = 12.26kW

07

프로판과 부탄을 용적비 3 : 1로 혼합한 가스 1Sm³을 이론적으로 완전연소할 때 발생하는 CO₂의 양(Sm³)은 얼마인가? (단, 표준상태 기준)

빈출 체크 09년 4회 | 17년 1회

[풀이] 용적비 3 : 1이므로 0.75Sm³, 0.25Sm³씩 존재

⟨반응식⟩ $C_3H_8 + 5O_2 \rightarrow 3CO_2 + 4H_2O$
　　　　0.75Sm³　:　3×0.75Sm³
　　　　$C_4H_{10} + 6.5O_2 \rightarrow 4CO_2 + 5H_2O$
　　　　0.25Sm³　:　4×0.25Sm³

→ $CO_2 = 3 \times 0.75 + 4 \times 0.25 = 3.25 Sm^3$

[답] ∴ CO₂ 발생량 = 3.25Sm³

08

개구면적이 0.5m²인 외부식 장방형 후드의 포집량(m³/sec)과 압력손실(mmH₂O)을 구하시오. (단, 후드 개구면에서 포착점까지의 거리 0.4m, 통제속도 0.25m/sec, 유입계수 0.85, 반응속도 10m/sec)

가. 후드의 포집량(m³/sec)

나. 압력손실(mmH₂O)

빈출 체크 16년 4회

가. 후드의 포집량

[식] $Q_c = (10X^2 + A) \times V_c$

[풀이] $Q_c = (10 \times 0.4^2 + 0.5) \times 0.25 = 0.525 m^3/sec$

[답] ∴ 후드의 포집량 = 0.53m³/sec

나. 압력손실

[식] $\Delta P = F_i \cdot P_v = \left(\dfrac{1 - C_e^2}{C_e^2}\right) \times \dfrac{\gamma V^2}{2g}$

[풀이] $\Delta P = \left(\dfrac{1 - 0.85^2}{0.85^2}\right) \times \dfrac{1.3 \times 10^2}{2 \times 9.8}$
　　　　$= 2.5475 mmH_2O$

[답] ∴ 압력손실 = 2.55mmH₂O

09

탄소 85%, 수소 14%, 황 1%의 중유를 5kg/hr 연소하였다. 이때 건조연소가스 중의 SO_2 농도(ppm)를 계산하시오.
(단, 표준상태 기준, 공기비 1.2)

빈출체크 11년 1회 | 20년 5회

[식] $SO_2(ppm) = \dfrac{SO_2 \text{ 발생량}}{G_d} \times 10^6$

[풀이]

① 이론 공기량

〈반응식〉 $C \quad + \quad O_2 \quad \rightarrow \quad CO_2$
  $12kg \quad : \quad 22.4Sm^3 \quad : \quad 22.4Sm^3$
  $0.85kg/kg \quad : \quad X \quad : \quad CO_2$ 발생량

$X = \dfrac{0.85 \times 22.4}{12} = 1.5867 Sm^3/kg$

〈반응식〉 $H_2 \quad + \quad 0.5O_2 \quad \rightarrow \quad H_2O$
  $2kg \quad : \quad 0.5 \times 22.4Sm^3 \quad : \quad 22.4Sm^3$
  $0.14kg/kg \quad : \quad Y \quad : \quad H_2O$ 발생량

$Y = \dfrac{0.14 \times 0.5 \times 22.4}{2} = 0.784 Sm^3/kg$

〈반응식〉 $S \quad + \quad O_2 \quad \rightarrow \quad SO_2$
  $32kg \quad : \quad 22.4Sm^3 \quad : \quad 22.4Sm^3$
  $0.01kg/kg \quad : \quad Z \quad : \quad SO_2$ 발생량

$Z = \dfrac{0.01 \times 22.4}{32} = 0.007 Sm^3/kg$

$A_o = O_o \div 0.21 = (1.5867 + 0.784 + 0.007) \div 0.21$
  $= 11.3224 Sm^3/kg$

② $G_d = (m - 0.21)A_o + CO_2 + SO_2$
  $= (1.2 - 0.21) \times 11.3224 + 1.5867 + 0.007$
  $= 12.8029 Sm^3/kg$

③ $SO_2(ppm) = \dfrac{0.007}{12.8029} \times 10^6 = 546.7511 ppm$

[답] ∴ $SO_2 = 546.75 ppm$

10

직경 10μm인 쇠구슬이 공기 중에서 낙하하였다. 쇠구슬의 내부는 물로 채워져 있으며 그 직경이 9μm일 때, 이 쇠구슬의 침강속도(m/sec)를 계산하시오. (단, 쇠의 밀도는 8,000kg/m³, 점도는 0.05kg/m·hr, 층류영역)

[식] $V_g = \dfrac{d_p^2(\rho_p - \rho)g}{18\mu}$

[풀이]

① $m = \rho \cdot V$

$m_T = m_H + m_I$

$= 1,000 \times \dfrac{\pi}{6}(9 \times 10^{-6}\text{m})^3 + 8,000 \times \dfrac{\pi}{6}$

$[(10 \times 10^{-6}\text{m})^3 - (9 \times 10^{-6}\text{m})^3]$

$= 1.5169 \times 10^{-12}\text{kg}$

② $\rho_p = \dfrac{1.5169 \times 10^{-12}}{\dfrac{\pi}{6} \times (10 \times 10^{-6})^3} = 2,897.0656\text{kg/m}^3$

③ $\mu = \dfrac{0.05\text{kg}}{\text{m}\cdot\text{hr}} | \dfrac{\text{hr}}{3,600\text{sec}} = 1.3889 \times 10^{-5}\text{kg/m}\cdot\text{sec}$

④ $V_g = \dfrac{(10 \times 10^{-6})^2 \times (2,897.0656 - 1.3) \times 9.8}{18 \times 1.3889 \times 10^{-5}}$

$= 0.0114\text{m/sec}$

[답] ∴ 침강속도 = 0.01m/sec

11

탄화수소, NO₂, NO, 오존의 오전 4시부터 오후 6시까지의 시간 변화에 대한 그래프를 그리시오.

11년 4회 | 22년 1회

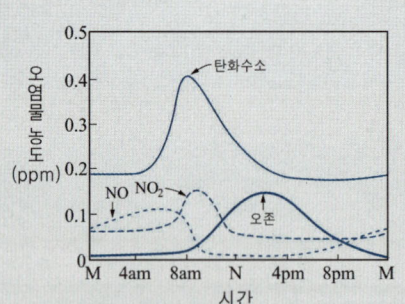

필답형 기출문제   2006 * 2

01

평판형 전기집진기의 집진극 전압이 60kV, 집진판 간격은 30cm이다. 가스속도는 1.0m/sec, 입자 직경 0.5㎛일 때 입자의 이동속도는
$W_e = \dfrac{1.1 \times 10^{-14} \cdot P \cdot E^2 \cdot d_p}{\mu}$ 를 이용하여 계산한다.
이때 효율이 100%가 되는 집진극의 길이(m)를 구하시오.
(단, P = 2, $\mu = 8.63 \times 10^{-2}$ kg/m·hr)

빈출체크 11년 2회 | 13년 1회 | 15년 4회 | 18년 2회 | 20년 4회

[식] $L = \dfrac{R \cdot V}{W_e}$

[풀이]

① $E = \dfrac{60 \times 10^3 V}{0.15 m} = 400,000 V/m$

② $W_e = \dfrac{1.1 \times 10^{-14} \times 2 \times 400,000^2 \times 0.5}{8.63 \times 10^{-2}}$
  $= 0.0204 \text{m/sec}$

③ $L = \dfrac{0.15 \times 1}{0.0204} = 7.3529 \text{m}$

[답] ∴ 집진극의 길이 = 7.35m

02

지표면 근처의 CO_2 농도를 측정하였더니 평균 350ppm이었다. 지구의 반지름이 6,380km라고 한다면 지표면과 지표면으로부터 150m 상공 사이에 존재하는 이산화탄소의 양(ton)을 계산하시오. (단, 표준상태, 유효숫자 세자리)

빈출체크 09년 2회 | 12년 4회 | 20년 2회

[식] CO_2 양 = CO_2 농도 × 체적

[풀이]

① 체적 = 150m를 포함한 구의 부피 - 지구의 부피
  $= \dfrac{\pi \times (12{,}760{,}300 m)^3}{6} - \dfrac{\pi \times (12{,}760{,}000 m)^3}{6}$
  $= 7.6728 \times 10^{16} m^3$

② CO_2 양 $= \dfrac{350 mL}{m^3} \Big| \dfrac{7.6728 \times 10^{16} m^3}{} \Big| \dfrac{44 mg}{22.4 mL} \Big| \dfrac{ton}{10^9 mg}$
  $= 5.2751 \times 10^{10}$ ton

[답] ∴ CO_2 양 = 5.28×10^{10} ton

03

먼지의 Stokes 직경이 5×10^{-4} cm, 입자의 밀도가 $1.8 g/cm^3$일 때 이 분진의 공기역학적 직경(μm)을 계산하시오.

16년 1회

[식] $d_a = d_p \cdot \sqrt{\dfrac{\rho_p}{\rho_a}}$

[풀이]

① $d_a = 5 \times 10^{-4} \times \sqrt{\dfrac{1.8}{1}} = 6.7082 \times 10^{-4}$ cm

② $\dfrac{6.7082 \times 10^{-4} \text{cm}}{} \Big| \dfrac{10^4 \mu m}{\text{cm}} = 6.7082 \mu m$

[답] $\therefore d_a = 6.71 \mu m$

04

연료의 조성이 C : 87%, H : 11%, S : 2%에 대한 $(CO_2)_{max}$(%)를 계산하시오.

11년 1회 | 22년 2회

[식] $(CO_2)_{max}(\%) = \dfrac{CO_2 \text{ 발생량}}{G_{od}} \times 100$

[풀이]

① 이론 공기량

〈반응식〉 $\quad C \quad + \quad O_2 \quad \rightarrow \quad CO_2$
$\qquad\qquad 12kg \quad : 22.4Sm^3 : 22.4Sm^3$
$\qquad\qquad 0.87kg/kg : \quad X \quad : CO_2$ 발생량

$X = \dfrac{0.87 \times 22.4}{12} = 1.624 Sm^3/kg$

〈반응식〉 $\quad H_2 \quad + \quad 0.5O_2 \quad \rightarrow \quad H_2O$
$\qquad\qquad 2kg \quad : 0.5 \times 22.4 Sm^3$
$\qquad\qquad 0.11kg/kg : \quad Y$

$Y = \dfrac{0.11 \times 0.5 \times 22.4}{2} = 0.616 Sm^3/kg$

〈반응식〉 $\quad S \quad + \quad O_2 \quad \rightarrow \quad SO_2$
$\qquad\qquad 32kg \quad : 22.4Sm^3 : 22.4Sm^3$
$\qquad\qquad 0.02kg/kg : \quad Z \quad : SO_2$ 발생량

$Z = \dfrac{0.02 \times 22.4}{32} = 0.014 Sm^3/kg$

$A_o = O_o \div 0.21 = (1.624 + 0.616 + 0.014) \div 0.21$
$\quad = 10.7333 Sm^3/kg$

② $G_{od} = (1 - 0.21)A_o + CO_2 + SO_2$
$\quad = (1 - 0.21) \times 10.7333 + 1.624 + 0.014$
$\quad = 10.1173 Sm^3/kg$

③ $(CO_2)_{max}(\%) = \dfrac{1.624}{10.1173} \times 100 = 16.0517\%$

[답] $\therefore (CO_2)_{max}(\%) = 16.05\%$

05

프로판을 완전연소시킨다고 할 때 다음 물음에 답하시오.
(단, 산소 1mol당 3.76mol의 N_2를 포함, 공기 질량 28.84)

가. 프로판의 연소반응식
나. 공연비 부피기준
다. 공연비 질량기준

가. 프로판의 연소반응식

〈반응식〉 $C_3H_8 + 5O_2 + 5 \times 3.76N_2$
$\rightarrow 3CO_2 + 4H_2O + 5 \times 3.76N_2$

나. 공연비 부피기준

[식] $AFR_v = \dfrac{m_a \times 22.4}{m_f \times 22.4}$

[풀이] ① $m_a = 5 \div 0.21 = 23.8095$

② $AFR_v = \dfrac{23.8095 \times 22.4}{1 \times 22.4} = 23.8095$

[답] ∴ $AFR_v = 23.81$

다. 공연비 질량기준

[식] $AFR_m = \dfrac{M_A \times m_a}{M_F \times m_f}$

[풀이] ① $m_a = 5 \div 0.21 = 23.8095$

② $AFR_m = \dfrac{28.84 \times 23.8095}{44 \times 1} = 15.6060$

※ 공기의 질량이 주어진 경우 주어진 값을 대입

[답] ∴ $AFR_m = 15.61$

06

HF가 100ppm 함유된 배기가스량 60,000Sm³/hr가 있다. 순환수 10m³을 이용해 처리할 때 제거율이 90%였다. 2시간 동안 가동할 경우 순환수의 pH를 계산하시오.

[식] $pH = \log \dfrac{1}{[H^+]}$

[풀이]
① 〈반응식〉 $HF \rightarrow H^+ + F^-$ 이므로 HF와 H^+는 1 : 1 반응

② $N(eq/L) = \dfrac{\text{흡수 HF 당량}}{\text{용액}}$

③ 흡수 HF 당량

$= \dfrac{100mL}{m^3} \Big| \dfrac{1eq}{22.4L} \Big| \dfrac{L}{10^3 mL} \Big| \dfrac{60,000m^3}{hr} \Big| \dfrac{2hr}{} \Big| \dfrac{90}{100}$

$= 482.1429 eq$

④ 용액 $= \dfrac{10m^3}{} \Big| \dfrac{10^3 L}{m^3} = 10^4 L$

⑤ $N = \dfrac{482.1429}{10^4} = 4.8214 \times 10^{-2}$

⑥ $pH = \log \dfrac{1}{4.8114 \times 10^{-2}} = 1.3168$

[답] ∴ $pH = 1.32$

07

길이 5m, 높이 2m인 중력침강실이 바닥을 포함하여 8개의 평행판으로 이루어져 있다. 침강실에 유입되는 분진가스의 유속이 0.2m/sec일 때 분진을 완전히 제거할 수 있는 최소입경(μm)은 얼마인가? (단, 입자의 밀도는 1,600kg/m³, 분진가스의 점도는 2.1×10^{-5}kg/m·sec, 밀도는 1.3kg/m³이고 가스의 흐름은 층류로 가정한다)

15년 2회

[식] $d_{min}(\mu m) = \sqrt{\dfrac{18\mu V H}{(\rho_p - \rho)gL}} \times 10^6$

[풀이] $d_{min}(\mu m)$

$= \sqrt{\dfrac{18 \times 2.1 \times 10^{-5} \times 0.2 \times (2 \div 8)}{(1,600 - 1.3) \times 9.8 \times 5}} \times 10^6$

$= 15.5328 \mu m$

[답] ∴ 최소입경 = 15.53μm

08

100kg/hr의 액체 연료(C : 85%, H : 15%)를 연소하려고 한다. 배출가스의 분석결과 N_2 : 84%, O_2 : 4%, CO_2 : 12%이었다면 실제 연소 공기량(Sm³/hr)을 계산하시오. (단, 표준상태)

20년 4회

[식] 실제 연소 공기량 = 실제 공기량 × 연료량

[풀이]
① 이론 공기량

  〈반응식〉 C + O_2 → CO_2
     12kg : 22.4Sm³ : 22.4Sm³
     0.85kg/kg : X : CO_2 발생량

  $X = \dfrac{0.85 \times 22.4}{12} = 1.5867 Sm^3/kg$

  〈반응식〉 H_2 + $0.5O_2$ → H_2O
     2kg : $0.5 \times 22.4 Sm^3$
     0.15kg/kg : Y

  $Y = \dfrac{0.15 \times 0.5 \times 22.4}{2} = 0.84 Sm^3/kg$

  $A_o = O_o \div 0.21 = (1.5867 + 0.84) \div 0.21$
  $= 11.5557 Sm^3/kg$

② $m = \dfrac{N_2}{N_2 - 3.76(O_2 - 0.5CO)}$

  $= \dfrac{84}{84 - 3.76(4 - 0.5 \times 0)} = 1.2181$

③ 실제 연소 공기량 $= 1.2181 \times 11.5557 \times 100$
  $= 1,407.5998 Sm^3/hr$

[답] ∴ 실제 연소 공기량 = 1,407.6 Sm³/hr

09

프로판 $1Sm^3$의 이론 건연소 가스량(Sm^3)을 계산하시오.

[식] $G_{od} = (1-0.21)A_o + CO_2$

[풀이]
① 이론 공기량
  〈반응식〉 $C_3H_8 + 5O_2 \rightarrow 3CO_2 + 4H_2O$
  $A_o = O_o \div 0.21 = 5 \div 0.21 = 23.8095 Sm^3$
② $G_{od} = (1-0.21) \times 23.8095 + 3 = 21.8095 Sm^3$

[답] ∴ 이론 건연소 가스량 = $21.81 Sm^3$

10

유효굴뚝높이가 60m인 굴뚝에서 오염물질이 40g/sec로 배출되고 있다. 그리고 지상 5m에서의 풍속이 4m/sec일 때 500m 하류에 위치하는 중심선상의 오염물질의 지표농도($\mu g/m^3$)를 계산하시오. (단, P는 0.25, σ_y = 37m, σ_z = 18m이고, Deacon의 식, 가우시안 확산식을 이용)

빈출 체크 08년 1회 | 15년 4회 | 18년 4회

[식] $C = \dfrac{Q}{2 \cdot \sigma_y \cdot \sigma_z \cdot \pi \cdot u} \exp\left[-\dfrac{1}{2}\left(\dfrac{y}{\sigma_y}\right)^2\right]$
$\times \left[\exp\left(-\dfrac{1}{2}\left(\dfrac{z-H_e}{\sigma_z}\right)^2\right) + \exp\left(-\dfrac{1}{2}\left(\dfrac{z+H_e}{\sigma_z}\right)^2\right)\right]$

[풀이]
① Deacon 식을 이용한 풍속
$U_2 = U_1 \times \left(\dfrac{z_2}{z_1}\right)^P = 4 \times \left(\dfrac{60}{5}\right)^{0.25} = 7.4448 m/sec$

② 중심선상의 오염물질의 지표농도
• 지표 오염물질 : $z=0$, 중심선상 : $y=0$
$C = \dfrac{Q}{\sigma_y \cdot \sigma_z \cdot \pi \cdot u} \exp\left(-\dfrac{1}{2}\left(\dfrac{H_e}{\sigma_z}\right)^2\right)$

• $Q = \dfrac{40g}{sec} \Big| \dfrac{10^6 \mu g}{g} = 4 \times 10^7 \mu g/sec$

• $C = \dfrac{4 \times 10^7}{37 \times 18 \times \pi \times 7.4448} \times \exp\left(-\dfrac{1}{2}\left(\dfrac{60}{18}\right)^2\right)$
$= 9.9274 \mu g/m^3$

[답] ∴ 지표농도 = $9.93 \mu g/m^3$

11

99%의 집진효율을 갖는 전기집진장치와 95%의 집진효율을 갖는 여과집진장치를 병렬로 연결하여 분진을 처리하고자 할 때 배출되는 분진의 양(g/hr)을 구하시오. (단, 전기집진장치 유입유량 10,000Sm³/hr, 여과집진장치 유입유량 30,000Sm³/hr, 입구 분진 농도는 3g/Sm³)

19년 1회

[식] 배출 분진의 양
= 전기집진장치 배출 분진의 양 + 여과집진장치 배출 분진의 양

[풀이]
① 전기집진장치 배출 분진의 양
= $3 \times 10,000 \times (1 - 0.99) = 300 \text{g/hr}$
② 여과집진장치 배출 분진의 양
= $3 \times 30,000 \times (1 - 0.95) = 4,500 \text{g/hr}$
③ 배출 분진의 양 = $300 + 4,500 = 4,800 \text{g/hr}$

[답] ∴ 배출 분진의 양 = 4,800g/hr

필답형 기출문제 2006 * 4

01

리차드슨 수 및 대기 안정도를 표의 조건을 이용하여 구하시오.

고도	풍속	온도
3m	3.9m/sec	14.7℃
2m	3.3m/sec	15.4℃

가. 리차드슨 수

나. 안정도 판별

빈출체크 07년 4회 | 10년 1회 | 16년 1회 | 20년 2회 | 21년 2회

가. 리차드슨 수

[식] $R_i = \dfrac{g}{T_m} \times \dfrac{(\Delta T/\Delta Z)}{(\Delta U/\Delta Z)^2}$

[풀이] $R_i = \dfrac{9.8}{273+\dfrac{(14.7+15.4)}{2}} \times \dfrac{\left(\dfrac{14.7-15.4}{3-2}\right)}{\left(\dfrac{3.9-3.3}{3-2}\right)^2}$

$= -0.0662$

[답] ∴ $R_i = -0.07$

나. 안정도 판별

대류에 의한 혼합이 기계적 난류를 지배

※ 참고(해당되는 부분만 적을 것)

리차드슨 수(R_i)	특성
-0.04 미만	대류에 의한 혼합이 기계적 난류를 지배
-0.03 초과 0 미만	기계적 난류와 대류가 존재하나 기계적 난류가 주로 혼합을 일으킴
0	기계적 난류만 존재
0 초과 0.25 미만	성층에 의해서 약화된 기계적 난류가 존재
0.25 이상	수직방향의 혼합은 없음, 수평상의 소용돌이 존재

02

굴뚝을 변형시켜 기존 직경의 1/3로 변하였을 경우의 압력손실은 얼마만큼 변하는가?

15년 1회

[식] $\Delta P = 4f \times \dfrac{L}{D} \times \dfrac{\gamma \cdot V^2}{2g}$

[풀이]

① $V = \dfrac{Q}{A} = \dfrac{Q}{\dfrac{\pi D^2}{4}}$ 이므로 직경이 1/3로 변할 경우 유속은

   9배 증가

② $\Delta P = 4f \times \dfrac{L}{(1/3)D} \times \dfrac{\gamma \cdot (9V)^2}{2g}$

   $\rightarrow \Delta P = \left(4f \times \dfrac{L}{D} \times \dfrac{\gamma \cdot V^2}{2g}\right) \times 243$이므로

   기존의 243배 증가

[답] ∴ 압력손실은 기존의 243배 증가

03

2% 황분이 들어있는 중유를 250kg/hr로 연소하는 보일러의 배출가스를 탄산칼슘으로 탈황하여 $CaSO_4 \cdot 2H_2O$로 회수하려 한다. 탈황률을 95%라 할 때 이론적으로 회수할 수 있는 $CaSO_4 \cdot 2H_2O$의 양(kg/hr)을 계산하시오. (단, 연료 중의 황성분은 모두 SO_2로 전환)

19년 1회

[풀이] 〈반응비〉 SO_2 : $CaSO_4 \cdot 2H_2O$
              64kg : 172kg
         SO_2 발생량 : X

SO_2 발생량 $= \dfrac{250 kg_{중유}}{hr} \bigg| \dfrac{2_S}{100_{중유}} \bigg| \dfrac{64_{SO_2}}{32_S} \bigg| \dfrac{95}{100}$

            $= 9.5 kg/hr$

$X = \dfrac{9.5 \times 172}{64} = 25.5313 kg/hr$

[답] ∴ $CaSO_4 \cdot 2H_2O$의 양 = 25.53kg/hr

04

탄소 85%, 수소 15%된 경유(1kg)를 공기과잉계수 1.1로 연소했더니 탄소 1%가 검댕(그을음)으로 된다. 건조 배기가스 1Sm³ 중 검댕의 농도(g/Sm³)를 계산하시오.

빈출 체크 08년 1회 | 11년 4회 | 16년 1회 | 18년 1회 | 20년 2회 | 21년 1회 | 23년 4회

[식] $C = \dfrac{검댕\ 발생량}{G_d}$

[풀이]
① 이론 공기량
〈반응식〉 C + O_2 → CO_2
　　　　　12kg : 22.4Sm³ : 22.4Sm³
　　　　　0.85kg : X : CO_2 발생량

$X = \dfrac{0.85 \times 22.4}{12} = 1.5867 Sm^3$

CO_2 발생량 $= 0.85 \times 0.99 \times 22.4/12 = 1.5708 Sm^3$

※ 1%는 검댕으로 변하므로 99%만 CO_2로 발생한다.

〈반응식〉 H_2 + $0.5O_2$ → H_2O
　　　　　2kg : $0.5 \times 22.4 Sm^3$
　　　　　0.15kg : Y

$Y = \dfrac{0.15 \times 0.5 \times 22.4}{2} = 0.84 Sm^3$

$A_o = O_o \div 0.21 = (1.5867 + 0.84) \div 0.21 = 11.5557 Sm^3$

② $G_d = (m - 0.21)A_o + CO_2$
　　　$= (1.1 - 0.21) \times 11.5557 + 1.5708$
　　　$= 11.8554 Sm^3$

③ 검댕 발생량 $= 0.85 \times 0.01 kg \times 10^3 g/kg = 8.5g$

④ $C = \dfrac{8.5g}{11.8554 Sm^3} = 0.7170 g/Sm^3$

[답] ∴ 검댕의 농도 = 0.72g/Sm³

05

S함량 5%의 B-C유 400kL를 사용하는 보일러에 S함량 1%인 B-C유를 50% 섞어서 사용하면 SO_2의 배출량은 몇 % 감소하겠는가?
[단, 기타 연소조건은 동일하며, S는 연소 시 전량 SO_2로 변환되고, B-C유 비중은 0.95(S함량에 무관)]

[식] 감소량(%) $= \left(1 - \dfrac{Q_2}{Q_1}\right) \times 100$

[풀이] ① $Q_1 = \dfrac{400kL}{day} \Big| \dfrac{5}{100} = 20 kL/day$

② $Q_2 = \dfrac{200kL}{day} \Big| \dfrac{5}{100} + \dfrac{200kL}{day} \Big| \dfrac{1}{100} = 12 kL/day$

③ 감소량(%) $= \left(1 - \dfrac{12}{20}\right) \times 100 = 40\%$

[답] ∴ 감소량 = 40%

06

굴뚝 배기량이 $10^4 m^3/hr$이고 HCl 농도가 60ppm일 때 $10^3 m^3$의 물을 순환 사용하는 수세탑을 설치하여 1일 5시간씩 4일간 운영하였을 때 순환수의 pH를 구하시오. (단, 물의 증발 손실은 없으며 제거율은 100%이다)

빈출체크 13년 1회

[식] $pH = \log \dfrac{1}{[H^+]}$

[풀이]

① $N(eq/L) = \dfrac{\text{흡수 HCl 당량}}{\text{용액}}$

② 흡수 HCl 당량

$= \dfrac{60mL}{m^3} \Big| \dfrac{1eq}{22.4L} \Big| \dfrac{L}{10^3 mL} \Big| \dfrac{10^4 m^3}{hr} \Big| \dfrac{5hr}{day} \Big| \dfrac{4day}{}$

$= 535.7143 eq$

③ 용액 $= \dfrac{10^3 m^3}{} \Big| \dfrac{10^3 L}{m^3} = 10^6 L$

④ $N = \dfrac{535.7143}{10^6} = 5.3571 \times 10^{-4}$

⑤ $pH = \log \dfrac{1}{5.3571 \times 10^{-4}} = 3.2711$

[답] ∴ pH = 3.27

07

A공장의 연마실에서 발생되는 배출가스의 먼지제거에 cyclone이 사용되고 있다. 유입폭이 40cm이고, 유효회전수는 5회, 입구유입 속도가 10m/sec로 가동중인 공정조건에서 $10\mu m$ 먼지입자의 부분 집진효율(%)은 얼마인가? (단, 먼지의 밀도는 $1.6g/cm^3$, 가스점도는 $1.75 \times 10^{-4} g/cm \cdot sec$, 가스밀도는 고려하지 않는다)

[식] $\eta_d(\%) = \dfrac{d_p^2 (\rho_p - \rho) \cdot \pi \cdot N_e \cdot V}{9\mu B} \times 100$

[풀이] ※ MKS 단위로 통일

① $d_p = \dfrac{10\mu m}{} \Big| \dfrac{m}{10^6 \mu m} = 10^{-5} m$

② $\rho_p = \dfrac{1.6g}{cm^3} \Big| \dfrac{kg}{10^3 g} \Big| \dfrac{(100cm)^3}{(1m)^3} = 1,600 kg/m^3$

③ $\mu = \dfrac{1.75 \times 10^{-4} g}{cm \cdot sec} \Big| \dfrac{kg}{10^3 g} \Big| \dfrac{100cm}{m}$

$= 1.75 \times 10^{-5} kg/m \cdot sec$

④ $\eta_d(\%) = \dfrac{(10^{-5})^2 \times 1,600 \times \pi \times 5 \times 10}{9 \times 1.75 \times 10^{-5} \times 0.4} \times 100$

$= 39.8932\%$

[답] ∴ 부분 집진효율 = 39.89%

08

유량이 10m³/sec, 먼지농도가 155g/m³, 밀도는 800kg/m³, 제거효율이 85%인 중력침강실에서 침전된 먼지의 부피가 0.55m³일 경우 청소시간 간격(min)을 계산하시오.

빈출체크 10년 2회 | 20년 4회

[식] 청소시간 간격 = $\dfrac{\text{먼지밀도} \times \text{침전된 먼지부피}}{\text{제거 먼지량}}$

[풀이] ① 제거 먼지량 = $\dfrac{155\text{g}}{\text{m}^3} \Big| \dfrac{10\text{m}^3}{\text{sec}} \Big| \dfrac{85}{100} \Big| \dfrac{\text{kg}}{10^3\text{g}}$

= 1.3175kg/sec

② 청소시간 간격 = $\dfrac{\text{sec}}{1.3175\text{kg}} \Big| \dfrac{800\text{kg}}{\text{m}^3} \Big| \dfrac{0.55\text{m}^3}{} \Big| \dfrac{\text{min}}{60\text{sec}}$

= 5.5661min

[답] ∴ 청소시간 간격 = 5.57min

09

석탄의 성분 분석결과 C 64%, H 5.3%, O 8.8%, N 0.8%, S 0.1%, 회분 12%, 수분 9%였을 때 $G_{od}(Sm^3/kg)$, $G_{ow}(Sm^3/kg)$, $(CO_2)_{max}(\%)$를 계산하시오.

가. $G_{od}(Sm^3/kg)$
나. $G_{ow}(Sm^3/kg)$
다. $(CO_2)_{max}(\%)$

빈출체크 16년 4회 | 20년 2회 | 20년 3회

가. G_{od}

[식] $G_{od} = (1-0.21)A_o + CO_2 + SO_2 + N_{2(연료)}$

[풀이]
① 이론 공기량

⟨반응식⟩   C   + O_2 → CO_2
            12kg   :   22.4Sm³   :   22.4Sm³
            0.64kg/kg   :   X   : CO_2 발생량

$X = \dfrac{0.64 \times 22.4}{12} = 1.1947 Sm^3/kg$

⟨반응식⟩ H_2 + $0.5O_2$ → H_2O
            2kg   :   0.5×22.4Sm³   :   22.4Sm³
            0.053kg/kg   :   Y   : H_2O 발생량

$Y = \dfrac{0.053 \times 0.5 \times 22.4}{2} = 0.2968 Sm^3/kg$

⟨반응식⟩   S   + O_2 → SO_2
            32kg   :   22.4Sm³   :   22.4Sm³
            0.001kg/kg   :   Z   : SO_2 발생량

$Z = \dfrac{0.001 \times 22.4}{32} = 0.0007 Sm^3/kg$

※ 연료에 포함된 산소는 이론산소량에서 빼준다.

$O_2 = \dfrac{0.088 \times 22.4}{32} = 0.0616 Sm^3/kg$

$A_o = O_o \div 0.21$
= (1.1947 + 0.2968 + 0.0007 − 0.0616) ÷ 0.21
= 6.8124 Sm³/kg

② 이론 건연소 가스량

〈반응식〉 $N_2 \rightarrow N_2$

28kg : 22.4Sm³

0.008kg/kg : N_2 발생량

N_2 발생량 $= \dfrac{0.008 \times 22.4}{28} = 0.0064 Sm^3/kg$

$G_{od} = (1-0.21) \times 6.8124 + 1.1947 + 0.0007 + 0.0064$
$= 6.5836 Sm^3/kg$

[답] ∴ $G_{od} = 6.58 Sm^3/kg$

나. G_{ow}

[식] $G_{ow} = G_{od} + H_2O$

[풀이] 〈반응식〉 $H_2O \rightarrow H_2O$

18kg : 22.4Sm³

0.09kg/kg : H_2O 발생량

H_2O 발생량 $= \dfrac{0.09 \times 22.4}{18} = 0.112 Sm^3/kg$

$G_{ow} = 6.58 + (0.5936 + 0.112) = 7.2856 Sm^3/kg$

[답] ∴ $G_{ow} = 7.29 Sm^3/kg$

다. $(CO_2)_{max}(\%)$

[식] $(CO_2)_{max}(\%) = \dfrac{CO_2 \text{ 발생량}}{G_{od}} \times 100$

[풀이] $(CO_2)_{max}(\%) = \dfrac{1.1947}{6.58} \times 100 = 18.1565\%$

[답] ∴ $(CO_2)_{max}(\%) = 18.16\%$

10

원심력 집진장치를 이용하여 분진을 처리하고자 할 때 분리계수는 50, 입구 유속이 10m/sec라면 원추 하부의 반경(m)을 구하시오.

[식] $S = \dfrac{V^2}{R \cdot g}$

[풀이] $R = \dfrac{V^2}{S \cdot g} = \dfrac{10^2}{50 \times 9.8} = 0.2041 m$

[답] ∴ 원추 하부의 반경 $= 0.2 m$

필답형 기출문제 2007 * 1

01
고체연료의 연소장치 중 유동층 연소장치에 대한 장점 2가지, 단점 2가지를 적으시오.

 18년 1회

가. 장점
- 수분함량이 높은 폐기물을 처리할 수 있다.
- 석회석 등의 탈황제를 사용하여 노 내 탈황이 가능하다.
- 연료의 층 내 체류시간이 길어 완전연소가 가능하다.
- 공기와의 접촉면적이 커 연소효율이 좋다.
- NO_x 생성량이 적다.
- 건설비와 전열면적이 적게 소요된다.

나. 단점
- 유동매체의 손실을 보충하여야 한다.
- 투입 전 파쇄하여 투입하여야 한다.
- 부하변동에 따른 적응성이 낮다.
- 압력손실 및 동력비가 높음

02
충전탑을 이용하여 유해가스를 제거하고자 할 때 흡수액의 구비조건 3가지를 적으시오.

 07년 2회 | 16년 2회 | 19년 1회 | 19년 2회 | 20년 2회
21년 1회 | 22년 1회 | 24년 3회

- 흡수액의 손실 방지를 위해 휘발성이 작을 것
- 장치의 부식 방지를 위해 부식성이 낮을 것
- 높은 흡수율과 범람을 줄이기 위해 점도가 낮을 것
- 빙점이 낮고, 가격이 저렴할 것
- 용해도 및 비점이 높을 것
- 용매의 화학적 성질과 비슷할 것
- 화학적으로 안정적일 것

03

습식 석회 세정법을 이용하여 400,000m³/hr의 SO_2 가스를 처리하고자 한다. 하루동안 15.7ton의 석고($CaSO_4 \cdot 2H_2O$)를 회수하였다. 이때 SO_2의 농도(ppm)를 구하시오. (단, 탈황률 98%)

17년 2회

[풀이] 〈반응비〉 SO_2 : $CaSO_4 \cdot 2H_2O$
$22.4Sm^3$: $172kg$
SO_2 발생량 : $15,700kg$

$$SO_2 \text{ 발생량} = \frac{X\,mL}{m^3}\Big|\frac{m^3}{10^6 mL}\Big|\frac{98}{100}\Big|\frac{400,000Sm^3}{hr}\Big|\frac{24hr}{}$$
$$= 9.408X\,Sm^3$$
$$X = \frac{22.4 \times 15,700}{9.408 \times 172} = 217.3311$$

[답] ∴ SO_2의 농도 = 217.33ppm

04

Stokes 침강 속도식을 유도하시오.
(단, 항력 $F_d = 3\pi \cdot \mu \cdot d_p \cdot V_g$)

17년 4회

① 항력(F_d)
$$= \text{중력}(F_g = m \cdot a = \rho_p \cdot V \cdot g = \rho_p \times \frac{\pi d_p^3}{6} \times g)$$
$$- \text{부력}(F_b = m \cdot a = \rho \cdot V \cdot g = \rho \times \frac{\pi d_p^3}{6} \times g)$$

② $\rho_p \times \frac{\pi d_p^3}{6} \times g - \rho \times \frac{\pi d_p^3}{6} \times g = 3\pi\mu \cdot d_p \cdot V_g$

③ $\frac{\pi d_p^3}{6} \times g(\rho_p - \rho) = 3\pi\mu \cdot d_p \cdot V_g$

∴ $V_g = \frac{d_p^2(\rho_p - \rho)g}{18\mu}$

05

20개의 bag을 사용한 여과집진장치에서 집진율이 95%, 출구의 먼지 농도는 150℃에서 4.1g/m³이었다. 가동 중 1개의 bag에 구멍이 열려 전체 처리가스량의 1/50이 그대로 통과하였다면 입구의 먼지농도(g/Sm^3)는?

11년 1회 | 14년 2회

[식] $C_o = C_i \times (1-\eta)$

[풀이]
① 표준상태에서의 출구 농도
$$= \frac{4.1g}{m^3}\Big|\frac{273+150}{273} = 6.3527g/Sm^3$$

② 입구농도 C_i 중 1/5 통과 농도 = $0.2C_i$

③ 나머지 $0.8C_i$는 집진율 95% 적용
$$= 0.8C_i \times (1-0.95) = 0.04C_i$$

④ ②번과 ③번 합의 농도가 ①번의 농도와 같음
$$0.2C_i + 0.04C_i = 6.3527g/Sm^3$$
$$C_i = 26.4696g/Sm^3$$

[답] ∴ 입구의 먼지농도 = 26.47g/Sm^3

06

중량비 탄소 86.9%, 수소 11%, 황 2%, 회분 0.1%로 구성된 중유 1kg을 공기비 1.2로 완전 연소했을 경우 건조 배기가스 중에 함유된 먼지농도(mg/Sm^3)를 계산하시오.

[식] 먼지농도 = $\dfrac{먼지량}{건조가스량}$

[풀이]

① 이론 공기량

〈반응식〉 C + O_2 → CO_2
  12kg : 22.4Sm^3 : 22.4Sm^3
  0.869kg : X : CO_2 발생량

$X = \dfrac{0.869 \times 22.4}{12} = 1.6221 Sm^3$

〈반응식〉 H_2 + $0.5O_2$ → H_2O
  2kg : $0.5 \times 22.4 Sm^3$: 22.4Sm^3
  0.11kg : Y : H_2O 발생량

$Y = \dfrac{0.11 \times 0.5 \times 22.4}{2} = 0.616 Sm^3$

〈반응식〉 S + O_2 → SO_2
  32kg : 22.4Sm^3 : 22.4Sm^3
  0.02kg : Z : SO_2 발생량

$Z = \dfrac{0.02 \times 22.4}{32} = 0.014 Sm^3$

$A_o = O_o \div 0.21 = (1.6221 + 0.616 + 0.014) \div 0.21$
    $= 10.7243 Sm^3$

② $G_d = (1.2 - 0.21) \times 10.7243 + 1.6221 + 0.014$
    $= 12.2532 Sm^3$

③ 먼지량 = $\dfrac{0.001 kg}{} \Big| \dfrac{10^6 mg}{kg} = 1,000 mg$

④ 먼지농도 = $\dfrac{1,000}{12.2532} = 81.6113 mg/Sm^3$

[답] ∴ 먼지농도 = $81.61 mg/Sm^3$

07

상업지역에 분진의 농도를 측정하기 위하여 여과지를 통하여 0.3m/sec의 속도로 6시간 동안 여과시킨 결과, 깨끗한 여과지에 비해 사용한 여과지의 빛전달율이 75%이었다면 1,000m당 Coh를 구하고 오염도를 판정하시오.

빈출체크 22년 2회

[식] $Coh_{1,000} = \left(\dfrac{\log(1/T) \div 0.01}{L} \right) \times 1,000$

[풀이]

① $L = \dfrac{0.3m}{sec} \Big| \dfrac{6hr}{} \Big| \dfrac{3,600 sec}{hr} = 6,480 m$

② $Coh_{1,000} = \left(\dfrac{\log(1/0.75) \div 0.01}{6,480} \right) \times 1,000 = 1.9281$

③ 0 ~ 3 사이값이므로 대기오염정도는 약하다.

[답] ∴ Coh = 1.93, 대기오염정도는 약하다.

08

중유연소 가열로의 배기가스를 분석한 결과 용량비로 $CO_2 = 15\%$, $CO = 5\%$, $O_2 = 10\%$의 결과를 얻었다. 공기비를 구하시오.

[식] $m = \dfrac{N_2}{N_2 - 3.76(O_2 - 0.5CO)}$

[풀이] $m = \dfrac{70}{70 - 3.76(10 - 0.5 \times 5)} = 1.6746$

[답] ∴ 공기비 = 1.67

09

벤츄리 스크러버에서 목 부의 직경 0.22m, 수압 2atm, Nozzle의 수 6개, 액가스비 0.5L/m³, 목 부의 가스유속이 60m/sec일 때, Nozzle의 직경(mm)을 계산하시오.

빈출 체크 08년 4회 | 20년 4회

[식] $n\left(\dfrac{d_n}{D_t}\right)^2 = \dfrac{V_t \cdot L}{100\sqrt{P}}$

[풀이]

① $P = \dfrac{2\text{atm}}{} \Big| \dfrac{10{,}000\text{mmH}_2\text{O}}{\text{atm}} = 20{,}000\text{mmH}_2\text{O}$

(※ 벤츄리 스크러버에서는 공학기압 10,000mmH₂O 사용)

② $6 \times \left(\dfrac{d_n}{0.22}\right)^2 = \dfrac{60 \times 0.5}{100\sqrt{20{,}000}} \rightarrow d_n = 4.1367 \times 10^{-3}\text{m}$

③ $d_n = \dfrac{4.1367 \times 10^{-3}\text{m}}{} \Big| \dfrac{10^3 \text{mm}}{\text{m}} = 4.1367\text{mm}$

[답] ∴ Nozzle의 직경 = 4.14mm

10

공기를 사용하여 propane을 완전연소시킬 때 건조 연소가스 중의 $(CO_2)_{max}(\%)$를 계산하시오.

빈출 체크 22년 1회

[식] $(CO_2)_{max}(\%) = \dfrac{CO_2 \text{ 발생량}}{G_{od}} \times 100$

[풀이]

① 이론 공기량

⟨반응식⟩ $C_3H_8 + 5O_2 \rightarrow 3CO_2 + 4H_2O$

$A_o = O_o \div 0.21 = 5 \div 0.21 = 23.8095\text{mol/mol}$

② $G_{od} = (1 - 0.21)A_o + CO_2$
$= (1 - 0.21) \times 23.8095 + 3$
$= 21.8095\text{mol/mol}$

③ $(CO_2)_{max}(\%) = \dfrac{3}{21.8095} \times 100 = 13.7555\%$

[답] ∴ $(CO_2)_{max}(\%) = 13.76\%$

11

분산모델과 수용모델의 특징을 각각 3가지씩 기술하시오.

 14년 1회 | 20년 4회

가. 분산모델
- 미래의 대기질을 예측할 수 있다.
- 점, 선, 면 오염원의 영향을 평가할 수 있다.
- 2차 오염원의 확인 가능하다.
- 대기오염제거 정책입안에 도움을 준다.
- 오염원의 운영 및 설계요인의 효과를 예측할 수 있다.

나. 수용모델
- 기상, 지형 정보없이도 사용 가능하다.
- 입자상·가스상 물질, 가시도 문제 등 환경화학 전반에 응용할 수 있다.
- 새롭거나 불확실한 오염원, 불법배출 오염원을 정량적으로 확인 평가할 수 있다.
- 수용체 입장에서 영향평가가 현실적으로 이루어질 수 있다.

01

액분산형 흡수장치 4가지를 적으시오.

15년 2회

벤츄리 스크러버, 사이클론 스크러버, 제트 스크러버, 충전탑, 분무탑

02

충전탑을 이용하여 유해가스를 제거하고자 할 때 흡수액의 구비조건 3가지를 적으시오.

07년 1회 | 16년 2회 | 19년 1회 | 19년 2회 | 20년 2회 | 21년 1회 | 22년 1회 | 24년 3회

- 흡수액의 손실 방지를 위해 휘발성이 작을 것
- 장치의 부식 방지를 위해 부식성이 낮을 것
- 높은 흡수율과 범람을 줄이기 위해 점도가 낮을 것
- 빙점이 낮고, 가격이 저렴할 것
- 용해도 및 비점이 높을 것
- 용매의 화학적 성질과 비슷할 것
- 화학적으로 안정적일 것

03

입경이 X인 입자의 Rosin-Rammler 분포가 50%인 입자의 직경이 50μm라면 직경 25μm인 입자의 R(%)는 얼마인지 계산하시오. (단, 입경계수는 1이다)

11년 2회 | 17년 2회

[식] $R(\%) = 100 \cdot \exp(-\beta \cdot d_p^n)$

[풀이] ① $50 = 100\exp(-\beta \times 50^1)$ → $\beta = 0.0139$
② $R(\%) = 100 \cdot \exp(-0.0139 \times 25^1) = 70.6452\%$

[답] ∴ $R = 70.65\%$

04

0.3048m의 직경을 갖는 덕트에 유속 2m/sec로 유체가 흐르고 있다. 밀도가 1.2kg/m³이고 점도가 20cP일 경우 레이놀즈 수와 동점성계수(m²/sec)를 계산하시오. (단, 동점성계수는 소수점 세 번째 자리까지)

가. 레이놀즈 수
나. 동점성계수

20년 1회

가. 레이놀즈 수

[식] $Re = \dfrac{D \cdot V \cdot \rho}{\mu}$

[풀이] ※ MKS 단위로 통일

① $\mu = \dfrac{20cP}{} \Big| \dfrac{P}{100cP} \Big| \dfrac{g/cm \cdot sec}{P} \Big| \dfrac{kg}{10^3 g} \Big| \dfrac{100cm}{m}$
   $= 0.02 kg/m \cdot sec$

② $Re = \dfrac{0.3048 \times 2 \times 1.2}{0.02} = 36.576$

[답] ∴ $Re = 36.58$

나. 동점성계수

[식] $\nu = \dfrac{\mu}{\rho}$

[풀이] $\nu = \dfrac{0.02 kg/m \cdot sec}{1.2 kg/m^3} = 0.0167 m^2/sec$

[답] ∴ 동점성계수 = $0.017 m^2/sec$

05

4㎛의 직경을 갖는 구형입자의 비표면적(m²/kg)과 질량이 1kg일 경우 입자의 개수를 구하시오. (단, 입자의 밀도는 1.4g/cm³)

가. 비표면적(m²/kg)
나. 입자의 개수(단, 유효숫자 세자리)

13년 4회 | 16년 4회

가. 비표면적

[식] $S_v = \dfrac{6}{d_s \times \rho}$

[풀이] ① $d_s = \dfrac{4㎛}{} \Big| \dfrac{m}{10^6 ㎛} = 4 \times 10^{-6} m$

② $\rho = \dfrac{1.4g}{cm^3} \Big| \dfrac{10^6 cm^3}{m^3} \Big| \dfrac{kg}{10^3 g} = 1,400 kg/m^3$

③ $S_v = \dfrac{6}{4 \times 10^{-6} \times 1,400} = 1,071.4286 m^2/kg$

[답] ∴ 비표면적 = $1,071.43 m^2/kg$

나. 입자의 개수

[식] $n = \dfrac{m}{\rho \cdot V}$

[풀이] ① $V = \dfrac{\pi D^3}{6} = \dfrac{\pi \times (4 \times 10^{-6})^3}{6}$
   $= 3.351 \times 10^{-17} m^3$

② $n = \dfrac{1}{1,400 \times 3.351 \times 10^{-17}} = 2.1316 \times 10^{13}$

[답] ∴ 입자의 개수 = 2.13×10^{13}개

06

황 1.2%를 함유한 중유를 100ton/hr 연소할 때 배출되는 SO_2를 석회석 주입법으로 처리하고자 한다. 필요한 석회석의 양(kg/hr)을 구하시오. (단, 탈황률은 90%)

[풀이] 〈반응식〉 $SO_2 + CaCO_3 + 0.5O_2 \rightarrow CaSO_4 + CO_2$
　　　　　　　64kg　：100kg
　　　　SO_2 발생량 ：　X

SO_2 발생량 $= \dfrac{100\text{ton}_{중유}}{\text{hr}} \Big| \dfrac{1.2_S}{100_{중유}} \Big| \dfrac{10^3\text{kg}}{\text{ton}} \Big| \dfrac{64_{SO_2}}{32_S} \Big| \dfrac{90}{100}$

　　　　　$= 2,160\text{kg/hr}$

$X = \dfrac{100 \times 2,160}{64} = 3,375\text{kg/hr}$

[답] ∴ 석회석의 양 $= 3,375\text{kg/hr}$

07

질소산화물의 생성기구 3가지를 서술하시오.

▸ 빈출체크 18년 1회 | 22년 1회

- Thermal NO_x : 공기 중의 N_2가 고온(1,000 ~ 1,400℃)의 영역에서 산화되어 생성
- Fuel NO_x : 연소 중 연료 중의 N_2가 공기 중의 O_2와 반응하여 생성
- Prompt NO_x : 연소 중 연료의 탄화수소와 반응하여 생성 (Flame 내부에서 빠르게 반응)

08

배출가스 중 가스상 물질 시료채취방법 중 시료채취관 재질의 고려사항 3가지와 폼알데하이드 여과재 2가지를 서술하시오.

▸ 빈출체크 12년 4회 | 20년 1회

가. 시료채취관 재질의 고려사항
  - 화학반응이나 흡착작용 등으로 배출가스의 분석결과에 영향을 주지 않는 것
  - 배출가스 중의 부식성 성분에 의하여 잘 부식되지 않는 것
  - 배출가스의 온도, 유속 등에 견딜 수 있는 충분한 기계적 강도를 갖는 것

나. 폼알데하이드 여과재
  - 알칼리 성분이 없는 유리솜 또는 실리카솜
  - 소결유리

09

원심력 집진장치의 집진효율 향상 조건 3가지를 적으시오.
(단, Blow Down 효과는 제외)

빈출체크 16년 1회 | 20년 1회

- 원통의 직경과 내경이 작을수록
- 입경과 밀도가 클수록
- 입구유속이 빠를수록
- 직렬로 사용하는 경우
- 회전수가 클수록

10

액가스비 증가요인 4가지를 적으시오.

- 농도가 클수록
- 점착성이 클수록
- 처리가스의 온도가 높을수록
- 친수성이 낮을수록
- 먼지 입경이 작을수록

필답형 기출문제 2007 * 4

01

원심력 집진장치를 이용하여 분진을 처리하고자 한다. Lapple식을 적용하여 총 집진효율(%)을 계산하시오.

[조건]
- 유입구 폭 : 0.25m
- 유입구 높이 : 0.5m
- 유효 회전수 : 6회
- 유입 함진가스 : 1m³/sec
- 가스 밀도 : 1.2kg/m³
- 가스 점도 : 1.85×10⁻⁴poise
- 분진 밀도 : 1.8g/cm³

입경(μm)	10	30	60	80	100
중량분포(%)	5	15	50	20	10
$d_p/d_{p.50}$	0.16	0.48	1.14	1.27	2.06
부분 집진효율(%)	3	19	51	62	81
$d_p/d_{p.50}$	3.42	3.83	6.85	9.13	11.42
부분 집진효율(%)	93	94	97	99	100

빈출 체크 15년 1회 | 20년 3회

[식] $d_{p.50}(\mu m) = \sqrt{\dfrac{9 \cdot \mu \cdot B}{2 \cdot \pi \cdot N_e \cdot V \cdot (\rho_p - \rho)}} \times 10^6$

[풀이]

① $d_{p.50}$

- $\mu = \dfrac{1.85 \times 10^{-4} g}{cm \cdot sec} \Big| \dfrac{100cm}{m} \Big| \dfrac{kg}{10^3 g}$
  $= 1.85 \times 10^{-5} kg/m \cdot sec$

- $V = \dfrac{Q}{A} = \dfrac{1m^3}{sec} \Big| \dfrac{1}{0.25m \times 0.5m} = 8m/sec$

- $d_{p.50}(\mu m) = \sqrt{\dfrac{9 \times 1.85 \times 10^{-5} \times 0.25}{2\pi \times 6 \times 8 \times (1,800 - 1.2)}} \times 10^6$
  $= 8.7594 \mu m$

② 입경별 부분 집진효율

- 10μm 부분 집진효율 → $\dfrac{10}{8.7594} = 1.1416$이므로 51%
- 30μm 부분 집진효율 → $\dfrac{30}{8.7594} = 3.4249$이므로 93%
- 60μm 부분 집진효율 → $\dfrac{60}{8.7594} = 6.8498$이므로 97%
- 80μm 부분 집진효율 → $\dfrac{80}{8.7594} = 9.1330$이므로 99%
- 100μm 부분 집진효율 → $\dfrac{100}{8.7594} = 11.4163$이므로 100%

③ 총 집진효율
$\eta_T = (5 \times 0.51) + (15 \times 0.93) + (50 \times 0.97) + (20 \times 0.99) + (10 \times 1) = 94.8\%$

[답] ∴ 총 집진효율 = 94.8%

02

처리가스량 100,000Sm³/hr, 압력손실 800mmH₂O, 1일 16시간 운전하는 집진장치의 연간 동력비는 1,160만 원이다. 처리가스량 70,000 Sm³/hr, 압력손실 400mmH₂O일 때 이 장치의 연간 동력비(원)를 계산하시오.

 18년 4회

[풀이] 동력비는 소요동력과 비례

$$1{,}160만원 : \frac{800 \times 100{,}000}{102 \cdot \eta} = X : \frac{400 \times 70{,}000}{102 \cdot \eta}$$

$X = 406$만 원

[답] ∴ 연간 동력비 = 406만 원

03

리차드슨 수 및 대기 안정도를 표의 조건을 이용하여 구하시오.

고도	풍속	온도
3m	3.9m/sec	14.7℃
2m	3.3m/sec	15.4℃

가. 리차드슨 수

나. 안정도 판별

 06년 4회 | 10년 1회 | 16년 1회 | 20년 2회 | 21년 2회

가. 리차드슨 수

[식] $R_i = \dfrac{g}{T_m} \times \dfrac{(\Delta T / \Delta Z)}{(\Delta U / \Delta Z)^2}$

[풀이] $R_i = \dfrac{9.8}{273 + \dfrac{(14.7 + 15.4)}{2}} \times \dfrac{\left(\dfrac{14.7 - 15.4}{3 - 2}\right)}{\left(\dfrac{3.9 - 3.3}{3 - 2}\right)^2}$

$= -0.0662$

[답] ∴ $R_i = -0.07$

나. 안정도 판별

대류에 의한 혼합이 기계적 난류를 지배

※ 참고(해당되는 부분만 적을 것)

리차드슨 수(R_i)	특성
-0.04 미만	대류에 의한 혼합이 기계적 난류를 지배
-0.03 초과 0 미만	기계적 난류와 대류가 존재하나 기계적 난류가 주로 혼합을 일으킴
0	기계적 난류만 존재
0 초과 0.25 미만	성층에 의해서 약화된 기계적 난류가 존재
0.25 이상	수직방향의 혼합은 없음, 수평상의 소용돌이 존재

04

다음 조건을 이용하여 중력집진장치를 이용하여 배기가스 중 분진을 제거하려고 한다. 집진효율(%)을 구하시오. (단, 층류와 난류영역에서의 침강속도는 층류에 적용되는 침강속도로 통일함)

[조건]
- 함진가스 유량 : 80m³/min
- 침강실 폭 : 3m
- 침강실 길이 : 5m
- 침강실 높이 : 4m
- 입자의 밀도 : 1,500kg/m³
- 입자의 직경 : 50㎛
- 점성도 : 3.0×10^{-4} g/cm·sec

빈출체크 14년 2회

[식] $\eta_d = 1 - \exp\left(-\dfrac{V_g \cdot L}{V \cdot H}\right)$

[풀이]

① $Re = \dfrac{D \cdot V \cdot \rho}{\mu}$

※ MKS 단위로 통일

② $V = \dfrac{Q}{A} = \dfrac{80m^3}{min} \Big| \dfrac{min}{3m \times 4m} \Big| \dfrac{min}{60sec} = 0.1111 m/sec$

③ $D_o = \dfrac{2HW}{H+W} = \dfrac{2 \times 4 \times 3}{4+3} = 3.4286m$

④ $\mu = \dfrac{3.0 \times 10^{-4} g}{cm \cdot sec} \Big| \dfrac{100cm}{m} \Big| \dfrac{kg}{10^3 g} = 3.0 \times 10^{-5} kg/m \cdot sec$

⑤ $Re = \dfrac{3.4286 \times 0.1111 \times 1.3}{3.0 \times 10^{-5}} = 16,506.4233$

→ 난류이므로 난류에 해당하는 집진공식 사용

⑥ $V_g = \dfrac{d_p^2 (\rho_p - \rho)g}{18\mu} = \dfrac{(50\mu m)^2}{} \Big| \dfrac{(1,500-1.3)kg}{m^3} \Big| \dfrac{9.8m}{sec^2}$

$\Big| \dfrac{m \cdot sec}{18 \times 3.0 \times 10^{-5} kg} \Big| \dfrac{(1m)^2}{(10^6 \mu m)^2}$

$= 0.068 m/sec$

⑦ $\eta_d = 1 - \exp\left(-\dfrac{0.068 \times 5}{0.1111 \times 4}\right) = 0.5347 \rightarrow 53.47\%$

[답] ∴ 집진효율 = 53.47%

05

굴뚝높이 50m, 배출 연기온도 200℃, 배출 연기속도 30m/sec, 굴뚝 직경이 2m인 화력발전소가 있다. 지금 주변 대기온도가 20℃이고, 굴뚝 배출구에서 대기 풍속이 10m/sec며, 대기압은 1,000mb인 조건에서 다음

$\Delta H = \dfrac{V_s \cdot D}{U}\left(1.5 + 2.68 \times 10^{-3} \cdot P \cdot \dfrac{T_s - T_a}{T_s} \cdot D\right)$

식을 이용한 연기의 유효굴뚝높이(m)를 계산하시오.

빈출체크 16년 4회

[식] $H_e = H + \Delta H$

[풀이]

① $\Delta H = \dfrac{30 \times 2}{10}\left[1.5 + 2.68 \times 10^{-3} \times 1,000\right.$
$\left. \times \dfrac{(273+200)-(273+20)}{(273+200)} \times 2\right] = 21.2385m$

② $H_e = 50 + 21.2385 = 71.2385m$

[답] ∴ 유효굴뚝높이 = 71.24m

06

오염가스가 4,300m³/hr로 배출되고 있다. 오염가스 중 HF의 농도는 46ppm이며 이를 수산화칼슘용액으로 침전제거하려고 할 때, 5일 동안 사용한 수산화칼슘의 양(kg)을 계산하시오. (단, HF는 90%가 물에 흡수, 하루 9시간 운전)

빈출체크 09년 2회 | 20년 2회

[풀이]

〈반응식〉 $2HF + Ca(OH)_2 \rightarrow CaF_2 + 2H_2O$

$2 \times 22.4 m^3$: 74kg

HF 흡수량 : X

$HF\ 흡수량 = \dfrac{4,300m^3}{hr} \Big| \dfrac{46mL}{m^3} \Big| \dfrac{m^3}{10^6 mL} \Big| \dfrac{9hr}{day} \Big| 5day \Big| \dfrac{90}{100}$

$= 8.0109 m^3$

$X = \dfrac{74 \times 8.0109}{2 \times 22.4} = 13.2323 kg$

[답] ∴ 수산화칼슘의 양 = 13.23kg

07

염소농도가 300ppm인 배기가스 2,500Sm³/hr를 수산화나트륨 수용액으로 세정처리하여 염소를 제거하려고 한다. 이때 발생되는 치아염소산나트륨(NaOCl)의 양(kg/hr)을 계산하시오.

[풀이]

〈반응식〉 $Cl_2 + 2NaOH \rightarrow NaCl + NaOCl + H_2O$

$22.4Sm^3$: 74.5kg

Cl_2 발생량 : X

$Cl_2\ 발생량 = \dfrac{300mL}{m^3} \Big| \dfrac{2,500Sm^3}{hr} \Big| \dfrac{m^3}{10^6 mL} = 0.75 Sm^3/hr$

$X = \dfrac{0.75 \times 74.5}{22.4} = 2.4944 kg/hr$

[답] ∴ NaOCl의 양 = 2.49kg/hr

08

여과집진장치의 집진원리 4가지를 적고 간단하게 설명하시오.

- 관성충돌 : 입경이 비교적 굵고 비중이 큰 분진입자(1㎛ 이상)가 기체유선에서 벗어나 섬유층에 직접 충돌하여 포집
- 차단 : 기체 유선에 벗어나지 않는 크기의 미세입자(0.1 ~ 1㎛)가 섬유와 접촉에 의해서 포집
- 확산 : 0.1㎛ 이하인 아주 작은 입자는 브라운 운동을 통한 확산에 의해 포집
- 중력 : 입경이 비교적 굵고 비중이 큰 분진입자가 저속기류 중에서 중력에 의하여 낙하하여 포집

09

1m의 직경을 갖는 원심력 집진장치에서 3m³/sec의 가스(1atm, 320K)를 처리하고자 한다. 이때 처리 입자의 밀도는 1.6g/cm³, 점도는 1.85× 10⁻⁵kg/m·sec라고 할 때 다음의 조건을 구하시오. (단, 입구 높이 = 0.5m, 입구 폭 = 0.25m, 유효회전수 = 4, 공기밀도 1.3kg/m³)

가. 유입속도(m/sec)
나. 절단입경(μm)

빈출 체크 10년 4회 | 11년 2회 | 12년 4회 | 15년 2회 | 18년 4회

가. 유입속도

[식] $V = \dfrac{Q}{A}$

[풀이] $V = \dfrac{3}{0.5 \times 0.25} = 24 \text{m/sec}$

[답] ∴ 유입속도 = 24m/sec

나. 절단입경

[식] $d_{p.50}(\mu m) = \sqrt{\dfrac{9 \cdot \mu \cdot B}{2 \cdot \pi \cdot N_e \cdot V \cdot (\rho_p - \rho)}} \times 10^6$

[풀이] ※ MKS 단위로 통일

① $\rho_p = \dfrac{1.6\text{g}}{\text{cm}^3} \Big| \dfrac{\text{kg}}{10^3\text{g}} \Big| \dfrac{10^6\text{cm}^3}{\text{m}^3} = 1{,}600 \text{kg/m}^3$

② $d_{p.50}(\mu m) = \sqrt{\dfrac{9 \times 1.85 \times 10^{-5} \times 0.25}{2\pi \times 4 \times 24 \times (1{,}600 - 1.3)}} \times 10^6$
   $= 6.5700 \mu m$

[답] ∴ 절단입경 = 6.57μm

10

A소각로에서 발생하는 다이옥신을 측정한 결과 17%의 산소농도에서 다음과 같은 결과를 얻었다. 다이옥신의 농도를 산소농도 10%로 환산하고 독성등가인자를 고려하여 계산하시오. (단, 소수점 세 번째 자리까지)

다이옥신의 종류	독성등가 환산계수	농도
T₄CDD	1.0	0.1ng/Sm³
T₄CDF	0.5	0.2ng/Sm³
P₅CDD	0.5	0.5ng/Sm³
O₈CDD	0.001	12ng/Sm³
O₈CDF	0.001	2ng/Sm³

빈출 체크 13년 1회 | 17년 4회

[식] TEQ = $\sum$(TEF × 치환이성체의 농도)

[풀이]
① TEQ = $1 \times 0.1 + 0.5 \times 0.2 + 0.5 \times 0.5 + 0.001 \times 12 + 0.001 \times 2 = 0.464 \text{ng/Sm}^3$

② 농도보정 → $C = 0.464 \times \dfrac{21-10}{21-17} = 1.276 \text{ng/Sm}^3$

[답] ∴ 다이옥신 농도 = 1.276ng/Sm³

2008 * 1 필답형 기출문제

01

굴뚝에서의 가스가 22,400Sm³/hr씩 방출되고 있다. 가스는 HF 3,000ppm, SiF₄ 1,500ppm를 함유하며 100% 흡수율로 처리하고자 할 때 흡수되는 규불산의 양(kmol/hr)을 구하시오.

[풀이]
⟨반응식⟩ $2HF + SiF_4 \rightarrow H_2SiF_6$
$2 \times 22.4 Sm^3$: 1kmol
HF 발생량 : X

HF 발생량 = $\dfrac{3,000mL}{m^3} | \dfrac{22,400Sm^3}{hr} | \dfrac{m^3}{10^6 mL} = 67.2 Sm^3/hr$

$X = \dfrac{67.2 \times 1}{2 \times 22.4} = 1.5 kmol/hr$

[답] ∴ 규불산의 양 = 1.5kmol/hr

02

프로판(C_3H_8)과 부탄(C_4H_{10})이 3 : 2로 혼합된 연료 1Sm³을 공기비 1.3으로 완전연소할 때 공연비(AFR)를 부피비(Sm³/Sm³)로 계산하시오.

[식] $AFR_v = \dfrac{m_a \times 22.4}{m_f \times 22.4}$

[풀이]
① 공기의 몰 비
  용적비 3 : 2 이므로 프로판 0.6Sm³, 부탄 0.4Sm³씩 존재
  ⟨반응식⟩ $C_3H_8 + 5O_2 \rightarrow 3CO_2 + 4H_2O$
    $0.6Sm^3 : 5 \times 0.6 Sm^3$
    $C_4H_{10} + 6.5O_2 \rightarrow 4CO_2 + 5H_2O$
    $0.4Sm^3 : 6.5 \times 0.4 Sm^3$
  → $A_o = O_o \div 0.21 = (5 \times 0.6 + 6.5 \times 0.4) \div 0.21$
    $= 26.6667$
  → $A = m \cdot A_o = 1.3 \times 26.6667 = 34.6667 Sm^3$

② $AFR_v = \dfrac{34.6667 \times 22.4}{1 \times 22.4} = 34.6667$

[답] ∴ $AFR_v = 34.67$

03

유입구 폭이 20cm, 유효회전수가 8인 사이클론에 아래 상태와 같은 함진가스를 처리하고자 할 때, 이 함진가스에 포함된 입자의 절단입경(μm)을 계산하시오. (단, 함진가스 유입속도 : 30m/sec, 점도 : 2×10^{-5}kg/m·sec, 밀도 : 1.2kg/m³, 먼지 밀도 : 2.0g/cm³)

[식] $d_{p.50}(\mu m) = \sqrt{\dfrac{9 \cdot \mu \cdot B}{2 \cdot \pi \cdot N_e \cdot V \cdot (\rho_p - \rho)}} \times 10^6$

[풀이] ① $\rho_p = \dfrac{2g}{cm^3} \Big| \dfrac{kg}{10^3 g} \Big| \dfrac{10^6 cm^3}{m^3} = 2,000 kg/m^3$

② $d_{p.50}(\mu m) = \sqrt{\dfrac{9 \times 2 \times 10^{-5} \times 0.2}{2\pi \times 8 \times 30 \times (2,000 - 1.2)}} \times 10^6$
$= 3.4560 \mu m$

[답] ∴ 절단입경 = 3.46 μm

04

여과집진기에서 유량 4.78×10^6 cm³/sec, 공기여재비 4cm/sec로 유입될 때 여과포 1개의 직경 0.2m, 유효높이 3m인 경우의 필요한 여과포의 개수를 구하시오.

빈출체크 2011년 2회 | 15년 4회 | 20년 1회

[식] $n = \dfrac{Q_T}{\pi D L V_f}$

[풀이] ※ CGS 단위로 통일

$n = \dfrac{4.78 \times 10^6}{\pi \times 20 \times 300 \times 4} = 63.3967$이므로 64개 필요

[답] ∴ 여과포의 개수 = 64개

05

탄소 85%, 수소 15%된 경유(1kg)를 공기과잉계수 1.1로 연소했더니 탄소 1%가 검댕(그을음)으로 된다. 건조 배기가스 1Sm³ 중 검댕의 농도(g/Sm³)를 계산하시오.

[식] $C = \dfrac{검댕\ 발생량}{G_d}$

[풀이]
① 이론 공기량

〈반응식〉 $C + O_2 \rightarrow CO_2$
  12kg : 22.4Sm³ : 22.4Sm³
  0.85kg : X : CO_2 발생량

$X = \dfrac{0.85 \times 22.4}{12} = 1.5867 Sm^3$

CO_2 발생량 $= 0.85 \times 0.99 \times 22.4/12 = 1.5708 Sm^3$

※ 1%는 검댕으로 변하므로 99%만 CO_2로 발생한다.

〈반응식〉 $H_2 + 0.5O_2 \rightarrow H_2O$
  2kg : $0.5 \times 22.4 Sm^3$
  0.15kg : Y

$Y = \dfrac{0.15 \times 0.5 \times 22.4}{2} = 0.84 Sm^3$

$A_o = O_o \div 0.21 = (1.5867 + 0.84) \div 0.21 = 11.5557 Sm^3$

② $G_d = (m - 0.21)A_o + CO_2$
  $= (1.1 - 0.21) \times 11.5557 + 1.5708$
  $= 11.8554 Sm^3$

③ 검댕 발생량 $= 0.85 \times 0.01 kg \times 10^3 g/kg = 8.5g$

④ $C = \dfrac{8.5g}{11.8554 Sm^3} = 0.7170 g/Sm^3$

[답] ∴ 검댕의 농도 $= 0.72 g/Sm^3$

06

소각 후 발생하는 다이옥신류를 처리하기 위한 처리방법 3가지를 서술하시오.

- 촉매분해법 : 300 ~ 400℃에서 V_2O_5, TiO_2, Pt, Pd 등의 촉매를 사용하여 다이옥신을 분해시키는 방법
- 생물학적 분해법 : 리그닌 및 세균 등을 이용하여 다이옥신을 생물화학적으로 분해시키는 방법
- 광분해법 : 250 ~ 300nm의 파장범위를 갖는 자외선을 배기가스에 조사시켜 다이옥신의 결합을 파괴하는 방법
- 고온 열분해법 : 배기가스의 온도를 850℃ 이상 유지하여 열적으로 다이옥신을 분해시키는 방법
- 오존산화법 : 수중에 함유된 다이옥신 제거 방법으로 용액(저온, 염기성) 중 오존을 주입하여 PCDDs를 산화분해시키는 방법
- 초임계유체분해법 : 초임계유체의 극대 용해도(374℃, 218atm)를 이용하여 다이옥신을 흡수 제거하는 방법
- 활성탄 흡착법 : 배기가스의 유동경로에 흡착제를 분무하여 다이옥신을 흡착처리하는 방법

07

유효높이(H)가 60m인 굴뚝으로부터 SO_2가 125g/sec의 속도로 배출되고 있다. 굴뚝높이에서의 풍속은 6m/sec이고 풍하거리 500m에서 대기안정 조건에 따라 편차 σ_y는 36m, σ_z는 18.5m이었다. 이 굴뚝으로부터 풍하거리 500m의 중심선상의 지표면 농도($\mu g/m^3$)는 얼마인가? (단, 가우시안 모델식을 사용하고, SO_2는 배출되는 동안에 화학적으로 반응하지 않는다고 가정한다)

[식] $C = \dfrac{Q}{2 \cdot \sigma_y \cdot \sigma_z \cdot \pi \cdot u} \exp\left[-\dfrac{1}{2}\left(\dfrac{y}{\sigma_y}\right)^2\right]$
$\times \left[\exp\left(-\dfrac{1}{2}\left(\dfrac{z-H_e}{\sigma_z}\right)^2\right) + \exp\left(-\dfrac{1}{2}\left(\dfrac{z+H_e}{\sigma_z}\right)^2\right)\right]$

[풀이]

① $Q = \dfrac{125g}{sec} \Big| \dfrac{10^6 \mu g}{g} = 125 \times 10^6 \mu g/sec$

② 지표면 오염물질 : $z=0$, 중심선상 : $y=0$

$C = \dfrac{Q}{2 \cdot \sigma_y \cdot \sigma_z \cdot \pi \cdot u} \exp\left[-\dfrac{1}{2}\left(\dfrac{y}{\sigma_y}\right)^2\right]$
$\times \left[\exp\left(-\dfrac{1}{2}\left(\dfrac{0-H_e}{\sigma_z}\right)^2\right) + \exp\left(-\dfrac{1}{2}\left(\dfrac{0+H_e}{\sigma_z}\right)^2\right)\right]$

③ $C = \dfrac{Q}{2 \cdot \sigma_y \cdot \sigma_z \cdot \pi \cdot u} \exp[0] \times \left[2 \times \exp\left(-\dfrac{1}{2}\left(\dfrac{H_e}{\sigma_z}\right)^2\right)\right]$

※ 지수법칙 : $\exp(0) = 1$

$C = \dfrac{Q}{2 \cdot \sigma_y \cdot \sigma_z \cdot \pi \cdot u} \times 1 \times \left[2 \times \exp\left(-\dfrac{1}{2}\left(\dfrac{H_e}{\sigma_z}\right)^2\right)\right]$

④ $C = \dfrac{125 \times 10^6}{2 \times 36 \times 18.5 \times \pi \times 6}\left[2 \times \exp\left(-\dfrac{1}{2}\left(\dfrac{60}{18.5}\right)^2\right)\right]$
$= 51.7659 \mu g/m^3$

[답] ∴ 지표면 농도 $= 51.77 \mu g/m^3$

08

A지점의 미세먼지(PM10) 측정농도가 74, 82, 97, 70, 60$\mu g/m^3$일 때 다음 물음에 답하시오.

가. 기하학적 평균을 계산한 후 환경기준 24시간 평균치와 비교
나. 산술평균을 계산한 후 환경기준 24시간 평균치와 비교

12년 1회 | 18년 2회

가. [풀이] $C_m = (74 \times 82 \times 97 \times 70 \times 60)^{1/5}$
$= 75.6159 \mu g/m^3$

[답] ∴ $75.62 \mu g/m^3$이므로 24시간 평균치인 $100 \mu g/m^3$를 초과하지 않음

나. [풀이] $C_m = (74+82+97+70+60) \div 5 = 76.6 \mu g/m^3$

[답] ∴ $76.6 \mu g/m^3$이므로 24시간 평균치인 $100 \mu g/m^3$를 초과하지 않음

09

유효굴뚝높이가 60m인 굴뚝에서 오염물질이 40g/sec로 배출되고 있다. 그리고 지상 5m에서의 풍속이 4m/sec일 때 500m 하류에 위치하는 중심선상의 오염물질의 지표농도($\mu g/m^3$)를 계산하시오. (단, P는 0.25, σ_y = 37m, σ_z = 18m,이고, Deacon의 식, 가우시안 확산식을 이용)

06년 2회 | 15년 4회 | 18년 4회

[식] $C = \dfrac{Q}{2 \cdot \sigma_y \cdot \sigma_z \cdot \pi \cdot u} \exp\left[-\dfrac{1}{2}\left(\dfrac{y}{\sigma_y}\right)^2\right]$
$\times \left[\exp\left(-\dfrac{1}{2}\left(\dfrac{z-H_e}{\sigma_z}\right)^2\right) + \exp\left(-\dfrac{1}{2}\left(\dfrac{z+H_e}{\sigma_z}\right)^2\right)\right]$

[풀이]
① Deacon 식을 이용한 풍속
$U_2 = U_1 \times \left(\dfrac{z_2}{z_1}\right)^P = 4 \times \left(\dfrac{60}{5}\right)^{0.25} = 7.4448 \text{m/sec}$

② 중심선상의 오염물질의 지표농도
- 지표 오염물질 : z = 0, 중심선상 : y = 0

$C = \dfrac{Q}{\sigma_y \cdot \sigma_z \cdot \pi \cdot u} \exp\left(-\dfrac{1}{2}\left(\dfrac{H_e}{\sigma_z}\right)^2\right)$

- $Q = \dfrac{40\text{g}}{\text{sec}} \mid \dfrac{10^6 \mu\text{g}}{\text{g}} = 4 \times 10^7 \mu\text{g/sec}$

- $C = \dfrac{4 \times 10^7}{37 \times 18 \times \pi \times 7.4448} \times \exp\left(-\dfrac{1}{2}\left(\dfrac{60}{18}\right)^2\right)$
$= 9.9274 \mu\text{g/m}^3$

[답] ∴ 지표농도 = 9.93 $\mu\text{g/m}^3$

10

제거효율이 82%인 흡수탑을 직렬로 3개를 연결하여 가스 중 유해물질 7,500ppm을 처리하고자 한다. 이때 유출되는 가스 중 유해물질의 농도(ppm)를 구하시오.

[식] $C_o = C_i \times (1 - \eta_T)$

[풀이]
① $\eta_T = 1 - (1 - \eta_1)^3 = 1 - (1 - 0.82)^3 = 0.9942$
② $C_o = 7,500 \times (1 - 0.9942) = 43.5 \text{ppm}$

[답] ∴ 유출 유해물질 농도 = 43.5ppm

필답형 기출문제   2008 * 2

01

배기가스량 400m³/min, 농도 5.0g/Sm³, 분진을 유효 높이 5.5m, 직경 200mm인 Back Filter를 사용하여 처리할 경우 필요한 Back Filter의 개수를 구하시오. (단, 여과속도는 1.2cm/sec)

빈출 체크 16년 1회 | 17년 1회

[식] $n = \dfrac{Q_T}{\pi D L V_f}$

[풀이] ※ MKS 단위로 통일

① $Q_T = \dfrac{400\text{m}^3}{\text{min}} \Big| \dfrac{\text{min}}{60\text{sec}} = 6.6667 \text{m}^3/\text{sec}$

② $D = \dfrac{200\text{mm}}{} \Big| \dfrac{\text{m}}{10^3 \text{mm}} = 0.2\text{m}$

③ $V_f = \dfrac{1.2\text{cm}}{\text{sec}} \Big| \dfrac{\text{m}}{100\text{cm}} = 0.012 \text{m/sec}$

④ $n = \dfrac{6.6667}{\pi \times 0.2 \times 5.5 \times 0.012} = 160.7634$ 이므로 161개

[답] ∴ Back Filter의 개수 = 161개

02

중유의 조성이 C : 85%, H : 10%, S : 5%이며, 중유 2kg을 26.62Sm³의 공기를 이용하여 완전 연소할 경우 공기비를 계산하시오.

[식] $m = \dfrac{A}{A_o}$

[풀이]

① 이론 공기량

〈반응식〉　C　+　O_2　→　CO_2
　　　　　12kg　: 22.4Sm³ : 22.4Sm³
　　　　　0.85kg/kg :　X　: CO_2 발생량

$X = \dfrac{0.85 \times 22.4}{12} = 1.5867 \, Sm^3/kg$

〈반응식〉　H_2　+　$0.5O_2$　→　H_2O
　　　　　2kg　: 0.5×22.4Sm³ : 22.4Sm³
　　　　　0.10kg/kg :　Y　: H_2O 발생량

$Y = \dfrac{0.10 \times 0.5 \times 22.4}{2} = 0.56 \, Sm^3/kg$

〈반응식〉　S　+　O_2　→　SO_2
　　　　　32kg　: 22.4Sm³ : 22.4Sm³
　　　　　0.05kg/kg :　Z　: SO_2 발생량

$Z = \dfrac{0.05 \times 22.4}{32} = 0.035 \, Sm^3/kg$

$A_o = O_o \div 0.21 = (1.5867 + 0.56 + 0.035) \div 0.21$
　　　$= 10.389 \, Sm^3/kg$

② $m = \dfrac{26.62 \, Sm^3}{10.389 \, Sm^3/kg \times 2kg} = 1.2812$

[답] ∴ 공기비 = 1.28

03

NO 224ppm, NO_2 22.4ppm을 함유한 배기가스 100,000m³/hr를 NH_3에 의한 선택적 접촉환원법으로 처리할 경우 NO_x를 제거하기 위한 NH_3의 이론량(kg/hr)을 계산하시오.

 08년 4회 | 18년 2회

[풀이]

① 〈반응식〉 $6NO + 4NH_3 \rightarrow 5N_2 + 6H_2O$
　　　　　$6 \times 22.4Sm^3 : 4 \times 17kg$
　　　　　NO 발생량 :　X

NO 발생량 $= \dfrac{224mL}{m^3} \Big| \dfrac{100,000m^3}{hr} \Big| \dfrac{m^3}{10^6 mL}$

　　　　　$= 22.4 m^3/hr$

$X = \dfrac{4 \times 17 \times 22.4}{6 \times 22.4} = 11.3333 kg/hr$

② 〈반응식〉 $6NO_2 + 8NH_3 \rightarrow 7N_2 + 12H_2O$
　　　　　$6 \times 22.4Sm^3 : 8 \times 17kg$
　　　　　NO_2 발생량 :　Y

NO_2 발생량 $= \dfrac{22.4mL}{m^3} \Big| \dfrac{100,000m^3}{hr} \Big| \dfrac{m^3}{10^6 mL}$

　　　　　$= 2.24 m^3/hr$

$Y = \dfrac{8 \times 17 \times 2.24}{6 \times 22.4} = 2.2667 kg/hr$

③ $X + Y = 11.3333 + 2.2667 = 13.6 kg/hr$

[답] ∴ NH_3의 이론량 = 13.6kg/hr

04

탄소 82%, 수소 13%, 황 2%의 중유를 연소하여 배기가스를 분석했더니 ($CO_2 + SO_2$)가 13%, O_2가 3%이었다. 건조연소가스 중의 SO_2 농도(ppm)를 계산하시오. (단, 표준상태 기준)

 15년 2회 | 19년 4회

[식] $SO_2(ppm) = \dfrac{SO_2 \text{ 발생량}}{G_d} \times 10^6$

[풀이]

① 이론 공기량

〈반응식〉 $C + O_2 \rightarrow CO_2$
　　　　　12kg : 22.4Sm³ : 22.4Sm³
　　　　　0.82kg/kg : X : CO_2 발생량

$X = \dfrac{0.82 \times 22.4}{12} = 1.5307 \text{Sm}^3/\text{kg}$

〈반응식〉 $H_2 + 0.5O_2 \rightarrow H_2O$
　　　　　2kg : 0.5×22.4Sm³ : 22.4Sm³
　　　　　0.13kg/kg : Y : H_2O 발생량

$Y = \dfrac{0.13 \times 0.5 \times 22.4}{2} = 0.728 \text{Sm}^3/\text{kg}$

〈반응식〉 $S + O_2 \rightarrow SO_2$
　　　　　32kg : 22.4Sm³ : 22.4Sm³
　　　　　0.02kg/kg : Z : SO_2 발생량

$Z = \dfrac{0.02 \times 22.4}{32} = 0.014 \text{Sm}^3/\text{kg}$

$A_o = O_o \div 0.21 = (1.5307 + 0.728 + 0.014) \div 0.21$
　　　$= 10.8224 \text{Sm}^3/\text{kg}$

② $m = \dfrac{N_2}{N_2 - 3.76(O_2 - 0.5CO)}$
　　　$= \dfrac{84}{84 - 3.76(3 - 0.5 \times 0)} = 1.1551$

③ $G_d = (m - 0.21)A_o + CO_2 + SO_2$
　　　$= (1.1551 - 0.21) \times 10.8224 + 1.5307 + 0.014$
　　　$= 11.773 \text{Sm}^3/\text{kg}$

④ $SO_2(ppm) = \dfrac{0.014}{11.773} \times 10^6 = 1,189.1616 \text{ppm}$

[답] ∴ $SO_2 = 1,189.16 \text{ppm}$

05

원자흡수분광광도법의 용어 중 공명선, 분무실의 정의를 서술하시오.

 15년 4회 | 20년 3회

- 공명선 : 원자가 외부로부터 빛을 흡수했다가 다시 먼저 상태로 돌아갈 때 방사하는 스펙트럼선
- 분무실 : 분무기와 함께 분무된 시료용액의 미립자를 더욱 미세하게 해주는 한편 큰 입자와 분리시키는 작용을 갖는 장치

06

2008년 1월 1일부터 적용되는 지정악취물질 5가지를 적으시오.

톨루엔, 자일렌, 메틸에틸케톤, 메틸아이소뷰틸케톤, 뷰틸아세테이트

07

열섬효과에 영향을 주는 대표적인 인자 3가지를 적으시오.

- 도시 지역의 인구집중에 따른 인공 열 발생의 증가
- 도시의 건물 등 구조물에 의한 거칠기 길이의 변화
- 도시 표면의 열적 성질의 차이 및 지표면에서의 증발잠열의 차이

08

H_{OG}가 0.8m, 제거율이 98%인 경우 충전탑의 높이(m)를 구하시오.

[식] $H = H_{OG} \times \ln\left(\dfrac{1}{1-\eta}\right)$

[풀이] $H = 0.8 \times \ln\left(\dfrac{1}{1-0.98}\right) = 3.1296\,\text{m}$

[답] ∴ 충전탑의 높이 = 3.13m

09

기체크로마토그래피에서 분리도와 분리계수의 공식을 쓰고, 각각을 기술하시오.

분리도(R) = $\dfrac{2(t_{R2} - t_{R1})}{W_1 + W_2}$, 분리계수(d) = $\dfrac{t_{R2}}{t_{R1}}$

- t_{R1} : 시료도입점으로부터 봉우리 1의 최고점까지의 길이
- t_{R2} : 시료도입점으로부터 봉우리 2의 최고점까지의 길이
- W_1 : 봉우리 1의 좌우 변곡점에서의 접선이 자르는 바탕선의 길이
- W_2 : 봉우리 2의 좌우 변곡점에서의 접선이 자르는 바탕선의 길이

10

세정탑을 이용하여 250ppm의 염화수소를 함유하는 500m³/hr의 가스를 처리하고자 한다. 액가스비는 1.5L/m³, 염화수소는 100% 흡수하는 경우 처리 후 배출수를 중화시키기 위해 필요한 0.5N NaOH의 양(L/hr)을 구하시오.

[식] $NV = N'V'$

[풀이]

① $N = \dfrac{250\text{mL}}{\text{m}^3} \Big| \dfrac{\text{m}^3}{10^6 \text{mL}} \Big| \dfrac{1\text{eq}}{22.4\text{L}}$

$= 1.1161 \times 10^{-5} \text{eq/L}$

② $1.1161 \times 10^{-5} \times 500 \times 10^3 = 0.5 \times V'$

$\rightarrow V' = 11.161 \text{L/hr}$

[답] ∴ NaOH의 양 = 11.16L/hr

11

다음 표를 이용하여 집진장치의 총 집진효율을 계산하시오.

입경(μm)	0~5	5~10	10~15	15~20
분진 질량분포(%)	20	15	35	30
부분 집진효율(%)	90	92	95	98

[식] $\eta_T = \sum\limits_{i=1}^{n} (R_i \cdot \eta_i)$

[풀이] $\eta_T = 0.20 \times 90 + 0.15 \times 92 + 0.35 \times 95 + 0.30 \times 98$

$= 94.45\%$

[답] ∴ 총 집진효율 = 94.45%

필답형 기출문제 2008 * 4

01

대기오염공정시험기준에 의한 시료채취 지점 수의 결정방법 2가지를 기술하시오.

- 인구비례에 의한 방법 : 측정하려고 하는 대상지역의 인구 분포 및 인구밀도를 고려하여 인구밀도가 5,000명/km² 이하일 때는 그 지역의 거주지면적(그 지역 총 면적에서 전답, 임야, 호수, 하천 등의 면적을 뺀 면적)으로부터 다음 식에 의하여 측정점의 수를 결정한다.

  측정점수 = $\dfrac{\text{그 지역 거주지면적}}{25\text{km}^2} \times \dfrac{\text{그 지역 인구밀도}}{\text{전국 평균 인구밀도}}$

- 대상지역의 오염정도에 따라 공식을 이용하는 방법

02

배기가스량 1,000m³/min, 농도 5.0g/Sm³, 분진을 유효 높이 8.5m, 직경 250mm인 Back Filter를 사용하여 처리할 경우 필요한 Back Filter의 개수와 탈진주기(hr)를 구하시오. (단, 여과속도 1.5cm/sec, 먼지부하 400g/m², 집진효율 95%)

가. Back Filter의 개수
나. 탈진주기

가. Back Filter의 개수

[식] $n = \dfrac{Q_T}{\pi D L V_f}$

[풀이] ※ MKS 단위로 통일

① $Q_T = \dfrac{1,000\text{m}^3}{\text{min}} \Big| \dfrac{\text{min}}{60\text{sec}} = 16.6667\text{m}^3/\text{sec}$

② $D = \dfrac{250\text{mm}}{} \Big| \dfrac{\text{m}}{10^3\text{mm}} = 0.25\text{m}$

③ $V_f = \dfrac{1.5\text{cm}}{\text{sec}} \Big| \dfrac{\text{m}}{100\text{cm}} = 0.015\text{m/sec}$

④ $n = \dfrac{16.6667}{\pi \times 0.25 \times 8.5 \times 0.015} = 166.4369$ 이므로 167개

[답] ∴ Back Filter의 개수 = 167개

나. 탈진주기

[식] $L_d = C_i \cdot V_f \cdot t \cdot \eta$

[풀이] ① $V_f = \dfrac{1.5\text{cm}}{\text{sec}} \Big| \dfrac{\text{m}}{100\text{cm}} \Big| \dfrac{3,600\text{sec}}{\text{hr}} = 54\text{m/hr}$

② $t = \dfrac{L_d}{C_i \cdot V_f \cdot \eta} = \dfrac{400}{5 \times 54 \times 0.95} = 1.5595\text{hr}$

[답] ∴ 탈진주기 = 1.56hr

03

공장에서 1,400ppm의 SO_2를 포함한 60,000Sm^3/hr의 배기가스를 방출하고 있다. 이 배기가스의 25%가 흘러가 주변 주택에 피해를 주고 있다면 주택으로 흘러 들어간 SO_2의 양(ton/year)을 구하시오. (단, 해당 공장은 연간 300일, 하루 24시간 가동)

[풀이] 흘러 들어간 SO_2의 양

$$= \frac{60{,}000 Sm^3}{hr} \Big| \frac{1{,}400 mL}{m^3} \Big| \frac{25}{100} \Big| \frac{64 kg}{22.4 Sm^3} \Big| \frac{ton}{10^3 kg}$$
$$\Big| \frac{m^3}{10^6 mL} \Big| \frac{24 hr}{day} \Big| \frac{300 day}{year} = 432 ton/year$$

[답] ∴ 흘러 들어간 SO_2의 양 = 432ton/year

04

배기가스 온도가 150℃, 비중이 0.85, 액주거리가 6.5mm인 피토우관에서의 유속(m/sec)을 계산하시오. (단, 피토우관 계수는 0.85, 밀도는 1.3kg/Sm^3)

[식] $\overline{V} = C\sqrt{\dfrac{2gh}{\gamma}}$

[풀이]
① $\gamma = \dfrac{1.3 kg}{Sm^3} \Big| \dfrac{273}{273+150} = 0.839 kg/m^3$

② $\overline{V} = 0.85 \sqrt{\dfrac{2 \times 9.8 \times 6.5 \times 0.85}{0.839}} = 9.6568 m/sec$

[답] ∴ 유속 = 9.66m/sec

05

온실효과에 의한 기온상승 원리와 대표적인 원인물질 3가지를 적으시오.

빈출 체크 17년 2회 | 20년 2회 | 20년 3회

- 기온상승 원리 : 태양복사에너지는 대기를 통과하면서 구름, H_2O, CO_2, O_3 등의 물질에 의하여 일부 반사되고 지표에 도달하게 된다. 지표에서 얻은 에너지는 지구복사에너지로 우주로 방출되는데 구름, 온실기체 등에 의하여 대부분이 반사되어 재복사가 발생하여 대기 온도가 상승하게 된다.
- 대표적인 원인물질 : CO_2, CH_4, CFC, SF_6, PFCs, HFCs, N_2O

06

250m^3의 크기를 갖는 실험실에서 HCHO가 발생하여 농도가 0.5ppm이 되었다. 이를 0.01ppm까지 낮추기 위하여 25m^3/min 유량을 갖는 공기청정기를 이용하려고 한다. 원하는 농도로 낮추기 위해 걸리는 시간(min)을 구하시오. (단, 처리효율은 100%, 초기 HCHO 농도는 0ppm)

빈출 체크 12년 1회 | 16년 4회 | 21년 1회

[식] $\ln \dfrac{C_t}{C_o} = -\dfrac{Q}{V} \cdot t$

[풀이] $t = \dfrac{\ln \dfrac{0.01}{0.5}}{-\dfrac{25}{250}} = 39.1202 min$

[답] ∴ 걸리는 시간 : 39.12min

07

벤츄리 스크러버에서 목 부의 직경 0.22m, 수압 2atm, Nozzle의 수 6개, 액가스비 0.5L/m³, 목 부의 가스유속이 60m/sec일 때, Nozzle의 직경(mm)을 계산하시오.

 07년 1회 | 20년 4회

[식] $n\left(\dfrac{d_n}{D_t}\right)^2 = \dfrac{V_t \cdot L}{100\sqrt{P}}$

[풀이]

① $P = \dfrac{2\text{atm}}{} \Big| \dfrac{10,000\text{mmH}_2\text{O}}{\text{atm}} = 20,000\text{mmH}_2\text{O}$

(※ 벤츄리 스크러버에서는 공학기압 10,000mmH₂O 사용)

② $6 \times \left(\dfrac{d_n}{0.22}\right)^2 = \dfrac{60 \times 0.5}{100\sqrt{20,000}} \rightarrow d_n = 4.1367 \times 10^{-3}\text{m}$

③ $d_n = \dfrac{4.1367 \times 10^{-3}\text{m}}{} \Big| \dfrac{10^3 \text{mm}}{\text{m}} = 4.1367\text{mm}$

[답] ∴ Nozzle의 직경 = 4.14mm

08

자외선/가시선 분광법으로 측정한 A물질의 농도가 0.02M, 빛의 투사거리는 0.2mm라고 한다면 A물질의 흡광도를 계산하시오. (단, 흡광계수는 90)

 18년 2회

[식] $A = \log \dfrac{1}{T}$

[풀이]

① $T = \dfrac{I_t}{I_o} = 10^{-\epsilon \cdot C \cdot L} = 10^{-90 \times 0.02 \times 0.2} = 0.4365$

② $A = \log \dfrac{1}{0.4365} = 0.36$

[답] ∴ 흡광도 = 0.36

09

NO 224ppm, NO₂ 22.4ppm을 함유한 배기가스 100,000m³/hr를 NH₃에 의한 선택적 접촉환원법으로 처리할 경우 NOₓ를 제거하기 위한 NH₃의 이론량(kg/hr)을 계산하시오.

빈출 체크 08년 2회 | 18년 2회

[풀이]

① 〈반응식〉 $6NO + 4NH_3 \rightarrow 5N_2 + 6H_2O$
$\qquad\qquad 6 \times 22.4 Sm^3 : 4 \times 17 kg$
$\qquad\qquad$ NO 발생량 : X

NO 발생량 $= \dfrac{224mL}{m^3} \Big| \dfrac{100,000m^3}{hr} \Big| \dfrac{m^3}{10^6 mL} = 22.4 m^3/hr$

$X = \dfrac{4 \times 17 \times 22.4}{6 \times 22.4} = 11.3333 kg/hr$

② 〈반응식〉 $6NO_2 + 8NH_3 \rightarrow 7N_2 + 12H_2O$
$\qquad\qquad 6 \times 22.4 Sm^3 : 8 \times 17 kg$
$\qquad\qquad$ NO₂ 발생량 : Y

NO₂ 발생량 $= \dfrac{22.4mL}{m^3} \Big| \dfrac{100,000m^3}{hr} \Big| \dfrac{m^3}{10^6 mL}$
$\qquad\qquad\quad = 2.24 m^3/hr$

$Y = \dfrac{8 \times 17 \times 2.24}{6 \times 22.4} = 2.2667 kg/hr$

③ $X + Y = 11.3333 + 2.2667 = 13.6 kg/hr$

[답] ∴ NH₃의 이론량 = 13.6kg/hr

10

프로판 1Sm³을 완전연소하는 경우 다음을 구하시오. (단, 공기비 1.2)

가. 연소반응식
나. 실제 건연소 가스량(Sm³)

가. $C_3H_8 + 5O_2 \rightarrow 3CO_2 + 4H_2O$

나. 실제 건연소 가스량

[식] $G_d = (m - 0.21)A_o + CO_2$

[풀이]

① 이론 공기량
$\quad A_o = O_o \div 0.21 = 5 \div 0.21 = 23.8095 Sm^3$

② $G_d = (1.2 - 0.21) \times 23.8095 + 3 = 26.5714 Sm^3$

[답] ∴ 실제 건연소 가스량 = 26.57Sm³

11

A공장에서 6,000kcal/kg의 발열량을 갖는 석탄을 연소하고 있다. SO₂의 규제 기준이 2.5mg SO₂/kcal라면 기준에 맞는 석탄의 황 함유량(%)을 계산하시오.

빈출 체크 09년 1회 | 16년 2회 | 20년 3회 | 24년 1회

[식] 석탄의 황 함유량(%) $= \dfrac{S}{석탄} \times 100$

[풀이]

① $\dfrac{2.5 mgSO_2}{kcal} = \dfrac{kg_{석탄}}{6,000 kcal} \Big| \dfrac{X kg_S}{kg_{석탄}} \Big| \dfrac{64 kg_{SO_2}}{32 kg_S} \Big| \dfrac{10^6 mg}{kg}$

$\rightarrow X = 7.5 \times 10^{-3} kg$

② 석탄의 황 함유량(%) $= \dfrac{7.5 \times 10^{-3} kg}{1 kg} \times 100 = 0.75\%$

[답] ∴ 석탄의 황 함유량 = 0.75%

12

Freundlich 등온흡착식 $\dfrac{X}{M} = k \cdot C^{1/n}$ 에서 상수 k와 n을 구하는 방법을 기술하시오.

빈출체크 14년 2회 | 17년 2회 | 24년 1회

① $\dfrac{X}{M} = k \cdot C^{1/n}$ ·················· 양변에 log를 취함

② $\log \dfrac{X}{M} = \log k + \dfrac{1}{n} \log C$ logk는 y절편, 1/n은 기울기

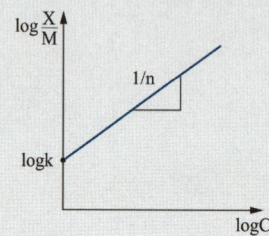

필답형 기출문제 2009 * 1

01

후드 선정 시 모형, 크기 등을 고려하여 선정해야 한다. 후드 선택 시 흡인요령 4가지를 서술하시오.

빈출체크 12년 1회 | 14년 2회 | 22년 2회

- 국부적인 흡인방식을 택한다.
- 충분한 포착속도를 유지한다.
- 후드를 발생원에 근접시킨다.
- 개구면적을 좁게 한다.
- 에어커튼을 사용한다.

02

송풍기 회전판 회전에 의하여 집진장치에 공급되는 세정액이 미립자로 만들어져 집진하는 원리를 가진 회전식 세정집진장치에서 직경이 12cm인 회전판이 4,400rpm으로 회전할 때 형성되는 물방울의 직경(μm)을 구하시오.

빈출체크 15년 1회 | 20년 2회

[식] $d_w = \dfrac{200}{N\sqrt{R}} \times 10^4$

[풀이] $d_w = \dfrac{200}{4,400 \times \sqrt{6}} \times 10^4 = 185.5674 \mu m$

[답] ∴ 물방울의 직경 = 185.57 μm

03

먼지 입경 측정방법 중 직접적 방법과 간접적 방법을 각각 2가지씩 적고 간략하게 서술하시오.

- 직접 측정법
  - 표준체 측정법 : 다양한 크기의 표준체를 이용하여 입경별로 분리하여 측정하는 방법
  - 현미경법 : 사용자가 직접 각각의 입자를 눈으로 하여 보면서 측정하는 방법
- 간접 측정법
  - 관성충돌법 : 입자의 관성충돌을 이용하여 측정하는 방법
  - 액상침강법 : 액상 중 입자를 침강속도를 적용하여 측정하는 방법
  - 공기투과법 : 입자의 비표면적을 측정하여 입경을 측정하는 방법
  - 광산란법 : 입자의 표면에서 일어나는 빛의 산란정도를 광학분진계로 측정하는 방법

04

물리적 흡착의 특성 4가지를 적으시오.

 16년 2회 | 20년 4회

- 흡착원리는 Van der Waals 힘에 의한 것이다.
- 흡착과정이 가역적이다.
- 오염가스 회수에 용이하다.
- 온도의 영향이 큰 편이다.
- 흡착 시 다층으로 흡착이 가능하다.
- 흡착열이 낮은 편이다.

05

보일러에서 중유(황 함량 5%)를 10ton/hr로 연소시키고 있다. 배출가스를 NaOH 수용액을 이용하여 황을 처리할 때(Na_2SO_3) 필요한 NaOH량(kg/hr)을 계산하시오. (단, 황은 전부 SO_2로 산화)

 11년 1회 | 20년 3회

⟨반응식⟩ $S + O_2 \rightarrow SO_2$
　　　　　32kg　:　64kg
　　　　　S 발생량　:　X

S 발생량 $= \dfrac{10,000\,kg}{hr} \Big| \dfrac{5}{100} = 500\,kg/hr$

$X = \dfrac{64 \times 500}{32} = 1,000\,kg/hr$

⟨반응식⟩ $SO_2 + 2NaOH \rightarrow Na_2SO_3 + H_2O$
　　　　　64kg　　:　2 × 40kg
　　　　　SO_2 처리량　:　Y

$Y = \dfrac{2 \times 40 \times 1,000}{64} = 1,250\,kg/hr$

[답] ∴ 필요한 NaOH량 = 1,250kg/hr

06

A공장에서 6,000kcal/kg의 발열량을 갖는 석탄을 연소하고 있다. SO_2의 규제 기준이 2.5mg SO_2/kcal라면 기준에 맞는 석탄의 황 함유량(%)을 계산하시오.

 08년 4회 | 16년 4회 | 20년 3회 | 24년 1회

[식] 석탄의 황 함유량(%) $= \dfrac{S}{석탄} \times 100$

[풀이]

① $\dfrac{2.5\,mgSO_2}{kcal} = \dfrac{kg_{석탄}}{6,000\,kcal} \Big| \dfrac{X\,kg_S}{kg_{석탄}} \Big| \dfrac{64\,kg_{SO_2}}{32\,kg_S} \Big| \dfrac{10^6\,mg}{kg}$

$\rightarrow X = 7.5 \times 10^{-3}\,kg$

② 석탄의 황 함유량(%) $= \dfrac{7.5 \times 10^{-3}\,kg}{1\,kg} \times 100 = 0.75\%$

[답] ∴ 석탄의 황 함유량 = 0.75%

07

탄소 86%, 수소 11%, S 3%의 조성을 갖는 중유를 시간당 200kg을 연소하여 각각 CO_2, H_2O, SO_2로 되었을 때 다음을 구하시오.

가. CO_2, H_2O, SO_2의 kmol수 (단, 표준상태)

나. CO_2, H_2O, SO_2의 부피(m^3) (단, 1atm, 217℃)

가. CO_2, H_2O, SO_2의 kmol수 (단, 표준상태)

- $CO_2 = \dfrac{200kg}{hr} \mid \dfrac{86}{100} \mid \dfrac{44}{12} \mid \dfrac{kmol}{44kg} = 14.33 kmol/hr$

- $H_2O = \dfrac{200kg}{hr} \mid \dfrac{11}{100} \mid \dfrac{18}{2} \mid \dfrac{kmol}{18kg} = 11 kmol/hr$

- $SO_2 = \dfrac{200kg}{hr} \mid \dfrac{3}{100} \mid \dfrac{64}{32} \mid \dfrac{kmol}{64kg} = 0.19 kmol/hr$

나. CO_2, H_2O, SO_2의 부피 (단, 1atm, 217℃)

- $CO_2 = \dfrac{14.33 kmol}{hr} \mid \dfrac{22.4 Sm^3}{kmol} \mid \dfrac{273+217}{273} \mid \dfrac{1}{1}$
  $= 576.14 m^3/hr$

- $H_2O = \dfrac{11 kmol}{hr} \mid \dfrac{22.4 Sm^3}{kmol} \mid \dfrac{273+217}{273} \mid \dfrac{1}{1}$
  $= 442.26 m^3/hr$

- $SO_2 = \dfrac{0.19 kmol}{hr} \mid \dfrac{22.4 Sm^3}{kmol} \mid \dfrac{273+217}{273} \mid \dfrac{1}{1}$
  $= 7.64 m^3/hr$

08

연료의 조성이 C : 82%, H : 10%, S : 3%, O : 3%, 수분 : 2%에 대한 $(CO_2)_{max}(\%)$를 계산하시오.

[식] $(CO_2)_{max}(\%) = \dfrac{CO_2\ 발생량}{G_{od}} \times 100$

[풀이]

① 이론 공기량

⟨반응식⟩ C + O_2 → CO_2
   12kg : 22.4Sm^3 : 22.4Sm^3
   0.82kg/kg :   X   : CO_2 발생량

$X = \dfrac{0.82 \times 22.4}{12} = 1.5307 Sm^3/kg$

⟨반응식⟩ H_2 + 0.5O_2 → H_2O
   2kg : 0.5×22.4Sm^3
   0.10kg/kg :   Y

$Y = \dfrac{0.10 \times 0.5 \times 22.4}{2} = 0.56 Sm^3/kg$

⟨반응식⟩ S + O_2 → SO_2
   32kg : 22.4Sm^3 : 22.4Sm^3
   0.03kg/kg :   Z   : SO_2 발생량

$Z = \dfrac{0.03 \times 22.4}{32} = 0.021 Sm^3/kg$

※ 연료에 포함된 산소는 이론 산소량에서 빼준다.

$O_2 = \dfrac{0.03 \times 22.4}{32} = 0.021 Sm^3/kg$

$$A_o = O_o \div 0.21$$
$$= (1.5307 + 0.56 + 0.021 - 0.021) \div 0.21$$
$$= 9.9557 \, Sm^3/kg$$

② $G_{od} = (1-0.21)A_o + CO_2 + SO_2$
$$= (1-0.21) \times 9.9557 + 1.5307 + 0.021$$
$$= 9.4167 \, Sm^3/kg$$

③ $(CO_2)_{max}(\%) = \dfrac{1.5307}{9.4167} \times 100 = 16.2552\%$

[답] ∴ $(CO_2)_{max}(\%) = 16.26\%$

09

평판형 전기집진장치에서 집진면의 간격이 18cm, 배출가스의 유속이 2.8m/sec, 입자의 이동속도가 5.5cm/sec일 때 이 입자를 100% 제거하기 위한 이론적인 집진극의 길이(cm)를 계산하시오. (단, 층류영역)

[식] $L = \dfrac{R \cdot V}{W_e}$

[풀이] ① $V = \dfrac{2.8m}{sec} \Big| \dfrac{100cm}{m} = 280 cm/sec$

② $L = \dfrac{9 \times 280}{5.5} = 458.1818 cm$

[답] ∴ 집진극의 길이 = 458.18cm

10

어떤 집진장치의 입구와 출구에서 배출가스 중의 먼지를 측정한 결과 각각 15g/m³, 0.15g/m³이었다. 또 입구와 출구에서 채취한 먼지 시료 중에 함유된 0~5㎛의 입경범위인 것의 중량 비율은 먼지에 대하여 각각 10%, 60%이었다면 이 집진장치의 0~5㎛ 입경범위에서의 부분 집진효율(%)을 계산하시오.

빈출 체크 18년 2회

[식] $\eta_d(\%) = \left(1 - \dfrac{C_o \cdot R_o}{C_i \cdot R_i}\right) \times 100$

[풀이] $\eta_d(\%) = \left(1 - \dfrac{0.15 \times 0.60}{15 \times 0.10}\right) \times 100 = 94\%$

[답] ∴ **부분 집진효율 = 94%**

11

유입구의 폭이 15.0cm이고 유효회전수가 6인 원심분리기에 입자 밀도가 1.6g/cm³인 배기가스가 15.0m/sec의 속도로 유입된다. 이때 절단입경(μm)을 계산하시오. (단, 공기밀도는 무시, 가스의 점성도는 300K에서 0.0648kg/m·hr)

 13년 2회 | 19년 4회 | 20년 4회

[식] $d_{p.50}(\mu m) = \sqrt{\dfrac{9 \cdot \mu \cdot B}{2 \cdot \pi \cdot N_e \cdot V \cdot (\rho_p - \rho)}} \times 10^6$

[풀이] ※ MKS 단위로 통일

① $\rho_p = \dfrac{1.6\text{g}}{\text{cm}^3} | \dfrac{\text{kg}}{10^3\text{g}} | \dfrac{10^6\,\text{cm}^3}{\text{m}^3} = 1{,}600\,\text{kg/m}^3$

② $\mu = \dfrac{0.0648\,\text{kg}}{\text{m}\cdot\text{hr}} | \dfrac{\text{hr}}{3{,}600\,\text{sec}} = 1.8 \times 10^{-5}\,\text{kg/m}\cdot\text{sec}$

③ $d_{p.50}(\mu m) = \sqrt{\dfrac{9 \times 1.8 \times 10^{-5} \times 0.15}{2\pi \times 6 \times 15 \times (1{,}600 - 0)}} \times 10^6$

  $= 5.1824\,\mu m$

[답] ∴ 절단입경 = 5.18 μm

01

유효굴뚝의 높이가 70m인 연돌에서 H_2S 가스가 80g/sec의 속도로 배출되고 있다. 풍속은 10m/sec, 지면에 있는 오염원으로부터 바람이 부는 방향으로 500m 떨어진 연기에 중심선상 지표면에서의 H_2S 농도($\mu g/m^3$)를 계산하고 H_2S의 대기 중 냄새한계 농도를 0.47ppb라 할 때 감지되는지의 여부를 판단하시오.

$\left(\text{단, 가우시안 확산식 } C = \dfrac{Q}{\pi \cdot \sigma_y \cdot \sigma_z \cdot u} \exp\left[-\dfrac{1}{2}\left(\dfrac{H_e}{\sigma_z}\right)^2\right], \sigma_y = 36m, \sigma_z = 18.5m\right)$

빈출 체크 23년 1회

[식] $C = \dfrac{Q}{\pi \cdot \sigma_y \cdot \sigma_z \cdot u} \exp\left[-\dfrac{1}{2}\left(\dfrac{H_e}{\sigma_z}\right)^2\right]$

[풀이]

① $Q = \dfrac{80g}{sec} \bigg| \dfrac{10^6 \mu g}{g} = 8 \times 10^7 \mu g/sec$

② $C = \dfrac{8 \times 10^7}{\pi \times 36 \times 18.5 \times 10} \times \exp\left[-\dfrac{1}{2}\left(\dfrac{70}{18.5}\right)^2\right]$
$= 2.9755 \mu g/m^3$

③ $ppb = \dfrac{2.9755 \mu g}{m^3} \bigg| \dfrac{22.4 \mu L}{34 \mu g} = 1.9603 \mu L/m^3$

[답] ∴ H_2S 농도 = 2.98$\mu g/m^3$, 1.96ppb이므로 감지 가능

02

기체연료(C_mH_n) 1mol을 이론 공기량으로 완전연소시켰을 경우 이론습연소 가스량(mol)을 계산하시오.

빈출 체크 12년 2회 | 15년 4회 | 20년 3회

[식] $G_{ow} = (1-0.21)A_o + CO_2 + H_2O$

[풀이]

① 〈반응식〉 $C_mH_n + \left(m + \dfrac{n}{4}\right)O_2 \rightarrow mCO_2 + \dfrac{n}{2}H_2O$

$A_o = O_o \div 0.21 = \left(m + \dfrac{n}{4}\right) \div 0.21 = 4.7619m + 1.1905n$

② $G_{ow} = (1-0.21) \times (4.7619m + 1.1905n) + m + 0.5n$
$= 4.7619m + 1.4405n$

[답] ∴ 이론 습연소 가스량 = (4.76m + 1.44n)mol

03

충전탑 설계를 위한 Pilot plant를 만들어 측정가스를 흡수한 결과가 다음과 같다. 처리효율이 98%가 된다면 충전탑의 높이(m)는 얼마인가?

- 액가스비 : 3L/m³
- 공탑 속도 : 1.2m/sec
- 초기 충전층 높이 : 0.7m
- 처리 효율 : 75%
- 충전재 : Berl Saddle

14년 1회

[식] $H = H_{OG} \times \ln\left(\dfrac{1}{1-\eta}\right)$

[풀이]

① $H_{OG} = \dfrac{H}{\ln\left(\dfrac{1}{1-\eta}\right)} = \dfrac{0.7}{\ln\left(\dfrac{1}{1-0.75}\right)} = 0.5049\,\text{m}$

② $H = 0.5049 \times \ln\left(\dfrac{1}{1-0.98}\right) = 1.9752\,\text{m}$

[답] ∴ 충전탑 높이 = 1.98m

04

사이클론에서 가스 유입속도를 2배로 증가시키고, 입구폭을 4배로 늘리면 50% 효율로 집진되는 입자의 직경, 즉 Lapple의 절단입경($d_{p.50}$)은 처음에 비해 어떻게 변화되겠는가?

19년 1회

[식] $d_{p.50} = \sqrt{\dfrac{9 \cdot \mu \cdot B}{2 \cdot \pi \cdot N_e \cdot V \cdot (\rho_p - \rho)}}$

[풀이] $d_{p.50} = \sqrt{\dfrac{9 \cdot \mu \cdot B}{2 \cdot \pi \cdot N_e \cdot V \cdot (\rho_p - \rho)}}$

$\rightarrow d_{p.50} = \sqrt{\dfrac{9 \cdot \mu \cdot (4B)}{2 \cdot \pi \cdot N_e \cdot (2V) \cdot (\rho_p - \rho)}}$

$= \sqrt{2} \times \sqrt{\dfrac{9 \cdot \mu \cdot B}{2 \cdot \pi \cdot N_e \cdot V \cdot (\rho_p - \rho)}}$

[답] ∴ 처음의 $\sqrt{2}$ 배 증가

05

입경의 종류 중 스토크스 직경과 공기역학적 직경에 대하여 서술하시오.

10년 1회 | 14년 1회 | 18년 1회 | 21년 2회 | 23년 4회

- 스토크스 직경 : 입자상 물질과 같은 밀도 및 침강속도를 갖는 입자상 물질의 직경
- 공기역학적 직경 : 대상 먼지와 침강속도가 동일하며, 밀도가 1g/cm³인 구형입자의 직경

06

해륙풍, 산곡풍, 경도풍에 대해서 서술하시오. (단, 정의, 특성, 밤과 낮일 때 차이를 구분해서 서술할 것)

 12년 4회 | 15년 2회 | 20년 5회

- 해륙풍 : 바다와 육지의 비열차에 의하여 부는 바람으로 낮에는 바다가 육지에 비해 비열이 높아 온도 상승이 적어 해풍이 불며, 밤에는 바다가 육지에 비해 온도 저하가 적어 육풍이 분다.
- 산곡풍 : 낮에는 일사량이 곡보다 산이 많아 산이 저기압이 되어 곡풍이 불며, 밤에는 산의 냉각으로 고기압이 되어 산풍이 분다.
- 경도풍 : 등압선이 곡선일 때 기압경도력과 전향력, 원심력이 평형을 이루어 부는 바람이다.

07

지표면 근처의 CO_2 농도를 측정하였더니 평균 350ppm이었다. 지구의 반지름이 6,380km라고 한다면 지표면과 지표면으로부터 150m 상공 사이에 존재하는 이산화탄소의 양(ton)을 계산하시오. (단, 표준상태, 유효숫자 세자리)

 06년 2회 | 12년 4회 | 20년 2회

[식] CO_2 양 = CO_2 농도 × 체적

[풀이]

① 체적 = 150m를 포함한 구의 부피 − 지구의 부피

$$= \frac{\pi \times (12,760,300m)^3}{6} - \frac{\pi \times (12,760,000m)^3}{6}$$

$$= 7.6728 \times 10^{16} m^3$$

② CO_2 양 $= \frac{350mL}{m^3} \left| \frac{7.6728 \times 10^{16} m^3}{} \right| \frac{44mg}{22.4mL} \left| \frac{ton}{10^9 mg} \right.$

$$= 5.2751 \times 10^{10} ton$$

[답] ∴ CO_2 양 = 5.28×10^{10} ton

08

오염가스가 4,300m³/hr로 배출되고 있다. 오염가스 중 HF의 농도는 46ppm이며 이를 수산화칼슘용액으로 침전제거하려고 할 때 5일 동안 사용한 수산화칼슘의 양(kg)을 계산하시오. (단, HF는 90%가 물에 흡수, 하루 9시간 운전)

 07년 4회 | 20년 2회

[풀이]

〈반응식〉 $2HF + Ca(OH)_2 \rightarrow CaF_2 + 2H_2O$

$2 \times 22.4 m^3$: 74kg

HF 흡수량 : X

HF 흡수량 $= \frac{4,300m^3}{hr} \left| \frac{46mL}{m^3} \right| \frac{m^3}{10^6 mL} \left| \frac{9hr}{day} \right| \frac{5day}{} \left| \frac{90}{100} \right.$

$$= 8.0109 m^3$$

$X = \frac{74 \times 8.0109}{2 \times 22.4} = 13.2323 kg$

[답] ∴ 수산화칼슘의 양 = 13.23kg

09

유효 굴뚝 높이가 200m인 연돌에서 배출되는 가스량은 40,000Sm³/hr, SO₂의 농도가 1,000ppm일 때 Sutton식에 의한 최대 지표 농도와 최대 착지거리를 계산하시오. (단, $K_y = K_z = 0.07$, 유속은 5m/sec, 대기안정도 지수는 0.25, 최대 지표 농도는 소수점 세 번째 자리까지)

가. 최대 지표 농도(ppm)
나. 최대 착지 거리(m)

빈출체크 10년 1회 | 24년 2회

가. 최대 지표 농도

[식] $C_{max} = \dfrac{2Q}{H_e^2 \cdot \pi \cdot e \cdot u}\left(\dfrac{K_z}{K_y}\right)$

[풀이]

① $u = \dfrac{5m}{sec} \Big| \dfrac{3,600 sec}{hr} = 18,000 m/hr$

② $C_{max} = \dfrac{2 \times 40,000 \times 1,000}{200^2 \times \pi \times e \times 18,000} \times \left(\dfrac{0.07}{0.07}\right)$

     $= 0.0130 ppm$

[답] ∴ $C_{max} = 0.013 ppm$

나. 최대 착지 거리

[식] $X_{max} = \left(\dfrac{H_e}{K_z}\right)^{\frac{2}{2-n}}$

[풀이] $X_{max} = \left(\dfrac{200}{0.07}\right)^{\frac{2}{2-0.25}} = 8,905.0532 m$

[답] ∴ $X_{max} = 8,905.05 m$

10

염소가 35.5mg/Sm³ 포함된 가스가 15,000Sm³/hr로 배출되고 있다. NaOH를 사용하여 염소농도를 5ppm으로 낮추려할 때 필요한 NaOH의 양(kg/hr)을 계산하시오.

빈출체크 17년 4회

[풀이]

① 제거되는 Cl_2

   = 발생 $Cl_2\left(= \dfrac{35.5mg}{Sm^3}\Big|\dfrac{22.4mL}{71mg} = 11.2ppm\right) - 5ppm$

   $= 6.2 ppm$

② 〈반응식〉 $Cl_2 + 2NaOH \rightarrow NaOCl + NaCl + H_2O$

   $22.4 Sm^3 : 2 \times 40 kg$

   제거된 Cl_2 : X

   제거된 $Cl_2 = \dfrac{6.2mL}{m^3}\Big|\dfrac{15,000Sm^3}{hr}\Big|\dfrac{m^3}{10^6 mL}$

   $= 0.093 Sm^3/hr$

   $X = \dfrac{2 \times 40 \times 0.093}{22.4} = 0.3321 kg/hr$

[답] ∴ 필요한 NaOH의 양 = 0.33 kg/hr

필답형 기출문제 2009 * 4

01

실내공기질 관리법상 실내주차장의 실내공기질 권고기준을 적으시오.

항목	유지 기준
NO_2	( )ppm 이하
라돈	( )Bq/m³ 이하
VOC	( )μg/m³ 이하

15년 1회 | 24년 2회

항목	유지 기준
NO_2	(0.30)ppm 이하
라돈	(148)Bq/m³ 이하
VOC	(1,000)μg/m³ 이하

02

프로판과 부탄을 용적비 3 : 1로 혼합한 가스 1Sm³을 이론적으로 완전연소할 때 발생하는 CO_2의 양(Sm³)은 얼마인가? (단, 표준상태 기준)

06년 1회 | 17년 1회

[풀이] 용적비 3 : 1이므로 0.75Sm³, 0.25Sm³씩 존재
⟨반응식⟩ $C_3H_8 + 5O_2 \rightarrow 3CO_2 + 4H_2O$
　　　　　0.75Sm³ 　 : 　3×0.75Sm³
　　　　　$C_4H_{10} + 6.5O_2 \rightarrow 4CO_2 + 5H_2O$
　　　　　0.25Sm³ 　 : 　4×0.25Sm³
→ CO_2 = 3×0.75 + 4×0.25 = 3.25Sm³
[답] ∴ CO_2 발생량 = 3.25Sm³

03

연료의 조성이 C : 82%, H : 10%, S : 5%, O : 3%에 대한 습연소 가스량(Sm^3/kg)을 계산하시오. (단, 공기비 1.3)

[식] $G_w = (m - 0.21)A_o + CO_2 + SO_2 + H_2O$

[풀이]

① 이론 공기량

〈반응식〉 C   + O_2 → CO_2
            12kg : $22.4Sm^3$: $22.4Sm^3$
            0.82kg/kg :   X   : CO_2 발생량

$$X = \frac{0.82 \times 22.4}{12} = 1.5307 Sm^3/kg$$

〈반응식〉 H_2 + $0.5O_2$ → H_2O
            2kg : $0.5 \times 22.4 Sm^3$
            0.10kg/kg :   Y

$$Y = \frac{0.10 \times 0.5 \times 22.4}{2} = 0.56 Sm^3/kg$$

〈반응식〉 S   + O_2 → SO_2
            32kg : $22.4Sm^3$: $22.4Sm^3$
            0.05kg/kg :   Z   : SO_2 발생량

$$Z = \frac{0.05 \times 22.4}{32} = 0.035 Sm^3/kg$$

※ 연료에 포함된 산소는 이론 산소량에서 빼준다.

$$O_2 = \frac{0.03 \times 22.4}{32} = 0.021 Sm^3/kg$$

$A_o = O_o \div 0.21$
    $= (1.5307 + 0.56 + 0.035 - 0.021) \div 0.21$
    $= 10.0224 Sm^3/kg$

② $G_w = (1.3 - 0.21) \times 10.0224 + 1.5307 + 0.035 + 1.12$
    $= 13.6101 Sm^3/kg$

[답] ∴ $G_w = 13.61 Sm^3/kg$

04

기체크로마토그래피에서 이론단수가 1,800 되는 분리관이 있다. 보유시간이 10min되는 피이크의 밑부분 폭(피이크 좌우 변곡점에서 접선이 자르는 바탕선의 길이)(mm)을 계산하시오. (단, 기록지 이동 속도는 1.5cm/min, 이론단수는 모든 성분에 대하여 같다고 한다)

빈출체크 12년 2회 | 16년 2회 | 19년 2회

[식] $n = 16 \times \left(\frac{t_R}{W}\right)^2$

[풀이]

① $t_R = \frac{1.5cm}{min} | \frac{10min}{} | \frac{10mm}{cm} = 150mm$

② $W = \frac{t_R}{\sqrt{n/16}} = \frac{150}{\sqrt{1,800/16}} = 14.1421 mm$

[답] ∴ 피이크의 밑부분 폭 = 14.14mm

05

상사법칙에서 송풍기 회전수와 풍량, 풍압, 축동력과의 관계를 설명하시오.

 20년 4회

- 풍량은 회전수 비에 비례
- 풍압은 회전수 비의 제곱에 비례
- 축동력은 회전수 비의 세제곱에 비례

06

저위발열량이 6,000kcal/kg인 연료의 이론 연소온도(℃)는 약 얼마인가? (단, 연소가스량 13Sm³/kg, 연료 연소가스의 평균정압비열 0.64kcal/ Sm³·℃, 열손실은 저위발열량의 15%, 기준온도 18℃ 공기는 예열하지 않으며 연소가스는 해리되지 않는다고 본다)

[식] $t_1 = \dfrac{Hl}{G \cdot C_p} + t_2$

[풀이] $t_1 = \dfrac{6{,}000 \times (1-0.15)}{13 \times 0.64} + 18 = 630.9808℃$

[답] ∴ 이론 연소온도 = 630.98℃

07

 06년 1회 | 19년 2회 | 23년 1회

20개의 bag을 사용한 여과집진장치에서 집진율이 90%, 입구의 먼지농도는 150℃에서 10g/Sm³이었다. 가동 중 1개의 bag에 구멍이 열려 전체 처리가스량의 1/100이 그대로 통과하였다면 출구의 먼지농도(g/Sm³)를 계산하시오.

[식] $C_o = C_i \times (1-\eta)$

[풀이]
① 출구 먼지농도
  = 처리되고 남은 먼지 + 그대로 통과한 먼지
② $C_o = 9 \times (1-0.90) = 0.9$
③ 그대로 통과한 먼지 = 1
④ 출구 먼지농도 = 0.9 + 1 = 1.9g/Sm³

[답] ∴ 출구의 먼지농도 = 1.9g/Sm³

08

환경대기 중 휘발성유기화합물(VOC)의 시험방법에서 안전부피(safe sample Volume)에 대해 서술하시오.

파과부피의 2/3배를 취하거나(직접적인 방법), 머무름부피의 1/2 정도를 취함으로서(간접적인 방법) 얻어진다.

09

접촉환원법에서 NO를 N_2로 제거하기 위한 반응식을 서술하시오. (단, 환원제는 H_2, CO, NH_3, H_2S이다)

 15년 2회 | 24년 1회

- $2NO + 2H_2 \rightarrow N_2 + 2H_2O$
- $2NO + 2CO \rightarrow N_2 + 2CO_2$
- $6NO + 4NH_3 \rightarrow 5N_2 + 6H_2O$
- $2NO + 2H_2S \rightarrow N_2 + 2H_2O + 2S$

10

연돌을 거치지 않고 외부로 비산되는 먼지를 측정하려고 한다. 다음 조건을 이용하여 비산 먼지의 농도($\mu g/m^3$)를 계산하시오.

[조건]
- 최대 먼지농도 : 6.83mg/m³
- 대조위치 먼지농도 : 0.12mg/m³
- 풍향 보정계수 : 주 풍향 90° 이상 변함
- 풍속 보정계수 : 0.5m/sec 미만 or 10m/sec 이상 되는 시간이 전 채취시간의 50% 미만

빈출체크 14년 1회 | 18년 4회

[식] $C = (C_H - C_B) \cdot W_D \cdot W_S$

[풀이]

① $C = (6.83 - 0.12) \times 1.5 \times 1.0 = 10.065 \text{mg/m}^3$

② 단위 환산 → $\dfrac{10.065\text{mg}}{\text{m}^3} \Big| \dfrac{10^3 \mu g}{\text{mg}} = 10,065 \mu g/\text{m}^3$

[답] ∴ 비산 먼지의 농도 = $10,065 \mu g/m^3$

11

면적 1.5m²인 여과집진장치로 먼지농도가 1.5g/m³인 배기가스가 100m³/min으로 통과하고 있다. 먼지가 모두 여과포에서 제거되었으며, 집진된 먼지층의 밀도가 1g/cm³라면 1시간 후 여과된 먼지층의 두께(mm)는?

빈출체크 13년 2회 | 22년 2회 | 24년 3회

[식] $D_p = \dfrac{L_d}{\rho_d}$

[풀이]

① $V_f = \dfrac{Q}{A} = \dfrac{100\text{m}^3}{\text{min}} \Big| \dfrac{1}{1.5\text{m}^2} \Big| \dfrac{60\text{min}}{\text{hr}} = 4,000 \text{m/hr}$

② $L_d = \dfrac{1.5\text{g}}{\text{m}^3} \Big| \dfrac{4,000\text{m}}{\text{hr}} \Big| \dfrac{1\text{hr}}{} = 6,000 \text{g/m}^2$

③ $D_p = \dfrac{6,000\text{g}}{\text{m}^2} \Big| \dfrac{\text{cm}^3}{1\text{g}} \Big| \dfrac{(1\text{m})^3}{(100\text{cm})^3} \Big| \dfrac{10^3 \text{mm}}{\text{m}} = 6\text{mm}$

[답] ∴ 먼지층의 두께 = 6mm

필답형 기출문제 2010 * 1

01

리차드슨 수 및 대기 안정도를 표의 조건을 이용하여 구하시오.

고도	풍속	온도
3m	3.9m/sec	14.7℃
2m	3.3m/sec	15.4℃

가. 리차드슨 수

나. 안정도 판별

빈출 체크 06년 4회 | 07년 4회 | 16년 1회 | 20년 2회 | 21년 2회

가. 리차드슨 수

[식] $R_i = \dfrac{g}{T_m} \times \dfrac{(\Delta T/\Delta Z)}{(\Delta U/\Delta Z)^2}$

[풀이] $R_i = \dfrac{9.8}{273 + \dfrac{(14.7+15.4)}{2}} \times \dfrac{\left(\dfrac{14.7-15.4}{3-2}\right)}{\left(\dfrac{3.9-3.3}{3-2}\right)^2}$

$= -0.0662$

[답] ∴ $R_i = -0.07$

나. 안정도 판별

대류에 의한 혼합이 기계적 난류를 지배

※ 참고(해당되는 부분만 적을 것)

리차드슨 수(R)	특성
-0.04 미만	대류에 의한 혼합이 기계적 난류를 지배
-0.03 초과 0 미만	기계적 난류와 대류가 존재하나 기계적 난류가 주로 혼합을 일으킴
0	기계적 난류만 존재
0 초과 0.25 미만	성층에 의해서 약화된 기계적 난류가 존재
0.25 이상	수직방향의 혼합은 없음, 수평상의 소용돌이 존재

02

A공정에서 배출되는 NO_X 중 NO_2를 암모니아를 이용한 선택적 접촉 환원법으로 처리하고자 한다. 이때 배출유량은 $150Sm^3/hr$, 농도는 7,000ppm일 때 필요한 암모니아의 양(Sm^3/day)을 계산하시오. (단, 공정은 하루에 8시간 가동하며 산소의 공존은 없다)

[풀이]
⟨반응식⟩ $6NO_2 + 8NH_3 \rightarrow 7N_2 + 12H_2O$
  6 : 8
NO_2 발생량 : X

① NO_2 발생량 $= \dfrac{7,000mL}{m^3} \Big| \dfrac{150Sm^3}{hr} \Big| \dfrac{8hr}{day} \Big| \dfrac{m^3}{10^6 mL}$

$= 8.4 Sm^3/day$

② $X = \dfrac{8 \times 8.4}{6} = 11.2 Sm^3/day$

[답] ∴ 필요한 $NH_3 = 11.2 Sm^3/day$

03

가솔린($C_8H_{17.5}$)을 연소시킬 경우 질량기준의 공연비와 부피기준의 공연비를 계산하시오. (단, 공기 분자량은 29)

가. 질량기준

나. 부피기준

가. 질량기준

[식] $AFR_m = \dfrac{M_A \times m_a}{M_F \times m_f}$

[풀이]

⟨반응식⟩ $C_8H_{17.5} + 12.375O_2 \rightarrow 8CO_2 + 8.75H_2O$

① $m_a = 12.375 \div 0.21 = 58.9286$

② $AFR_m = \dfrac{29 \times 58.9286}{113.5 \times 1} = 15.0566$

[답] ∴ $AFR_m = 15.06$

나. 부피기준

[식] $AFR_v = \dfrac{m_a \times 22.4}{m_f \times 22.4}$

[풀이]

⟨반응식⟩ $C_8H_{17.5} + 12.375O_2 \rightarrow 8CO_2 + 8.75H_2O$

① $m_a = 12.375 \div 0.21 = 58.9286$

② $AFR_v = \dfrac{58.9286 \times 22.4}{1 \times 22.4} = 58.9286$

[답] ∴ $AFR_v = 58.93$

04

입경의 종류 중 스토크스 직경과 공기역학적 직경에 대하여 서술하시오.

빈출 체크 09년 2회 | 14년 1회 | 18년 1회 | 21년 2회 | 23년 4회

- **스토크스 직경** : 입자상 물질과 같은 밀도 및 침강속도를 갖는 입자상 물질의 직경
- **공기역학적 직경** : 대상 먼지와 침강속도가 동일하며, 밀도가 $1g/cm^3$인 구형입자의 직경

05

전기집진장치를 이용하여 120,000m³/hr의 가스를 처리하고자 한다. 먼지의 겉보기 이동속도는 10m/min, 제거효율은 99.5%, 집진판의 길이는 2m, 높이는 5m라 할 때 필요한 집진판의 개수를 구하시오. (단, Deutsch Anderson 식을 적용하여 계산)

빈출 체크 14년 2회 | 16년 4회

[식] $\eta = 1 - e^{-\frac{A \cdot W_e}{Q}}$

[풀이]

① $W_e = \frac{10m}{min} \mid \frac{60min}{hr} = 600m/hr$

② A에 대한 식으로 정리

$A = -\frac{Q}{W_e}\ln(1-\eta) = -\frac{120,000}{600}\ln(1-0.995)$

$= 1,059.6635 m^2$

③ 필요한 집진 면의 개수

$= \frac{전체면적}{1개면적} = \frac{1,059.6635}{5 \times 2} = 105.9664$ 이므로 106개의 집진 면이 필요

④ 2개는 단면, 52개는 양면 집진판이 필요하므로 총 집진판의 개수는 54개

[답] ∴ 집진판의 개수 = 54개

06

유효 굴뚝 높이가 200m인 연돌에서 배출되는 가스량은 40,000Sm³/hr, SO_2의 농도가 1,000ppm일 때 Sutton식에 의한 최대 지표 농도와 최대 착지거리를 계산하시오. (단, $K_y = K_z = 0.07$, 유속은 5m/sec, 대기안정도 지수는 0.25, 최대 지표 농도는 소수점 세 번째 자리까지)

가. 최대 지표 농도(ppm)

나. 최대 착지 거리(m)

빈출 체크 09년 2회 | 24년 2회

가. 최대 지표 농도

[식] $C_{max} = \frac{2Q}{H_e^2 \cdot \pi \cdot e \cdot u}\left(\frac{K_z}{K_y}\right)$

[풀이]

① $u = \frac{5m}{sec} \mid \frac{3,600sec}{hr} = 18,000m/hr$

② $C_{max} = \frac{2 \times 40,000 \times 1,000}{200^2 \times \pi \times e \times 18,000} \times \left(\frac{0.07}{0.07}\right)$

$= 0.0130 ppm$

[답] ∴ $C_{max} = 0.013 ppm$

나. 최대 착지 거리

[식] $X_{max} = \left(\frac{H_e}{K_z}\right)^{\frac{2}{2-n}}$

[풀이] $X_{max} = \left(\frac{200}{0.07}\right)^{\frac{2}{2-0.25}} = 8,905.0532m$

[답] ∴ $X_{max} = 8,905.05m$

07

기체크로마토그래피에서의 각 정량방법 및 함유율 식을 적으시오.

가. 보정넓이 백분율법
나. 상대검정곡선법
다. 표준물질첨가법

빈출체크 15년 2회 | 19년 1회

가. 도입한 시료의 전성분이 용출되며 또한 용출전 성분의 상대감도가 구해진 경우는 다음 식에 의하여 정확한 함유율을 구할 수 있다.

$$X_i = \frac{A_i/f_i}{\sum_{i=1}^{n}(A_i/f_i)} \times 100$$

(f_i : 성분의 상대감도, n : 전 봉우리 수)

나. 정량하려는 성분의 순물질 일정량에 내부표준물질의 일정량을 가한 혼합시료의 크로마토그램을 기록하여 봉우리 넓이를 측정한다.

$$X(\%) = \frac{\left(\dfrac{M'_X}{M'_S}\right) \times n}{M} \times 100$$

(M'_X : 피검성분량, M'_S : 표준물질량, n : 표준물질의 기지량, M : 시료의 기지량)

다. 시료의 크로마토그램으로부터 피검성분 A 및 다른 임의의 성분 B의 봉우리 넓이 a_1 및 b_1을 구한다.

$$X(\%) = \frac{\Delta W_A}{\left(\dfrac{a_2}{b_2} \times \dfrac{b_1}{a_1} - 1\right)W} \times 100$$

(ΔW_A : 성분 A의 기지량, a_1, a_2 : 성분 A의 첫 번째, 두 번째 넓이, b_1, b_2 : 성분 B의 첫 번째, 두 번째 넓이, W : 시료량)

08

충전탑과 관련된 용어를 서술하시오.

가. Hold up
나. Loading Point
다. Flooding Point
라. Loading Point와 Flooding Point를 그래프를 이용하여 표현

빈출체크 15년 4회

가. 충전층 내 액 보유량
나. Hold up의 증가로 급격한 압력 변화가 생기는 점
다. 가스 속도의 증가로 비말동반을 일으켜 액이 흐르지 않고 넘는 점(향류 조작 불가능)
라. Graph

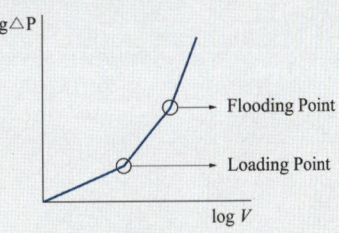

※ ΔP : 압력강하, V : 가스속도

09

흡착법에 사용되는 Freundlich 등온흡착식과 Langmuir 등온흡착식을 적으시오.

가. Freundlich 등온흡착식

나. Langmuir 등온흡착식

빈출체크 17년 1회 | 21년 4회

가. Freundlich 등온흡착식

$$\frac{X}{M} = k \cdot C^{1/n}$$

- X : 흡착된 유기물의 양(mg/L)
- M : 필요한 활성탄의 양(mg/L)
- C : 흡착되고 남은 유기물의 양(mg/L)
- k, n : 상수

나. Langmuir 등온흡착식

$$\frac{X}{M} = \frac{abC}{1+aC}$$

- X : 흡착된 유기물의 양(mg/L)
- M : 필요한 활성탄의 양(mg/L)
- C : 흡착되고 남은 유기물의 양(mg/L)
- a, b : 상수

10

함량이 CH_4 95%, CO_2 3%, O_2 1%, N_2 1%인 기체연료를 10.2Sm^3/Sm^3의 공기량으로 연소시켰을 때 공기비를 구하시오. (단, 표준상태)

빈출체크 21년 4회

[식] $m = \dfrac{A}{A_o}$

[풀이]

① 이론 공기량

〈반응식〉 $CH_4 + 2O_2 \rightarrow CO_2 + 2H_2O$

$A_o = O_o \div 0.21 = (2 \times 0.95 - 0.01) \div 0.21 = 9 Sm^3/Sm^3$

※ 연료에 포함된 산소는 이론산소량에서 빼준다.

② $m = \dfrac{10.2}{9} = 1.1333$

[답] ∴ 공기비(m) = 1.13

필답형 기출문제 2010 * 2

01

연소방법의 종류를 해당물질 1가지 이상을 언급하여 서술하시오.

가. 증발연소
나. 분해연소
다. 표면연소
라. 확산연소
마. 내부연소

빈출 체크 14년 4회 | 20년 2회

가. 가연성가스가 공기와 혼합되어 불꽃이 생기지 않는 상태로 연소하는 현상(유황, 나프탈렌, 파라핀 등)
나. 열분해에 의해 가연성 가스가 생성되고 긴 화염을 발생시키면서 공기와 혼합하여 연소하는 현상(종이, 석탄, 목재 등)
다. 휘발성분이 없는 고체연료의 연소형태로 그 물질 자체가 연소하는 현상(코크스, 목탄, 숯 등)
라. 역화의 위험이 없는 연소현상으로 불꽃은 있으나 불티가 없는 연소 현상(수소, 아세틸렌, 프로판 등)
마. 공기·산소없이도 연소하는 현상(히드라진류, 니트로화합물류, 니트로글리세린 등)

02

유량이 10m³/sec, 먼지농도가 155g/m³, 밀도는 800kg/m³, 제거효율이 85%인 중력침강실에서 침전된 먼지의 부피가 0.55m³일 경우 청소시간 간격(min)을 계산하시오.

빈출 체크 06년 4회 | 20년 4회

[식] 청소시간 간격 = $\dfrac{\text{먼지 밀도} \times \text{침전된 먼지 부피}}{\text{제거 먼지량}}$

[풀이]

① 제거 먼지량 = $\dfrac{155\text{g}}{\text{m}^3} \Big| \dfrac{10\text{m}^3}{\text{sec}} \Big| \dfrac{85}{100} \Big| \dfrac{\text{kg}}{10^3\text{g}}$ = 1.3175 kg/sec

② 청소시간 간격 = $\dfrac{\text{sec}}{1.3175\text{kg}} \Big| \dfrac{800\text{kg}}{\text{m}^3} \Big| \dfrac{0.55\text{m}^3}{} \Big| \dfrac{\text{min}}{60\text{sec}}$

= 5.5661 min

[답] ∴ 청소시간 간격 = 5.57 min

03

표준산소농도 4%, 55mg/Sm³의 배출허용기준을 갖는 A물질이 450mg/m³, 실측 산소 농도 11%로 배출된다. 배출허용기준을 만족시키기 위한 최저 집진 효율(%)을 계산하시오. (단, 배출가스의 온도는 200℃)

[식] $\eta(\%) = \left(1 - \dfrac{C_o}{C_i}\right) \times 100$

[풀이]

① $C_a = 450\,\mathrm{mg/m^3} \times \dfrac{273+200}{273} = 779.6703\,\mathrm{mg/Sm^3}$

② $C_s = C_a \times \dfrac{21-O_s}{21-O_a} = 779.6703 \times \dfrac{21-4}{21-11}$
   $= 1,325.4395\,\mathrm{mg/Sm^3}$

③ $\eta(\%) = \left(1 - \dfrac{55}{1,325.4395}\right) \times 100 = 95.8504\%$

[답] ∴ 최저 집진 효율 = 95.85%

04

탄소 86%, 수소 12%, 황 2%의 중유를 연소하여 배기가스를 분석했더니 (CO₂ + SO₂)가 13%, O₂가 3%이었다. 건조연소가스 중의 SO₂ 농도(%)는? (단, 표준상태 기준)

[식] $SO_2(\%) = \dfrac{SO_2\ \text{발생량}}{G_d} \times 100$

[풀이]

① $m = \dfrac{N_2}{N_2 - 3.76(O_2 - 0.5CO)} = \dfrac{84}{84 - 3.76(3 - 0.5 \times 0)}$
   $= 1.1551$

② 이론 공기량

〈반응식〉 C + O₂ → CO₂
  12kg : 22.4Sm³ : 22.4Sm³
  0.86kg/kg : X : CO₂ 발생량

$X = \dfrac{0.86 \times 22.4}{12} = 1.6053\,\mathrm{Sm^3/kg}$

〈반응식〉 H₂ + 0.5O₂ → H₂O
  2kg : 0.5×22.4Sm³ : 22.4Sm³
  0.12kg/kg : Y : H₂O 발생량

$Y = \dfrac{0.12 \times 0.5 \times 22.4}{2} = 0.672\,\mathrm{Sm^3/kg}$

〈반응식〉 S + O₂ → SO₂
  32kg : 22.4Sm³ : 22.4Sm³
  0.02kg/kg : Z : SO₂ 발생량

$Z = \dfrac{0.02 \times 22.4}{32} = 0.014\,\mathrm{Sm^3/kg}$

$A_o = O_o \div 0.21 = (1.6053 + 0.672 + 0.014) \div 0.21$
  $= 10.9110\,\mathrm{Sm^3/kg}$

③ $G_d = (m-0.21)A_o + CO_2 + SO_2$
$= (1.1551-0.21) \times 10.911 + 1.6053 + 0.014$
$= 11.9313 \, Sm^3/kg$

④ $SO_2(\%) = \dfrac{0.014}{11.9313} \times 100 = 0.1173\%$

[답] ∴ SO_2 농도 = 0.12%

05

A물질이 1차 반응에서 550초 동안 50%가 분해되었다면 20%가 남을 때까지의 시간(hr)을 계산하시오.

[식] $\ln \dfrac{C_t}{C_o} = -k \cdot t$

[풀이]
① $k = \dfrac{\ln(50/100)}{-550 \, sec} = 1.2603 \times 10^{-3} \, sec^{-1}$

② $t = \dfrac{\ln(C_t/C_o)}{-k} = \dfrac{\ln(20/100)}{-1.2603 \times 10^{-3} \, sec^{-1}} \times \dfrac{hr}{3,600 \, sec}$
$= 0.3547 \, hr$

[답] ∴ 20% 남을 때까지의 시간 = 0.35hr

06

액체연료 연소장치인 유압분무식 버너의 특성 5가지를 적으시오.

빈출체크 14년 4회

- 대용량에 적용하며 구조는 간단하다.
- 오일의 점도가 크면 무화가 나빠진다.
- 유량조절범위가 적다.
- 부하변동의 적응성이 낮다.
- 연료의 점도가 크거나 유압이 $5kg/cm^2$ 이하가 되면 분무화가 불량하다.
- 선박용, 대용량 보일러에 사용된다.

07

부유먼지와 강하먼지 측정방법을 2가지씩 쓰시오.

- 부유먼지 : 고용량 공기 시료 채취법
  (High Volume Air Sampler)
  저용량 공기 시료 채취법
  (Low Volume Air Sampler)
- 강하먼지 : 데포지트 게이지(Deposit Gauge)
  더스트 재(Dust Jar)

08

오염가스를 활성탄 흡착층으로 처리하고자 한다. 오염가스는 35m³/min (25℃, 1atm)으로 흡착층에 유입되며, 가스 중 Benzene(C_6H_6) 650ppm이 포함되어 있다. 흡착층의 깊이는 0.8m, 공탑의 속도는 0.55m/sec, 활성탄의 겉보기 밀도는 330kg/m³, 활성탄 흡착층의 운전용량은 주어진 Yaws의 식에 의해 나타난 흡착용량의 40%라 할 때, 활성탄 흡착층의 운전흡착용량(kg/kg)을 계산하시오. (단, Yaws의 식 $\log X = -1.189 + 0.288 \times \log C_e - 0.0238[\log C_e]^2$ 여기서 X : 흡착용량(오염물 g/ 탄소 g), C_e : 오염농도(ppm))

15년 1회

[식] $\log X = -1.189 + 0.288 \times \log C_e - 0.0238[\log C_e]^2$

[풀이]
① $\log X = -1.189 + 0.288 \times \log 650 - 0.0238[\log 650]^2$
   $= -0.5672$
   $X = 10^{-0.5672} = 0.2709 \text{kg/kg}$
② 흡착용량의 40%이므로 $0.2709 \times 0.4 = 0.1084 \text{kg/kg}$

[답] ∴ 흡착층의 운전흡착용량 = 0.11kg/kg

09

실내공기질 관리법상 노인요양시설의 실내공기질 유지기준을 적으시오.

항목	유지 기준
PM-10	( )μg/m³ 이하
PM-2.5	( )μg/m³ 이하
이산화탄소	( )ppm 이하
폼알데하이드	( )μg/m³ 이하
총 부유세균	( )CFU/m³ 이하
일산화탄소	( )ppm 이하

14년 1회 | 18년 2회

항목	유지 기준
PM-10	(75)μg/m³ 이하
PM-2.5	(35)μg/m³ 이하
이산화탄소	(1,000)ppm 이하
폼알데하이드	(80)μg/m³ 이하
총 부유세균	(800)CFU/m³ 이하
일산화탄소	(10)ppm 이하

10

직경이 20㎛인 구형입자가 침강할 때 침강속도(m/sec)와 항력(N)을 계산하시오. (단, 점성계수 : 1.5×10^{-5} kg/m·sec, 입자의 밀도 : 2g/cm³, 커닝험 보정계수 : 1.0, 항력은 유효숫자 세자리까지)

가. 침강속도(m/sec)

나. 항력(N)

빈출 체크 21년 4회

가. 침강속도

[식] $V_g = \dfrac{d_p^2(\rho_p - \rho)g}{18\mu} \times C_f$

[풀이] ※ MKS 단위로 통일

① $d_p = \dfrac{20\mu m}{} \Big| \dfrac{m}{10^6 \mu m} = 2 \times 10^{-5}$ m,

$\rho_p = \dfrac{2g}{cm^3} \Big| \dfrac{10^6 cm^3}{m^3} \Big| \dfrac{kg}{10^3 g} = 2{,}000$ kg/m³

② $V_g = \dfrac{(2 \times 10^{-5})^2 \times (2{,}000 - 1.3) \times 9.8}{18 \times 1.5 \times 10^{-5}} \times 1$

= 0.0290 m/sec

[답] ∴ 침강속도 = 0.03 m/sec

나. 항력

[식] $F_d = 3\pi \cdot \mu \cdot d_p \cdot V_g$

[풀이] ※ MKS 단위로 통일

① $d_p = \dfrac{20\mu m}{} \Big| \dfrac{m}{10^6 \mu m} = 2 \times 10^{-5}$ m

② $F_d = 3\pi \times 1.5 \times 10^{-5} \times 2 \times 10^{-5} \times 0.03$

= 8.4823×10^{-11} kg·m/sec²

[답] ∴ 항력 = 8.48×10^{-11} N

11

다음은 굴뚝배출가스 중 브로민화합물의 분석방법이다. ( ) 안에 알맞은 말을 쓰시오.

> 싸이오사이안산제이수은법은 배출가스 중 브로민화합물을 수산화소듐용액에 흡수시킨 후 일부를 분취해서 산성으로 하여 (㉠)을 사용하여 브로민으로 산화시켜 (㉡)로/으로 추출한다. 흡광도는 (㉢)nm에서 측정한다.

빈출 체크 14년 4회 | 24년 2회

㉠ 과망가니즈산포타슘 용액(= 과망간산포타슘)
㉡ 클로로폼
㉢ 460

필답형 기출문제 2010 * 4

01

열섬효과에 영향을 주는 대표적인 인자 3가지를 적으시오.

> 빈출체크 08년 2회 | 17년 1회 | 20년 5회
>
> - 도시 지역의 인구집중에 따른 인공 열 발생의 증가
> - 도시의 건물 등 구조물에 의한 거칠기 길이의 변화
> - 도시 표면의 열적 성질의 차이 및 지표면에서의 증발잠열의 차이

02

탄소 87%, 수소 10%, 황 3%를 함유하는 중유의 $(CO_2)_{max}(\%)$를 구하시오.

> 빈출체크 06년 1회 | 18년 2회 | 21년 4회 | 24년 3회
>
> [식] $(CO_2)_{max}(\%) = \dfrac{CO_2 \text{ 발생량}}{G_{od}} \times 100$
>
> [풀이]
> ① 이론 공기량
>
> ⟨반응식⟩ C + O$_2$ → CO$_2$
> 12kg : 22.4Sm³ : 22.4Sm³
> 0.87kg/kg : X : CO$_2$ 발생량
>
> $X = \dfrac{0.87 \times 22.4}{12} = 1.624 \text{Sm}^3/\text{kg}$
>
> ⟨반응식⟩ H$_2$ + 0.5O$_2$ → H$_2$O
> 2kg : 0.5×22.4Sm³
> 0.10kg/kg : Y
>
> $Y = \dfrac{0.10 \times 0.5 \times 22.4}{2} = 0.56 \text{Sm}^3/\text{kg}$
>
> ⟨반응식⟩ S + O$_2$ → SO$_2$
> 32kg : 22.4Sm³ : 22.4Sm³
> 0.03kg/kg : Z : SO$_2$ 발생량
>
> $Z = \dfrac{0.03 \times 22.4}{32} = 0.021 \text{Sm}^3/\text{kg}$
>
> $A_o = O_o \div 0.21 = (1.624 + 0.56 + 0.021) \div 0.21$
> $= 10.5 \text{Sm}^3/\text{kg}$
>
> ② $G_{od} = (1-0.21)A_o + CO_2 + SO_2$
> $= (1-0.21) \times 10.5 + 1.624 + 0.021$
> $= 9.94 \text{Sm}^3/\text{kg}$
>
> ③ $(CO_2)_{max}(\%) = \dfrac{1.624}{9.94} \times 100 = 16.3380\%$
>
> [답] ∴ $(CO_2)_{max}(\%) = 16.34\%$

03

유효굴뚝높이가 120m인 연돌에서 SO_2가 2g/sec로 배출될 때 풍하지역의 연기 중심선상에 대한 최대 착지 지점(m), 최대 착지 농도(ppb)를 계산하시오. (단, $C_{max} = \dfrac{0.117Q}{u \cdot \sigma_y \cdot \sigma_z}$, 풍속은 2m/sec, $\sigma_y = 0.32 X_{max}^{0.78}$, $\sigma_z = 0.707 H_e$, $\sigma_z = 0.22 X_{max}^{0.78}$)

가. 최대 착지 지점(m)
나. 최대 착지 농도(ppb)

가. 최대 착지 지점

[식] $\sigma_z = 0.707 H_e$, $\sigma_z = 0.22 X_{max}^{0.78}$

[풀이]
① $\sigma_z = 0.707 \times 120 = 84.84$m
② $84.84 = 0.22 X_{max}^{0.78} \rightarrow X_{max} = 2,068.2965$m

[답] ∴ $X_{max} = 2,068.30$m

나. 최대 착지 농도

[식] $C_{max} = \dfrac{0.117Q}{u \cdot \sigma_y \cdot \sigma_z}$

[풀이]
① $\sigma_y = 0.32 \times (2,068.30)^{0.78} = 123.4038$m
② $Q = \dfrac{2g}{sec} \left| \dfrac{22.4L}{64g} \right| \dfrac{10^6 \mu l}{L} = 7 \times 10^5 \mu l/sec$
③ $C_{max} = \dfrac{0.117 \times 7 \times 10^5}{2 \times 123.4038 \times 84.84} = 3.9113$ppb

[답] ∴ $C_{max} = 3.91$ppb

04

SO_2를 1,000ppm 함유한 가스(1기압, 25℃)가 유동층 연소로에서 10,000m³/hr로 배출될 때 이를 석회석으로 처리할 경우 필요한 $CaCO_3$의 양(kg/hr)을 계산하시오. (단, Ca/S비가 4일 경우 SO_2 100%처리)

빈출체크 11년 4회 | 16년 1회 | 24년 3회

[풀이]
⟨반응비⟩ SO_2 : $4 \times CaCO_3$
22.4Sm³ : 4×100kg
SO_2 발생량: X

SO_2 발생량 $= \dfrac{1,000\text{mL}}{\text{m}^3} \left| \dfrac{10,000\text{m}^3}{\text{hr}} \right| \dfrac{273}{273+25} \left| \dfrac{\text{m}^3}{10^6 \text{mL}} \right.$
$= 9.1611$Sm³/hr

$X = \dfrac{4 \times 100 \times 9.1611}{22.4} = 163.5911$kg/hr

[답] ∴ 필요한 $CaCO_3$ 양 = 163.59kg/hr

05

밀도 1.5g/cm³, 비표면적 5,000m²/kg인 구형입자가 직경이 2배가 될 경우 입자의 비표면적(m²/kg)을 구하시오.

 23년 4회

[식] $d_s = \dfrac{6}{S_v}$

[풀이] 비표면적과 직경은 반비례 관계이므로 직경이 2배가 되면 비표면적은 1/2배가 된다.
따라서 2배가 될 경우 비표면적은 2,500m²/kg

[답] ∴ 비표면적 = 2,500m²/kg

06

다음 보기 중 오존파괴지수(ODP)가 큰 순서대로 나열하시오.

[보기]
① $C_2F_4Br_2$ ② CF_3Br ③ CH_2BrCl
④ $C_2F_3Cl_3$ ⑤ CF_2BrCl

 16년 4회 | 20년 5회 | 23년 1회

② CF_3Br(10) > ① $C_2F_4Br_2$(6.0) > ⑤ CF_2BrCl(3.0) > ④ $C_2F_3Cl_3$(0.8) > ③ CH_2BrCl(0.12)

※ 괄호 안의 숫자는 암기할 필요 없음

07

환경정책기본법상 환경기준에 대한 수치를 적으시오.

항목	기준
이산화질소 (NO₂)	연간 평균치 : ( )ppm 이하
	24시간 평균치 : ( )ppm 이하
	1시간 평균치 : ( )ppm 이하
오존 (O₃)	8시간 평균치 : ( )ppm 이하
	1시간 평균치 : ( )ppm 이하
일산화탄소 (CO)	8시간 평균치 : ( )ppm 이하
	1시간 평균치 : ( )ppm 이하

 12년 4회 | 13년 4회 | 14년 2회 | 17년 1회 | 17년 2회 | 18년 4회 | 20년 1회 | 22년 4회

항목	기준
이산화질소 (NO₂)	연간 평균치 : (0.03)ppm 이하
	24시간 평균치 : (0.06)ppm 이하
	1시간 평균치 : (0.10)ppm 이하
오존 (O₃)	8시간 평균치 : (0.06)ppm 이하
	1시간 평균치 : (0.1)ppm 이하
일산화탄소 (CO)	8시간 평균치 : (9)ppm 이하
	1시간 평균치 : (25)ppm 이하

08

$1Sm^3$의 프로판이 완전연소 시 다음을 구하시오. (단, 공기비는 1.2)

가. 실제 건연소 가스량(Sm^3)
나. 실제 습연소 가스량(Sm^3)
다. 습연소 가스량과 건연소 가스량의 비

가. 실제 건연소 가스량

[식] $G_d = (m - 0.21)A_o + CO_2$

[풀이] ① 이론 공기량

〈반응식〉 $C_3H_8 + 5O_2 \rightarrow 3CO_2 + 4H_2O$

$A_o = O_o \div 0.21 = 5 \div 0.21 = 23.8095 Sm^3$

② $G_d = (1.2 - 0.21) \times 23.8095 + 3 = 26.5714 Sm^3$

[답] ∴ 실제 건연소 가스량 = $26.57 Sm^3$

나. 실제 습연소 가스량

[식] $G_w = (m - 0.21)A_o + CO_2 + H_2O$

[풀이] ① 가. 풀이 ①번의 반응식 및 이론 공기량 같음

② $G_w = (1.2 - 0.21)A_o + 3 + 4 = 30.5714 Sm^3$

[답] ∴ 실제 습연소 가스량 = $30.57 Sm^3$

다. 습연소 가스량과 건연소 가스량의 비

[식] 비율 = $\dfrac{G_w}{G_d}$

[풀이] 비율 = $\dfrac{30.57}{26.57} = 1.1505$

[답] ∴ 습연소 가스량과 건연소 가스량의 비 = 1.15

09

다음 조건을 이용하여 중력집진장치를 이용하여 배기가스 중 분진을 제거하려고 한다. 다음 물음에 답하시오.

[조건]
- 함진가스 유량 : 80m³/min
- 침강실 폭 : 3m
- 침강실 길이 : 5m
- 침강실 높이 : 4m
- 입자의 밀도 : 1,500kg/m³
- 입자의 직경 : 50㎛
- 점성도 : 3.0×10^{-4} g/cm·sec

가. 집진효율(%)
나. 집진효율이 90%가 되기 위하여 추가적으로 늘려야 하는 길이(m)

빈출체크 14년 2회

가. 집진효율

[식] $\eta_d = 1 - \exp\left(-\dfrac{V_g \cdot L}{V \cdot H}\right)$

[풀이]

① $Re = \dfrac{D \cdot V \cdot \rho}{\mu}$

※ MKS 단위로 통일

② $V = \dfrac{Q}{A} = \dfrac{80\text{m}^3}{\text{min}} \Big| \dfrac{1}{3\text{m} \times 4\text{m}} \Big| \dfrac{\text{min}}{60\text{sec}} = 0.1111 \text{m/sec}$

③ $D_o = \dfrac{2HW}{H+W} = \dfrac{2 \times 4 \times 3}{4+3} = 3.4286\text{m}$

④ $\mu = \dfrac{3.0 \times 10^{-4}\text{g}}{\text{cm} \cdot \text{sec}} \Big| \dfrac{100\text{cm}}{\text{m}} \Big| \dfrac{\text{kg}}{10^3 \text{g}}$
$= 3.0 \times 10^{-5} \text{kg/m} \cdot \text{sec}$

⑤ $Re = \dfrac{3.4286 \times 0.1111 \times 1.3}{3.0 \times 10^{-5}} = 16,506.4233$

→ 난류이므로 난류에 해당하는 집진공식 사용

⑥ $V_g = \dfrac{d_p^2 (\rho_p - \rho)g}{18\mu} = \dfrac{(50㎛)^2}{} \Big| \dfrac{(1,500-1.3)\text{kg}}{\text{m}^3}$
$\Big| \dfrac{9.8\text{m}}{\text{sec}^2} \Big| \dfrac{\text{m} \cdot \text{sec}}{18 \times 3.0 \times 10^{-5}\text{kg}} \Big| \dfrac{(1\text{m})^2}{(10^6 ㎛)^2}$
$= 0.068\text{m/sec}$

⑦ $\eta_d = 1 - \exp\left(-\dfrac{0.068 \times 5}{0.1111 \times 4}\right) = 0.5347 \rightarrow 53.47\%$

[답] ∴ 집진효율 = 53.47%

나. 늘려야 하는 길이

[풀이]

① $0.90 = 1 - \exp\left(-\dfrac{0.068 \times L}{0.1111 \times 4}\right) \rightarrow L = 15.0481\text{m}$

② 기존 길이가 5m이므로 늘려야 하는 길이는 10.0481m

[답] ∴ 늘려야 하는 길이 = 10.05m

10

1m의 직경을 갖는 원심력 집진장치에서 3m³/sec의 가스(1atm, 320K)를 처리하고자 한다. 이때 처리 입자의 밀도는 1.6g/cm³, 점도는 1.85×10⁻⁵kg/m·sec라고 할 때 다음의 조건을 구하시오.
(단, 입구 높이 = 0.5m, 입구 폭 = 0.25m, 유효회전수 = 4, 공기밀도 1.3kg/m³)

가. 유입속도(m/sec)
나. 절단입경(μm)

 07년 4회 | 11년 2회 | 12년 4회 | 15년 2회 | 18년 4회

가. 유입속도

[식] $V = \dfrac{Q}{A}$

[풀이] $V = \dfrac{3}{0.5 \times 0.25} = 24 \text{m/sec}$

[답] ∴ 유입속도 = 24m/sec

나. 절단입경

[식] $d_{p.50}(\mu m) = \sqrt{\dfrac{9 \cdot \mu \cdot B}{2 \cdot \pi \cdot N_e \cdot V \cdot (\rho_p - \rho)}} \times 10^6$

[풀이] ※ MKS 단위로 통일

① $\rho_p = \dfrac{1.6\text{g}}{\text{cm}^3} \Big| \dfrac{\text{kg}}{10^3 \text{g}} \Big| \dfrac{10^6 \text{cm}^3}{\text{m}^3} = 1{,}600 \text{kg/m}^3$

② $d_{p.50}(\mu m) = \sqrt{\dfrac{9 \times 1.85 \times 10^{-5} \times 0.25}{2\pi \times 4 \times 24 \times (1{,}600 - 1.3)}} \times 10^6$
$= 6.5700 \mu m$

[답] ∴ 절단입경 = 6.57μm

필답형 기출문제 2011 * 1

01

보일러에서 중유(황 함량 5%)를 10ton/hr로 연소시키고 있다. 배출가스를 NaOH 수용액을 이용하여 황을 처리할 때(Na_2SO_3) 필요한 NaOH량(kg/hr)을 계산하시오. (단, 황은 전부 SO_2로 산화)

 09년 1회 | 20년 3회

⟨반응식⟩ $S + O_2 \rightarrow SO_2$
　　　　　32kg　 : 64kg
　　　　S 발생량 :　X

S 발생량 $= \dfrac{10,000\text{kg}}{\text{hr}} \Big| \dfrac{5}{100} = 500\text{kg/hr}$

$X = \dfrac{64 \times 500}{32} = 1,000\text{kg/hr}$

⟨반응식⟩　$SO_2 + 2NaOH \rightarrow Na_2SO_3 + H_2O$
　　　　　64kg　　: 2 × 40kg
　　　　SO_2 처리량 :　Y

$Y = \dfrac{2 \times 40 \times 1,000}{64} = 1,250\text{kg/hr}$

[답] ∴ 필요한 NaOH량 = 1,250kg/hr

02

전기집진장치에서의 장애현상 중 원인 및 대책을 한 가지씩 서술하시오.

가. 2차 전류가 주기적으로 변하거나 불규칙하게 흐를 때
나. 2차 전류가 현저히 떨어질 때
다. 재비산현상이 일어날 때

 17년 2회

가. 2차 전류가 주기적으로 변하거나 불규칙하게 흐를 때
① 원인
- 집진극과 방전극 간격 이완
- 스파크 빈도의 증가

② 대책
- 방전극, 집진극 간격 점검
- 1차 전압 낮춤
- 충분한 분진 탈리

나. 2차 전류가 현저히 떨어질 때
① 원인
- 먼지 비저항이 너무 높음
- 입구분진농도가 큼

② 대책
- 입구분진 농도 조절
- 조습용 스프레이 수량 증가
- 스파크 횟수 증가

다. 재비산현상이 일어날 때
① 원인
- 비저항 $10^4 \Omega \cdot cm$ 이하
- 입구의 유속이 빠를 때

② 대책
- 처리가스의 속도를 낮춤
- NH_3 주입
- 온도, 습도 조절
- 집진극에 Baffle 설치
- 미연탄소분 제거

03

연료의 조성이 C : 87%, H : 11%, S : 2%에 대한 $(CO_2)_{max}(\%)$를 계산하시오.

 06년 2회 | 22년 2회

[식] $(CO_2)_{max}(\%) = \dfrac{CO_2 \text{ 발생량}}{G_{od}} \times 100$

[풀이]
① 이론 공기량

⟨반응식⟩ C + O_2 → CO_2
　　　　　12kg　：22.4Sm³：22.4Sm³
　　　　　0.87kg/kg：　X　：CO_2 발생량

$X = \dfrac{0.87 \times 22.4}{12} = 1.624 \, Sm^3/kg$

⟨반응식⟩ H_2 + $0.5O_2$ → H_2O
　　　　　2kg　：$0.5 \times 22.4 Sm^3$
　　　　　0.11kg/kg：　Y

$Y = \dfrac{0.11 \times 0.5 \times 22.4}{2} = 0.616 \, Sm^3/kg$

⟨반응식⟩ S + O_2 → SO_2
　　　　　32kg　：22.4Sm³：22.4Sm³
　　　　　0.02kg/kg：　Z　：SO_2 발생량

$Z = \dfrac{0.02 \times 22.4}{32} = 0.014 \, Sm^3/kg$

$A_o = O_o \div 0.21 = (1.624 + 0.616 + 0.014) \div 0.21$
　　$= 10.7333 \, Sm^3/kg$

② $G_{od} = (1 - 0.21)A_o + CO_2 + SO_2$
　　$= (1 - 0.21) \times 10.7333 + 1.624 + 0.014$
　　$= 10.1173 \, Sm^3/kg$

③ $(CO_2)_{max}(\%) = \dfrac{1.624}{10.1173} \times 100 = 16.0517\%$

[답] ∴ $(CO_2)_{max}(\%) = 16.05\%$

04

탄소 85%, 수소 14%, 황 1%의 중유를 5kg/hr 연소하였다. 이때 건조연소가스 중의 SO_2 농도(ppm)를 계산하시오. (단, 표준상태 기준, 공기비 1.2)

06년 1회 | 20년 5회

[식] $SO_2(ppm) = \dfrac{SO_2 \text{ 발생량}}{G_d} \times 10^6$

[풀이]
① 이론 공기량

〈반응식〉 $C + O_2 \rightarrow CO_2$
12kg : 22.4Sm³ : 22.4Sm³
0.85kg/kg : X : CO_2 발생량

$X = \dfrac{0.85 \times 22.4}{12} = 1.5867 \text{Sm}^3/\text{kg}$

〈반응식〉 $H_2 + 0.5O_2 \rightarrow H_2O$
2kg : 0.5×22.4Sm³ : 22.4Sm³
0.14kg/kg : Y : H_2O 발생량

$Y = \dfrac{0.14 \times 0.5 \times 22.4}{2} = 0.784 \text{Sm}^3/\text{kg}$

〈반응식〉 $S + O_2 \rightarrow SO_2$
32kg : 22.4Sm³ : 22.4Sm³
0.01kg/kg : Z : SO_2 발생량

$Z = \dfrac{0.01 \times 22.4}{32} = 0.007 \text{Sm}^3/\text{kg}$

$A_o = O_o \div 0.21 = (1.5867 + 0.784 + 0.007) \div 0.21$
$= 11.3224 \text{Sm}^3/\text{kg}$

② $G_d = (m - 0.21)A_o + CO_2 + SO_2$
$= (1.2 - 0.21) \times 11.3224 + 1.5867 + 0.007$
$= 12.8029 \text{Sm}^3/\text{kg}$

③ $SO_2(ppm) = \dfrac{0.007}{12.8029} \times 10^6 = 546.7511 \text{ppm}$

[답] ∴ $SO_2 = 546.75 \text{ppm}$

05

송풍량이 200m³/min일 때 송풍기의 회전수가 250rpm, 정압이 60mmH₂O, 동력이 6HP이다. 회전수가 500rpm으로 변할 때 다음을 구하시오.

가. 정압(mmH₂O)
나. 동력(HP)
다. 송풍량(m³/min)

빈출체크 20년 1회

가. 정압

[식] $P_2 = P_1 \times \left(\dfrac{N_2}{N_1}\right)^2$

[풀이] $P_2 = 60 \times \left(\dfrac{500}{250}\right)^2 = 240\,\text{mmH}_2\text{O}$

[답] ∴ 정압 = 240mmH₂O

나. 동력

[식] $KW_2 = KW_1 \times \left(\dfrac{N_2}{N_1}\right)^3$

[풀이] $KW_2 = 6 \times \left(\dfrac{500}{250}\right)^3 = 48\,\text{HP}$

[답] ∴ 동력 = 48HP

다. 송풍량

[식] $Q_2 = Q_1 \times \left(\dfrac{N_2}{N_1}\right)$

[풀이] $Q_2 = 200 \times \left(\dfrac{500}{250}\right) = 400\,\text{m}^3/\text{min}$

[답] ∴ 송풍량 = 400m³/min

06

20개의 bag을 사용한 여과집진장치에서 집진율이 95%, 출구의 먼지 농도는 150℃에서 4.1g/m³이었다. 가동 중 1개의 bag에 구멍이 열려 전체 처리가스량의 1/50이 그대로 통과하였다면 입구의 먼지농도 (g/Sm³)는?

빈출체크 07년 1회 | 14년 2회

[식] $C_o = C_i \times (1-\eta)$

[풀이]

① 표준상태에서의 출구 농도
$= \dfrac{4.1\,\text{g}}{\text{m}^3} \Big| \dfrac{273+150}{273} = 6.3527\,\text{g/Sm}^3$

② 입구농도 C_i 중 1/5 통과 농도 = $0.2C_i$

③ 나머지 $0.8C_i$는 집진율 95% 적용
$= 0.8C_i \times (1-0.95) = 0.04C_i$

④ ②번과 ③번 합의 농도가 ①번의 농도와 같음
$0.2C_i + 0.04C_i = 6.3527\,\text{g/Sm}^3$
$C_i = 26.4696\,\text{g/Sm}^3$

[답] ∴ 입구의 먼지농도 = 26.47g/Sm³

07

배기가스 온도가 120℃, 동압이 15mmH$_2$O인 피토우관(직경 1.2m)에서의 유량(m^3/min)을 계산하시오. (단, 피토우관 계수는 0.85, 밀도는 1.3kg/Sm^3)

[식] $Q = A \cdot V$

[풀이]

① $\gamma = \dfrac{1.3\text{kg}}{\text{Sm}^3} \Big| \dfrac{273}{273+120} = 0.9031 \text{kg/m}^3$

② $\overline{V} = C\sqrt{\dfrac{2gh}{\gamma}} = 0.85\sqrt{\dfrac{2\times 9.8 \times 15}{0.9031}} = 15.3364 \text{m/sec}$

→ $\dfrac{15.3364\text{m}}{\text{sec}} \Big| \dfrac{60\text{sec}}{\text{min}} = 920.184 \text{m/min}$

③ $A = \dfrac{\pi D^2}{4} = \dfrac{\pi (1.2\text{m})^2}{4} = 1.131 \text{m}^2$

④ $Q = 1.131 \times 920.184 = 1,040.7281 \text{m}^3/\text{min}$

[답] ∴ 유량 = 1,040.73m^3/min

08

유효굴뚝높이가 200m인 굴뚝에서 유량이 40,000m^3/hr이고 SO$_2$ 농도가 1,000ppm이며 풍속이 5m/sec이다. σ_z와 σ_y는 1일 때 최대 지표 농도(ppm)를 계산하시오. (단, 소수점 세 번째 자리까지)

[식] $C_{\max} = \dfrac{2Q}{H_e^2 \cdot \pi \cdot e \cdot u} \left(\dfrac{\sigma_z}{\sigma_y} \right)$

[풀이]

① 유량 = $\dfrac{40,000\text{m}^3}{\text{hr}} \Big| \dfrac{\text{hr}}{3,600\text{sec}} = 11.1111 \text{m}^3/\text{sec}$

② $C_{\max} = \dfrac{2 \times 11.1111\text{m}^3/\text{sec} \times 1,000\text{ppm}}{(200\text{m})^2 \times \pi \times e \times 5\text{m/sec}} \times \left(\dfrac{1}{1}\right)$

$= 0.013 \text{ppm}$

[답] ∴ 최대 지표 농도 = 0.013ppm

빈출체크 18년 2회

09

해당 물음에 답하시오.

가. 반응속도의 의미
나. 1차 반응(반응시간과 농도와의 관계)
다. 2차 반응(반응시간과 농도와의 관계)

가. 반응조에서 화학 반응의 속도이며 반응물의 농도 및 온도 등에 영향을 받으며 반응차수에 따라 달리 표현하는 것

나. $\ln \dfrac{C_t}{C_o} = -k \cdot t$

- C_t : t시간이 지난 후 물질의 농도
- C_o : 초기 농도
- k : 반응속도상수
- t : 반응시간

다. $\dfrac{1}{C_t} - \dfrac{1}{C_o} = k \cdot t$

- C_t : t시간이 지난 후 물질의 농도
- C_o : 초기 농도
- k : 반응속도상수
- t : 반응시간

10

세정집진장치에서 관성충돌계수를 크게 하기 위한 입자배출원 특징, 운전조건 6가지를 서술하시오.

 11년 2회 | 20년 5회

- 먼지입경이 클수록
- 분진의 밀도가 클수록
- 가스의 점도가 낮을수록
- 처리가스의 온도가 낮을수록
- 물방울 직경이 작을수록
- 가스유속이 빠를수록

11

직경이 50㎛ 표면에 수분이 존재할 경우 입자간 부착한 액에 의해 표면장력이 작용하는 경우 결합력(N)을 구하시오. (단, 결합력(F) = $\pi \cdot d_p \cdot T$, 표면장력 72.8dyne/cm, 유효숫자 세자리)

[식] $F = \pi \cdot d_p \cdot T$

[풀이] ※ MKS 단위로 통일

① $d_p = \dfrac{50\mu m}{} \Big| \dfrac{m}{10^6 \mu m} = 5 \times 10^{-5}\,m$

② $T = \dfrac{72.8g}{sec^2} \Big| \dfrac{kg}{10^3 g} = 7.28 \times 10^{-2}\,kg/sec^2$

③ $F = \pi \times 5 \times 10^{-5} \times 7.28 \times 10^{-2} = 1.1435 \times 10^{-5}\,N$

[답] ∴ 결합력 = $1.14 \times 10^{-5}\,N$

필답형 기출문제 2011 * 2

01

Cl_2 농도가 0.5%인 배출가스 10,000Sm³/hr를 $Ca(OH)_2$ 현탁액으로 세정처리 시 필요한 $Ca(OH)_2$의 양(kg/hr)을 구하시오.

[풀이]
⟨반응식⟩ $2Cl_2 + 2Ca(OH)_2 \rightarrow CaCl_2 + Ca(OCl)_2 + 2H_2O$
$\quad\quad 2 \times 22.4 Sm^3 \quad : 2 \times 74 kg$
$0.005 \times 10,000 Sm^3/hr \quad : X$

$X = \dfrac{0.005 \times 10,000 \times 2 \times 74}{2 \times 22.4} = 165.1786 kg/hr$

[답] ∴ $Ca(OH)_2$의 양 = 165.18kg/hr

빈출 체크 : 07년 4회 | 10년 4회 | 12년 4회 | 15년 2회 | 18년 4회

02

1m의 직경을 갖는 원심력 집진장치에서 3m³/sec의 가스(1atm, 320K)를 처리하고자 한다. 이때 처리 입자의 밀도는 1.6g/cm³, 점도는 1.85×10^{-5}kg/m·sec라고 할 때 다음의 조건을 구하시오. (단, 입구 높이 = 0.5m, 입구 폭 = 0.25m, 유효회전수 = 4, 공기밀도 1.3kg/m³)

가. 유입속도(m/sec)
나. 절단입경(μm)

가. 유입속도

[식] $V = \dfrac{Q}{A}$

[풀이] $V = \dfrac{3}{0.5 \times 0.25} = 24 m/sec$

[답] ∴ 유입속도 = 24m/sec

나. 절단입경

[식] $d_{p.50}(\mu m) = \sqrt{\dfrac{9 \cdot \mu \cdot B}{2 \cdot \pi \cdot N_e \cdot V \cdot (\rho_p - \rho)}} \times 10^6$

[풀이] ※ MKS 단위로 통일

① $\rho_p = \dfrac{1.6g}{cm^3} \Big| \dfrac{kg}{10^3 g} \Big| \dfrac{10^6 cm^3}{m^3} = 1,600 kg/m^3$

② $d_{p.50}(\mu m) = \sqrt{\dfrac{9 \times 1.85 \times 10^{-5} \times 0.25}{2\pi \times 4 \times 24 \times (1,600 - 1.3)}} \times 10^6$
$\quad\quad\quad\quad\quad = 6.5700 \mu m$

[답] ∴ 절단입경 = 6.57μm

빈출 체크 : 08년 1회 | 15년 4회 | 20년 1회

03

여과집진기에서 유량 4.78×10^6 cm³/sec, 공기여재비 4cm/sec로 유입될 때 여과포 1개의 직경 0.2m, 유효높이 3m인 경우의 필요한 여과포의 개수를 구하시오.

[식] $n = \dfrac{Q_T}{\pi D L V_f}$

[풀이] ※ CGS 단위로 통일

$n = \dfrac{4.78 \times 10^6}{\pi \times 20 \times 300 \times 4} = 63.3967$ 이므로 64개 필요

[답] ∴ 여과포의 개수 = 64개

04

황화수소가 0.3% 포함된 메탄을 공기비 1.05로 연소할 경우 건조 배기 가스 중의 SO_2 농도(ppm)를 계산하시오. (단, 황화수소는 모두 SO_2로 변환된다)

빈출체크 21년 2회

[식] $SO_2(ppm) = \dfrac{SO_2 \text{ 발생량}}{G_d} \times 10^6$

[풀이]
① 이론 공기량
⟨반응식⟩
$H_2S + 1.5O_2 \rightarrow SO_2 + H_2O : 0.3\%$
$CH_4 + 2O_2 \rightarrow CO_2 + 2H_2O : 99.7\%$
$A_o = O_o \div 0.21 = (1.5 \times 0.003 + 2 \times 0.997) \div 0.21$
$\quad = 9.5167 \text{mol/mol}$

② $G_d = (m - 0.21)A_o + CO_2 + SO_2$
$\quad = (1.05 - 0.21) \times 9.5167 + 0.997 + 0.003$
$\quad = 8.994 \text{mol/mol}$

③ $SO_2(ppm) = \dfrac{0.003}{8.994} \times 10^6 = 333.5557 \text{ppm}$

[답] ∴ $SO_2 = 333.56 \text{ppm}$

05

부탄 $1Sm^3$을 연소하였을 때 건조 배기 가스 중 CO_2가 11%일 때 공기비를 구하시오.

빈출체크 20년 1회

[식] $CO_2(\%) = \dfrac{CO_2}{G_d} \times 100$

[풀이]
① 이론 공기량
⟨반응식⟩ $C_4H_{10} + 6.5O_2 \rightarrow 4CO_2 + 5H_2O$
$A_o = O_o \div 0.21 = 6.5 \div 0.21 = 30.9524 Sm^3$

② $11 = \dfrac{4}{G_d} \times 100 \rightarrow G_d = 36.3636 Sm^3$

③ $36.3636 = (m - 0.21) \times 30.9524 + 4 \rightarrow m = 1.2556$

[답] ∴ $m = 1.26$

06

평판형 전기집진기의 집진극 전압이 60kV, 집진판 간격은 30cm이다. 가스속도는 1.0m/sec, 입자 직경 0.5㎛일 때 입자의 이동속도는 $W_e = \dfrac{1.1 \times 10^{-14} \cdot P \cdot E^2 \cdot d_p}{\mu}$ 를 이용하여 계산한다. 이때 효율이 100%가 되는 집진극의 길이(m)를 구하시오.
(단, $P = 2$, $\mu = 8.63 \times 10^{-2} kg/m \cdot hr$)

빈출체크 06년 2회 | 13년 1회 | 15년 4회 | 18년 2회 | 20년 4회

[식] $L = \dfrac{R \cdot V}{W_e}$

[풀이]
① $E = \dfrac{60 \times 10^3 V}{0.15 m} = 400{,}000 V/m$

② $W_e = \dfrac{1.1 \times 10^{-14} \times 2 \times 400{,}000^2 \times 0.5}{8.63 \times 10^{-2}} = 0.0204 m/sec$

③ $L = \dfrac{0.15 \times 1}{0.0204} = 7.3529 m$

[답] ∴ 집진극의 길이 $= 7.35m$

07

중력 집진장치의 높이와 폭이 3m이고 가스유속이 1m/sec일 경우 레이놀즈 수를 계산하시오. (단, 20℃, 1atm, 점성계수 = 1.18×10^{-5} kg/m·sec)

빈출체크 18년 2회

[식] $Re = \dfrac{D \cdot V \cdot \rho}{\mu}$

[풀이] ※ MKS 단위로 통일

① $D_o = \dfrac{2HW}{H+W} = \dfrac{2 \times 3 \times 3}{3+3} = 3m$

② $\rho = \dfrac{1.3kg}{Sm^3} \Big| \dfrac{273}{273+20} = 1.2113 kg/m^3$

③ $Re = \dfrac{3 \times 1 \times 1.2113}{1.18 \times 10^{-5}} = 307,957.6271$

[답] ∴ $Re = 307,957.63$

08

입경이 X인 입자의 Rosin-Rammler 분포가 50%인 입자의 직경이 50㎛라면 직경 25㎛인 입자의 R(%)는 얼마인지 계산하시오. (단, 입경계수는 1이다)

빈출체크 07년 2회 | 17년 2회

[식] $R(\%) = 100 \cdot \exp(-\beta \cdot d_p^n)$

[풀이]

① $50 = 100 \exp(-\beta \times 50^1) \rightarrow \beta = 0.0139$

② $R(\%) = 100 \cdot \exp(-0.0139 \times 25^1) = 70.6452\%$

[답] ∴ $R = 70.65\%$

09

입자의 직경이 50㎛, 밀도가 2,000kg/m³인 중력 집진장치 가스의 유량은 10m³/sec이다. 집진기의 폭이 1.5m, 높이가 1.5m이며 밑면을 포함한 평판이 10단일 때 효율이 100%가 되기 위한 침강실의 길이(m)를 계산하시오. (단, 층류로 가정하며 점성계수 $\mu = 1.75 \times 10^{-5}$ kg/m·sec)

빈출체크 20년 5회

[식] $\eta_d = \dfrac{V_g \cdot L}{V \cdot H}$

[풀이]

① $V_g = \dfrac{d_p^2(\rho_p - \rho)g}{18\mu} = \dfrac{(50 \times 10^{-6})^2 \times (2,000-1.3) \times 9.8}{18 \times 1.75 \times 10^{-5}}$
   $= 0.1555 m/sec$

② $V = \dfrac{Q}{A} = \dfrac{10}{1.5 \times 1.5} = 4.4444 m/sec$

③ 평판이 10단이므로 높이는 1/10로 줄어든다.

④ $L = \dfrac{\eta_d \cdot V \cdot H}{V_g} = \dfrac{1 \times 4.4444 \times (1.5 \div 10)}{0.1555} = 4.2872 m$

[답] ∴ 침강실의 길이 = 4.29m

10

배출되는 CO_2의 양이 분당 $0.9m^3$일 때 공기 중 CO_2를 5,000ppm 으로 유지하기 위해 필요한 환기량(m^3/hr)은? (단, 안전계수 10)

 20년 3회

[식] $Q = k \times \dfrac{G}{C}$

[풀이]

① $G = \dfrac{0.9m^3}{min} | \dfrac{60min}{hr} = 54m^3/hr$

② $C = \dfrac{5,000mL}{m^3} | \dfrac{m^3}{10^6 mL} = 0.005$

③ $Q = 10 \times \dfrac{54}{0.005} = 108,000 m^3/hr$

[답] ∴ 필요 환기량 = 108,000 m^3/hr

11

세정집진장치에서 관성충돌계수를 크게 하기 위한 입자배출원 특징, 운전조건 6가지를 서술하시오.

 11년 1회 | 20년 5회

- 먼지입경이 클수록
- 분진의 밀도가 클수록
- 가스의 점도가 낮을수록
- 처리가스의 온도가 낮을수록
- 물방울 직경이 작을수록
- 가스유속이 빠를수록

필답형 기출문제 2011 * 4

01

SO_2를 1,000ppm 함유한 가스(1기압, 25℃)가 유동층 연소로에서 10,000m³/hr로 배출될 때 이를 석회석으로 처리할 경우 필요한 $CaCO_3$의 양(kg/hr)을 계산하시오. (단, Ca/S비가 4일 경우 SO_2 100% 처리)

빈출체크 10년 4회 | 16년 1회 | 24년 3회

[풀이]
〈반응비〉 SO_2 : $4 \times CaCO_3$
$22.4Sm^3$: $4 \times 100kg$
SO_2 발생량 : X

SO_2 발생량 $= \dfrac{1,000mL}{m^3} \Big| \dfrac{10,000m^3}{hr} \Big| \dfrac{273}{273+25} \Big| \dfrac{m^3}{10^6 mL}$
$= 9.1611 Sm^3/hr$

$X = \dfrac{4 \times 100 \times 9.1611}{22.4} = 163.5911 kg/hr$

[답] ∴ 필요한 $CaCO_3$ 양 = 163.59 kg/hr

02

벤츄리 스크러버에서 목 부의 직경 0.2m, 수압 20,000mmH₂O, 노즐의 직경 3.8mm, 액가스비 0.5L/m³, 목 부의 가스유속이 60m/sec일 때, 노즐의 개수를 계산하시오.

빈출체크 17년 1회 | 20년 1회

[식] $n \left(\dfrac{d_n}{D_t} \right)^2 = \dfrac{V_t \cdot L}{100 \sqrt{P}}$

[풀이]
① $d_n = \dfrac{3.8mm}{} \Big| \dfrac{m}{10^3 mm} = 3.8 \times 10^{-3} m$

② $n = \dfrac{60 \times 0.5}{100 \sqrt{20,000}} \times \left(\dfrac{0.2}{3.8 \times 10^{-3}} \right)^2 = 5.8762$ 이므로
6개

[답] ∴ 노즐의 개수 = 6개

03

원심력 집진장치의 제거효율의 변화는 $\dfrac{100-\eta_a}{100-\eta_b}=\left(\dfrac{Q_b}{Q_a}\right)^{0.5}$ 을 이용하여 구할 수 있다. 유량 220Sm³/sec일 경우 효율이 70%라면 유량이 110Sm³/sec일 때의 효율을 구하시오.

 21년 1회

[식] $\dfrac{100-\eta_a}{100-\eta_b}=\left(\dfrac{Q_b}{Q_a}\right)^{0.5}$

[풀이] $\dfrac{100-70}{100-\eta_b}=\left(\dfrac{110}{220}\right)^{0.5} \rightarrow \eta_b=57.5736\%$

[답] ∴ 효율 = 57.57%

04

탄소 85%, 수소 15%로 된 경유(1kg)를 공기과잉계수 1.1로 연소했더니 탄소 1%가 검댕(그을음)으로 된다. 건조 배기가스 1Sm³ 중 검댕의 농도(g/Sm³)를 계산하시오.

 06년 4회 | 08년 1회 | 16년 1회 | 18년 1회 | 20년 2회
21년 1회 | 23년 4회

[식] $C=\dfrac{검댕\ 발생량}{G_d}$

[풀이]
① 이론 공기량
  〈반응식〉 C + O₂ → CO₂
      12kg : 22.4Sm³ : 22.4Sm³
      0.85kg : X : CO₂ 발생량

  $X = \dfrac{0.85 \times 22.4}{12} = 1.5867 Sm^3$

  CO₂ 발생량 = 0.85 × 0.99 × 22.4/12 = 1.5708Sm³
  ※ 1%는 검댕으로 변하므로 99%만 CO₂로 발생한다.

  〈반응식〉 H₂ + 0.5O₂ → H₂O
      2kg : 0.5 × 22.4Sm³
      0.15kg : Y

  $Y = \dfrac{0.15 \times 0.5 \times 22.4}{2} = 0.84 Sm^3$

  $A_o = O_o \div 0.21 = (1.5867 + 0.84) \div 0.21 = 11.5557 Sm^3$

② $G_d = (m - 0.21)A_o + CO_2$
   $= (1.1 - 0.21) \times 11.5557 + 1.5708$
   $= 11.8554 Sm^3$

③ 검댕 발생량 = 0.85 × 0.01kg × 10³g/kg = 8.5g

④ $C = \dfrac{8.5g}{11.8554 Sm^3} = 0.7170 g/Sm^3$

[답] ∴ 검댕의 농도 = 0.72g/Sm³

05

사이클론 집진장치를 다음과 같이 변화시키는 경우 괄호 안에 들어갈 증가/감소/불변 중 하나를 적으시오.

가. 블로우 다운 시 효율은 (   )한다.
나. 입구의 직경이 작을수록 효율은 (   )한다.
다. 유속이 증가할수록 효율은 (   )한다.
라. 분진밀도가 클수록 효율은 (   )한다.
마. 원통 직경이 클수록 효율은 (   )한다.

21년 4회

가. 증가
나. 증가
다. 증가
라. 증가
마. 감소

06

탄화수소, NO_2, NO, 오존의 오전 4시부터 오후 6시까지의 시간변화에 대한 그래프를 그리시오.

06년 1회 | 22년 1회

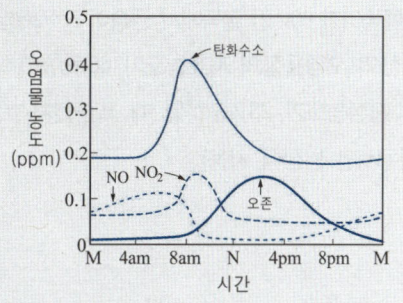

07

Ethane과 Propane을 함유하는 혼합가스 $1m^3$을 완전연소 배기가스 중 CO_2 발생량은 $2.6m^3$이었다. 이 혼합가스 중 ethane/propane의 몰 비를 계산하시오.

20년 5회

[풀이]
① 〈반응식〉 $C_2H_6 + 3.5O_2 \rightarrow 2CO_2 + 3H_2O : X$
　　　　　　$C_3H_8 + 5O_2 \rightarrow 3CO_2 + 4H_2O : Y$
② $X + Y = 1$ ············ 혼합가스가 1이므로
③ $2X + 3Y = 2.6$ ······ 이산화탄소 발생량이 2.6이므로
④ 두 식을 연립 $X = 0.4$, $Y = 0.6$
⑤ ethane/propane의 몰 비 = 0.4/0.6 = 0.6667

[답] ∴ ethane/propane의 몰 비 = 0.67

08

처리효율이 70%인 공정을 이용하여 농도 2g/m³, 유량 1,000m³/hr인 오염물질을 처리하고자 한다. 세정액량이 2m³일 때 세정액의 농도가 10g/L일 경우 방류할 때 방류시간 간격(hr)을 계산하시오.

21년 2회

[풀이]

① $C = \dfrac{2g/m^3 \times 1,000m^3/hr \times 0.70}{2m^3 \times (10^3 L/m^3)} = 0.7 g/L \cdot hr$

② 방류시간 간격 $= \dfrac{10}{0.7} = 14.2857 hr$

[답] ∴ 방류시간 간격 = 14.29hr

09

유효굴뚝높이가 60m인 굴뚝에서 풍속이 6m/sec일 때 500m 떨어진 중심선상의 오염물질의 지표농도가 66μg/m³, y방향 50m 지점에서의 지상농도가 23μg/m³일 때 표준편차 σ_y를 계산하시오. (단, 가우시안 방정식 사용)

22년 4회

[식] $C = \dfrac{Q}{2 \cdot \sigma_y \cdot \sigma_z \cdot \pi \cdot u} \exp\left[-\dfrac{1}{2}\left(\dfrac{y}{\sigma_y}\right)^2\right]$
$\times \left[\exp\left(-\dfrac{1}{2}\left(\dfrac{z-H_e}{\sigma_z}\right)^2\right) + \exp\left(-\dfrac{1}{2}\left(\dfrac{z+H_e}{\sigma_z}\right)^2\right)\right]$

[풀이]

① 지표 오염물질 : $z=0$, 중심선상 : $y=0$

$66 = \dfrac{Q}{\sigma_y \cdot \sigma_z \cdot \pi \cdot u} \exp\left(-\dfrac{1}{2}\left(\dfrac{H_e}{\sigma_z}\right)^2\right)$

② y방향 50m 지점, 지면이므로 $z=0$

$23 = \dfrac{Q}{\sigma_y \cdot \sigma_z \cdot \pi \cdot u} \exp\left(-\dfrac{1}{2}\left(\dfrac{y}{\sigma_y}\right)^2\right) \times \exp\left(-\dfrac{1}{2}\left(\dfrac{H_e}{\sigma_z}\right)^2\right)$

③ 1번식을 2번에 대입

$23 = 66 \times \exp\left(-\dfrac{1}{2}\left(\dfrac{50}{\sigma_y}\right)^2\right) \rightarrow \sigma_y = 34.4351m$

[답] ∴ $\sigma_y = 34.44m$

필답형 기출문제 2012 * 1

01

250m³의 크기를 갖는 실험실에서 HCHO가 발생하여 농도가 0.5ppm이 되었다. 이를 0.01ppm까지 낮추기 위하여 25m³/min 유량을 갖는 공기청정기를 이용하려고 한다. 원하는 농도로 낮추기 위해 걸리는 시간(min)을 구하시오. (단, 처리효율은 100%, 초기 HCHO 농도는 0ppm)

빈출 체크 08년 4회 | 16년 4회 | 21년 1회

[식] $\ln\dfrac{C_t}{C_o} = -\dfrac{Q}{V} \cdot t$

[풀이] $t = \dfrac{\ln\dfrac{0.01}{0.5}}{-\dfrac{25}{250}} = 39.1202 \text{min}$

[답] ∴ 39.12min

02

A지점의 미세먼지(PM10) 측정농도가 74, 82, 97, 70, 60 $\mu g/m^3$일 때 다음 물음에 답하시오.

가. 기하학적 평균을 계산한 후 환경기준 24시간 평균치와 비교
나. 산술평균을 계산한 후 환경기준 24시간 평균치와 비교

빈출 체크 08년 1회 | 18년 2회

가. [풀이] $C_m = (74 \times 82 \times 97 \times 70 \times 60)^{1/5}$
$= 75.6159 \mu g/m^3$

[답] ∴ 75.62$\mu g/m^3$이므로 24시간 평균치인 100$\mu g/m^3$를 초과하지 않음

나. [풀이] $C_m = (74 + 82 + 97 + 70 + 60) \div 5 = 76.6 \mu g/m^3$

[답] ∴ 76.6$\mu g/m^3$이므로 24시간 평균치인 100$\mu g/m^3$를 초과하지 않음

03

A공정에서 배출되는 먼지의 입경을 Rosin-Rammler 분포에 의해 $R(\%) = 100 \cdot \exp(-\beta \cdot d_p^n)$으로 나타낸다. 중위경이 30$\mu m$일 때, 15$\mu m$ 이상의 입자가 차지하는 분율(%)을 계산하시오. (단, 입경지수는 1)

[식] $R(\%) = 100 \cdot \exp(-\beta \cdot d_p^n)$

[풀이] ① $50 = 100\exp(-\beta \times 30^1) \rightarrow \beta = 0.0231$
② $R(\%) = 100 \cdot \exp(-0.0231 \times 15^1) = 70.7159\%$

[답] ∴ R = 70.72%

04

보일러에서 중유(황 함량 2.5%)를 10ton/hr로 연소시키고 있다. 배출가스를 NaOH 수용액을 이용하여 황을 처리할 때(Na₂SO₃) 필요한 NaOH량(kg/day)을 계산하시오. (단, 황은 전부 SO₂로 산화, 제거효율 85%)

빈출체크 19년 2회

[풀이]

〈반응식〉 $S + O_2 \rightarrow SO_2$
        32kg : 64kg
    S 발생량 : X

S 발생량 $= \dfrac{10,000\text{kg}}{\text{hr}} \Big| \dfrac{2.5}{100} = 250\text{kg/hr}$

$X = \dfrac{64 \times 250}{32} = 500\text{kg/hr}$

〈반응식〉 $SO_2 + 2NaOH \rightarrow Na_2SO_3 + H_2O$
        64kg : 2×40kg
    SO₂ 처리량 : Y

SO₂ 처리량 $= \dfrac{500\text{kg}}{\text{hr}} \Big| \dfrac{85}{100} \Big| \dfrac{24\text{hr}}{\text{day}} = 10,200\text{kg/day}$

$Y = \dfrac{2 \times 40 \times 10,200}{64} = 12,750\text{kg/day}$

[답] ∴ 필요한 NaOH량 = 12,750kg/day

05

먼지 입경측정방법 중 직접적 방법과 간접적 방법을 각각 2가지씩 서술하시오.

- 직접 측정법 : 표준체 측정법, 현미경법
- 간접 측정법 : 관성충돌법, 액상침강법, 공기투과법, 광산란법

06

소각 후 발생하는 다이옥신류를 처리하기 위한 처리방법 3가지를 서술하시오.

빈출체크 08년 1회

- 촉매분해법 : 300~400℃에서 V₂O₅, TiO₂, Pt, Pd 등의 촉매를 사용하여 다이옥신을 분해시키는 방법
- 생물학적 분해법 : 리그닌 및 세균 등을 이용하여 다이옥신을 생물화학적으로 분해시키는 방법
- 광분해법 : 250~300nm의 파장범위를 갖는 자외선을 배기가스에 조사시켜 다이옥신의 결합을 파괴하는 방법
- 고온 열분해법 : 배기가스의 온도를 850℃ 이상 유지하여 열적으로 다이옥신을 분해시키는 방법
- 오존산화법 : 수중에 함유된 다이옥신 제거 방법으로 용액(저온, 염기성) 중 오존을 주입하여 PCDDs를 산화분해시키는 방법
- 초임계유체분해법 : 초임계유체의 극대 용해도(374℃, 218atm)를 이용하여 다이옥신을 흡수 제거하는 방법
- 활성탄 흡착법 : 배기가스의 유동경로에 흡착제를 분무하여 다이옥신을 흡착처리하는 방법

07

배기가스량 360m³/min, 농도 6g/Sm³, 분진을 유효 높이 2.5m, 직경 220mm인 Back Filter를 사용하여 처리할 경우 필요한 Back Filter의 개수를 구하시오. (단, 여과속도는 1.5cm/sec)

빈출체크 22년 1회

[식] $n = \dfrac{Q_T}{\pi D L V_f}$

[풀이] ※ MKS 단위로 통일

① $Q_T = \dfrac{360 m^3}{min} \Big| \dfrac{min}{60 sec} = 6 m^3/sec$

② $D = \dfrac{220 mm}{} \Big| \dfrac{m}{10^3 mm} = 0.22 m$

③ $V_f = \dfrac{1.5 cm}{sec} \Big| \dfrac{m}{100 cm} = 0.015 m/sec$

④ $n = \dfrac{6}{\pi \times 0.22 \times 2.5 \times 0.015} = 231.4981$ 이므로 232개

[답] ∴ Back Filter의 개수 = 232개

08

A공장에서 SO_2를 400ppm 함유한 가스가 50,000Sm³/hr로 배출되고 있다. 이를 석회석으로 100% 흡수처리하고자 할 때 소요되는 탄산칼슘의 양(kg/hr)을 구하시오. (단, 약품의 석회석 함유량 15%)

[풀이]

⟨반응비⟩ SO_2 : $CaCO_3$
            22.4Sm³ : 100kg
  SO_2 발생량 : X

SO_2 발생량 $= \dfrac{400 mL}{m^3} \Big| \dfrac{50,000 Sm^3}{hr} \Big| \dfrac{100}{15} \Big| \dfrac{m^3}{10^6 mL}$

$= 133.3333 Sm^3/hr$

$X = \dfrac{100 \times 133.3333}{22.4} = 595.2379 kg/hr$

[답] ∴ 석회석의 양 = 595.24kg/hr

09

후드 선정 시 모형, 크기 등을 고려하여 선정해야 한다. 후드 선택 시 흡인요령 4가지를 서술하시오.

빈출체크 09년 1회 | 14년 2회 | 22년 2회

- 국부적인 흡인방식을 택한다.
- 충분한 포착속도를 유지한다.
- 후드를 발생원에 근접시킨다.
- 개구면적을 좁게 한다.
- 에어커튼을 사용한다.

10

어떤 장소에서 특정 월의 최대 지표 온도가 30℃였다. 지면의 온도가 21℃, 고도가 600m에서의 온도가 18℃였을 때 최대 혼합고(m)를 구하시오. (단, 건조단열체감율은 -0.98℃/100m)

18년 4회

[식] $MMD = \dfrac{t_{max} - t}{\gamma - \gamma_d}$

[풀이]

① $\gamma = \dfrac{18 - 21}{600m} = -0.5℃/100m$

② $MMD = \dfrac{30℃ - 21℃}{(-0.5℃/100m) - (-0.98℃/100m)} = 1,875m$

[답] ∴ 최대 혼합고 = 1,875m

11

전기집진장치에서 전류밀도가 먼지층 표면부근의 이온전류 밀도와 같고 양호한 집진작용이 이루어지는 값이 $2 \times 10^{-8} A/cm^2$이며, 또한 먼지층 중의 절연파괴 전계강도를 $5 \times 10^3 V/cm$로 한다면, 이때 먼지층의 겉보기 전기저항과 이 장치의 문제점을 적으시오.

14년 4회 | 19년 1회

• 전기저항 : $R = \dfrac{5 \times 10^3 V/cm}{2 \times 10^{-8} A/cm^2} = 2.5 \times 10^{11} \Omega \cdot cm$

• 문제점 : 겉보기 비저항이 $10^{11} \Omega \cdot cm$ 이상이므로 역전리 현상이 발생한다.

필답형 기출문제 2012 * 2

01

직경 55㎛인 입자가 유속 2.2m/sec로 중력 집진장치에 유입되고 있다. 중력 집진장치의 높이가 1.55m, 침강속도가 15.5cm/sec인 경우 입자를 100% 제거하기 위한 이론적 중력 집진장치의 길이(m)를 계산하시오. (단, 층류영역)

빈출체크 20년 2회

[식] $\eta_d = \dfrac{V_g \cdot L}{V \cdot H}$

[풀이] ※ MKS 단위로 통일

① $V_g = \dfrac{15.5\text{cm}}{\text{sec}} \Big| \dfrac{\text{m}}{100\text{cm}} = 0.155 \text{m/sec}$

② $L = \dfrac{\eta_d \cdot V \cdot H}{V_g} = \dfrac{1 \times 2.2 \times 1.55}{0.155} = 22\text{m}$

[답] ∴ 중력 집진장치의 길이 = 22m

02

기체연료(C_mH_n) 1mol을 이론 공기량으로 완전연소시켰을 경우 이론 습연소 가스량(mol)을 계산하시오.

빈출체크 09년 2회 | 15년 4회 | 20년 3회

[식] $G_{ow} = (1-0.21)A_o + CO_2 + H_2O$

[풀이]

① 〈반응식〉 $C_mH_n + \left(m + \dfrac{n}{4}\right)O_2 \rightarrow mCO_2 + \dfrac{n}{2}H_2O$

$A_o = O_o \div 0.21 = \left(m + \dfrac{n}{4}\right) \div 0.21 = 4.7619m + 1.1905n$

② $G_{ow} = (1-0.21) \times (4.7619m + 1.1905n) + m + 0.5n$
$= 4.7619m + 1.4405n$

[답] ∴ 이론 습연소 가스량 = (4.76m + 1.44n)mol

03

NO 224ppm, NO_2 44.8ppm을 함유한 배기가스 100,000m^3/hr를 NH_3에 의한 선택적 접촉환원법으로 처리할 경우 NO_x를 제거하기 위한 NH_3의 이론량(kg/hr)을 계산하시오.

빈출체크 14년 2회 | 14년 4회 | 15년 1회 | 15년 2회

[풀이]

① 〈반응식〉 $6NO + 4NH_3 \rightarrow 5N_2 + 6H_2O$
   $6 \times 22.4 Sm^3 : 4 \times 17 kg$
   NO 발생량 : X

$$NO\ 발생량 = \frac{224mL}{m^3} \left| \frac{100,000m^3}{hr} \right| \frac{m^3}{10^6 mL} = 22.4 m^3/hr$$

$$X = \frac{4 \times 17 \times 22.4}{6 \times 22.4} = 11.3333 kg/hr$$

② 〈반응식〉 $6NO_2 + 8NH_3 \rightarrow 7N_2 + 12H_2O$
   $6 \times 22.4 Sm^3 : 8 \times 17 kg$
   NO_2 발생량 : Y

$$NO_2\ 발생량 = \frac{44.8mL}{m^3} \left| \frac{100,000m^3}{hr} \right| \frac{m^3}{10^6 mL}$$

$$= 4.48 m^3/hr$$

$$Y = \frac{8 \times 17 \times 4.48}{6 \times 22.4} = 4.5333 kg/hr$$

③ $X + Y = 11.3333 + 4.5333 = 15.8666 kg/hr$

[답] ∴ NH_3의 이론량 = 15.87kg/hr

04

기체크로마토그래피에서 이론단수가 1,800 되는 분리관이 있다. 보유시간이 10min되는 피이크의 밑부분 폭(피이크 좌우 변곡점에서 접선이 자르는 바탕선의 길이)(mm)을 계산하시오. (단, 기록지 이동속도는 1.5cm/min, 이론단수는 모든 성분에 대하여 같다고 한다)

빈출체크 09년 4회 | 16년 2회 | 19년 2회

[식] $n = 16 \times \left(\frac{t_R}{W} \right)^2$

[풀이]

① $t_R = \frac{1.5cm}{min} \left| \frac{10min}{} \right| \frac{10mm}{cm} = 150mm$

② $W = \frac{t_R}{\sqrt{n/16}} = \frac{150}{\sqrt{1,800/16}} = 14.1421 mm$

[답] ∴ 피이크의 밑부분 폭 = 14.14mm

05

저위발열량 10,000kcal/kg의 중유를 100kg/hr로 연소실에서 연소시킬 때 연소실의 열발생율(kcal/$m^3 \cdot$ hr)을 구하시오.
(단, 연소실의 가로 1.2m, 세로 2.0m, 높이 1.5m)

빈출체크 21년 4회

[식] $Q_v = \frac{Hl \cdot G_f}{V}$

[풀이] $Q_v = \frac{10,000 \times 100}{1.2 \times 2.0 \times 1.5} = 277,777.7778$

[답] ∴ 연소실 열발생율 = 277,777.78kcal/$m^3 \cdot$ hr

06

가솔린($C_8H_{17.5}$)을 연소시킬 경우 질량기준의 공연비와 부피기준의 공연비를 계산하시오.

가. 질량기준

나. 부피기준

빈출체크 17년 2회 | 20년 4회 | 24년 2회

가. 질량기준

[식] $AFR_m = \dfrac{M_A \times m_a}{M_F \times m_f}$

[풀이]

〈반응식〉 $C_8H_{17.5} + 12.375O_2 \rightarrow 8CO_2 + 8.75H_2O$

$AFR_m = \dfrac{12.375 \times 32 \div 0.232}{113.5 \times 1} = 15.0387$

[답] ∴ $AFR_m = 15.04$

나. 부피기준

[식] $AFR_v = \dfrac{m_a \times 22.4}{m_f \times 22.4}$

[풀이]

〈반응식〉 $C_8H_{17.5} + 12.375O_2 \rightarrow 8CO_2 + 8.75H_2O$

$AFR_v = \dfrac{12.375 \div 0.21 \times 22.4}{1 \times 22.4} = 58.9286$

[답] ∴ $AFR_v = 58.93$

07

환경정책기본법상 대기환경기준에 알맞은 수치를 적으시오.

가. SO_2 1시간 평균치 : (   )ppm

나. CO 8시간 평균치 : (   )ppm

다. NO_2 24시간 평균치 : (   )ppm

라. O_3 1시간 평균치 : (   )ppm

마. Pb 연간 평균치 : (   )$\mu g/m^3$

바. 벤젠의 연간 평균치 : (   )$\mu g/m^3$

빈출체크 15년 4회 | 22년 2회

가. SO_2 1시간 평균치 : (0.15)ppm

나. CO 8시간 평균치 : (9)ppm

다. NO_2 24시간 평균치 : (0.06)ppm

라. O_3 1시간 평균치 : (0.1)ppm

마. Pb 연간 평균치 : (0.5)$\mu g/m^3$

바. 벤젠의 연간 평균치 : (5)$\mu g/m^3$

08

배출가스 중 황산화물을 처리하고자 할 때 다음 물음에 답하시오.

가. 건식법의 종류 3가지

나. 건식법의 장점 3가지(습식법과 비교하여)

 17년 2회 | 19년 1회 | 19년 2회

가. 종류 : 석회석 주입법, 활성산화망간법, 활성탄 흡착법

나. 장점
- 배출가스의 온도 저하가 거의 없는 편이다.
- 연돌에 의한 배출가스의 확산이 양호한 편이다.
- 폐수가 발생하지 않는다.
- pH 영향을 많이 받지 않는 편이다.

09

광학 현미경을 이용하여 입자의 투영면적으로부터 측정하는 직경 중 입자상 물질의 끝과 끝을 연결한 선 중 가장 긴 선을 직경으로 하는 것은 무엇인가?

 17년 1회

Feret Diameter(휘렛 직경)

필답형 기출문제 2012 * 4

01
해륙풍, 산곡풍, 경도풍에 대해서 서술하시오. (단, 정의, 특성, 밤과 낮일 때 차이를 구분해서 서술할 것)

 09년 2회 | 15년 2회 | 20년 5회

- 해륙풍 : 바다와 육지의 비열차에 의하여 부는 바람으로 낮에는 바다가 육지에 비해 비열이 높아 온도 상승이 적어 해풍이 불며, 밤에는 바다가 육지에 비해 온도 저하가 적어 육풍이 분다.
- 산곡풍 : 낮에는 일사량이 곡보다 산이 많아 산이 저기압이 되어 곡풍이 불며, 밤에는 산의 냉각으로 고기압이 되어 산풍이 분다.
- 경도풍 : 등압선이 곡선일 때 기압경도력과 전향력, 원심력이 평형을 이루어 부는 바람이다.

02
환경정책기본법상 환경기준에 대한 수치를 적으시오.

항목	기준
이산화질소 (NO₂)	연간 평균치 : ( )ppm 이하
	24시간 평균치 : ( )ppm 이하
	1시간 평균치 : ( )ppm 이하
오존 (O₃)	8시간 평균치 : ( )ppm 이하
	1시간 평균치 : ( )ppm 이하
일산화탄소 (CO)	8시간 평균치 : ( )ppm 이하
	1시간 평균치 : ( )ppm 이하

 10년 4회 | 13년 4회 | 14년 2회 | 17년 1회 | 17년 2회 | 18년 4회 | 20년 1회 | 22년 4회

항목	기준
이산화질소 (NO₂)	연간 평균치 : (0.03)ppm 이하
	24시간 평균치 : (0.06)ppm 이하
	1시간 평균치 : (0.10)ppm 이하
오존 (O₃)	8시간 평균치 : (0.06)ppm 이하
	1시간 평균치 : (0.1)ppm 이하
일산화탄소 (CO)	8시간 평균치 : (9)ppm 이하
	1시간 평균치 : (25)ppm 이하

03

다중이용시설 등의 실내공기질 관리법규상 다음 항목에 대한 알맞은 신축 공동주택의 실내공기질 권고기준을 적으시오.

항목	기준
폼알데하이드	(㉠)$\mu g/m^3$ 이하
에틸벤젠	(㉡)$\mu g/m^3$ 이하
벤젠	(㉢)$\mu g/m^3$ 이하

㉠ 210, ㉡ 360, ㉢ 30

04

중력집진장치를 사용하여 72m³/min로 유입되는 가스를 처리하고자 한다. 단수는 30, 폭과 높이는 2m일 경우의 레이놀즈 수를 구한 후 흐름상태를 구분하시오. (단, 점도는 2.0×10^{-5} kg/m·sec, 밀도는 1.0kg/m³)

빈출 체크 20년 5회

[식] $Re = \dfrac{D \cdot V \cdot \rho}{\mu}$

[풀이] ※ MKS 단위로 통일

① $V = \dfrac{Q}{A} = \dfrac{72m^3}{min} \Big| \dfrac{1}{2m \times 2m} \Big| \dfrac{min}{60sec} = 0.3 m/sec$

② $D_o = \dfrac{2HW}{H+W} = \dfrac{2 \times \dfrac{2}{30} \times 2}{\dfrac{2}{30}+2} = 0.1290 m$

③ $Re = \dfrac{0.1290 \times 0.3 \times 1}{2.0 \times 10^{-5}} = 1,935$, **층류**

[답] ∴ Re = 1,935, **층류**

05

충전탑을 이용하여 80ppm의 HCl을 처리하고자 한다. 충전탑의 높이가 4m, 기상 총괄이동 단위높이가 0.6m인 경우 유출되는 HCl의 농도(mg/m³)를 구하시오.

[식] $C_o = C_i \times (1-\eta)$

[풀이]

① $H = H_{OG} \times \ln\left(\dfrac{1}{1-\eta}\right) \rightarrow 4 = 0.6 \times \ln\left(\dfrac{1}{1-\eta}\right)$

   $\eta = 0.9987$

② $C_o = 80 \times (1-0.9987) = 0.104$ ppm

③ 0.104 ppm $= \dfrac{0.104 mL}{m^3} \Big| \dfrac{36.5 mg}{22.4 mL} = 0.1694 mg/m^3$

[답] ∴ 유출되는 HCl의 농도 = 0.17mg/m³

06

지표면 근처의 CO_2 농도를 측정하였더니 평균 350ppm이었다. 지구의 반지름이 6,380km라고 한다면 지표면과 지표면으로부터 150m 상공 사이에 존재하는 이산화탄소의 양(ton)을 계산하시오.
(단, 표준상태, 유효숫자 세자리)

빈출체크 06년 2회 | 09년 2회 | 20년 2회

[식] CO_2 양 = CO_2 농도 × 체적

[풀이]
① 체적 = 150m를 포함한 구의 부피 − 지구의 부피
$$= \frac{\pi \times (12,760,300\mathrm{m})^3}{6} - \frac{\pi \times (12,760,000\mathrm{m})^3}{6}$$
$$= 7.6728 \times 10^{16} \mathrm{m}^3$$

② CO_2 양 $= \dfrac{350\mathrm{mL}}{\mathrm{m}^3} \Big| \dfrac{7.6728 \times 10^{16}\mathrm{m}^3}{} \Big| \dfrac{44\mathrm{mg}}{22.4\mathrm{mL}} \Big| \dfrac{\mathrm{ton}}{10^9 \mathrm{mg}}$
$= 5.2751 \times 10^{10} \mathrm{ton}$

[답] ∴ CO_2 양 $= 5.28 \times 10^{10}$ ton

07

오염가스가 5,000m³/hr로 배출되고 있다. 오염가스 중 HF의 농도는 60ppm이며 이를 수산화칼슘용액으로 침전제거하려고 할 때 5일 동안 사용한 수산화칼슘의 양(kg)을 계산하시오. (단, HF는 90%가 물에 흡수, 하루 10시간 운전)

[풀이]
⟨반응식⟩　2HF　+　Ca(OH)$_2$　→　CaF$_2$ + 2H$_2$O
　　　　　$2 \times 22.4\mathrm{m}^3$　:　74kg
　　　　　HF 흡수량　:　X

HF 흡수량 $= \dfrac{5,000\mathrm{m}^3}{\mathrm{hr}} \Big| \dfrac{60\mathrm{mL}}{\mathrm{m}^3} \Big| \dfrac{\mathrm{m}^3}{10^6 \mathrm{mL}} \Big| \dfrac{10\mathrm{hr}}{\mathrm{day}} \Big| \dfrac{5\mathrm{day}}{} \Big| \dfrac{90}{100}$
$= 13.5\mathrm{m}^3$

$X = \dfrac{74 \times 13.5}{2 \times 22.4} = 22.2991\mathrm{kg}$

[답] ∴ 수산화칼슘의 양 = 22.30kg

08

배출가스 중 가스상 물질 시료채취방법 중 시료채취관 재질의 고려사항 3가지와 폼알데하이드 여과재 2가지를 서술하시오.

빈출체크 07년 2회 | 20년 1회

가. 시료채취관 재질의 고려사항
- 화학반응이나 흡착작용 등으로 배출가스의 분석결과에 영향을 주지 않는 것
- 배출가스 중의 부식성 성분에 의하여 잘 부식되지 않는 것
- 배출가스의 온도, 유속 등에 견딜 수 있는 충분한 기계적 강도를 갖는 것

나. 폼알데하이드 여과재
- 알칼리 성분이 없는 유리솜 또는 실리카솜
- 소결유리

09

1m의 직경을 갖는 원심력 집진장치에서 3m³/sec의 가스(1atm, 320K)를 처리하고자 한다. 이때 처리 입자의 밀도는 1.6g/cm³, 점도는 1.85× 10⁻⁵kg/m·sec라고 할 때 다음의 조건을 구하시오. (단, 입구 높이 = 0.5m, 입구 폭 = 0.25m, 유효회전수 = 4, 공기밀도 1.3kg/m³)

가. 유입속도(m/sec)

나. 절단입경(μm)

빈출체크 07년 4회 | 10년 4회 | 11년 2회 | 15년 2회 | 18년 4회

가. 유입속도

[식] $V = \dfrac{Q}{A}$

[풀이] $V = \dfrac{3}{0.5 \times 0.25} = 24\text{m/sec}$

[답] ∴ 유입속도 = 24m/sec

나. 절단입경

[식] $d_{p.50}(\mu m) = \sqrt{\dfrac{9 \cdot \mu \cdot B}{2 \cdot \pi \cdot N_e \cdot V \cdot (\rho_p - \rho)}} \times 10^6$

[풀이] ※ MKS 단위로 통일

① $\rho_p = \dfrac{1.6\text{g}}{\text{cm}^3} \Big| \dfrac{\text{kg}}{10^3\text{g}} \Big| \dfrac{10^6 \text{cm}^3}{\text{m}^3} = 1{,}600\text{kg/m}^3$

② $d_{p.50}(\mu m) = \sqrt{\dfrac{9 \times 1.85 \times 10^{-5} \times 0.25}{2\pi \times 4 \times 24 \times (1{,}600 - 1.3)}} \times 10^6$

$= 6.5700 \mu m$

[답] ∴ 절단입경 = 6.57 μm

10

40μm의 분진의 침강속도가 1.5m/sec일 경우 20μm의 분진을 중력 집진장치로 100% 처리한다면 침강실의 높이(m)는 얼마로 해야 하는가? (단, 중력 집진장치 침강실의 길이는 8m, 유입속도는 2m/sec, 층류)

빈출체크 21년 4회

[식] $\eta_d = \dfrac{V_g \cdot L}{V \cdot H}$

[풀이]

① 침강속도는 입경의 제곱에 비례하므로

1.5m/sec : (40μm)² = X : (20μm)²

$X = \dfrac{1.5 \times (20)^2}{(40)^2} = 0.375\text{m/sec}$

② $H = \dfrac{V_g \cdot L}{V \cdot \eta_d} = \dfrac{0.375 \times 8}{2 \times 1} = 1.5\text{m}$

[답] ∴ 침강실의 높이 = 1.5m

11

전기집진장치의 집진효율을 증가시키는 방법 6가지를 서술하시오.

빈출체크 16년 4회 | 18년 4회 | 20년 5회

• 비저항 값을 $10^4 \sim 10^{11} \Omega \cdot \text{cm}$로 운영한다.
• 처리가스의 온도를 150℃ 이하 혹은 250℃ 이상으로 한다.
• 처리가스의 수분 함량을 증가시킨다.
• 연료의 황 성분 함량을 높인다.
• 인가전압을 높인다.
• 집진판의 면적을 넓게 한다.
• 입자의 이동속도를 빠르게 한다.

필답형 기출문제 2013 * 1

01

처리가스의 먼지농도가 2,000mg/Sm³인 것을 3개의 집진장치를 직렬로 연결하여 처리하고자 한다. 각각의 집진율은 70%, 50%, 80%라 할 때 배출되는 먼지농도(mg/Sm³)를 계산하시오.

빈출 체크 18년 1회 | 20년 5회

[식] $C_o = C_i \times (1 - \eta_T)$

[풀이] ① $\eta_T = 1 - (1-\eta_1)(1-\eta_2)(1-\eta_3)$
$= 1 - (1-0.7)(1-0.5)(1-0.8)$
$= 0.97$

② $C_o = 2,000 \times (1 - 0.97) = 60\,mg/Sm^3$

[답] ∴ 배출 먼지농도 = 60mg/Sm³

02

용량비로 CO 45%, H₂ 55%인 기체 혼합물이 있다. 다음 물음에 답하시오.

가. CO와 H₂의 중량비(%)
나. 기체 혼합물의 평균분자량(g)

빈출 체크 18년 2회

가. CO와 H₂의 중량비

[풀이]

① $CO(\%) = \dfrac{CO}{CO + H_2} \times 100$
$= \dfrac{28 \times 0.45}{28 \times 0.45 + 2 \times 0.55} \times 100 = 91.9708\%$

② $H_2(\%) = \dfrac{H_2}{CO + H_2} \times 100$
$= \dfrac{2 \times 0.55}{28 \times 0.45 + 2 \times 0.55} \times 100 = 8.0292\%$

[답] ∴ CO(%) = 91.97%, H₂(%) = 8.03%

나. 기체 혼합물의 평균분자량

[풀이] $M_w = 28 \times 0.45 + 2 \times 0.55 = 13.7g$

[답] ∴ $M_w = 13.7g$

03

입구 유속이 20m/sec, 흡인 정압 60mmH₂O, 출구 정압 32mmH₂O인 송풍기의 유출 정압(kg_f/cm²)을 계산하시오.

빈출 체크 16년 2회

[식] 유출 정압 = 흡인 정압 + 출구 정압 - 입구 동압

[풀이]

① 입구 동압 $= \dfrac{\gamma \cdot V^2}{2g} = \dfrac{1.3 \times 20^2}{2 \times 9.8} = 26.5306\,\text{mmH}_2\text{O}$

② 유출 정압 $= 60 + 32 - 26.5306 = 65.4694\,\text{mmH}_2\text{O}$

③ 단위 환산

$\rightarrow \dfrac{65.4694\,\text{mmH}_2\text{O}}{} \Big| \dfrac{\text{kg}_f/\text{m}^2}{\text{mmH}_2\text{O}} \Big| \dfrac{(1\text{m})^2}{(100\text{cm})^2}$

$= 6.5469 \times 10^{-3}\,\text{kg}_f/\text{cm}^2$

[답] ∴ 송풍기의 유출 정압 $= 6.55 \times 10^{-3}\,\text{kg}_f/\text{cm}^2$

04

70%의 효율을 갖는 송풍기를 이용하여 72,000m³/hr의 가스를 처리하려고 한다. 배출원에서 송풍기까지의 압력손실을 150mmH₂O라 할 때 송풍기의 소요동력(kW)을 계산하시오.

빈출 체크 20년 2회

[식] $P(\text{kW}) = \dfrac{\Delta P \cdot Q}{102 \cdot \eta} \times \alpha$

[풀이]

① $Q = \dfrac{72{,}000\,\text{m}^3}{\text{hr}} \Big| \dfrac{\text{hr}}{3{,}600\,\text{sec}} = 20\,\text{m}^3/\text{sec}$

② $P = \dfrac{150 \times 20}{102 \times 0.7} = 42.0168\,\text{kW}$

[답] ∴ 송풍기의 소요동력 = 42.02kW

05

평판형 전기집진기의 집진극 전압이 60kV, 집진판 간격은 30cm이다. 가스속도는 1.0m/sec, 입자 직경 0.5㎛일 때 입자의 이동속도는 $W_e = \dfrac{1.1 \times 10^{-14} \cdot P \cdot E^2 \cdot d_p}{\mu}$ 를 이용하여 계산한다.

이때, 효율이 100%가 되는 집진극의 길이(m)를 구하시오.
(단, P = 2, μ = 8.63 ×10⁻²kg/m·hr)

빈출 체크 06년 2회 | 11년 2회 | 15년 4회 | 18년 2회 | 20년 4회

[식] $L = \dfrac{R \cdot V}{W_e}$

[풀이]

① $E = \dfrac{60 \times 10^3\,\text{V}}{0.15\,\text{m}} = 400{,}000\,\text{V/m}$

② W_e

$= \dfrac{1.1 \times 10^{-14} \times 2 \times 400{,}000^2 \times 0.5}{8.63 \times 10^{-2}} = 0.0204\,\text{m/sec}$

③ $L = \dfrac{0.15 \times 1}{0.0204} = 7.3529\,\text{m}$

[답] ∴ 집진극의 길이 = 7.35m

06

굴뚝 배기량이 $10^4 m^3/hr$이고 HCl 농도가 60ppm일 때 $10^3 m^3$의 물을 순환 사용하는 수세탑을 설치하여 1일 5시간씩 4일간 운영하였을 때 순환수의 pH를 구하시오. (단, 물의 증발 손실은 없으며 제거율은 100%이다)

빈출체크 06년 4회

[식] $pH = \log \dfrac{1}{[H^+]}$

[풀이]

① $N(eq/L) = \dfrac{\text{흡수 HCl 당량}}{\text{용액}}$

② 흡수 HCl 당량
$= \dfrac{60mL}{m^3} \mid \dfrac{eq}{22.4L} \mid \dfrac{L}{10^3 mL} \mid \dfrac{10^4 m^3}{hr} \mid \dfrac{5hr}{day} \mid \dfrac{4day}{}$
$= 535.7143 eq$

③ 용액 $= \dfrac{10^3 m^3}{} \mid \dfrac{10^3 L}{m^3} = 10^6 L$

④ $N = \dfrac{535.7143}{10^6} = 5.3571 \times 10^{-4}$

⑤ $pH = \log \dfrac{1}{5.3571 \times 10^{-4}} = 3.2711$

[답] ∴ pH = 3.27

07

A소각로에서 발생하는 다이옥신을 측정한 결과 17%의 산소농도에서 다음과 같은 결과를 얻었다. 다이옥신의 농도를 산소농도 10%로 환산하여 독성등가인자를 고려하여 계산하시오. (단, 소수점 세 번째 자리까지)

다이옥신의 종류	독성등가 환산계수	농도
T_4CDD	1.0	$0.1 ng/Sm^3$
T_4CDF	0.5	$0.2 ng/Sm^3$
P_5CDD	0.5	$0.5 ng/Sm^3$
O_8CDD	0.001	$12 ng/Sm^3$
O_8CDF	0.001	$2 ng/Sm^3$

빈출체크 07년 4회 | 17년 4회

[식] $TEQ = \sum(TEF \times \text{치환이성체의 농도})$

[풀이]

① $TEQ = 1 \times 0.1 + 0.5 \times 0.2 + 0.5 \times 0.5 + 0.001 \times 12 + 0.001 \times 2 = 0.464 ng/Sm^3$

② 농도보정 → $C = 0.464 \times \dfrac{21-10}{21-17} = 1.276 ng/Sm^3$

[답] ∴ 다이옥신 농도 = $1.276 ng/Sm^3$

08

대기오염물질 입자상물질의 농도를 측정하고자 흡습관법, 경사 마노미터, 피토우관, 건식가스미터를 이용하여 다음의 값을 얻었다. 다음 물음에 답하시오.

[조건]
- 시료채취 흡인가스량 : 20L
- 흡습 수분의 질량 : 2.0g
- 배출가스의 밀도 : 1.3kg/m³
- 포집 먼지의 질량 : 2.4mg
- 가스미터 흡인가스차압 : 13.6mmH₂O
- 가스미터 흡인가스온도 : 17℃
- 측정 대기압 : 762mmHg
- 피토우관 계수 : 1.1
- 경사 마노미터(경사각 30°)에서의 차압 눈금값 : 6mm

가. 배출가스 중의 수분농도(%)
나. 배출가스의 유속(m/sec)
다. 배출가스 중 먼지농도(mg/Sm³)

가. 배출가스 중의 수분농도

[식] $X_w = \dfrac{\dfrac{22.4}{18}m_a}{V_m + \dfrac{22.4}{18}m_a} \times 100$

[풀이]
① $V_m = \dfrac{20L \mid 273 \mid 762+1}{\mid 273+17 \mid 760} = 18.9019SL$

② $X_w = \dfrac{\dfrac{22.4}{18} \times 2.0}{18.9019 + \dfrac{22.4}{18} \times 2.0} \times 100 = 11.6353\%$

[답] ∴ 배출가스 중의 수분농도 = 11.64%

나. 배출가스의 유속

[식] $\overline{V} = C\sqrt{\dfrac{2gh}{\gamma}}$

[풀이]
① $h = \gamma \cdot L \cdot \sin\theta = 1 \times 6 \times \sin 30° = 3mmH_2O$

② $\overline{V} = 1.1\sqrt{\dfrac{2 \times 9.8 \times 3}{1.3}} = 7.3979 m/sec$

[답] ∴ 배출가스의 유속 = 7.40m/sec

다. 배출가스 중 먼지농도
[풀이]
① $V_m = \dfrac{20L \mid 273 \mid 762+1}{\mid 273+17 \mid 760} = 18.9019SL$

② $C = \dfrac{2.4mg \mid 10^3 L}{18.9019L \mid m^3} = 126.9713 mg/Sm^3$

[답] ∴ 먼지농도 = 126.97mg/Sm³

09

아래의 빈칸에 알맞은 것을 적으시오.

- 방울수라 함은 (㉠)℃에서 정제수 (㉡)방울을 떨어뜨릴 때 그 부피가 약 1mL가 되는 것을 뜻한다.
- (㉢)라 함은 물질을 취급 또는 보관하는 동안 기체 또는 미생물이 침입하지 않도록 내용물을 보호하는 용기를 뜻한다.
- 상온은 (㉣)℃, 실온은 1~35℃, 찬곳은 따로 규정이 없는 한 (㉤)℃의 곳을 말한다.

㉠ 20
㉡ 20
㉢ 밀봉용기
㉣ 15~25
㉤ 0~15

10

다음 물음에 답하시오.

가. Coh의 정의

나. Coh 공식

 20년 1회

가. 빛 전달률을 측정했을 때 광화학적 밀도가 0.01이 되도록 하는 여과지 상의 빛을 분산시키는 고형물질의 양

나. $\text{Coh} = \dfrac{\text{OD}}{0.01} = \dfrac{\log \dfrac{1}{I_t/I_o}}{0.01} = 100 \log \dfrac{1}{I_t/I_o}$

- Coh : 광화학적 밀도(OD)를 0.01로 나눈 값
- OD : 광화학적 밀도(Optical Density)로 불투명도의 log 값
- I_t : 투과광의 강도
- I_o : 입사광의 강도
- I_t/I_o : 빛 전달률(투과도=T)

11

실내공기질 관리법상 다중이용시설 중 전시시설에 대한 실내공기질 유지기준을 적으시오.

항목	기준
PM-10	( )μg/m³ 이하
PM-2.5	( )μg/m³ 이하
이산화탄소	( )ppm 이하
폼알데하이드	( )μg/m³ 이하
일산화탄소	( )ppm 이하

항목	기준
PM-10	(100)μg/m³ 이하
PM-2.5	(50)μg/m³ 이하
이산화탄소	(1,000)ppm 이하
폼알데하이드	(100)μg/m³ 이하
일산화탄소	(10)ppm 이하

필답형 기출문제 — 2013 * 2

01

가솔린에 소량 함유된 벤젠의 AFR(무게기준)을 계산하시오.

[식] $AFR_m = \dfrac{M_A \times m_a}{M_F \times m_f}$

[풀이]
⟨반응식⟩ $C_6H_6 + 7.5O_2 \rightarrow 6CO_2 + 3H_2O$

$AFR_m = \dfrac{7.5 \times 32 \div 0.232}{78 \times 1} = 13.2626$

[답] ∴ $AFR_m = 13.26$

02

유입구의 폭이 15.0cm이고 유효회전수가 6인 원심분리기에 입자 밀도가 1.6g/cm³인 배기가스가 15.0m/sec의 속도로 유입된다. 이때 절단입경(μm)을 계산하시오. (단, 공기밀도는 무시, 가스의 점성도는 300K에서 0.0648kg/m·hr)

빈출 체크 09년 1회 | 19년 4회 | 20년 4회

[식] $d_{p.50}(\mu m) = \sqrt{\dfrac{9 \cdot \mu \cdot B}{2 \cdot \pi \cdot N_e \cdot V \cdot (\rho_p - \rho)}} \times 10^6$

[풀이] ※ MKS 단위로 통일

① $\rho_p = \dfrac{1.6g}{cm^3} \Big| \dfrac{kg}{10^3 g} \Big| \dfrac{10^6 cm^3}{m^3} = 1{,}600 kg/m^3$

② $\mu = \dfrac{0.0648 kg}{m \cdot hr} \Big| \dfrac{hr}{3{,}600 sec} = 1.8 \times 10^{-5} kg/m \cdot sec$

③ $d_{p.50}(\mu m) = \sqrt{\dfrac{9 \times 1.8 \times 10^{-5} \times 0.15}{2\pi \times 6 \times 15 \times (1{,}600 - 0)}} \times 10^6$
$= 5.1824 \mu m$

[답] ∴ 절단입경 = $5.18 \mu m$

03

면적 1.5m²인 여과집진장치로 먼지농도가 1.5g/m³인 배기가스가 100m³/min으로 통과하고 있다. 먼지가 모두 여과포에서 제거되었으며, 집진된 먼지층의 밀도가 1g/cm³라면 1시간 후 여과된 먼지층의 두께(mm)는?

빈출 체크 09년 4회 | 22년 2회 | 24년 3회

[식] $D_p = \dfrac{L_d}{\rho_d}$

[풀이]

① $V_f = \dfrac{Q}{A} = \dfrac{100 m^3}{min} \Big| \dfrac{1}{1.5 m^2} \Big| \dfrac{60 min}{hr} = 4{,}000 m/hr$

② $L_d = \dfrac{1.5g}{m^3} \Big| \dfrac{4{,}000m}{hr} \Big| \dfrac{1hr}{} = 6{,}000 g/m^2$

③ $D_p = \dfrac{6{,}000g}{m^2} \Big| \dfrac{cm^3}{1g} \Big| \dfrac{(1m)^3}{(100cm)^3} \Big| \dfrac{10^3 mm}{m} = 6mm$

[답] ∴ 먼지층의 두께 = 6mm

04

유해가스와 물이 일정한 온도에서 평형상태에 있다. 기상의 유해가스의 분압이 38mmHg일 때 수중 유해가스의 농도가 2.5kmol/m³이면 이때 헨리상수(atm·m³/kmol)를 계산하시오.

빈출체크 18년 1회 | 20년 5회

[식] $H = \dfrac{P}{C}$

[풀이] ① $P = \dfrac{38\text{mmHg}}{} \Big| \dfrac{1\text{atm}}{760\text{mmHg}} = 0.05\text{atm}$

② $H = \dfrac{0.05}{2.5} = 0.02\text{atm} \cdot \text{m}^3/\text{kmol}$

[답] ∴ 헨리상수 = 0.02atm·m³/kmol

05

처리가스 500m³/min를 전기집진장치를 이용하여 처리하고자 한다. 반경 12cm, 길이 15m인 집진극이 24개 존재할 때 먼지입자의 겉보기 이동속도(m/sec)를 계산하시오. (단, 유입 농도 10g/m³, 유출 농도 0.1g/m³)

빈출체크 20년 1회

[식] $\eta = 1 - e^{-\dfrac{A \cdot W_e}{Q}}$

[풀이]

① $\eta = \left(1 - \dfrac{C_o}{C_i}\right) = \left(1 - \dfrac{0.1}{10}\right) = 0.99$

② $Q = \dfrac{500\text{m}^3}{\text{min}} \Big| \dfrac{\text{min}}{60\text{sec}} = 8.3333\text{m}^3/\text{sec}$

③ $A = \pi \times 0.24 \times 15 \times 24 = 271.4336\text{m}^2$

④ $0.99 = 1 - e^{-\dfrac{271.4336 \cdot W_e}{8.3333}}$, $W_e = 0.1414\text{m/sec}$

[답] ∴ 겉보기 이동속도 = 0.14m/sec

06

연료를 완전연소했을 때 발생되는 습연소 가스량이 16.5Sm³/kg이었다. 이때, 공기비(m)를 계산하시오. (단, 연료의 A_o = 11.5Sm³/kg, G_{ow} = 12.3Sm³/kg)

[식] $G_w = (m - 0.21)A_o + $ 산화생성물

[풀이]

① $G_{ow} = (1 - 0.21)A_o + $ 산화생성물

12.3 = (1 − 0.21) × 11.5 + 산화생성물

→ 산화생성물 = 3.215Sm³/kg

② 16.5 = (m − 0.21) × 11.5 + 3.215 → m = 1.3652

[답] ∴ 공기비 = 1.37

07

파장이 5,240 Å 인 빛 속에서 상대습도가 70% 이하인 경우 밀도가 1,700mg/cm³이고, 직경이 0.4㎛인 기름방울의 분산면적비(K)가 4.5일 때 먼지의 농도가 0.4mg/m³이라면 가시거리(m)는 얼마인지 계산하시오.

[식] $L = \dfrac{5.2 \cdot \rho \cdot r}{K \cdot C}$

[풀이] $L = \dfrac{5.2 \times 1,700 \times 0.2}{4.5 \times 0.4} = 982.2222\text{m}$

[답] ∴ 가시거리 = 982.22m

08

대기오염물질의 농도를 추정하기 위한 상자모델 이론을 적용하기 위한 가정조건을 4가지만 서술하시오.

16년 1회 | 21년 1회 | 24년 3회

- 오염물질의 분해가 있는 경우는 1차 반응에 의한다.
- 오염물질의 배출원이 지면 전역에 균등히 분포한다.
- 고려되는 공간에서 오염물질의 농도는 균일하다.
- 상자 안에서는 밑면에서 방출되는 오염물질이 상자 높이인 혼합층까지 즉시 균등하게 혼합된다.
- 고려되는 공간의 수직단면에 직각방향으로 부는 바람의 속도가 일정하여 환기량이 일정하다.
- 배출된 오염물질은 다른 물질로 변하지도 않고 지면에 흡수되지 않는다.

09

온실가스 감축을 위한 교토메커니즘의 주요 제도 3가지를 적으시오.

17년 4회

- 배출권 거래제도
- 공동이행제도
- 청정개발체제

10

배출가스 중 다이옥신을 가스크로마토그래프/질량분석계(GC/MS)로 분석하고자 한다. 이때 GC/MS에 주입하기 전에 첨가하는 실린지 첨가용 내부표준물질 2가지를 서술하시오.

17년 4회

- ^{13}C-1,2,3,4-TeCDD
- ^{13}C-1,2,3,7,8,9-HxCDD

11

다음의 용어를 설명하시오.

가. 알베도
나. 비인의 변위법칙

가. 지표면에 처음 도달하는 복사에너지의 양과 반사되는 복사 에너지의 비율이다.
나. 흑체 표면의 온도(K)는 에너지 밀도가 높은 파장과 반비례한다.

필답형 기출문제 2013 * 4

01

처리가스량이 5m³/sec인 전기집진장치를 설계하고자 한다. 입자의 이동속도(W_e)는 $1.5 \times 10^5 d_p$라면 입경(d_p)이 0.7㎛인 입자를 95% 제거하는데 필요한 면적(m²)을 계산하시오. (단, W_e의 단위는 m/sec, d_p의 단위는 m)

[식] $\eta = 1 - e^{-\frac{A \cdot W_e}{Q}}$

[풀이]

① $W_e = \frac{1.5 \times 10^5}{1} \Big| \frac{0.7㎛}{1} \Big| \frac{m}{10^6㎛} = 0.105 \, m/sec$

② A에 대한 식으로 정리

$A = -\frac{Q}{W_e} \ln(1-\eta) = -\frac{5}{0.105} \ln(1-0.95) = 142.6539 \, m^2$

[답] ∴ 필요한 면적 = 142.65 m²

02

굴뚝 배기량이 400m³/hr이고 HCl 농도가 120ppm일 때 8m³의 물을 순환 사용하는 수세탑을 설치하여 6시간 운영하였을 때 순환수의 pH를 구하시오. (단, 물의 증발 손실은 없으며 제거율은 80%)

[식] $pH = \log \frac{1}{[H^+]}$

[풀이]

① $N(eq/L) = \frac{흡수 \, HCl \, 당량}{용액}$

② 흡수 HCl 당량

$= \frac{120mL}{m^3} \Big| \frac{eq}{22.4L} \Big| \frac{L}{10^3 mL} \Big| \frac{400m^3}{hr} \Big| \frac{6hr}{1} \Big| \frac{80}{100}$

$= 10.2857 \, eq$

③ 용액 $= \frac{8m^3}{1} \Big| \frac{10^3 L}{m^3} = 8,000 \, L$

④ $N = \frac{10.2857}{8,000} = 1.2857 \times 10^{-3}$

⑤ $pH = \log \frac{1}{1.2857 \times 10^{-3}} = 2.8909$

[답] ∴ pH = 2.89

03

$4\mu m$의 직경을 갖는 구형입자의 비표면적(m^2/kg)과 질량이 1kg일 경우 입자의 개수를 구하시오. (단, 입자의 밀도는 1.4g/cm³)

가. 비표면적(m^2/kg)
나. 입자의 개수(단, 유효숫자 세자리)

빈출체크 07년 2회 | 16년 4회

가. 비표면적

[식] $S_v = \dfrac{6}{d_s \times \rho}$

[풀이]

① $d_s = \dfrac{4\mu m}{} \Big| \dfrac{m}{10^6 \mu m} = 4 \times 10^{-6} m$

② $\rho = \dfrac{1.4g}{cm^3} \Big| \dfrac{10^6 cm^3}{m^3} \Big| \dfrac{kg}{10^3 g} = 1,400 kg/m^3$

③ $S_v = \dfrac{6}{4 \times 10^{-6} \times 1,400} = 1,071.4286 m^2/kg$

[답] ∴ 비표면적 = 1,071.43 m^2/kg

나. 입자의 개수

[식] $n = \dfrac{m}{\rho \cdot V}$

[풀이]

① $V = \dfrac{\pi D^3}{6} = \dfrac{\pi \times (4 \times 10^{-6})^3}{6} = 3.351 \times 10^{-17} m^3$

② $n = \dfrac{1}{1,400 \times 3.351 \times 10^{-17}} = 2.1316 \times 10^{13}$

[답] ∴ 입자의 개수 = 2.13×10^{13}개

04

Bag filter에서 먼지부하가 360g/m^2일 때마다 부착먼지를 간헐적으로 탈락시키고자 한다. 유입가스 중의 먼지농도가 10g/m^3이고, 겉보기 여과속도가 1cm/sec일 때 부착먼지의 탈락시간 간격(sec)을 구하시오. (단, 집진율은 98.5%이다)

빈출체크 15년 2회 | 17년 2회 | 20년 1회

[식] $L_d = C_i \cdot V_f \cdot t \cdot \eta$

[풀이]

① $V_f = \dfrac{1cm}{sec} \Big| \dfrac{m}{100cm} = 0.01 m/sec$

② $t = \dfrac{L_d}{C_i \cdot V_f \cdot \eta} = \dfrac{360}{10 \times 0.01 \times 0.985} = 3,654.8223 sec$

[답] ∴ 탈락시간 간격 = 3,654.82sec

05

중유조성이 탄소 86.6%, 수소 4%, 황 1.4%, 산소 8%이었다면 이 중유연소에 필요한 이론 산소량(Sm^3/kg), 이론 습연소 가스량(Sm^3/kg)을 계산하시오.

가. 이론 산소량(Sm^3/kg)

나. 이론 습연소 가스량(Sm^3/kg)

 20년 1회 | 24년 2회

가. 이론 산소량

[풀이]

⟨반응식⟩   C   + O_2 → CO_2
              12kg   : $22.4Sm^3$: $22.4Sm^3$
              0.866kg/kg   :   X   : CO_2 발생량

$$X = \frac{0.866 \times 22.4}{12} = 1.6165 Sm^3/kg$$

⟨반응식⟩ H_2 + $0.5O_2$ → H_2O
              2kg   : $0.5 \times 22.4 Sm^3$: $22.4Sm^3$
              0.04kg/kg   :   Y   : H_2O 발생량

$$Y = \frac{0.04 \times 0.5 \times 22.4}{2} = 0.224 Sm^3/kg$$

⟨반응식⟩   S   + O_2 → SO_2
              32kg   : $22.4Sm^3$: $22.4Sm^3$
              0.014kg/kg   :   Z   : SO_2 발생량

$$Z = \frac{0.014 \times 22.4}{32} = 0.0098 Sm^3/kg$$

$O_o = 1.6165 + 0.224 + 0.0098 - 0.056 = 1.7943 Sm^3/kg$

※ 연료에 포함된 산소는 이론산소량에서 빼준다.

$$O_2 = \frac{0.08 \times 22.4}{32} = 0.056 Sm^3/kg$$

[답] ∴ 이론 산소량 = $1.79 Sm^3/kg$

나. 이론 습연소 가스량

[식] $G_{ow} = (1 - 0.21)A_o + CO_2 + H_2O + SO_2$

[풀이]

① $A_o = O_o \div 0.21 = 1.79 \div 0.21 = 8.5238 Sm^3/kg$

② $G_{ow} = (1 - 0.21) \times 8.5238 + 1.6165 + 0.448 + 0.0098$
       $= 8.8081 Sm^3/kg$

[답] ∴ 이론 습연소 가스량 = $8.81 Sm^3/kg$

06

개구면적이 $0.5m^2$인 외부식 장방형 후드의 포집량(m^3/sec)을 구하시오. (단, 후드 개구면에서 포착점까지의 거리는 0.4m, 포착속도는 0.25m/sec)

 16년 2회

[식] $Q_c = (10X^2 + A) \times V_c$

[풀이] $Q_c = (10 \times 0.4^2 + 0.5) \times 0.25 = 0.525 m^3/sec$

[답] ∴ 후드의 포집량 = $0.53 m^3/sec$

07

Heptane과 Toluene 혼합물의 TLV(ppm)를 계산하시오.

구분	농도	TLV
Heptane	50%	420ppm
Toluene	50%	120ppm

[식] $TLV = \dfrac{1}{\sum_{k=1}^{n}\left(\dfrac{f_k}{TLV_k}\right)}$

[풀이] $TLV = \dfrac{1}{\dfrac{0.5}{420} + \dfrac{0.5}{120}} = 186.6667\,ppm$

[답] ∴ TLV = 186.67ppm

08

전기집진장치로 분진을 집진할 경우 작용하는 집진원리 4가지를 서술하시오.

빈출체크 19년 4회 | 23년 1회

- 전기풍에 의한 힘
- 입자간의 흡입력
- 대전입자의 하전에 의한 쿨롱력
- 전계강도의 힘

09

전기집진장치는 비저항 값에 영향을 많이 받는다. 정상상태로 운영하기 위해서는 비저항값을 $10^4 \sim 10^{10}\,\Omega \cdot cm$을 유지해야 하는데 $10^4\,\Omega \cdot cm$ 이하일 경우와 $10^{11}\,\Omega \cdot cm$ 이상인 경우 발생되는 현상을 적으시오.

- $10^4\,\Omega \cdot cm$ 이하 : 재비산 현상
- $10^{11}\,\Omega \cdot cm$ 이상 : 역전리 현상

10

환경정책기본법상 환경기준에 대한 수치를 적으시오.

항목	기준	
이산화질소 (NO₂)	연간 평균치 : ( )ppm 이하	
	24시간 평균치 : ( )ppm 이하	
	1시간 평균치 : ( )ppm 이하	
오존 (O₃)	8시간 평균치 : ( )ppm 이하	
	1시간 평균치 : ( )ppm 이하	
일산화탄소 (CO)	8시간 평균치 : ( )ppm 이하	
	1시간 평균치 : ( )ppm 이하	

빈출체크 10년 4회 | 12년 4회 | 14년 2회 | 17년 1회 | 17년 2회 18년 4회 | 20년 1회 | 22년 4회

항목	기준
이산화질소 (NO₂)	연간 평균치 : (0.03)ppm 이하
	24시간 평균치 : (0.06)ppm 이하
	1시간 평균치 : (0.10)ppm 이하
오존 (O₃)	8시간 평균치 : (0.06)ppm 이하
	1시간 평균치 : (0.1)ppm 이하
일산화탄소 (CO)	8시간 평균치 : (9)ppm 이하
	1시간 평균치 : (25)ppm 이하

11

다음 물음에 답하시오.

가. 액분산형 흡수장치 3가지를 적으시오.

나. Hold-up, Loading Point, Flooding Point에 대해 서술하시오.

 20년 5회

가. 벤츄리 스크러버, 사이클론 스크러버, 제트 스크러버, 충전탑, 분무탑

나. • Hold-up : 충전층 내 액 보유량
 • Loading Point : Hold up의 증가로 급격한 압력 변화가 생기는 점
 • Flooding Point : 가스 속도가 커져 액이 흐르지 않고 넘는 점(향류 조작 불가능)

필답형 기출문제 2014 * 1

01

배기가스가 장변 0.25m, 단변 0.13m인 덕트를 흐를 때 장방형 덕트 16m당 압력손실(mmH₂O)을 계산하시오. (단, 마찰계수(f) : 0.004, 동압 : 14mmH₂O)

[식] $\Delta P = f \times \dfrac{L}{D_o} \times \dfrac{\gamma \cdot V^2}{2g}$

[풀이]

① $D_o = \dfrac{2ab}{a+b} = \dfrac{2 \times 0.25 \times 0.13}{0.25 + 0.13} = 0.1711\,\text{m}$

② $\Delta P = 0.004 \times \dfrac{16}{0.1711} \times 14 = 5.2367\,\text{mmH}_2\text{O}$

[답] ∴ 압력손실 = 5.24mmH₂O

02

연돌을 거치지 않고 외부로 비산되는 먼지를 측정하려고 한다. 다음 조건을 이용하여 비산 먼지의 농도($\mu g/m^3$)를 계산하시오.

[조건]
- 최대 먼지농도 : 6.83mg/m³
- 대조위치 먼지농도 : 0.12mg/m³
- 풍향 보정계수 : 주 풍향 90° 이상 변함
- 풍속 보정계수 : 0.5m/sec 미만 or 10m/sec 이상 되는 시간이 전 채취시간의 50% 미만

빈출 체크 09년 4회 | 18년 4회

[식] $C = (C_H - C_B) \cdot W_D \cdot W_S$

[풀이]

① $C = (6.83 - 0.12) \times 1.5 \times 1.0 = 10.065\,\text{mg/m}^3$

② 단위 환산 → $\dfrac{10.065\,\text{mg}}{\text{m}^3} \Big| \dfrac{10^3 \mu g}{\text{mg}} = 10{,}065\,\mu g/m^3$

[답] ∴ 비산 먼지의 농도 = 10,065 $\mu g/m^3$

03

충전탑 설계를 위한 Pilot plant를 만들어 측정가스를 흡수한 결과가 다음과 같다. 처리효율이 98%가 된다면 충전탑의 높이(m)는 얼마인가?

- 액가스비 : $3L/m^3$
- 공탑 속도 : 1.2m/sec
- 초기 충전층 높이 : 0.7m
- 처리 효율 : 75%
- 충전재 : Berl Saddle

 09년 2회

[식] $H = H_{OG} \times \ln\left(\dfrac{1}{1-\eta}\right)$

[풀이]

① $H_{OG} = \dfrac{H}{\ln\left(\dfrac{1}{1-\eta}\right)} = \dfrac{0.7}{\ln\left(\dfrac{1}{1-0.75}\right)} = 0.5049\text{m}$

② $H = 0.5049 \times \ln\left(\dfrac{1}{1-0.98}\right) = 1.9752\text{m}$

[답] ∴ 충전탑 높이 = 1.98m

04

50mm 직경인 관에 공기가 통과한다. 1atm, 20℃에서 공기의 동점성계수는 $1.5 \times 10^{-5} m^2/sec$, 레이놀즈 수는 30,000이라고 할 때 관로의 풍속(m/sec)을 계산하시오.

[식] $Re = \dfrac{D \cdot V}{\nu}$

[풀이]

① $D = \dfrac{50\text{mm}}{} \Big| \dfrac{\text{m}}{10^3 \text{mm}} = 0.05\text{m}$

② $V = \dfrac{Re \cdot \nu}{D} = \dfrac{30,000 \times 1.5 \times 10^{-5}}{0.05} = 9\text{m/sec}$

[답] ∴ 관로의 풍속 = 9m/sec

05

굴뚝의 배출가스 온도가 207℃에서 107℃로 변화되었을 때 통풍력은 처음의 몇 %로 감소되는지 계산하시오. (단, 대기온도는 27℃, 공기 및 가스밀도는 $1.3kg/Sm^3$)

 19년 1회

[식] $Z = 355 \cdot H \cdot \left(\dfrac{1}{273+t_a} - \dfrac{1}{273+t_g}\right)$

[풀이] $\dfrac{Z_2}{Z_1} = \dfrac{355H\left(\dfrac{1}{273+27} - \dfrac{1}{273+107}\right)}{355H\left(\dfrac{1}{273+27} - \dfrac{1}{273+207}\right)} \times 100$

$= 56.1404\%$

[답] ∴ 56.14% 감소

06

폭 8m, 높이 4m인 중력 집진장치를 이용하여 15m³/sec의 함진가스 중 50㎛ 입자를 100% 처리하고자 할 때 침강실의 길이(m)를 구하시오. (단, 침강속도는 20cm/sec)

[식] $\eta_d = \dfrac{V_g \cdot L}{V \cdot H}$

[풀이] ※ MKS 단위로 통일

① $V_g = \dfrac{20\text{cm}}{\text{sec}} \left| \dfrac{\text{m}}{100\text{cm}} \right. = 0.2\text{m/sec}$

② $V = \dfrac{Q}{A} = \dfrac{15\text{m}^3}{\text{sec}} \left| \dfrac{1}{8\text{m} \times 4\text{m}} \right. = 0.4688\text{m/sec}$

③ $L = \dfrac{\eta_d \cdot V \cdot H}{V_g} = \dfrac{1 \times 0.4688 \times 4}{0.2} = 9.376\text{m}$

[답] ∴ 침강실 길이 = 9.38m

07

공장의 발생가스 중 먼지의 농도는 4.2g/m³이며 배출허용기준인 0.12g/m³에 맞춰 배출하려고 한다. 다음 물음에 답하시오.

가. 집진장치 1개를 이용하여 배출허용기준에 맞춰 배출하려고 할 때 집진장치의 효율

나. 집진장치 2개를 직렬연결하여 배출허용기준에 맞춰 배출하려고 할 때 집진장치의 효율(두 개의 집진효율은 같다)

다. 집진장치 2개를 직렬연결하여 배출허용기준에 맞춰 배출하려고 할 때 두 번째 집진장치의 효율이 75%였다면 나머지 장치의 효율

17년 4회

가. [식] $\eta_T = 1 - \dfrac{C_o}{C_i}$

[풀이] $\eta_T = 1 - \dfrac{0.12}{4.2} = 0.9714$

[답] ∴ 총 집진효율 = 0.97

나. [식] $\eta_T = 1 - (1-\eta_1)(1-\eta_2)$

[풀이] $0.97 = 1 - (1-\eta_1)^2 \rightarrow \eta_1 = 0.8268$

[답] ∴ 집진효율 = 0.83

다. [식] $\eta_T = 1 - (1-\eta_1)(1-\eta_2)$

[풀이] $0.97 = 1 - (1-\eta_1)(1-0.75) \rightarrow \eta_1 = 0.88$

[답] ∴ 집진효율 = 0.88

08

벤젠을 25%의 과잉공기를 사용하여 완전연소한다고 하였을 때 배기가스 중 CO_2, H_2O, N_2, O_2의 부피 조성(%)과 무게 조성(%)을 구하시오.

가. 부피 조성

나. 무게 조성

가. 부피 조성

[풀이]

① 이론 공기량

⟨반응식⟩ $C_6H_6 + 7.5O_2 \rightarrow 6CO_2 + 3H_2O$

$A_o = O_o \div 0.21 = 7.5 \div 0.21 = 35.7143 \, mol/mol$

② $G_w = (m - 0.21)A_o + CO_2 + H_2O$

$= (1.25 - 0.21) \times 35.7143 + 6 + 3$

$= 46.1429 \, mol/mol$

③ $CO_2(\%) = \dfrac{CO_2}{G_w} \times 100 = \dfrac{6}{46.1429} \times 100 = 13.0031\%$

④ $H_2O(\%) = \dfrac{H_2O}{G_w} \times 100 = \dfrac{3}{46.1429} \times 100 = 6.5015\%$

⑤ $N_2(\%) = \dfrac{N_2}{G_w} \times 100$

$= \dfrac{0.79 \times 1.25 \times 35.7143}{46.1429} \times 100 = 76.4318\%$

⑥ $O_2(\%) = \dfrac{O_2}{G_w} \times 100$

$= \dfrac{(1.25 - 1) \times 35.7143 \times 0.21}{46.1429} \times 100$

$= 4.0635\%$

[답] ∴ $CO_2 = 13\%$, $H_2O = 6.5\%$, $N_2 = 76.43\%$

$O_2 = 4.06\%$

나. 무게 조성

[풀이] ※ 분자량/mol을 곱하여 무게비로 변경

① $G_w = (44 \times 0.13) + (18 \times 0.065) + (28 \times 0.7643)$

$+ (32 \times 0.0406) = 29.5896$

② $CO_2(\%) = \dfrac{CO_2}{G_w} \times 100 = \dfrac{44 \times 0.13}{29.5896} \times 100 = 19.3311\%$

③ $H_2O(\%) = \dfrac{H_2O}{G_w} \times 100 = \dfrac{18 \times 0.065}{29.5896} \times 100$

$= 3.9541\%$

④ $N_2(\%) = \dfrac{N_2}{G_w} \times 100 = \dfrac{28 \times 0.7643}{29.5896} \times 100 = 72.3241\%$

⑤ $O_2(\%) = \dfrac{O_2}{G_w} \times 100 = \dfrac{32 \times 0.0406}{29.5896} \times 100 = 4.3907\%$

[답] ∴ $CO_2 = 19.33\%$, $H_2O = 3.95\%$, $N_2 = 72.32\%$

$O_2 = 4.39\%$

09

분산모델과 수용모델의 특징을 각각 3가지씩 기술하시오.

 07년 1회 | 20년 4회

가. 분산모델
- 미래의 대기질을 예측할 수 있다.
- 점, 선, 면 오염원의 영향을 평가할 수 있다.
- 2차 오염원의 확인 가능하다.
- 대기오염제거 정책입안에 도움을 준다.
- 오염원의 운영 및 설계요인의 효과를 예측할 수 있다.

나. 수용모델
- 기상, 지형 정보없이도 사용 가능하다.
- 입자상·가스상 물질, 가시도 문제 등 환경화학 전반에 응용할 수 있다.
- 새롭거나 불확실한 오염원, 불법배출 오염원을 정량적으로 확인 평가할 수 있다.
- 수용체 입장에서 영향평가가 현실적으로 이루어질 수 있다.

10

입경의 종류 중 스토크스 직경과 공기역학적 직경에 대하여 서술하시오.

 09년 2회 | 10년 1회 | 18년 1회 | 21년 2회 | 23년 4회

- 스토크스 직경 : 입자상 물질과 같은 밀도 및 침강속도를 갖는 입자상 물질의 직경
- 공기역학적 직경 : 대상 먼지와 침강속도가 동일하며, 밀도가 $1g/cm^3$인 구형입자의 직경

11

실내공기질 관리법상 노인요양시설의 실내공기질 유지기준을 적으시오.

항목	유지 기준
PM-10	( )$\mu g/m^3$ 이하
PM-2.5	( )$\mu g/m^3$ 이하
이산화탄소	( )ppm 이하
폼알데하이드	( )$\mu g/m^3$ 이하
총 부유세균	( )CFU/m^3 이하
일산화탄소	( )ppm 이하

 10년 2회 | 18년 2회

항목	유지 기준
PM-10	(75)$\mu g/m^3$ 이하
PM-2.5	(35)$\mu g/m^3$ 이하
이산화탄소	(1,000)ppm 이하
폼알데하이드	(80)$\mu g/m^3$ 이하
총 부유세균	(800)CFU/m^3 이하
일산화탄소	(10)ppm 이하

필답형 기출문제 2014 * 2

01

NO 224ppm, NO_2 44.8ppm을 함유한 배기가스 100,000m³/hr를 NH_3에 의한 선택적 접촉환원법으로 처리할 경우 NO_x를 제거하기 위한 NH_3의 이론량(kg/hr)을 계산하시오.

빈출 체크 12년 2회 | 14년 4회 | 15년 1회 | 15년 2회

[풀이]

① 〈반응식〉 $6NO + 4NH_3 \rightarrow 5N_2 + 6H_2O$
  $6 \times 22.4 Sm^3 : 4 \times 17 kg$
  NO 발생량 : X

$$NO \text{ 발생량} = \frac{224mL}{m^3} \Big| \frac{100,000m^3}{hr} \Big| \frac{m^3}{10^6 mL} = 22.4 m^3/hr$$

$$X = \frac{4 \times 17 \times 22.4}{6 \times 22.4} = 11.3333 kg/hr$$

② 〈반응식〉 $6NO_2 + 8NH_3 \rightarrow 7N_2 + 12H_2O$
  $6 \times 22.4 Sm^3 : 8 \times 17 kg$
  NO_2 발생량 : Y

$$NO_2 \text{ 발생량} = \frac{44.8mL}{m^3} \Big| \frac{100,000m^3}{hr} \Big| \frac{m^3}{10^6 mL} = 4.48 m^3/hr$$

$$Y = \frac{8 \times 17 \times 4.48}{6 \times 22.4} = 4.5333 kg/hr$$

③ $X + Y = 11.3333 + 4.5333 = 15.8666 kg/hr$

[답] ∴ NH_3의 이론량 = 15.87kg/hr

02

20개의 bag을 사용한 여과집진장치에서 집진율이 95%, 출구의 먼지농도는 150℃에서 4.1g/m³이었다. 가동 중 1개의 bag에 구멍이 열려 전체 처리가스량의 1/50이 그대로 통과하였다면 입구의 먼지농도(g/Sm^3)는?

빈출 체크 07년 1회 | 11년 1회

[식] $C_o = C_i \times (1 - \eta)$

[풀이]

① 표준상태에서의 출구 농도

$$= \frac{4.1g}{m^3} \Big| \frac{273 + 150}{273} = 6.3527 g/Sm^3$$

② 입구농도 C_i 중 1/5 통과 농도 = $0.2 C_i$

③ 나머지 $0.8 C_i$는 집진율 95% 적용
  $= 0.8 C_i \times (1 - 0.95) = 0.04 C_i$

④ ②번과 ③번 합의 농도가 ①번의 농도와 같음

$$0.2 C_i + 0.04 C_i = 6.3527 g/Sm^3$$

$$C_i = 26.4696 g/Sm^3$$

[답] ∴ 입구의 먼지농도 = 26.47g/Sm^3

03

전기집진장치를 이용하여 120,000m³/hr의 가스를 처리하고자 한다. 먼지의 겉보기 이동속도는 10m/min, 제거효율은 99.5%, 집진판의 길이는 2m, 높이는 5m라 할 때 필요한 집진판의 개수를 구하시오. (단, Deutsch Anderson 식을 적용하여 계산)

 10년 1회 | 16년 4회

[식] $\eta = 1 - e^{-\frac{A \cdot W_e}{Q}}$

[풀이]

① $W_e = \frac{10m}{min} \left| \frac{60min}{hr} \right. = 600m/hr$

② A에 대한 식으로 정리

$A = -\frac{Q}{W_e} \ln(1-\eta) = -\frac{120,000}{600} \ln(1-0.995)$

$= 1,059.6635 m^2$

③ 필요한 집진면의 개수

$= \frac{전체면적}{1개 면적} = \frac{1,059.6635}{5 \times 2} = 105.9664$이므로

106개의 집진면이 필요

④ 2개는 단면, 52개는 양면 집진판이 필요하므로 총 집진판의 개수는 54개

[답] ∴ 집진판의 개수 = 54개

04

빛의 소멸계수(σ_{ext}) 0.45km⁻¹인 대기에서, 시정거리의 한계를 빛의 강도가 초기 강도의 95%가 감소했을 때의 거리라고 정의할 때, 이때 시정거리 한계(km)를 구하시오. (단, 광도는 Lambert-Beer 법칙을 따르며, 자연대수로 적용)

[식] $I_t = I_o \times e^{-\sigma_{ext} \cdot L}$

[풀이] $L = \frac{\ln(I_t/I_o)}{-\sigma_{ext}} = \frac{\ln 0.05}{-0.45 km^{-1}} = 6.6572 km$

[답] ∴ 시정거리 한계 = 6.66km

05

다음 조건을 이용하여 중력집진장치를 이용하여 배기가스 중 분진을 제거하려고 한다. 다음 물음에 답하시오.

[조건]
- 함진가스 유량 : 80m³/min
- 침강실 폭 : 3m
- 침강실 길이 : 5m
- 침강실 높이 : 4m
- 입자의 밀도 : 1,500kg/m³
- 입자의 직경 : 50μm
- 점성도 : 3.0×10^{-4} g/cm·sec

가. 집진효율(%)
나. 집진효율이 90%가 되기 위하여 추가적으로 늘려야 하는 길이(m)

 10년 4회

가. 집진효율

[식] $\eta_d = 1 - \exp\left(-\dfrac{V_g \cdot L}{V \cdot H}\right)$

[풀이]

① $Re = \dfrac{D \cdot V \cdot \rho}{\mu}$

※ MKS 단위로 통일

② $V = \dfrac{Q}{A} = \dfrac{80\text{m}^3}{\min} \Big| \dfrac{1}{3\text{m} \times 4\text{m}} \Big| \dfrac{\min}{60\sec} = 0.1111\text{m/sec}$

③ $D_o = \dfrac{2HW}{H+W} = \dfrac{2 \times 4 \times 3}{4+3} = 3.4286\text{m}$

④ $\mu = \dfrac{3.0 \times 10^{-4}\text{g}}{\text{cm} \cdot \sec} \Big| \dfrac{100\text{cm}}{\text{m}} \Big| \dfrac{\text{kg}}{10^3\text{g}}$
$= 3.0 \times 10^{-5}\text{kg/m} \cdot \sec$

⑤ $Re = \dfrac{3.4286 \times 0.1111 \times 1.3}{3.0 \times 10^{-5}} = 16,506.4233$

→ 난류이므로 난류에 해당하는 집진공식 사용

⑥ $V_g = \dfrac{d_p^2(\rho_p - \rho)g}{18\mu} = \dfrac{(50\mu\text{m})^2}{1} \Big| \dfrac{(1,500-1.3)\text{kg}}{\text{m}^3}$
$\Big| \dfrac{9.8\text{m}}{\sec^2} \Big| \dfrac{\text{m} \cdot \sec}{18 \times 3.0 \times 10^{-5}\text{kg}} \Big| \dfrac{(1\text{m})^2}{(10^6\mu\text{m})^2}$
$= 0.068\text{m/sec}$

⑦ $\eta_d = 1 - \exp\left(-\dfrac{0.068 \times 5}{0.1111 \times 4}\right) = 0.5347 \to 53.47\%$

[답] ∴ 집진효율 = 53.47%

나. 늘려야 하는 길이

[풀이]

① $0.90 = 1 - \exp\left(-\dfrac{0.068 \times L}{0.1111 \times 4}\right) \to L = 15.0481\text{m}$

② 기존 길이가 5m이므로 늘려야 하는 길이는 10.0481m

[답] ∴ 늘려야 하는 길이 = 10.05m

06

폭굉에 관한 다음 물음에 답하시오.

가. 유도거리의 정의
나. 폭굉유도거리가 짧아지는 이유 3가지
다. 혼합기체의 하한 연소범위(%)

성분	조성	하한 연소범위
CH_4	80	5.0
C_2H_6	14	3.0
C_3H_8	4	2.1
C_4H_{10}	2	1.5

빈출 체크 18년 2회 | 20년 5회

가. 관중에 폭굉 가스가 존재할 때 최초의 완만한 연소가 격렬한 폭굉으로 발전할 때까지의 거리

나. • 압력이 높음
• 점화원의 에너지가 큼
• 연소속도가 큼
• 관경이 작은 경우

다. [식] $L = \dfrac{100}{\dfrac{P_1}{n_1} + \dfrac{P_2}{n_2} + \cdots + \dfrac{P_n}{n_n}}$

[풀이] $L = \dfrac{100}{\dfrac{80}{5} + \dfrac{14}{3} + \dfrac{4}{2.1} + \dfrac{2}{1.5}} = 4.1833\%$

[답] ∴ 하한 연소범위 = 4.18%

07

전기집진장치에서 2차 전류가 현저하게 떨어질 때의 대책 3가지를 쓰시오.

빈출 체크 18년 1회 | 20년 5회

• 입구분진 농도 조절
• 조습용 스프레이 수량 증가
• 스파크 횟수 증가

08

후드 선정 시 모형, 크기 등을 고려하여 선정해야 한다. 후드 선택 시 흡인요령 4가지를 서술하시오.

빈출 체크 09년 1회 | 12년 1회 | 22년 2회

• 국부적인 흡인방식을 택한다.
• 충분한 포착속도를 유지한다.
• 후드를 발생원에 근접시킨다.
• 개구면적을 좁게 한다.
• 에어커튼을 사용한다.

09

환경정책기본법상 환경기준에 대한 수치를 적으시오.

항목	기준	
이산화질소 (NO$_2$)	연간 평균치 : ( )ppm 이하	
	24시간 평균치 : ( )ppm 이하	
	1시간 평균치 : ( )ppm 이하	
오존 (O$_3$)	8시간 평균치 : ( )ppm 이하	
	1시간 평균치 : ( )ppm 이하	
일산화탄소 (CO)	8시간 평균치 : ( )ppm 이하	
	1시간 평균치 : ( )ppm 이하	

빈출체크 10년 4회 | 12년 4회 | 13년 4회 | 17년 1회 | 17년 2회 | 18년 4회 | 20년 1회 | 22년 4회

항목	기준
이산화질소 (NO$_2$)	연간 평균치 : (0.03)ppm 이하
	24시간 평균치 : (0.06)ppm 이하
	1시간 평균치 : (0.10)ppm 이하
오존 (O$_3$)	8시간 평균치 : (0.06)ppm 이하
	1시간 평균치 : (0.1)ppm 이하
일산화탄소 (CO)	8시간 평균치 : (9)ppm 이하
	1시간 평균치 : (25)ppm 이하

10

Freundlich 등온흡착식 $\frac{X}{M} = k \cdot C^{1/n}$ 에서 상수 k와 n을 구하는 방법을 기술하시오.

빈출체크 08년 4회 | 17년 2회 | 24년 1회

① $\frac{X}{M} = k \cdot C^{1/n}$ ·················· **양변에 log를 취함**

② $\log\frac{X}{M} = \log k + \frac{1}{n}\log C$ **logk는 y절편, 1/n은 기울기**

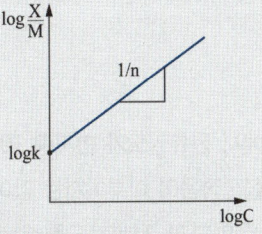

필답형 기출문제 2014 * 4

01

500m³의 크기의 방안에서 10명 중 5명이 담배를 피우고 있다. 1시간 동안 5명이 총 10개비의 담배를 피울 때 담배 1개비당 1.4mg의 폼알데하이드가 발생한다면 1시간 후 방안의 폼알데하이드 농도(ppm)를 계산하시오. (단, 폼알데하이드는 완전혼합되고, 담배를 피우기 전의 농도는 0, 실내온도는 25℃, 소수점 세 번째 자리)

20년 4회

[풀이] 폼알데하이드 농도
$$= \frac{1.4\text{mg}}{1\text{개비}} \Big| \frac{10\text{개비}}{} \Big| \frac{22.4\text{SmL}}{30\text{mg}} \Big| \frac{273+25}{273} \Big| \frac{1}{500\text{m}^3}$$
$$= 0.0228\text{mL/m}^3$$

[답] ∴ 폼알데하이드 농도 = 0.023ppm

02

전기집진장치에서 전류밀도가 먼지층 표면부근의 이온전류 밀도와 같고 양호한 집진작용이 이루어지는 값이 2×10^{-8}A/cm²이며, 또한 먼지층 중의 절연파괴 전계강도를 5×10^3V/cm로 한다면, 이때 먼지층의 겉보기 전기저항과 이 장치의 문제점을 적으시오.

12년 1회 | 19년 1회

- 전기저항 : $R = \dfrac{5 \times 10^3 \text{V/cm}}{2 \times 10^{-8} \text{A/cm}^2} = 2.5 \times 10^{11} \Omega \cdot \text{cm}$

- 문제점 : 겉보기 비저항이 $10^{11} \Omega \cdot \text{cm}$ 이상이므로 역전리 현상이 발생한다.

03

NO 224ppm, NO_2 44.8ppm을 함유한 배기가스 100,000m³/hr를 NH_3에 의한 선택적 접촉환원법으로 처리할 경우 NO_X를 제거하기 위한 NH_3의 이론량(kg/hr)을 계산하시오.

빈출체크 12년 2회 | 14년 2회 | 15년 1회 | 15년 2회

[풀이]

① 〈반응식〉 $6NO + 4NH_3 \rightarrow 5N_2 + 6H_2O$
     $6 \times 22.4 Sm^3 : 4 \times 17 kg$
     NO 발생량 :   X

NO 발생량 $= \dfrac{224 mL}{m^3} \Big| \dfrac{100,000 m^3}{hr} \Big| \dfrac{m^3}{10^6 mL} = 22.4 m^3/hr$

$X = \dfrac{4 \times 17 \times 22.4}{6 \times 22.4} = 11.3333 kg/hr$

② 〈반응식〉 $6NO_2 + 8NH_3 \rightarrow 7N_2 + 12H_2O$
     $6 \times 22.4 Sm^3 : 8 \times 17 kg$
     NO_2 발생량 :   Y

NO_2 발생량 $= \dfrac{44.8 mL}{m^3} \Big| \dfrac{100,000 m^3}{hr} \Big| \dfrac{m^3}{10^6 mL} = 4.48 m^3/hr$

$Y = \dfrac{8 \times 17 \times 4.48}{6 \times 22.4} = 4.5333 kg/hr$

③ $X + Y = 11.3333 + 4.5333 = 15.8666 kg/hr$

[답] ∴ NH_3의 이론량 $= 15.87 kg/hr$

04

처음 굴뚝의 높이는 35m이다. 집진장치를 설치하였더니 압력손실이 10mmH₂O가 발생되었다. 집진장치를 설치했을 때 굴뚝의 높이(m)를 처음보다 얼마나 높여야 하는지 계산하시오. (단, 대기의 온도는 27℃이고, 가스의 온도는 227℃이다)

빈출체크 17년 1회 | 20년 1회

[식] $Z = 355 \cdot H \cdot \left(\dfrac{1}{273 + t_a} - \dfrac{1}{273 + t_g} \right)$

[풀이]

① $Z = 355 \times 35 \times \left(\dfrac{1}{273 + 27} - \dfrac{1}{273 + 227} \right)$
  $= 16.5667 mmH_2O$

② 추가 압력손실 고려 : $16.5667 + 10 = 26.5667 mmH_2O$

③ $26.5667 = 355 \times H \times \left(\dfrac{1}{273 + 27} - \dfrac{1}{273 + 227} \right)$
  $\rightarrow H = 56.1268 m$

④ 높여야 하는 굴뚝 높이 $= 56.1268 - 35 = 21.1268 m$

[답] ∴ 높여야 하는 굴뚝 높이 $= 21.13 m$

05

저위 발열량이 12,500kcal/kg인 중유의 이론 가스량과 이론 공기량을 계산하시오. (단, Rosin 식을 이용하여 계산할 것)

가. 이론 가스량(Sm³/kg)
나. 이론 공기량(Sm³/kg)

가. 이론 가스량

[식] $G_{ow} = \dfrac{1.11 Hl}{1,000}$

[풀이] $G_{ow} = \dfrac{1.11 \times 12,500}{1,000} = 13.875 \, \text{Sm}^3/\text{kg}$

[답] ∴ 이론 가스량 $= 13.88 \, \text{Sm}^3/\text{kg}$

나. 이론 공기량

[식] $A_o = \dfrac{0.85 Hl}{1,000} + 2.0$

[풀이] $A_o = \dfrac{0.85 \times 12,500}{1,000} + 2.0 = 12.625 \, \text{Sm}^3/\text{kg}$

[답] ∴ 이론 공기량 $= 12.63 \, \text{Sm}^3/\text{kg}$

06

빈출 체크 10년 2회 | 20년 2회

연소방법의 종류를 해당물질 1가지 이상을 언급하여 서술하시오.

가. 증발연소
나. 분해연소
다. 표면연소
라. 확산연소
마. 내부연소

가. 가연성가스가 공기와 혼합되어 불꽃이 생기지 않는 상태로 연소하는 현상(유황, 나프탈렌, 파라핀 등)
나. 열분해에 의해 가연성 가스가 생성되고 긴 화염을 발생시키면서 공기와 혼합하여 연소하는 현상(종이, 석탄, 목재 등)
다. 휘발성분이 없는 고체연료의 연소형태로 그 물질 자체가 연소하는 현상(코크스, 목탄, 숯 등)
라. 역화의 위험이 없는 연소현상으로 불꽃은 있으나 불티가 없는 연소 현상(수소, 아세틸렌, 프로판 등)
마. 공기·산소 없이도 연소하는 현상(히드라진류, 니트로화합물류, 니트로글리세린 등)

07

빈출 체크 18년 4회

여과집진장치 중에서 간헐식 탈진방식과 연속식 탈진방식의 장점을 각각 2가지씩 쓰시오.

가. 간헐식
- 연속식에 비하여 먼지의 재비산이 적고 집진율이 좋다.
- 여포의 수명이 연속식에 비해 긴 편이다.

나. 연속식
- 포집과 탈진을 동시에 하는 방식이므로 압력손실이 일정하다.
- 고농도, 대용량 가스 처리에 효과적이다.

08

다음은 비분산 적외선 분광분석법에 대한 용어 설명이다. ( ) 안에 알맞은 말을 쓰시오.

- 스팬 드리프트 : 동일 조건에서 제로가스를 흘려 보내면서 때때로 스팬가스를 도입할 때 제로 드리프트를 뺀 드리프트가 고정형은 24시간, 이동형은 (㉠)시간 동안에 전체 눈금의 (㉡)% 이상이 되어서는 안 된다.
- 응답시간 : 제로 조정용가스를 도입하여 안정된 후 유로를 스팬가스로 바꾸어 기준유량으로 분석계에 도입하여 그 농도를 눈금 범위 내의 어느 일정한 값으로부터 다른 일정한 값으로 갑자기 변화시켰을 때 스텝응답에 대한 소비시간이 (㉢) 이내이어야 한다. 또 이때 최종 지시치에 대한 90%응답을 나타내는 시간은 40초 이내이어야 한다.

17년 2회

㉠ 4
㉡ ±2
㉢ 1초

09

액체연료 연소장치인 유압분무식 버너의 특성 5가지를 적으시오.

10년 2회

- 대용량에 적용하며 구조는 간단하다.
- 오일의 점도가 크면 무화가 나빠진다.
- 유량조절범위가 적다.
- 부하변동의 적응성이 낮다.
- 연료의 점도가 크거나 유압이 5kg/cm² 이하가 되면 분무화가 불량하다.
- 선박용, 대용량 보일러에 사용된다.

10

다음은 굴뚝배출가스 중 브로민화합물의 분석방법이다. (   ) 안에 알맞은 말을 쓰시오.

싸이오사이안산제이수은법은 배출가스 중 브로민화합물을 수산화소듐용액에 흡수시킨 후 일부를 분취해서 산성으로 하여 (㉠)을 사용하여 브로민으로 산화시켜 (㉡)로/으로 추출한다. 흡광도는 (㉢)nm에서 측정한다.

 10년 2회 | 24년 2회

㉠ 과망가니즈산포타슘 용액(= 과망간산포타슘)
㉡ 클로로폼
㉢ 460

11

물리적 흡착의 특성 6가지를 적으시오.

 20년 2회

- 흡착원리는 Van der Waals 힘에 의한 것이다.
- 흡착과정이 가역적이다.
- 오염가스 회수에 용이하다.
- 온도의 영향이 큰 편이다.
- 흡착 시 다층으로 흡착이 가능하다.
- 흡착열이 낮은 편이다.

필답형 기출문제 2015 * 1

01

NO 224ppm, NO₂ 44.8ppm을 함유한 배기가스 100,000m³/hr를 NH₃에 의한 선택적 접촉환원법으로 처리할 경우 NOₓ를 제거하기 위한 NH₃의 이론량(kg/hr)을 계산하시오.

빈출체크 12년 2회 | 14년 2회 | 14년 4회 | 15년 2회

[풀이]
① 〈반응식〉 $6NO + 4NH_3 \rightarrow 5N_2 + 6H_2O$
　　　　　　$6 \times 22.4 Sm^3 : 4 \times 17 kg$
　　　　　　NO 발생량 :　X

NO 발생량 $= \dfrac{224mL}{m^3} \Big| \dfrac{100,000 m^3}{hr} \Big| \dfrac{m^3}{10^6 mL} = 22.4 m^3/hr$

$X = \dfrac{4 \times 17 \times 22.4}{6 \times 22.4} = 11.3333 kg/hr$

② 〈반응식〉 $6NO_2 + 8NH_3 \rightarrow 7N_2 + 12H_2O$
　　　　　　$6 \times 22.4 Sm^3 : 8 \times 17 kg$
　　　　　　NO₂ 발생량 :　Y

NO₂ 발생량 $= \dfrac{44.8mL}{m^3} \Big| \dfrac{100,000 m^3}{hr} \Big| \dfrac{m^3}{10^6 mL}$
　　　　　$= 4.48 m^3/hr$

$Y = \dfrac{8 \times 17 \times 4.48}{6 \times 22.4} = 4.5333 kg/hr$

③ $X + Y = 11.3333 + 4.5333 = 15.8666 kg/hr$

[답] ∴ NH₃의 이론량 $= 15.87 kg/hr$

02

송풍기 회전판 회전에 의하여 집진장치에 공급되는 세정액이 미립자로 만들어져 집진하는 원리를 가진 회전식 세정집진장치에서 직경이 12cm인 회전판이 4,400rpm으로 회전할 때 형성되는 물방울의 직경(µm)을 구하시오.

빈출체크 09년 1회 | 20년 2회

[식] $d_w = \dfrac{200}{N\sqrt{R}} \times 10^4$

[풀이] $d_w = \dfrac{200}{4,400 \times \sqrt{6}} \times 10^4 = 185.5674 \mu m$

[답] ∴ 물방울의 직경 $= 185.57 \mu m$

03

피토우관 경사마노미터의 확대율이 10배, 동압이 32mmH₂O이다. 유속을 1.4배 증가시킬 경우 동압(mmH₂O)을 구하시오.

[식] $\overline{V} = C\sqrt{\dfrac{2gh}{r}}$

[풀이]

① $\overline{V} = C\sqrt{\dfrac{2 \times 9.8 \times (32/10)}{r}}$

② 유속 1.4배 증가 → $1.4\overline{V} = C\sqrt{\dfrac{2 \times 9.8 \times h}{r}}$

③ 2번식 ÷ 1번식 → $1.4 = \dfrac{C\sqrt{\dfrac{2 \times 9.8 \times h}{r}}}{C\sqrt{\dfrac{2 \times 9.8 \times (32/10)}{r}}}$

→ h = 6.272mmH₂O

[답] ∴ 동압 = 6.27mmH₂O

빈출체크 06년 4회

04

굴뚝을 변형시켜 기존 직경의 1/3로 변하였을 경우의 압력손실은 얼마만큼 변하는가?

[식] $\Delta P = 4f \times \dfrac{L}{D} \times \dfrac{\gamma \cdot V^2}{2g}$

[풀이]

① $V = \dfrac{Q}{A} = \dfrac{Q}{\dfrac{\pi D^2}{4}}$ 이므로 직경이 1/3로 변할 경우 유속은 9배 증가

② $\Delta P = 4f \times \dfrac{L}{(1/3)D} \times \dfrac{\gamma \cdot (9V)^2}{2g}$

→ $\Delta P = \left(4f \times \dfrac{L}{D} \times \dfrac{\gamma \cdot V^2}{2g}\right) \times 243$ 이므로

기존의 243배 증가

[답] ∴ 압력손실은 기존의 243배 증가

05

가스의 구성이 H_2 75%, CO_2 25%, 공기비가 1.1일 때 습배출가스 중 CO_2 농도(%)를 구하시오.

[식] $CO_2(\%) = \dfrac{CO_2}{G_w} \times 100$

[풀이]
① 이론 공기량
〈반응식〉 $H_2 + 0.5O_2 \rightarrow H_2O$
  　　　　 0.75 : 0.5×0.75 : 0.75
$A_o = O_o \div 0.21 = (0.5 \times 0.75) \div 0.21 = 1.7857\,mol/mol$

② $G_w = (m-0.21)A_o + CO_2 + H_2O$
　　$= (1.1-0.21) \times 1.7857 + 0.25 + 0.75$
　　$= 2.5893\,mol/mol$

③ $CO_2(\%) = \dfrac{0.25}{2.5893} \times 100 = 9.6551\%$

[답] ∴ $CO_2(\%) = 9.66\%$

빈출 체크 07년 4회 | 20년 3회

06

원심력 집진장치를 이용하여 분진을 처리하고자 한다. Lapple식을 적용하여 총 집진효율(%)을 계산하시오.

[조건]
- 유입구 폭 : 0.25m
- 유입구 높이 : 0.5m
- 유효 회전수 : 6회
- 유입 함진가스 : 1m³/sec
- 가스 밀도 : 1.2kg/m³
- 가스 점도 : 1.85×10⁻⁴ poise
- 분진 밀도 : 1.8g/cm³

입경(μm)	10	30	60	80	100
중량분포(%)	5	15	50	20	10
$d_p/d_{p.50}$	0.16	0.48	1.14	1.27	2.06
부분 집진효율(%)	3	19	51	62	81
$d_p/d_{p.50}$	3.42	3.83	6.85	9.13	11.42
부분 집진효율(%)	93	94	97	99	100

[식] $d_{p.50}(\mu m) = \sqrt{\dfrac{9 \cdot \mu \cdot B}{2 \cdot \pi \cdot N_e \cdot V \cdot (\rho_p - \rho)}} \times 10^6$

[풀이]
① $d_{p.50}$
- $\mu = \dfrac{1.85 \times 10^{-4}\,g}{cm \cdot sec} \Big| \dfrac{100cm}{m} \Big| \dfrac{kg}{10^3 g}$
  $= 1.85 \times 10^{-5}\,kg/m \cdot sec$
- $V = \dfrac{Q}{A} = \dfrac{1m^3}{sec} \Big| \dfrac{1}{0.25m \times 0.5m} = 8m/sec$
- $d_{p.50}(\mu m) = \sqrt{\dfrac{9 \times 1.85 \times 10^{-5} \times 0.25}{2\pi \times 6 \times 8 \times (1,800-1.2)}} \times 10^6$
  $= 8.7594\mu m$

② 입경별 부분 집진효율
- 10μm 부분 집진효율 → $\dfrac{10}{8.7594} = 1.1416$ 이므로 51%
- 30μm 부분 집진효율 → $\dfrac{30}{8.7594} = 3.4249$ 이므로 93%
- 60μm 부분 집진효율 → $\dfrac{60}{8.7594} = 6.8498$ 이므로 97%
- 80μm 부분 집진효율 → $\dfrac{80}{8.7594} = 9.1330$ 이므로 99%
- 100μm 부분 집진효율 → $\dfrac{100}{8.7594} = 11.4163$ 이므로 100%

③ 총 집진효율
$\eta_T = (5 \times 0.51) + (15 \times 0.93) + (50 \times 0.97) + (20 \times 0.99)$
　　$+ (10 \times 1) = 94.8\%$

[답] ∴ 총 집진효율 = 94.8%

07

오염가스를 활성탄 흡착층으로 처리하고자 한다. 오염가스는 35m³/min (25℃, 1atm)으로 흡착층에 유입되며, 가스 중 Benzene(C_6H_6) 650ppm 이 포함되어 있다. 흡착층의 깊이는 0.8m, 공탑의 속도는 0.55m/sec, 활성탄의 겉보기 밀도는 330kg/m³, 활성탄 흡착층의 운전용량은 주어진 Yaws의 식에 의해 나타난 흡착용량의 40%라 할 때, 활성탄 흡착층의 운전흡착용량(kg/kg)을 계산하시오. [단, Yaws의 식 $\log X = -1.189 + 0.288 \times \log C_e - 0.0238[\log C_e]^2$ 여기서 X : 흡착용량(오염물 g/ 탄소 g), C_e : 오염농도(ppm)]

 10년 2회

[식] $\log X = -1.189 + 0.288 \times \log C_e - 0.0238[\log C_e]^2$
[풀이]
① $\log X = -1.189 + 0.288 \times \log 650 - 0.0238[\log 650]^2$
　　　$= -0.5672$
　$X = 10^{-0.5672} = 0.2709 \text{kg/kg}$
② 흡착용량의 40%이므로 $0.2709 \times 0.4 = 0.1084 \text{kg/kg}$
[답] ∴ 흡착층의 운전흡착용량 = 0.11kg/kg

08

실내공기질 관리법상 다중이용시설 중 실내주차장의 실내공기질 권고기준을 적으시오.

항목	유지 기준
NO_2	(　　)ppm 이하
라돈	(　　)Bq/m³ 이하
VOC	(　　)μg/m³ 이하

 09년 4회

항목	유지 기준
NO_2	(0.30)ppm 이하
라돈	(148)Bq/m³ 이하
VOC	(1,000)μg/m³ 이하

09

충전탑과 단탑의 차이점 3가지를 서술하시오.

 20년 1회

- 충전탑 흡수액의 Hold-up이 단탑에 비해 적다.
- 충전탑은 단탑에 비해 압력손실이 적다.
- 흡수액에 부유물이 포함된 경우 단탑 사용이 더 효율적이다.
- 충전탑의 충전물이 고가이므로 초기 설치비가 많이 든다.
- 부하변동의 적응성은 충전탑이 유리하다.
- 단탑의 운용 액가스비가 더 적다.

10

국소환기장치의 장점 3가지를 쓰시오. (단, 전체환기와 비교)

- 부지면적 소요가 적다.
- 유해물질이 작업장 내로 확산되지 않으므로 손상 및 부식을 최소화한다.
- 필요 배기량이 적어 경제적이다.
- 발생원에서 직접 유해물질을 제거하기 때문에 작업장으로 유해물질의 확산이 적다.
- 발생원에 근접하여 배기시키기 때문에 방해기류를 적게 받는다.

11

기체크로마토그래피에서 분리도와 분리계수 공식을 쓰고, 각각을 기술하시오.

빈출체크 08년 2회 | 18년 1회 | 20년 5회

$$분리도(R) = \frac{2(t_{R2} - t_{R1})}{W_1 + W_2}, \quad 분리계수(d) = \frac{t_{R2}}{t_{R1}}$$

- t_{R1} : 시료도입점으로부터 봉우리 1의 최고점까지의 길이
- t_{R2} : 시료도입점으로부터 봉우리 2의 최고점까지의 길이
- W_1 : 봉우리 1의 좌우 변곡점에서의 접선이 자르는 바탕선의 길이
- W_2 : 봉우리 2의 좌우 변곡점에서의 접선이 자르는 바탕선의 길이

필답형 기출문제 2015 * 2

01

탄소 82%, 수소 13%, 황 2%의 중유를 연소하여 배기가스를 분석했더니 ($CO_2 + SO_2$)가 13%, O_2가 3%이었다. 건조연소가스 중의 SO_2 농도(ppm)를 계산하시오. (단, 표준상태 기준)

빈출체크 08년 2회 | 19년 4회

[식] $SO_2(ppm) = \dfrac{SO_2 \text{ 발생량}}{G_d} \times 10^6$

[풀이]
① 이론 공기량

⟨반응식⟩ C   + O_2 → CO_2
            12kg : 22.4Sm³ : 22.4Sm³
            0.82kg/kg :   X   : CO_2 발생량

$X = \dfrac{0.82 \times 22.4}{12} = 1.5307 \text{Sm}^3/\text{kg}$

⟨반응식⟩ H_2 + $0.5O_2$ → H_2O
            2kg : 0.5×22.4Sm³ : 22.4Sm³
            0.13kg/kg :   Y   : H_2O 발생량

$Y = \dfrac{0.13 \times 0.5 \times 22.4}{2} = 0.728 \text{Sm}^3/\text{kg}$

⟨반응식⟩ S   + O_2 → SO_2
            32kg : 22.4Sm³ : 22.4Sm³
            0.02kg/kg :   Z   : SO_2 발생량

$Z = \dfrac{0.02 \times 22.4}{32} = 0.014 \text{Sm}^3/\text{kg}$

$A_o = O_o \div 0.21 = (1.5307 + 0.728 + 0.014) \div 0.21$
$\quad = 10.8224 \text{Sm}^3/\text{kg}$

② $m = \dfrac{N_2}{N_2 - 3.76(O_2 - 0.5CO)}$

$= \dfrac{84}{84 - 3.76(3 - 0.5 \times 0)} = 1.1551$

③ $G_d = (m - 0.21)A_o + CO_2 + SO_2$
$\quad = (1.1551 - 0.21) \times 10.8224 + 1.5307 + 0.014$
$\quad = 11.773 \text{Sm}^3/\text{kg}$

④ $SO_2(ppm) = \dfrac{0.014}{11.773} \times 10^6 = 1{,}189.1616 \text{ppm}$

[답] ∴ $SO_2 = 1{,}189.16 \text{ppm}$

02

길이 5m, 높이 2m인 중력침강실이 바닥을 포함하여 8개의 평행판으로 이루어져 있다. 침강실에 유입되는 분진가스의 유속이 0.2m/sec일 때 분진을 완전히 제거할 수 있는 최소입경(μm)은 얼마인가? (단, 입자의 밀도는 1,600kg/m³, 분진가스의 점도는 2.1×10^{-5}kg/m·sec, 밀도는 1.3kg/m³이고 가스의 흐름은 층류로 가정한다)

06년 2회

[식] $d_{min}(\mu m) = \sqrt{\dfrac{18\mu V H}{(\rho_p - \rho)g L}} \times 10^6$

[풀이] $d_{min}(\mu m)$
$= \sqrt{\dfrac{18 \times 2.1 \times 10^{-5} \times 0.2 \times (2 \div 8)}{(1,600 - 1.3) \times 9.8 \times 5}} \times 10^6$
$= 15.5328 \mu m$

[답] ∴ 최소입경 = 15.53 μm

03

NO 224ppm, NO₂ 44.8ppm을 함유한 배기가스 100,000m³/hr를 NH₃에 의한 선택적 접촉환원법으로 처리할 경우 NOₓ를 제거하기 위한 NH₃의 이론량(kg/hr)을 계산하시오.

12년 2회 | 14년 2회 | 14년 4회 | 15년 1회

[풀이]
① 〈반응식〉 $6NO + 4NH_3 \rightarrow 5N_2 + 6H_2O$
$6 \times 22.4 Sm^3 : 4 \times 17 kg$
NO 발생량 : X

NO 발생량 $= \dfrac{224 mL}{m^3} \Big| \dfrac{100,000 m^3}{hr} \Big| \dfrac{m^3}{10^6 mL} = 22.4 m^3/hr$

$X = \dfrac{4 \times 17 \times 22.4}{6 \times 22.4} = 11.3333 kg/hr$

② 〈반응식〉 $6NO_2 + 8NH_3 \rightarrow 7N_2 + 12H_2O$
$6 \times 22.4 Sm^3 : 8 \times 17 kg$
NO₂ 발생량 : Y

NO₂ 발생량 $= \dfrac{44.8 mL}{m^3} \Big| \dfrac{100,000 m^3}{hr} \Big| \dfrac{m^3}{10^6 mL}$
$= 4.48 m^3/hr$

$Y = \dfrac{8 \times 17 \times 4.48}{6 \times 22.4} = 4.5333 kg/hr$

③ $X + Y = 11.3333 + 4.5333 = 15.8666 kg/hr$

[답] ∴ NH₃의 이론량 = 15.87 kg/hr

04

1m의 직경을 갖는 원심력 집진장치에서 3m³/sec의 가스(1atm, 320K)를 처리하고자 한다. 이때 처리 입자의 밀도는 1.6g/cm³, 점도는 1.85× 10⁻⁵kg/m·sec라고 할 때 다음의 조건을 구하시오. (단, 입구 높이 = 0.5m, 입구 폭 = 0.25m, 유효회전수 = 4, 공기밀도 1.3kg/m³)

가. 유입속도(m/sec)

나. 절단입경(μm)

빈출 체크 07년 4회 | 10년 4회 | 11년 2회 | 12년 4회 | 18년 4회

가. 유입속도

[식] $V = \dfrac{Q}{A}$

[풀이] $V = \dfrac{3}{0.5 \times 0.25} = 24\text{m/sec}$

[답] ∴ 유입속도 = 24m/sec

나. 절단입경

[식] $d_{p.50}(\mu m) = \sqrt{\dfrac{9 \cdot \mu \cdot B}{2 \cdot \pi \cdot N_e \cdot V \cdot (\rho_p - \rho)}} \times 10^6$

[풀이] ※ MKS 단위로 통일

① $\rho_p = \dfrac{1.6\text{g}}{\text{cm}^3} \Big| \dfrac{\text{kg}}{10^3\text{g}} \Big| \dfrac{10^6\text{cm}^3}{\text{m}^3} = 1{,}600\text{kg/m}^3$

② $d_{p.50}(\mu m) = \sqrt{\dfrac{9 \times 1.85 \times 10^{-5} \times 0.25}{2\pi \times 4 \times 24 \times (1{,}600 - 1.3)}} \times 10^6$

$= 6.5700 \mu m$

[답] ∴ 절단입경 = 6.57μm

05

Bag filter에서 먼지부하가 360g/m²일 때마다 부착먼지를 간헐적으로 탈락시키고자 한다. 유입가스 중의 먼지농도가 10g/m³이고, 겉보기 여과속도가 1cm/sec일 때 부착먼지의 탈락시간 간격(sec)을 구하시오. (단, 집진율은 98.5%이다)

빈출 체크 13년 4회 | 17년 2회 | 20년 1회

[식] $L_d = C_i \cdot V_f \cdot t \cdot \eta$

[풀이]

① $V_f = \dfrac{1\text{cm}}{\text{sec}} \Big| \dfrac{\text{m}}{100\text{cm}} = 0.01\text{m/sec}$

② $t = \dfrac{L_d}{C_i \cdot V_f \cdot \eta} = \dfrac{360}{10 \times 0.01 \times 0.985} = 3{,}654.8223\text{sec}$

[답] ∴ 탈락시간 간격 = 3,654.82sec

06

기체크로마토그래피에서의 각 정량방법 및 함유율 식을 적으시오.

가. 보정넓이 백분율법
나. 상대검정곡선법
다. 표준물질첨가법

> 가. 도입한 시료의 전성분이 용출되며 또한 용출전 성분의 상대감도가 구해진 경우는 다음 식에 의하여 정확한 함유율을 구할 수 있다.
>
> $$X_i = \frac{A_i/f_i}{\sum_{i=1}^{n}(A_i/f_i)} \times 100$$
>
> (f_i : 성분의 상대감도, n : 전 봉우리 수)
>
> 나. 정량하려는 성분의 순물질 일정량에 내부표준물질의 일정량을 가한 혼합시료의 크로마토그램을 기록하여 봉우리 넓이를 측정한다.
>
> $$X(\%) = \frac{\left(\frac{M'_X}{M'_S}\right) \times n}{M} \times 100$$
>
> (M'_X : 피검성분량, M'_S : 표준물질량, n : 표준물질의 기지량, M : 시료의 기지량)
>
> 다. 시료의 크로마토그램으로부터 피검성분 A 및 다른 임의의 성분 B의 봉우리 넓이 a_1 및 b_1을 구한다.
>
> $$X(\%) = \frac{\Delta W_A}{\left(\frac{a_2}{b_2} \times \frac{b_1}{a_1} - 1\right)W} \times 100$$
>
> (ΔW_A : 성분 A의 기지량, a_1, a_2 : 성분 A의 첫 번째, 두 번째 넓이, b_1, b_2 : 성분 B의 첫 번째, 두 번째 넓이, W : 시료량)

07

해륙풍, 산곡풍, 경도풍에 대해서 서술하시오. (단, 정의, 특성, 밤과 낮일 때 차이를 구분해서 서술할 것)

- 해륙풍 : 바다와 육지의 비열차에 의하여 부는 바람으로 낮에는 바다가 육지에 비해 비열이 높아 온도 상승이 적어 해풍이 불며, 밤에는 바다가 육지에 비해 온도 저하가 적어 육풍이 분다.
- 산곡풍 : 낮에는 일사량이 곡보다 산이 많아 산이 저기압이 되어 곡풍이 불며, 밤에는 산의 냉각으로 고기압이 되어 산풍이 분다.
- 경도풍 : 등압선이 곡선일 때 기압경도력과 전향력, 원심력이 평형을 이루어 부는 바람이다.

08

접촉환원법에서 NO를 N_2로 제거하기 위한 반응식을 서술하시오. (단, 환원제는 H_2, CO, NH_3, H_2S이다)

 09년 4회 | 24년 1회

- $2NO + 2H_2 \rightarrow N_2 + 2H_2O$
- $2NO + 2CO \rightarrow N_2 + 2CO_2$
- $6NO + 4NH_3 \rightarrow 5N_2 + 6H_2O$
- $2NO + 2H_2S \rightarrow N_2 + 2H_2O + 2S$

09

원심력 집진장치에서 블로우 다운(Blow down) 방법에 대해 서술하고 효과 3가지를 서술하시오.

 16년 2회 | 19년 2회 | 20년 2회 | 21년 1회

가. 방법 : Dust Box 또는 멀티 사이클론의 Hopper부에서 처리가스량의 5 ~ 10%를 흡인하여 재순환시키는 방법

나. 효과
- 유효원심력 증가
- 분진의 재비산 방지
- 집진효율 증대
- 내통의 분진 폐색방지

10

액분산형 흡수장치를 4가지만 적으시오.

 07년 2회

벤츄리 스크러버, 사이클론 스크러버, 제트 스크러버, 충전탑, 분무탑

11

대기오염공정시험기준상 굴뚝배출가스 중 SO_2를 연속적으로 자동측정 방법 3가지를 쓰시오.

 19년 4회

용액전도율법, 적외선흡수법, 자외선흡수법, 정전위전해법, 불꽃광도법

필답형 기출문제 2015 * 4

01

유효굴뚝높이가 60m인 굴뚝에서 오염물질이 40g/sec로 배출되고 있다. 그리고 지상 5m에서의 풍속이 4m/sec일 때 500m 하류에 위치하는 중심선상의 오염물질의 지표농도($\mu g/m^3$)를 계산하시오. (단, P는 0.25, σ_y = 37m, σ_z = 18m이고, Deacon의 식, 가우시안 확산식을 이용)

빈출 체크 06년 2회 | 08년 1회 | 18년 4회

[식]
$$C = \frac{Q}{2 \cdot \sigma_y \cdot \sigma_z \cdot \pi \cdot u} \exp\left[-\frac{1}{2}\left(\frac{y}{\sigma_y}\right)^2\right]$$
$$\times \left[\exp\left(-\frac{1}{2}\left(\frac{z-H_e}{\sigma_z}\right)^2\right) + \exp\left(-\frac{1}{2}\left(\frac{z+H_e}{\sigma_z}\right)^2\right)\right]$$

[풀이]
① Deacon 식을 이용한 풍속
$$U_2 = U_1 \times \left(\frac{z_2}{z_1}\right)^P = 4 \times \left(\frac{60}{5}\right)^{0.25} = 7.4448 \text{m/sec}$$

② 중심선상의 오염물질의 지표 농도
- 지표 오염물질: z = 0, 중심선상: y = 0
$$C = \frac{Q}{\sigma_y \cdot \sigma_z \cdot \pi \cdot u} \exp\left(-\frac{1}{2}\left(\frac{H_e}{\sigma_z}\right)^2\right)$$
- $Q = \frac{40\text{g}}{\text{sec}} \mid \frac{10^6 \mu\text{g}}{\text{g}} = 4 \times 10^7 \mu\text{g/sec}$
- $C = \frac{4 \times 10^7}{37 \times 18 \times \pi \times 7.4448} \times \exp\left(-\frac{1}{2}\left(\frac{60}{18}\right)^2\right)$
$= 9.9274 \mu\text{g/m}^3$

[답] ∴ 지표농도 = 9.93 $\mu g/m^3$

02

H_{OG}가 0.8m, 제거율이 98%인 경우 충전탑의 높이(m)를 구하시오.

빈출 체크 08년 2회 | 16년 1회

[식] $H = H_{OG} \times \ln\left(\frac{1}{1-\eta}\right)$

[풀이] $H = 0.8 \times \ln\left(\frac{1}{1-0.98}\right) = 3.1296$m

[답] ∴ 충전탑의 높이 = 3.13m

03

여과집진기에서 유량 $4.78 \times 10^6 cm^3/sec$, 공기여재비 4cm/sec로 유입될 때 여과포 1개의 직경 0.2m, 유효높이 3m인 경우의 필요한 여과포의 개수를 구하시오.

빈출체크 08년 1회 | 11년 2회 | 20년 1회

[식] $n = \dfrac{Q_T}{\pi D L V_f}$

[풀이] ※ CGS 단위로 통일

$n = \dfrac{4.78 \times 10^6}{\pi \times 20 \times 300 \times 4} = 63.3967$ 이므로 64개 필요

[답] ∴ 여과포의 개수 = 64개

04

빗물의 pH가 5.6일 때 이 빗물의 [OH⁻]이온의 농도(mol/L)를 구하시오.

[식] $pH = 14 - \log \dfrac{1}{[OH^-]}$

[풀이] $5.6 = 14 - \log \dfrac{1}{[OH^-]}$

→ $[OH^-] = 3.9811 \times 10^{-9} M$

[답] ∴ $[OH^-] = 3.98 \times 10^{-9} M$

05

공기 중 CO_2 가스의 부피가 5%를 넘으면 인체에 해롭다고 한다면, 지금 $600m^3$의 방에서 문을 닫고 80%의 탄소를 가진 숯을 최소 몇 kg을 태우면 해로운 상태가 되는가? (단, 기존의 공기 중 CO_2 가스의 부피는 고려하지 않음, 실내에서 완전혼합, 표준상태 기준)

[풀이]
⟨반응식⟩ C + O_2 → CO_2
12kg : $22.4 Sm^3$
0.8X : $600m^3 \times 0.05$

$X = \dfrac{12 \times 600 \times 0.05}{0.8 \times 22.4} = 20.0893 kg$

[답] ∴ 태운 숯의 양 = 20.09kg

06

평판형 전기집진기의 집진극 전압이 60kV, 집진판 간격은 30cm이다. 가스속도는 1.0m/sec, 입자 직경 0.5㎛일 때 입자의 이동속도는

$W_e = \dfrac{1.1 \times 10^{-14} \cdot P \cdot E^2 \cdot d_p}{\mu}$ 를 이용하여 계산한다.

이때 효율이 100%가 되는 집진극의 길이(m)를 구하시오.
(단, P = 2, $\mu = 8.63 \times 10^{-2} kg/m \cdot hr$)

빈출체크 06년 2회 | 11년 2회 | 13년 1회 | 18년 2회 | 20년 4회

[식] $L = \dfrac{R \cdot V}{W_e}$

[풀이]

① $E = \dfrac{60 \times 10^3 V}{0.15 m} = 400,000 V/m$

② $W_e = \dfrac{1.1 \times 10^{-14} \times 2 \times 400,000^2 \times 0.5}{8.63 \times 10^{-2}} = 0.0204 m/sec$

③ $L = \dfrac{0.15 \times 1}{0.0204} = 7.3529 m$

[답] ∴ 집진극의 길이 = 7.35m

07

21,000Sm³/hr의 배출가스를 물을 이용하여 처리하고자 한다. 목 부의 유속은 80m/sec, 액가스비는 1L/m³인 경우 목 부 직경(m)을 계산하시오. (단, 배출가스의 온도는 150℃)

빈출체크 20년 4회

[식] $Q = A \cdot V = \dfrac{\pi D^2}{4} \times V$

[풀이] ① $Q = \dfrac{21,000 \text{Sm}^3}{\text{hr}} \Big| \dfrac{\text{hr}}{3,600 \text{sec}} \Big| \dfrac{273+150}{273}$

$\qquad = 9.0385 \text{m}^3/\text{sec}$

② $D = \sqrt{\dfrac{4Q}{\pi V}} = \sqrt{\dfrac{4 \times 9.0385}{\pi \times 80}} = 0.3793 \text{m}$

[답] ∴ 목 부 직경 = 0.38m

08

기체연료(C_mH_n) 1mol을 이론 공기량으로 완전연소시켰을 경우 이론 습연소 가스량(mol)을 계산하시오.

빈출체크 09년 2회 | 12년 2회 | 20년 3회

[식] $G_{ow} = (1-0.21)A_o + CO_2 + H_2O$

[풀이]

① 〈반응식〉 $C_mH_n + \left(m + \dfrac{n}{4}\right)O_2 \rightarrow mCO_2 + \dfrac{n}{2}H_2O$

$A_o = O_o \div 0.21 = \left(m + \dfrac{n}{4}\right) \div 0.21 = 4.7619m + 1.1905n$

② $G_{ow} = (1-0.21) \times (4.7619m + 1.1905n) + m + 0.5n$

$\qquad = 4.7619m + 1.4405n$

[답] ∴ 이론 습연소 가스량 = (4.76m + 1.44n)mol

09

환경정책기본법상 대기환경기준에 알맞은 수치를 적으시오.

가. SO_2 1시간 평균치 : ( )ppm	
나. CO 8시간 평균치 : ( )ppm	
다. NO_2 24시간 평균치 : ( )ppm	
라. O_3 1시간 평균치 : ( )ppm	
마. Pb 연간 평균치 : ( )$\mu g/m^3$	
바. 벤젠의 연간 평균치 : ( )$\mu g/m^3$	

빈출체크 12년 2회 | 22년 2회

가. SO_2 1시간 평균치 : (0.15)ppm

나. CO 8시간 평균치 : (9)ppm

다. NO_2 24시간 평균치 : (0.06)ppm

라. O_3 1시간 평균치 : (0.1)ppm

마. Pb 연간 평균치 : (0.5)$\mu g/m^3$

바. 벤젠의 연간 평균치 : (5)$\mu g/m^3$

10

원자흡수분광광도법의 용어 중 공명선, 분무실의 정의를 서술하시오.

빈출 체크 08년 2회 | 20년 3회

- 공명선 : 원자가 외부로부터 빛을 흡수했다가 다시 먼저 상태로 돌아갈 때 방사하는 스펙트럼선
- 분무실 : 분무기와 함께 분무된 시료용액의 미립자를 더욱 미세하게 해주는 한편 큰 입자와 분리시키는 작용을 갖는 장치

11

가솔린 자동차에서 사용하는 삼원촉매 및 제거 오염물질 3가지를 적으시오.

빈출 체크 21년 4회

- 삼원촉매 : 백금(Pt), 파라듐(Pd), 로듐(Rh)
- 제거 오염물질 : NO_x, HC, CO

12

충전탑과 관련된 용어를 서술하시오.

가. Hold up
나. Loading Point
다. Flooding Point
라. Loading Point와 Flooding Point를 그래프를 이용하여 표현

빈출 체크 10년 1회

가. 충전층 내 액 보유량
나. Hold up의 증가로 급격한 압력 변화가 생기는 점
다. 가스 속도의 증가로 비말동반을 일으켜 액이 흐르지 않고 넘는 점(향류 조작 불가능)
라. Graph

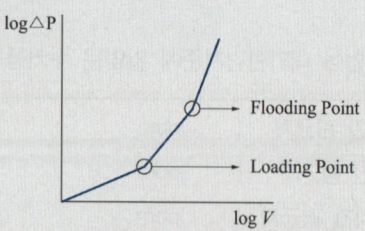

※ ΔP : 압력강하, V : 가스속도

필답형 기출문제 2016 * 1

01

탄소 85%, 수소 15%인 경유(1kg)를 공기과잉계수 1.1로 연소했더니 탄소 1%가 검댕(그을음)으로 된다. 건조 배기가스 $1Sm^3$ 중 검댕의 농도(g/Sm^3)를 계산하시오.

빈출 체크 06년 4회 | 08년 1회 | 11년 4회 | 18년 1회 | 20년 2회 21년 1회 | 23년 4회

[식] $C = \dfrac{\text{검댕 발생량}}{G_d}$

[풀이]
① 이론 공기량
  〈반응식〉 $C + O_2 \rightarrow CO_2$
    12kg : $22.4Sm^3$: $22.4Sm^3$
    0.85kg : X : CO_2 발생량

  $X = \dfrac{0.85 \times 22.4}{12} = 1.5867 Sm^3$

  CO_2 발생량 $= 0.85 \times 0.99 \times 22.4/12 = 1.5708 Sm^3$
  ※ 1%는 검댕으로 변하므로 99%만 CO_2로 발생한다.

  〈반응식〉 $H_2 + 0.5O_2 \rightarrow H_2O$
    2kg : $0.5 \times 22.4 Sm^3$
    0.15kg : Y

  $Y = \dfrac{0.15 \times 0.5 \times 22.4}{2} = 0.84 Sm^3$

  $A_o = O_o \div 0.21 = (1.5867 + 0.84) \div 0.21 = 11.5557 Sm^3$

② $G_d = (m - 0.21)A_o + CO_2$
   $= (1.1 - 0.21) \times 11.5557 + 1.5708$
   $= 11.8554 Sm^3$

③ 검댕 발생량 $= 0.85 \times 0.01 kg \times 10^3 g/kg = 8.5g$

④ $C = \dfrac{8.5g}{11.8554 Sm^3} = 0.7170 g/Sm^3$

[답] ∴ 검댕의 농도 $= 0.72 g/Sm^3$

02

H_{OG}가 0.8m, 제거율이 98%인 경우 충전탑의 높이(m)를 구하시오.

빈출 체크 08년 2회 | 15년 4회

[식] $H = H_{OG} \times \ln\left(\dfrac{1}{1-\eta}\right)$

[풀이] $H = 0.8 \times \ln\left(\dfrac{1}{1-0.98}\right) = 3.1296 m$

[답] ∴ 충전탑의 높이 $= 3.13m$

03

SO₂를 1,000ppm 함유한 가스(1기압, 25℃)가 유동층 연소로에서 10,000m³/hr로 배출될 때 이를 석회석으로 처리할 경우 필요한 CaCO₃의 양(kg/hr)을 계산하시오. (단, Ca/S 비가 4일 경우 SO₂ 100% 처리)

빈출 체크 10년 4회 | 11년 4회 | 24년 3회

[풀이]

〈반응비〉 SO_2 : $4 \times CaCO_3$
$22.4Sm^3$: $4 \times 100kg$
SO_2 발생량: X

SO_2 발생량 $= \dfrac{1,000mL}{m^3} | \dfrac{10,000m^3}{hr} | \dfrac{273}{273+25} | \dfrac{m^3}{10^6 mL}$

$= 9.1611 Sm^3/hr$

$X = \dfrac{4 \times 100 \times 9.1611}{22.4} = 163.5911 kg/hr$

[답] ∴ 필요한 CaCO₃ 양 = 163.59kg/hr

04

배기가스량 400m³/min, 농도 5.0g/Sm³, 분진을 유효 높이 5.5m, 직경 200mm인 Back Filter를 사용하여 처리할 경우 필요한 Back Filter의 개수를 구하시오. (단, 여과속도는 1.2cm/sec)

빈출 체크 08년 2회 | 17년 1회

[식] $n = \dfrac{Q_T}{\pi D L V_f}$

[풀이] ※ MKS 단위로 통일

① $Q_T = \dfrac{400m^3}{min} | \dfrac{min}{60sec} = 6.6667 m^3/sec$

② $D = \dfrac{200mm}{} | \dfrac{m}{10^3 mm} = 0.2m$

③ $V_f = \dfrac{1.2cm}{sec} | \dfrac{m}{100cm} = 0.012 m/sec$

④ $n = \dfrac{6.6667}{\pi \times 0.2 \times 5.5 \times 0.012} = 160.7634$ 이므로 161개

[답] ∴ Back Filter의 개수 = 161개

05

먼지의 Stokes 직경이 5×10^{-4}cm, 입자의 밀도가 1.8g/cm³일 때 이 분진의 공기역학적 직경(㎛)을 계산하시오.

빈출 체크 06년 2회

[식] $d_a = d_p \cdot \sqrt{\dfrac{\rho_p}{\rho_a}}$

[풀이]

① $d_a = 5 \times 10^{-4} \times \sqrt{\dfrac{1.8}{1}} = 6.7082 \times 10^{-4} cm$

② $\dfrac{6.7082 \times 10^{-4} cm}{} | \dfrac{10^4 \mu m}{cm} = 6.7082 \mu m$

[답] ∴ $d_a = 6.71 \mu m$

06

리차드슨 수 및 대기 안정도를 표의 조건을 이용하여 구하시오.

고도	풍속	온도
3m	3.9m/sec	14.7℃
2m	3.3m/sec	15.4℃

가. 리차드슨 수
나. 안정도 판별

빈출체크 06년 4회 | 07년 4회 | 10년 1회 | 20년 2회 | 21년 2회

가. 리차드슨 수

[식] $R_i = \dfrac{g}{T_m} \times \dfrac{(\Delta T/\Delta Z)}{(\Delta U/\Delta Z)^2}$

[풀이] $R_i = \dfrac{9.8}{273 + \dfrac{(14.7 + 15.4)}{2}} \times \dfrac{\left(\dfrac{14.7 - 15.4}{3 - 2}\right)}{\left(\dfrac{3.9 - 3.3}{3 - 2}\right)^2}$

$= -0.0662$

[답] ∴ $R_i = -0.07$

나. 안정도 판별

대류에 의한 혼합이 기계적 난류를 지배

※ 참고(해당되는 부분만 적을 것)

리차드슨 수(R_i)	특성
-0.04 미만	대류에 의한 혼합이 기계적 난류를 지배
-0.03 초과 0 미만	기계적 난류와 대류가 존재하나 기계적 난류가 주로 혼합을 일으킴
0	기계적 난류만 존재
0 초과 0.25 미만	성층에 의해서 약화된 기계적 난류가 존재
0.25 이상	수직방향의 혼합은 없음, 수평상의 소용돌이 존재

07

원심력 집진장치의 집진효율 향상 조건 3가지를 적으시오.
(단, Blow Down 효과는 제외)

빈출체크 07년 2회 | 20년 1회

- 원통의 직경, 내경이 작을수록
- 입경과 밀도가 클수록
- 입구유속이 빠를수록
- 직렬로 사용하는 경우
- 회전수가 클수록

08

흡착제를 이용하여 오염물질을 처리하고자 할 때 선택 시 고려사항을 5가지 적으시오. (단, 비용에 대한 사항 제외)

- 단위질량당 표면적이 큰 것
- 기체 흐름에 대한 압력손실이 적을 것
- 흡착제의 강도와 경도가 클 것
- 흡착율이 우수할 것
- 흡착제의 재생이 용이할 것
- 흡착물질의 회수가 용이할 것
- 온도, 가스조성에 대한 고려를 할 것

09
여과집진장치의 집진원리 4가지를 적으시오.

빈출 체크 20년 1회

관성충돌, 차단, 확산, 중력, 정전기적 인력

10
대기오염물질의 농도를 추정하기 위한 상자모델 이론을 적용하기 위한 가정조건을 4가지만 서술하시오.

빈출 체크 13년 2회 | 21년 1회 | 24년 3회

- 오염물질의 분해가 있는 경우는 1차 반응에 의한다.
- 오염물질의 배출원이 지면 전역에 균등히 분포한다.
- 고려되는 공간에서 오염물질의 농도는 균일하다.
- 상자 안에서는 밑면에서 방출되는 오염물질이 상자 높이인 혼합층까지 즉시 균등하게 혼합된다.
- 고려되는 공간의 수직단면에 직각방향으로 부는 바람의 속도가 일정하여 환기량이 일정하다.
- 배출된 오염물질은 다른 물질로 변하지도 않고 지면에 흡수되지 않는다.

11
배기가스 채취 시 채취관을 보온, 가열을 하는 이유 3가지를 적으시오.

빈출 체크 16년 4회 | 20년 5회 | 23년 4회

- 채취관이 부식될 염려가 있는 경우
- 여과재가 막힐 염려가 있는 경우
- 분석물질이 응축수에 용해되어 오차가 생길 염려가 있는 경우

01

가우시안 모델의 대기오염 확산방정식을 적용할 때 지면에 있는 오염원으로부터 바람부는 방향으로 200m 떨어진 연기의 중심축상 지상오염농도(mg/m³)를 계산하시오. (단, 오염물질의 배출량은 6g/sec, 풍속은 3.5m/sec, σ_y, σ_z는 각각 22.5m, 12m)

[식] $C = \dfrac{Q}{2 \cdot \sigma_y \cdot \sigma_z \cdot \pi \cdot u} \exp\left[-\dfrac{1}{2}\left(\dfrac{y}{\sigma_y}\right)^2\right]$
$\times \left[\exp\left(-\dfrac{1}{2}\left(\dfrac{z-H_e}{\sigma_z}\right)^2\right) + \exp\left(-\dfrac{1}{2}\left(\dfrac{z+H_e}{\sigma_z}\right)^2\right)\right]$

[풀이]

① $Q = \dfrac{6g}{sec} \Big| \dfrac{10^3 mg}{g} = 6 \times 10^3 \, mg/sec$

② 지표 오염물질 : $z=0$, 중심선상 : $y=0$
지면에 있는 오염원 : $H_e = 0$

③ $C = \dfrac{Q}{2 \cdot \sigma_y \cdot \sigma_z \cdot \pi \cdot u} \exp[0] \times [\exp(0) + \exp(0)]$

$\rightarrow C = \dfrac{Q}{2 \cdot \sigma_y \cdot \sigma_z \cdot \pi \cdot u} \times 1 \times 2 = \dfrac{Q}{\sigma_y \cdot \sigma_z \cdot \pi \cdot u}$

④ $C = \dfrac{6 \times 10^3}{22.5 \times 12 \times \pi \times 3.5} = 2.021 \, mg/m^3$

[답] ∴ 지상오염농도 = 2.02mg/m³

02

분진농도가 10g/m³인 배출가스를 처리하는 1차 집진장치의 집진율이 90%인 경우, 출구의 분진농도를 0.2g/m³으로 하기 위한 2차 집진기의 집진율(%)을 계산하시오.

20년 4회

[식] $\eta_T = 1 - (1-\eta_1)(1-\eta_2)$

[풀이]

① $\eta_T(\%) = \left(1 - \dfrac{C_o}{C_i}\right) \times 100 = \left(1 - \dfrac{0.2}{10}\right) \times 100 = 98\%$

② $0.98 = 1 - (1-0.90)(1-\eta_2)$
$\rightarrow \eta_2 = 0.8 \rightarrow \eta_2 = 80\%$

[답] ∴ 집진효율 = 80%

03

입구 유속이 20m/sec, 흡인 정압 60mmH₂O, 출구 정압 32mmH₂O인 송풍기의 유출 정압(kg_f/cm²)을 계산하시오.

빈출체크 13년 1회

[식] 유출 정압 = 흡인 정압 + 출구 정압 - 입구 동압
[풀이]
① 입구 동압 $= \dfrac{\gamma \cdot V^2}{2g} = \dfrac{1.3 \times 20^2}{2 \times 9.8} = 26.5306 \text{mmH}_2\text{O}$
② 유출 정압 $= 60 + 32 - 26.5306 = 65.4694 \text{mmH}_2\text{O}$
③ 단위 환산
$$\to \dfrac{65.4694 \text{mmH}_2\text{O}}{} \Big| \dfrac{\text{kg}_f/\text{m}^2}{\text{mmH}_2\text{O}} \Big| \dfrac{(1\text{m})^2}{(100\text{cm})^2}$$
$$= 6.5469 \times 10^{-3} \text{kg}_f/\text{cm}^2$$

[답] ∴ 송풍기의 유출 정압 = 6.55×10^{-3} kg_f/cm²

04

개구면적이 0.5m²인 외부식 장방형 후드의 포집량(m³/sec)을 구하시오. (단, 후드 개구면에서 포착점까지의 거리는 0.4m, 포착속도는 0.25m/sec)

빈출체크 13년 4회

[식] $Q_c = (10X^2 + A) \times V_c$
[풀이] $Q_c = (10 \times 0.4^2 + 0.5) \times 0.25 = 0.525 \text{m}^3/\text{sec}$
[답] ∴ 후드의 포집량 = 0.53m³/sec

05

배기가스량 1,180m³/min, 농도 5g/Sm³, 분진을 유효 높이 11.6m, 직경 290mm인 Back Filter를 사용하여 처리할 경우 필요한 Back Filter의 개수를 구하시오. (단, 여과속도는 1.3cm/sec)

빈출체크 20년 2회 | 21년 1회

[식] $n = \dfrac{Q_T}{\pi D L V_f}$

[풀이] ※ MKS 단위로 통일

① $Q_T = \dfrac{1,180 \text{m}^3}{\text{min}} \Big| \dfrac{\text{min}}{60 \text{sec}} = 19.6667 \text{m}^3/\text{sec}$

② $D = \dfrac{290 \text{mm}}{} \Big| \dfrac{\text{m}}{10^3 \text{mm}} = 0.29 \text{m}$

③ $V_f = \dfrac{1.3 \text{cm}}{\text{sec}} \Big| \dfrac{\text{m}}{100 \text{cm}} = 0.013 \text{m/sec}$

④ $n = \dfrac{19.6667}{\pi \times 0.29 \times 11.6 \times 0.013} = 143.147$ 이므로 144개

[답] ∴ Back Filter의 개수 = 144개

06

기체크로마토그래피에서 이론단수가 1,800 되는 분리관이 있다. 보유시간이 10min 되는 피이크의 밑부분 폭(피이크 좌우 변곡점에서 접선이 자르는 바탕선의 길이)(mm)을 계산하시오. (단, 기록지 이동 속도는 1.5cm/min, 이론단수는 모든 성분에 대하여 같다고 한다)

빈출체크 09년 4회 | 12년 2회 | 19년 2회

[식] $n = 16 \times \left(\dfrac{t_R}{W}\right)^2$

[풀이]

① $t_R = \dfrac{1.5\text{cm}}{\text{min}} \mid \dfrac{10\text{min}}{} \mid \dfrac{10\text{mm}}{\text{cm}} = 150\text{mm}$

② $W = \dfrac{t_R}{\sqrt{n/16}} = \dfrac{150}{\sqrt{1,800/16}} = 14.1421\text{mm}$

[답] ∴ 피이크의 밑부분 폭 = 14.14mm

07

프로판의 고발열량이 20,000kcal/Sm³일 경우 저발열량(kcal/Sm³)을 계산하시오.

[식] $Hl(\text{kcal/Sm}^3) = Hh - 480\sum H_2O$

[풀이]

① 〈반응식〉 $C_3H_8 + 5O_2 \rightarrow 3CO_2 + 4H_2O$

② $Hl = 20,000 - 480 \times 4 = 18,080\text{kcal/Sm}^3$

[답] ∴ 저발열량 = 18,080kcal/Sm³

08

물리적 흡착의 특성 4가지를 적으시오.

빈출체크 09년 1회 | 20년 4회

- 흡착원리는 Van der Waals 힘에 의한 것이다.
- 흡착과정이 가역적이다.
- 오염가스 회수에 용이하다.
- 온도의 영향이 큰 편이다.
- 흡착 시 다층으로 흡착이 가능하다.
- 흡착열이 낮은 편이다.

09

선택적 촉매 환원법(SCR)의 원리를 서술하고 대표적 반응식 3가지를 적으시오.

빈출체크 20년 3회

가. 원리 : 300 ~ 400℃에서 촉매(TiO_2, V_2O_5)와 환원제(NH_3, CO, H_2S 등)를 이용하여 NO_x를 N_2로 환원시키는 방법이다.

나. 대표 반응식
- $4NO + 4NH_3 + O_2 \rightarrow 4N_2 + 6H_2O$
- $6NO + 4NH_3 \rightarrow 5N_2 + 6H_2O$
- $6NO_2 + 8NH_3 \rightarrow 7N_2 + 12H_2O$

10

고체연료 연소장치의 종류 중 하나인 미분탄 연소장치의 장점 3가지를 적으시오.

빈출체크 06년 1회

- 작은 과잉공기로 완전연소가 가능하다.
- 부하변동에 따른 적응성이 높고 대용량 설비에 적합하다.
- 고온의 예열공기를 사용하여 연소효율이 높다.
- 저질탄, 점결탄도 완전연소가 가능하다.
- 사용연료의 범위가 넓다.
- 연소제어가 용이하고 점화 및 소화 시 손실이 적다.

11

원심력 집진장치에서 블로우 다운(Blow down) 방법에 대해 서술하고 효과 3가지를 서술하시오.

빈출체크 15년 2회 | 19년 2회 | 20년 2회 | 21년 1회

가. 방법 : Dust Box 또는 멀티 사이클론의 Hopper부에서 처리가스량의 5 ~ 10%를 흡인하여 재순환시키는 방법

나. 효과
- 유효원심력 증가
- 분진의 재비산 방지
- 집진효율 증대
- 내통의 분진 폐색방지

12

충전탑을 이용하여 유해가스를 제거하고자 할 때 흡수액의 구비조건 3가지를 적으시오.

빈출체크 07년 1회 | 07년 2회 | 19년 1회 | 19년 2회 | 20년 2회
21년 1회 | 22년 1회 | 24년 3회

- 흡수액의 손실 방지를 위해 휘발성이 작을 것
- 장치의 부식 방지를 위해 부식성이 낮을 것
- 높은 흡수율과 범람을 줄이기 위해 점도가 낮을 것
- 빙점이 낮고, 가격이 저렴할 것
- 용해도 및 비점이 높을 것
- 용매의 화학적 성질과 비슷할 것
- 화학적으로 안정적일 것

필답형 기출문제 2016 * 4

01

250m³의 크기를 갖는 실험실에서 HCHO가 발생하여 농도가 0.5ppm가 되었다. 이를 0.01ppm까지 낮추기 위하여 25m³/min 유량을 갖는 공기청정기를 이용하려고 한다. 원하는 농도로 낮추기 위해 걸리는 시간(min)을 구하시오. (단, 처리효율은 100%, 초기 HCHO 농도는 0ppm)

빈출 체크 08년 4회 | 12년 1회 | 21년 1회

[식] $\ln \dfrac{C_t}{C_o} = -\dfrac{Q}{V} \cdot t$

[풀이] $t = \dfrac{\ln \dfrac{0.01}{0.5}}{-\dfrac{25}{250}} = 39.1202 \text{min}$

[답] ∴ 39.12min

02

굴뚝높이 50m, 배출 연기온도 200℃, 배출 연기속도 30m/sec, 굴뚝 직경이 2m인 화력발전소가 있다. 지금 주변 대기온도가 20℃이고, 굴뚝 배출구에서 대기 풍속이 10m/sec며, 대기압은 1,000mb인 조건에서 다음

$$\Delta H = \dfrac{V_s \cdot D}{U}\left(1.5 + 2.68 \times 10^{-3} \cdot P \cdot \dfrac{T_s - T_a}{T_s} \cdot D\right)$$

식을 이용한 연기의 유효굴뚝높이(m)를 계산하시오.

빈출 체크 07년 4회

[식] $H_e = H + \Delta H$

[풀이]

① $\Delta H = \dfrac{30 \times 2}{10}(1.5 + 2.68 \times 10^{-3} \times 1,000$
$\times \dfrac{(273+200)-(273+20)}{(273+200)} \times 2) = 21.2385\text{m}$

② $H_e = 50 + 21.2385 = 71.2385\text{m}$

[답] ∴ 유효굴뚝높이 = 71.24m

03

개구면적이 0.5m²인 외부식 장방형 후드의 포집량(m³/sec)과 압력손실(mmH₂O)을 구하시오. (단, 후드 개구면에서 포착점까지의 거리 0.4m, 통제속도 0.25m/sec, 유입계수 0.85, 반응속도 10m/sec)

가. 후드의 포집량(m³/sec)
나. 압력손실(mmH₂O)

빈출체크 06년 1회

가. 후드의 포집량

[식] $Q_c = (10X^2 + A) \times V_c$

[풀이] $Q_c = (10 \times 0.4^2 + 0.5) \times 0.25 = 0.525 \mathrm{m^3/sec}$

[답] ∴ 후드의 포집량 = 0.53m³/sec

나. 압력손실

[식] $\Delta P = F_i \cdot P_v = \left(\dfrac{1-C_e^2}{C_e^2}\right) \times \dfrac{\gamma V^2}{2g}$

[풀이] $\Delta P = \left(\dfrac{1-0.85^2}{0.85^2}\right) \times \dfrac{1.3 \times 10^2}{2 \times 9.8}$

$= 2.5475 \mathrm{mmH_2O}$

[답] ∴ 압력손실 = 2.55mmH₂O

04

석탄의 성분 분석결과 C 64%, H 5.3%, O 8.8%, N 0.8%, S 0.1%, 회분 12%, 수분 9%였을 때 G_{od}(Sm³/kg), G_{ow}(Sm³/kg), $(CO_2)_{max}$(%)를 계산하시오.

가. G_{od}(Sm³/kg)
나. G_{ow}(Sm³/kg)
다. $(CO_2)_{max}$(%)

빈출체크 06년 4회 | 20년 2회 | 20년 3회

가. G_{od}

[식] $G_{od} = (1-0.21)A_o + CO_2 + SO_2 + N_{2(연료)}$

[풀이]
① 이론 공기량

〈반응식〉 C + O₂ → CO₂
   12kg : 22.4Sm³ : 22.4Sm³
   0.64kg/kg : X : CO₂ 발생량

$X = \dfrac{0.64 \times 22.4}{12} = 1.1947 \mathrm{Sm^3/kg}$

〈반응식〉 H₂ + 0.5O₂ → H₂O
   2kg : 0.5×22.4Sm³ : 22.4Sm³
   0.053kg/kg : Y : H₂O 발생량

$Y = \dfrac{0.053 \times 0.5 \times 22.4}{2} = 0.2968 \mathrm{Sm^3/kg}$

〈반응식〉 S + O₂ → SO₂
   32kg : 22.4Sm³ : 22.4Sm³
   0.001kg/kg : Z : SO₂ 발생량

$Z = \dfrac{0.001 \times 22.4}{32} = 0.0007 \mathrm{Sm^3/kg}$

※ 연료에 포함된 산소는 이론산소량에서 빼준다.

$O_2 = \dfrac{0.088 \times 22.4}{32} = 0.0616 \mathrm{Sm^3/kg}$

$A_o = O_o \div 0.21$
$= (1.1947 + 0.2968 + 0.0007 - 0.0616) \div 0.21$
$= 6.8124 \mathrm{Sm^3/kg}$

② 이론 건연소 가스량

〈반응식〉   N₂   →   N₂
            28kg : 22.4Sm³
        0.008kg/kg : N₂ 발생량

N₂ 발생량 = $\frac{0.008 \times 22.4}{28}$ = 0.0064Sm³/kg

G_{od} = (1−0.21)×6.8124 + 1.1947 + 0.0007 + 0.0064
       = 6.5836Sm³/kg

[답] ∴ G_{od} = 6.58Sm³/kg

나. G_{ow}

[식] $G_{ow} = G_{od} + H_2O$

[풀이] 〈반응식〉 H₂O → H₂O
                18kg : 22.4Sm³
          0.09kg/kg : H₂O 발생량

H₂O 발생량 = $\frac{0.09 \times 22.4}{18}$ = 0.112Sm³/kg

G_{ow} = 6.58 + (0.5936 + 0.112) = 7.2856Sm³/kg

[답] ∴ G_{ow} = 7.29Sm³/kg

다. $(CO_2)_{max}$

[식] $(CO_2)_{max}(\%) = \frac{CO_2 \text{ 발생량}}{G_{od}} \times 100$

[풀이] $(CO_2)_{max}(\%) = \frac{1.1947}{6.58} \times 100 = 18.1565\%$

[답] ∴ $(CO_2)_{max}(\%)$ = 18.16%

05

   빈출체크 10년 1회 | 14년 2회

전기집진장치를 이용하여 120,000m³/hr의 가스를 처리하고자 한다. 먼지의 겉보기 이동속도는 10m/min, 제거효율은 99.5%, 집진판의 길이는 2m, 높이는 5m라 할 때 필요한 집진판의 개수를 구하시오. (단, Deutsch Anderson 식을 적용하여 계산)

[식] $\eta = 1 - e^{-\frac{A \cdot W_e}{Q}}$

[풀이]

① $W_e = \frac{10m}{min} \left| \frac{60min}{hr} \right. = 600m/hr$

② A에 대한 식으로 정리

$A = -\frac{Q}{W_e} \ln(1-\eta) = -\frac{120,000}{600} \ln(1-0.995)$
  $= 1,059.6635m^2$

③ 필요한 집진면의 개수

$= \frac{\text{전체면적}}{\text{1개 면적}} = \frac{1,059.6635}{5 \times 2} = 105.9664$이므로

106개의 집진면이 필요

④ 2개는 단면, 52개는 양면 집진판이 필요하므로 총 집진판의 개수는 54개

[답] ∴ 집진판의 개수 = 54개

06

4μm의 직경을 갖는 구형입자의 비표면적(m²/kg)과 질량이 1kg일 경우 입자의 개수를 구하시오. (단, 입자의 밀도는 1.4g/cm³)

가. 비표면적(m²/kg)

나. 입자의 개수(유효숫자 세자리)

빈출 체크 07년 2회 | 13년 4회

가. 비표면적

[식] $S_v = \dfrac{6}{d_s \times \rho}$

[풀이]

① $d_s = \dfrac{4\mu m\,|\,m}{10^6 \mu m} = 4 \times 10^{-6}\,m$

② $\rho = \dfrac{1.4g}{cm^3}\,|\,\dfrac{10^6 cm^3}{m^3}\,|\,\dfrac{kg}{10^3 g} = 1,400\,kg/m^3$

③ $S_v = \dfrac{6}{4 \times 10^{-6} \times 1,400} = 1,071.4286\,m^2/kg$

[답] ∴ 비표면적 = 1,071.43 m²/kg

나. 입자의 개수

[식] $n = \dfrac{m}{\rho \cdot V}$

[풀이]

① $V = \dfrac{\pi D^3}{6} = \dfrac{\pi \times (4 \times 10^{-6})^3}{6} = 3.351 \times 10^{-17}\,m^3$

② $n = \dfrac{1}{1,400 \times 3.351 \times 10^{-17}} = 2.1316 \times 10^{13}$

[답] ∴ 입자의 개수 = 2.13 × 10¹³개

07

A공장에서 6,000kcal/kg의 발열량을 갖는 석탄을 연소하고 있다. SO₂의 규제 기준이 2.5mg SO₂/kcal라면 기준에 맞는 석탄의 황 함유량(%)을 계산하시오.

빈출 체크 08년 4회 | 09년 1회 | 20년 3회 | 24년 1회

[식] 석탄의 황 함유량(%) = $\dfrac{S}{석탄} \times 100$

[풀이]

① $\dfrac{2.5\,mgSO_2}{kcal} = \dfrac{kg_{석탄}}{6,000\,kcal}\,|\,\dfrac{X\,kg_S}{kg_{석탄}}\,|\,\dfrac{64\,kg_{SO_2}}{32\,kg_S}\,|\,\dfrac{10^6\,mg}{kg}$

→ $X = 7.5 \times 10^{-3}\,kg$

② 석탄의 황 함유량 = $\dfrac{7.5 \times 10^{-3}\,kg}{1\,kg} \times 100 = 0.75\%$

[답] ∴ 석탄의 황 함유량 = 0.75%

08

공기비가 작을 경우 발생하는 현상 3가지를 서술하시오.

- 미연소에 의한 열손실이 증가한다.
- 불완전 연소가 되므로 매연 발생이 증가한다.
- 미연소 가스에 의한 폭발 위험이 있다.
- 탄화수소 및 일산화탄소 발생량이 증가하며 질소산화물 발생량은 감소한다.

09

전기집진장치의 집진효율을 증가시키는 방법 6가지를 서술하시오.

빈출 체크 12년 4회 | 18년 4회 | 20년 5회

- 비저항 값을 $10^4 \sim 10^{11}\ \Omega \cdot cm$로 운영한다.
- 처리가스의 온도를 150℃ 이하 혹은 250℃ 이상으로 한다.
- 처리가스의 수분 함량을 증가시킨다.
- 연료의 황 성분 함량을 높인다.
- 인가전압을 높인다.
- 집진판의 면적을 넓게 한다.
- 입자의 이동속도를 빠르게 한다.

10

배기가스 채취 시 채취관을 보온, 가열을 하는 이유 3가지를 적으시오.

빈출 체크 16년 1회 | 20년 5회 | 23년 4회

- 채취관이 부식될 염려가 있는 경우
- 여과재가 막힐 염려가 있는 경우
- 분석물질이 응축수에 용해되어 오차가 생길 염려가 있는 경우

11

다음 보기 중 오존파괴지수(ODP)가 큰 순서대로 나열하시오.

[보기]
① $C_2F_4Br_2$ ② CF_3Br ③ CH_2BrCl
④ $C_2F_3Cl_3$ ⑤ CF_2BrCl

빈출 체크 10년 4회 | 20년 5회 | 23년 1회

② $CF_3Br(10)$ > ① $C_2F_4Br_2(6.0)$ > ⑤ $CF_2BrCl(3.0)$ > ④ $C_2F_3Cl_3(0.8)$ > ③ $CH_2BrCl(0.12)$

※ 괄호 안의 숫자는 암기할 필요 없음

필답형 기출문제 2017 * 1

01

프로판과 부탄을 용적비 3 : 1로 혼합한 가스 1Sm³을 이론적으로 완전연소할 때 발생하는 CO_2의 양(Sm³)은 얼마인가? (단, 표준상태 기준)

빈출 체크 06년 1회 | 09년 4회

[풀이] 용적비 3 : 1이므로 0.75Sm³, 0.25Sm³씩 존재
⟨반응식⟩ $C_3H_8 + 5O_2 \rightarrow 3CO_2 + 4H_2O$
　　　　0.75Sm³　：　3×0.75Sm³
　　　　$C_4H_{10} + 6.5O_2 \rightarrow 4CO_2 + 5H_2O$
　　　　0.25Sm³　：　4×0.25Sm³
→ CO_2 = 3×0.75 + 4×0.25 = 3.25Sm³
[답] ∴ CO_2 발생량 = 3.25Sm³

02

흡착법에 사용되는 Freundlich 등온흡착식과 Langmuir 등온흡착식을 적으시오.

가. Freundlich 등온흡착식
나. Langmuir 등온흡착식

빈출 체크 10년 1회 | 21년 4회

가. Freundlich 등온흡착식
$$\frac{X}{M} = k \cdot C^{1/n}$$
- X : 흡착된 유기물의 양(mg/L)
- M : 필요한 활성탄의 양(mg/L)
- C : 흡착되고 남은 유기물의 양(mg/L)
- k, n : 상수

나. Langmuir 등온흡착식
$$\frac{X}{M} = \frac{abC}{1+aC}$$
- X : 흡착된 유기물의 양(mg/L)
- M : 필요한 활성탄의 양(mg/L)
- C : 흡착되고 남은 유기물의 양(mg/L)
- a, b : 상수

03

배기가스량 400m³/min, 농도 5.0g/Sm³, 분진을 유효 높이 5.5m, 직경 200mm인 Back Filter를 사용하여 처리할 경우 필요한 Back Filter의 개수를 구하시오. (단, 여과속도는 1.2cm/sec)

빈출체크 08년 2회 | 16년 1회

[식] $n = \dfrac{Q_T}{\pi D L V_f}$

[풀이] ※ MKS 단위로 통일

① $Q_T = \dfrac{400 m^3}{min} \Big| \dfrac{min}{60 sec} = 6.6667 m^3/sec$

② $D = \dfrac{200mm}{} \Big| \dfrac{m}{10^3 mm} = 0.2m$

③ $V_f = \dfrac{1.2cm}{sec} \Big| \dfrac{m}{100cm} = 0.012 m/sec$

④ $n = \dfrac{6.6667}{\pi \times 0.2 \times 5.5 \times 0.012} = 160.7634$ 이므로 161개

[답] ∴ Back Filter의 개수 = 161개

04

환경정책기본법상 환경기준에 대한 수치를 적으시오.

항목	기준	
이산화질소 (NO₂)	연간 평균치 : ( )ppm 이하	
	24시간 평균치 : ( )ppm 이하	
	1시간 평균치 : ( )ppm 이하	
오존 (O₃)	8시간 평균치 : ( )ppm 이하	
	1시간 평균치 : ( )ppm 이하	
일산화탄소 (CO)	8시간 평균치 : ( )ppm 이하	
	1시간 평균치 : ( )ppm 이하	

빈출체크 10년 4회 | 12년 4회 | 13년 4회 | 14년 2회 | 17년 2회 | 18년 4회 | 20년 1회 | 22년 4회

항목	기준
이산화질소 (NO₂)	연간 평균치 : (0.03)ppm 이하
	24시간 평균치 : (0.06)ppm 이하
	1시간 평균치 : (0.10)ppm 이하
오존 (O₃)	8시간 평균치 : (0.06)ppm 이하
	1시간 평균치 : (0.1)ppm 이하
일산화탄소 (CO)	8시간 평균치 : (9)ppm 이하
	1시간 평균치 : (25)ppm 이하

05

벤츄리 스크러버에서 목 부의 직경 0.2m, 수압 20,000mmH₂O, 노즐의 직경 3.8mm, 액가스비 0.5L/m³, 목 부의 가스유속이 60m/sec일 때, 노즐의 개수를 계산하시오.

빈출체크 11년 4회 | 20년 1회

[식] $n \left(\dfrac{d_n}{D_t} \right)^2 = \dfrac{V_t \cdot L}{100 \sqrt{P}}$

[풀이]

① $d_n = \dfrac{3.8mm}{} \Big| \dfrac{m}{10^3 mm} = 3.8 \times 10^{-3} m$

② $n = \dfrac{60 \times 0.5}{100\sqrt{20,000}} \times \left(\dfrac{0.2}{3.8 \times 10^{-3}} \right)^2 = 5.8762$ 이므로 6개

[답] ∴ 노즐의 개수 = 6개

06

처음 굴뚝의 높이는 35m이다. 집진장치를 설치하였더니 압력손실이 10mmH₂O가 발생되었다. 집진장치를 설치했을 때 굴뚝의 높이(m)를 처음보다 얼마나 높여야 하는지 계산하시오. (단, 대기의 온도는 27℃이고, 가스의 온도는 227℃이다)

14년 4회 | 20년 1회

[식] $Z = 355 \cdot H \cdot \left(\dfrac{1}{273+t_a} - \dfrac{1}{273+t_g} \right)$

[풀이]

① $Z = 355 \times 35 \times \left(\dfrac{1}{273+27} - \dfrac{1}{273+227} \right)$
   $= 16.5667 \text{mmH}_2\text{O}$

② 추가 압력손실 고려 : $16.5667 + 10 = 26.5667 \text{mmH}_2\text{O}$

③ $26.5667 = 355 \times H \times \left(\dfrac{1}{273+27} - \dfrac{1}{273+227} \right)$
   → $H = 56.1268 \text{m}$

④ 높여야 하는 굴뚝 높이= $56.1268 - 35 = 21.1268 \text{m}$

[답] ∴ 높여야 하는 굴뚝 높이= 21.13m

07

광학 현미경을 이용하여 입자의 투영면적으로부터 측정하는 직경 중 입자상 물질의 끝과 끝을 연결한 선 중 가장 긴 선을 직경으로 하는 것은 무엇인가?

12년 2회

Feret Diameter(휘렛 직경)

08

열섬효과에 영향을 주는 대표적인 인자 3가지를 적으시오.

08년 2회 | 10년 4회 | 20년 5회

- 도시 지역의 인구집중에 따른 인공 열 발생의 증가
- 도시의 건물 등 구조물에 의한 거칠기 길이의 변화
- 도시 표면의 열적 성질의 차이 및 지표면에서의 증발잠열의 차이

09

다음의 용어를 설명하시오.

가. 알베도
나. 비인의 변위법칙

 20년 3회

가. 지표면에 처음 도달하는 복사에너지의 양과 반사되는 복사 에너지의 비율이다.
나. 흑체 표면의 온도(K)는 에너지 밀도가 높은 파장과 반비례한다.

10

길이 10m, 높이 2m인 중력 침강으로 분진을 처리하고자 한다. 침강실에 유입되는 분진가스의 유속이 1.4m/sec일 때 분진을 완전히 제거할 수 있는 최소입경(μm)은 얼마인가? (단, 입자의 밀도는 1,600 kg/m³, 분진가스의 점도는 2.0×10^{-5} kg/m·sec, 가스의 흐름은 층류로 가정한다)

[식] $d_{min}(\mu m) = \sqrt{\dfrac{18\mu VH}{(\rho_p - \rho)gL}} \times 10^6$

[풀이] $d_{min}(\mu m) = \sqrt{\dfrac{18 \times 2.0 \times 10^{-5} \times 1.4 \times 2}{(1,600 - 1.3) \times 9.8 \times 10}} \times 10^6$

$= 80.211 \mu m$

[답] ∴ 최소입경 = 80.21 μm

11

커닝험 보정계수에 대해 서술하시오.

미세한 기체분자가 입자에 충돌할 때 미끄러지는 현상으로 항력이 작아져 침강속도가 커지게 되는데 1μm 이하가 되면 더욱 심각해진다. 이를 보정한 계수를 커닝험 보정계수라 하며 항상 1보다 크다.

필답형 기출문제 2017 * 2

01

Freundlich 등온흡착식 $\frac{X}{M} = k \cdot C^{1/n}$ 에서 상수 k와 n을 구하는 방법을 기술하시오.

빈출 체크 08년 4회 | 14년 2회 | 24년 1회

① $\frac{X}{M} = k \cdot C^{1/n}$ ·················· 양변에 log를 취함

② $\log \frac{X}{M} = \log k + \frac{1}{n} \log C$ logk는 y절편, 1/n은 기울기

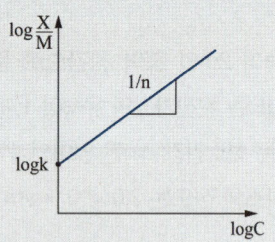

02

가솔린($C_8H_{17.5}$)을 연소시킬 경우 질량기준의 공연비와 부피기준의 공연비를 계산하시오.

가. 질량기준
나. 부피기준

빈출 체크 12년 2회 | 20년 4회 | 24년 2회

가. 질량기준

[식] $AFR_m = \dfrac{M_A \times m_a}{M_F \times m_f}$

[풀이]
⟨반응식⟩ $C_8H_{17.5} + 12.375 O_2 \rightarrow 8CO_2 + 8.75 H_2O$

$AFR_m = \dfrac{12.375 \times 32 \div 0.232}{113.5 \times 1} = 15.0387$

[답] ∴ $AFR_m = 15.04$

나. 부피기준

[식] $AFR_v = \dfrac{m_a \times 22.4}{m_f \times 22.4}$

[풀이]
⟨반응식⟩ $C_8H_{17.5} + 12.375 O_2 \rightarrow 8CO_2 + 8.75 H_2O$

$AFR_v = \dfrac{12.375 \div 0.21 \times 22.4}{1 \times 22.4} = 58.9286$

[답] ∴ $AFR_v = 58.93$

03

온실효과에 의한 기온상승 원리와 대표적인 원인물질 3가지를 적으시오.

- 빈출체크 08년 4회 | 20년 2회 | 20년 3회

- 기온상승 원리 : 태양복사에너지는 대기를 통과하면서 구름, H_2O, CO_2, O_3 등의 물질에 의하여 일부 반사되고 지표에 도달하게 된다. 지표에서 얻은 에너지는 지구복사에너지로 우주로 방출하게 되는데 구름, 온실기체 등에 의하여 대부분이 반사되어 재복사가 발생하여 대기 온도가 상승하게 된다.
- 대표적인 원인물질 : CO_2, CH_4, CFC, SF_6, PFCs, HFCs, N_2O

04

환경정책기본법상 환경기준에 대한 수치를 적으시오.

항목	기준	
이산화질소 (NO_2)	연간 평균치 : ( )ppm 이하	
	24시간 평균치 : ( )ppm 이하	
	1시간 평균치 : ( )ppm 이하	
오존 (O_3)	8시간 평균치 : ( )ppm 이하	
	1시간 평균치 : ( )ppm 이하	
일산화탄소 (CO)	8시간 평균치 : ( )ppm 이하	
	1시간 평균치 : ( )ppm 이하	

- 빈출체크 10년 4회 | 12년 4회 | 13년 4회 | 14년 2회 | 17년 1회 | 18년 4회 | 20년 1회 | 22년 4회

항목	기준
이산화질소 (NO_2)	연간 평균치 : (0.03)ppm 이하
	24시간 평균치 : (0.06)ppm 이하
	1시간 평균치 : (0.10)ppm 이하
오존 (O_3)	8시간 평균치 : (0.06)ppm 이하
	1시간 평균치 : (0.1)ppm 이하
일산화탄소 (CO)	8시간 평균치 : (9)ppm 이하
	1시간 평균치 : (25)ppm 이하

05

다음은 비분산 적외선 분광분석법에 대한 용어 설명이다. ( ) 안에 알맞은 말을 쓰시오.

- 스팬 드리프트 : 동일 조건에서 제로가스를 흘려 보내면서 때때로 스팬가스를 도입할 때 제로 드리프트를 뺀 드리프트가 고정형은 24시간, 이동형은 (㉠)시간 동안에 전체 눈금의 (㉡)% 이상이 되어서는 안 된다.
- 응답시간 : 제로 조정용가스를 도입하여 안정된 후 유로를 스팬가스로 바꾸어 기준유량으로 분석계에 도입하여 그 농도를 눈금 범위 내의 어느 일정한 값으로부터 다른 일정한 값으로 갑자기 변화시켰을 때 스텝응답에 대한 소비시간이 (㉢) 이내이어야 한다. 또 이때 최종 지시치에 대한 90% 응답을 나타내는 시간은 40초 이내이어야 한다.

- 빈출체크 14년 4회

㉠ 4
㉡ ±2
㉢ 1초

06

습식 석회 세정법을 이용하여 400,000m³/hr의 SO_2 가스를 처리하고자 한다. 하루동안 15.7ton의 석고($CaSO_4 \cdot 2H_2O$)를 회수하였다. 이때 SO_2의 농도(ppm)를 구하시오. (단, 탈황률 98%)

 07년 1회

[풀이] 〈반응비〉 SO_2 : $CaSO_4 \cdot 2H_2O$
$22.4Sm^3$: $172kg$
SO_2 발생량 : $15,700kg$

$$SO_2 \text{ 발생량} = \frac{X mL}{m^3} \left| \frac{m^3}{10^6 mL} \right| \frac{98}{100} \left| \frac{400,000 Sm^3}{hr} \right| \frac{24hr}{} = 9.408X Sm^3$$

$$X = \frac{22.4 \times 15,700}{9.408 \times 172} = 217.3311$$

[답] ∴ SO_2의 농도 = 217.33ppm

07

입경이 X인 입자의 Rosin-Rammler 분포가 50%인 입자의 직경이 50μm라면 직경 25μm인 입자의 R(%)는 얼마인지 계산하시오. (단, 입경계수는 1이다)

 07년 2회 | 11년 2회

[식] $R(\%) = 100 \cdot \exp(-\beta \cdot d_p^n)$

[풀이] ① $50 = 100\exp(-\beta \times 50^1) \rightarrow \beta = 0.0139$
② $R(\%) = 100 \cdot \exp(-0.0139 \times 25^1) = 70.6452\%$

[답] ∴ R = 70.65%

08

0.5%의 염화수소를 포함하는 가스 1,000m³/hr를 수산화칼슘으로 중화하려고 한다. 이때 필요한 수산화칼슘 소비량(kg/hr)을 구하시오.

[풀이]
〈반응식〉 $2HCl + Ca(OH)_2 \rightarrow CaCl_2 + 2H_2O$
$2 \times 22.4 Sm^3$: $74kg$
$1,000m^3/hr \times 0.005$: X

$$X = \frac{74 \times 1,000 \times 0.005}{2 \times 22.4} = 8.2589 kg/hr$$

[답] ∴ 수산화칼슘 소비량 = 8.26kg/hr

09

Bag filter에서 먼지부하가 360g/m²일 때마다 부착먼지를 간헐적으로 탈락시키고자 한다. 유입가스 중의 먼지농도가 10g/m³이고, 겉보기 여과속도가 1cm/sec일 때 부착먼지의 탈락시간 간격(sec)을 구하시오. (단, 집진율은 98.5%이다)

 13년 4회 | 15년 2회 | 20년 1회

[식] $L_d = C_i \cdot V_f \cdot t \cdot \eta$

[풀이]
① $V_f = \frac{1cm}{sec} \left| \frac{m}{100cm} \right. = 0.01 m/sec$

② $t = \frac{L_d}{C_i \cdot V_f \cdot \eta} = \frac{360}{10 \times 0.01 \times 0.985} = 3,654.8223 sec$

[답] ∴ 탈락시간 간격 = 3,654.82sec

10

배출가스 중 황산화물을 처리하고자 할 때 다음 물음에 답하시오.

가. 건식법의 종류 3가지
나. 건식법의 장점 3가지(습식법과 비교하여)

 12년 2회 | 19년 1회 | 19년 2회

가. 종류 : 석회석 주입법, 활성산화망간법, 활성탄 흡착법
나. 장점
- 배출가스의 온도 저하가 거의 없는 편이다.
- 연돌에 의한 배출가스의 확산이 양호한 편이다.
- 폐수가 발생하지 않는다.
- pH 영향을 많이 받지 않는 편이다.

11

전기집진장치에서의 장애현상 중 원인 및 대책을 한 가지씩 서술하시오.

가. 2차 전류가 주기적으로 변하거나 불규칙하게 흐를 때
나. 2차 전류가 현저히 떨어질 때
다. 재비산현상이 일어날 때

 11년 1회

가. 2차 전류가 주기적으로 변하거나 불규칙하게 흐를 때
① 원인
- 집진극과 방전극 간격 이완
- 스파크 빈도의 증가
② 대책
- 방전극, 집진극 간격 점검
- 1차 전압 낮춤
- 충분한 분진 탈리

나. 2차 전류가 현저히 떨어질 때
① 원인
- 먼지 비저항이 너무 높음
- 입구분진농도가 큼
② 대책
- 입구분진 농도 조절
- 조습용 스프레이 수량 증가
- 스파크 횟수 증가

다. 재비산현상이 일어날 때
① 원인
- 비저항 $10^4 \Omega \cdot cm$ 이하
- 입구의 유속이 빠를 때
② 대책
- 처리가스의 속도를 낮춤
- NH_3 주입
- 온도, 습도 조절
- 집진극에 Baffle 설치
- 미연탄소분 제거

필답형 기출문제 2017 * 4

01

건식 석회(CaO) 주입법으로 배기가스 중 SO_2를 제거하고자 한다. 배기가스량은 $1,000Sm^3/hr$, SO_2 농도는 2,000ppm이라 할 때 생성되는 황산칼슘의 양(kg/hr)을 계산하시오. (단, 처리효율 80%)

[풀이]

⟨반응식⟩ $SO_2 + CaO + 0.5O_2 \rightarrow CaSO_4$

$22.4Sm^3$: 136kg

SO_2 발생량 : X

SO_2 발생량 $= \dfrac{2,000mL}{m^3} \Big| \dfrac{1,000Sm^3}{hr} \Big| \dfrac{80}{100} \Big| \dfrac{m^3}{10^6 mL}$

$= 1.6 Sm^3/hr$

$X = \dfrac{1.6 \times 136}{22.4} = 9.7143 kg/hr$

[답] ∴ 황산칼슘의 양 = 9.71kg/hr

02

배출가스 중 다이옥신을 가스크로마토그래프/질량분석계(GC/MS)로 분석하고자 한다. 이때 GC/MS에 주입하기 전에 첨가하는 실린지 첨가용 내부표준물질 2가지를 서술하시오.

빈출 체크 13년 2회

- ^{13}C-1,2,3,4-TeCDD
- ^{13}C-1,2,3,7,8,9-HxCDD

03

Stokes 침강 속도식을 유도하시오.
(단, 항력 $F_d = 3\pi \cdot \mu \cdot d_p \cdot V_g$)

07년 1회

① 항력(F_d)
$$= 중력\left(F_g = m \cdot a = \rho_p \cdot V \cdot g = \rho_p \times \frac{\pi d_p^3}{6} \times g\right)$$
$$- 부력\left(F_b = m \cdot a = \rho \cdot V \cdot g = \rho \times \frac{\pi d_p^3}{6} \times g\right)$$

② $\rho_p \times \frac{\pi d_p^3}{6} \times g - \rho \times \frac{\pi d_p^3}{6} \times g = 3\pi\mu \cdot d_p \cdot V_g$

③ $\frac{\pi d_p^3}{6} \times g(\rho_p - \rho) = 3\pi\mu \cdot d_p \cdot V_g$

$\therefore V_g = \frac{d_p^2(\rho_p - \rho)g}{18\mu}$

04

공장의 발생가스 중 먼지의 농도는 $4.2g/m^3$이며 배출허용기준인 $0.12g/m^3$에 맞춰 배출하려고 한다. 다음 물음에 답하시오.

가. 집진장치 1개를 이용하여 배출허용기준에 맞춰 배출하려고 할 때 집진장치의 효율
나. 집진장치 2개를 직렬연결하여 배출허용기준에 맞춰 배출하려고 할 때 집진장치의 효율(두 개의 집진효율은 같다)
다. 집진장치 2개를 직렬연결하여 배출허용기준에 맞춰 배출하려고 할 때 두 번째 집진장치의 효율이 75%였다면 나머지 장치의 효율

14년 1회

가. [식] $\eta_T = 1 - \frac{C_o}{C_i}$

[풀이] $\eta_T = 1 - \frac{0.12}{4.2} = 0.9714$

[답] ∴ 총 집진효율=0.97

나. [식] $\eta_T = 1 - (1-\eta_1)(1-\eta_2)$

[풀이] $0.97 = 1 - (1-\eta_1)^2 \rightarrow \eta_1 = 0.8268$

[답] ∴ 집진효율=0.83

다. [식] $\eta_T = 1 - (1-\eta_1)(1-\eta_2)$

[풀이] $0.97 = 1 - (1-\eta_1)(1-0.75) \rightarrow \eta_1 = 0.88$

[답] ∴ 집진효율=0.88

05

입자의 간접 측정방법 2가지를 적고 간략하게 설명하시오.

20년 1회

- 관성충돌법 : 입자의 관성충돌을 이용하여 측정하는 방법
- 액상침강법 : 액상 중 입자를 침강속도를 적용하여 측정하는 방법
- 공기투과법 : 입자의 비표면적을 측정하여 입경을 측정하는 방법
- 광산란법 : 입자의 표면에서 일어나는 빛의 산란정도를 광학분진계로 측정하는 방법

06

탄소 80%, 수소 20%를 함유하는 중유의 $(CO_2)_{max}(\%)$를 구하시오.

[식] $(CO_2)_{max}(\%) = \dfrac{CO_2\ 발생량}{G_{od}} \times 100$

[풀이]
① 이론 공기량

〈반응식〉 $\quad C \quad + \quad O_2 \quad \rightarrow \quad CO_2$
$\qquad\qquad 12kg \quad : 22.4Sm^3 : 22.4Sm^3$
$\qquad\quad 0.80kg/kg : \quad X \quad : CO_2\ 발생량$

$X = \dfrac{0.80 \times 22.4}{12} = 1.4933 Sm^3/kg$

〈반응식〉 $\quad H_2 \quad + \quad 0.5O_2 \quad \rightarrow \quad H_2O$
$\qquad\qquad 2kg \quad : 0.5 \times 22.4Sm^3 : 22.4Sm^3$
$\qquad\quad 0.20kg/kg : \qquad Y \qquad : H_2O\ 발생량$

$Y = \dfrac{0.20 \times 0.5 \times 22.4}{2} = 1.12 Sm^3/kg$

$A_o = O_o \div 0.21$
$\quad\ = (1.4933 + 1.12) \div 0.21 = 12.4443 Sm^3/kg$

② $G_{od} = (1-0.21)A_o + CO_2$
$\qquad\ = (1-0.21) \times 12.4443 + 1.4933 = 11.3243 Sm^3/kg$

③ $(CO_2)_{max}(\%) = \dfrac{1.4933}{11.3243} \times 100 = 13.1867\%$

[답] ∴ $(CO_2)_{max}(\%) = 13.19\%$

07

염소가 $35.5mg/Sm^3$ 포함된 가스가 $15,000Sm^3/hr$로 배출되고 있다. NaOH를 사용하여 염소농도를 5ppm으로 낮추려 할 때 필요한 NaOH의 양(kg/hr)을 계산하시오.

빈출 체크 09년 2회

[풀이]
① 제거되는 Cl_2

$= 발생\ Cl_2(= \dfrac{35.5mg}{Sm^3} \Big| \dfrac{22.4mL}{71mg} = 11.2ppm) - 5ppm$

$= 6.2ppm$

② 〈반응식〉 $Cl_2 + 2NaOH \rightarrow NaOCl + NaCl + H_2O$
$\qquad\quad 22.4Sm^3 \quad : 2 \times 40kg$
$\qquad\ 제거된\ Cl_2 \ : \quad X$

제거된 $Cl_2 = \dfrac{6.2mL}{m^3} \Big| \dfrac{15,000Sm^3}{hr} \Big| \dfrac{m^3}{10^6 mL}$

$\qquad\qquad\ = 0.093 Sm^3/hr$

$X = \dfrac{2 \times 40 \times 0.093}{22.4} = 0.3321 kg/hr$

[답] ∴ 필요한 NaOH의 양 = 0.33kg/hr

08

A소각로에서 발생하는 다이옥신을 측정한 결과 17%의 산소농도에서 다음과 같은 결과를 얻었다. 다이옥신의 농도를 산소농도 10%로 환산하여 독성등가인자를 고려하여 계산하시오. (단, 소수점 셋째 자리까지)

다이옥신의 종류	독성등가 환산계수	농도
T_4CDD	1.0	$0.1 ng/Sm^3$
T_4CDF	0.5	$0.2 ng/Sm^3$
P_5CDD	0.5	$0.5 ng/Sm^3$
O_8CDD	0.001	$12 ng/Sm^3$
O_8CDF	0.001	$2 ng/Sm^3$

빈출체크 07년 4회 | 13년 1회

[식] $TEQ = \sum(TEF \times 치환이성체의 농도)$

[풀이]
① $TEQ = 1 \times 0.1 + 0.5 \times 0.2 + 0.5 \times 0.5 + 0.001 \times 12 + 0.001 \times 2 = 0.464 ng/Sm^3$

② 농도보정 → $C = 0.464 \times \dfrac{21-10}{21-17} = 1.276 ng/Sm^3$

[답] ∴ 다이옥신 농도 = $1.276 ng/Sm^3$

09

직경 2m인 사이클론에서 외부선회류의 내측반경이 0.5m, 외측반경이 0.70m이며 장치의 중심에서 반경 0.6m인 곳으로 유입된 입자의 속도(m/sec)를 계산하시오. (단, 함진가스량은 $1.5 m^3/sec$)

빈출체크 24년 3회

[식] $V = \dfrac{Q}{R \cdot W \cdot \ln\dfrac{r_2}{r_1}}$

[풀이]
① $W = 0.7 - 0.5 = 0.2 m$

② $V = \dfrac{1.5}{0.6 \times 0.2 \times \ln\dfrac{0.7}{0.5}} = 37.1502 m/sec$

[답] ∴ 입자의 속도 = $37.15 m/sec$

10

습식 배연탈황법 중 석회석 세정법을 이용하여 황산화물을 처리할 때 발생하는 Scale 생성 방지대책 3가지를 적으시오.

빈출체크 21년 4회

- 주기적으로 세정액을 내벽을 향해 고루 분사한다.
- 배가스와 슬러지 분배를 적절하게 유지한다.
- pH의 급격한 저하를 막는다.
- L/G비를 증가시켜 슬러리 부피당 제거되는 SO_2양을 줄인다.

필답형 기출문제 2018 * 1

01

기체크로마토그래피에서 분리도와 분리계수의 공식을 쓰고, 각각을 기술하시오.

 08년 2회 | 15년 1회 | 20년 5회

분리도(R) = $\dfrac{2(t_{R2} - t_{R1})}{W_1 + W_2}$, 분리계수(d) = $\dfrac{t_{R2}}{t_{R1}}$

- t_{R1} : 시료도입점으로부터 봉우리 1의 최고점까지의 길이
- t_{R2} : 시료도입점으로부터 봉우리 2의 최고점까지의 길이
- W_1 : 봉우리 1의 좌우 변곡점에서의 접선이 자르는 바탕선의 길이
- W_2 : 봉우리 2의 좌우 변곡점에서의 접선이 자르는 바탕선의 길이

02

탄소 85%, 수소 15%인 경유(1kg)를 공기과잉계수 1.1로 연소했더니 탄소 1%가 검댕(그을음)으로 된다. 건조 배기가스 1Sm³ 중 검댕의 농도(g/Sm³)를 계산하시오.

 06년 4회 | 08년 1회 | 11년 4회 | 16년 1회 | 20년 2회
21년 1회 | 23년 4회

[식] C = $\dfrac{검댕\ 발생량}{G_d}$

[풀이]
① 이론 공기량

〈반응식〉 C + O_2 → CO_2
　　　　　12kg : 22.4Sm³ : 22.4Sm³
　　　　　0.85kg : X : CO_2 발생량

X = $\dfrac{0.85 \times 22.4}{12}$ = 1.5867Sm³

CO_2 발생량 = 0.85 × 0.99 × 22.4/12 = 1.5708Sm³
※ 1%는 검댕으로 변하므로 99%만 CO_2로 발생한다.

〈반응식〉 H_2 + $0.5O_2$ → H_2O
　　　　　2kg : 0.5 × 22.4Sm³
　　　　　0.15kg : Y

Y = $\dfrac{0.15 \times 0.5 \times 22.4}{2}$ = 0.84Sm³

$A_o = O_o \div 0.21 = (1.5867 + 0.84) \div 0.21 = 11.5557$Sm³

② $G_d = (m - 0.21)A_o + CO_2$
　　= (1.1 − 0.21) × 11.5557 + 1.5708
　　= 11.8554Sm³

③ 검댕 발생량 = $0.85 \times 0.01 kg \times 10^3 g/kg = 8.5g$

④ $C = \dfrac{8.5g}{11.8554 Sm^3} = 0.7170 g/Sm^3$

[답] ∴ 검댕의 농도 = $0.72 g/Sm^3$

03

입경의 종류 중 스토크스 직경과 공기역학적 직경에 대하여 서술하시오.

09년 2회 | 10년 1회 | 14년 1회 | 21년 2회 | 23년 4회

- 스토크스 직경 : 입자상 물질과 같은 밀도 및 침강속도를 갖는 입자상 물질의 직경
- 공기역학적 직경 : 대상 먼지와 침강속도가 동일하며, 밀도가 $1g/cm^3$인 구형입자의 직경

04

바람의 종류 중 지균풍과 경도풍에 대해 서술하시오.

10년 4회

- 지균풍 : 기압경도력과 전향력이 평형을 이루어 수직으로 부는 바람으로 등압선에 평행하게 발생
- 경도풍 : 등압선이 곡선일 때 기압경도력과 전향력, 원심력이 평형을 이루어 부는 바람이다.

05

고체연료의 연소장치 중 유동층 연소장치에 대한 장점 2가지, 단점 2가지를 적으시오.

07년 1회

가. 장점
- 수분함량이 높은 폐기물을 처리할 수 있다.
- 석회석 등의 탈황제를 사용하여 노 내 탈황이 가능하다.
- 연료의 층 내 체류시간이 길어 완전연소가 가능하다.
- 공기와의 접촉면적이 커 연소효율이 좋다.
- NO_x 생성량이 적다.
- 건설비와 전열면적이 적게 소요된다.

나. 단점
- 유동매체의 손실을 보충하여야 한다.
- 투입 전 파쇄하여 투입하여야 한다.
- 부하변동에 따른 적응성이 낮다.
- 압력손실 및 동력비가 높다.

06

이온크로마토그래피의 측정원리와 써프렛서의 역할을 서술하시오.

가. 측정원리

나. 써프렛서의 역할

빈출체크 20년 4회

가. 이동상으로는 액체, 그리고 고정상으로는 이온교환수지를 사용하여 이동상에 녹는 혼합물을 고분리능 고정상이 충전된 분리관 내로 통과시켜 시료성분의 용출상태를 전도도 검출기 또는 광학 검출기로 검출하여 그 농도를 정량하는 방법이다.

나. 전해질을 물 또는 저전도도의 용매로 바꿔줌으로써 전기 전도도 셀에서 목적이온 성분과 전기 전도도만을 고감도로 검출할 수 있게 해주는 것이다.

07

전기집진장치에서 2차 전류가 현저하게 떨어질 때의 대책 3가지를 쓰시오.

빈출체크 14년 2회 | 20년 5회

- 입구분진 농도 조절
- 조습용 스프레이 수량 증가
- 스파크 횟수 증가

08

처리가스의 먼지농도가 2,000mg/Sm³인 것을 3개의 집진장치를 직렬로 연결하여 처리하고자 한다. 각각의 집진율은 70%, 50%, 80%라 할 때 배출되는 먼지농도(mg/Sm³)를 계산하시오.

빈출체크 13년 1회 | 20년 5회

[식] $C_o = C_i \times (1 - \eta_T)$

[풀이] ① $\eta_T = 1 - (1-\eta_1)(1-\eta_2)(1-\eta_3)$
$= 1 - (1-0.7)(1-0.5)(1-0.8)$
$= 0.97$

② $C_o = 2,000 \times (1-0.97) = 60 \text{mg/Sm}^3$

[답] ∴ 배출 먼지농도 = 60mg/Sm³

09

질소산화물의 생성기구 3가지를 서술하시오.

빈출체크 07년 2회 | 22년 1회

- Thermal NO_x : 공기 중의 N_2가 고온(1,000 ~ 1,400℃)의 영역에서 산화되어 생성
- Fuel NO_x : 연소 중 연료 중의 N_2가 공기 중의 O_2와 반응하여 생성
- Prompt NO_x : 연소 중 연료의 탄화수소와 반응하여 생성 (Flame 내부에서 빠르게 반응)

10

반경이 15cm인 원통에 공기가 2m/sec로 흐른다. 유체의 밀도가 1.2kg/m³, 점도가 0.2cP일 경우 레이놀즈 수를 구하시오.

[식] $Re = \dfrac{D \cdot V \cdot \rho}{\mu}$

[풀이] ※ MKS 단위로 통일

① $D = \dfrac{2 \times 15\text{cm}}{1} \Big| \dfrac{\text{m}}{100\text{cm}} = 0.3\text{m}$

② $\mu = \dfrac{0.2\text{cP}}{1} \Big| \dfrac{\text{P}}{100\text{cP}} \Big| \dfrac{\text{g/cm} \cdot \text{sec}}{\text{P}} \Big| \dfrac{\text{kg}}{10^3 \text{g}} \Big| \dfrac{100\text{cm}}{\text{m}}$
$= 2 \times 10^{-4} \text{kg/m} \cdot \text{sec}$

③ $Re = \dfrac{0.3 \times 2 \times 1.2}{2 \times 10^{-4}} = 3,600$

[답] ∴ $Re = 3,600$

11

유해가스와 물이 일정한 온도에서 평형상태에 있다. 기상의 유해가스의 분압이 38mmHg일 때 수중 유해가스의 농도가 2.5kmol/m³이면 이때 헨리상수(atm·m³/kmol)를 계산하시오.

빈출체크 13년 2회 | 20년 5회

[식] $H = \dfrac{P}{C}$

[풀이] ① $P = \dfrac{38\text{mmHg}}{1} \Big| \dfrac{1\text{atm}}{760\text{mmHg}} = 0.05\text{atm}$

② $H = \dfrac{0.05}{2.5} = 0.02 \text{atm} \cdot \text{m}^3/\text{kmol}$

[답] ∴ 헨리상수 = 0.02 atm·m³/kmol

12

다중이용시설의 실내공기질 유지기준 중 산후조리원에 대한 오염물질 항목이다. 빈칸에 알맞은 수치를 적으시오.

가. 폼알데하이드 (　　) μg/m³ 이하
나. 총 부유세균 (　　) CFU/m³ 이하

가. 80
나. 800

01

자외선/가시선 분광법으로 측정한 A물질의 농도가 0.02M, 빛의 투사거리는 0.2mm라고 한다면 A물질의 흡광도를 계산하시오. (단, 흡광계수는 90)

08년 4회

[식] $A = \log \dfrac{1}{T}$

[풀이]

① $T = \dfrac{I_t}{I_o} = 10^{-\epsilon \cdot C \cdot L} = 10^{-90 \times 0.02 \times 0.2} = 0.4365$

② $A = \log \dfrac{1}{0.4365} = 0.36$

[답] ∴ 흡광도 = 0.36

02

실내공기질 관리법상 노인요양시설의 실내공기질 유지기준을 적으시오.

항목	유지 기준
PM-10	( )μg/m³ 이하
PM-2.5	( )μg/m³ 이하
이산화탄소	( )ppm 이하
폼알데하이드	( )μg/m³ 이하
총 부유세균	( )CFU/m³ 이하
일산화탄소	( )ppm 이하

10년 2회 | 14년 1회

항목	유지 기준
PM-10	(75)μg/m³ 이하
PM-2.5	(35)μg/m³ 이하
이산화탄소	(1,000)ppm 이하
폼알데하이드	(80)μg/m³ 이하
총 부유세균	(800)CFU/m³ 이하
일산화탄소	(10)ppm 이하

03

다음 물음에 답하시오.

가. 반응속도의 의미
나. 1차 반응(반응시간과 농도와의 관계)
다. 2차 반응(반응시간과 농도와의 관계)

11년 1회

가. 반응조에서 화학 반응의 속도이며 반응물의 농도 및 온도 등에 영향을 받으며 반응차수에 따라 달리 표현하는 것

나. $\ln \dfrac{C_t}{C_o} = -k \cdot t$

- C_t : t시간이 지난 후 물질의 농도
- C_o : 초기 농도
- k : 반응속도상수
- t : 반응시간

다. $\dfrac{1}{C_t} - \dfrac{1}{C_o} = k \cdot t$

- C_t : t시간이 지난 후 물질의 농도
- C_o : 초기 농도
- k : 반응속도상수
- t : 반응시간

04

어떤 집진장치의 입구와 출구에서 배출가스 중의 먼지를 측정한 결과 각각 15g/m³, 0.15g/m³이었다. 또 입구와 출구에서 채취한 먼지 시료 중에 함유된 0~5㎛의 입경범위인 것의 중량 비율은 먼지에 대하여 각각 10%, 60%이었다면 이 집진장치의 0~5㎛ 입경범위에서의 부분 집진효율(%)을 계산하시오.

09년 1회

[식] $\eta_d(\%) = \left(1 - \dfrac{C_o \cdot R_o}{C_i \cdot R_i}\right) \times 100$

[풀이] $\eta_d(\%) = \left(1 - \dfrac{0.15 \times 0.60}{15 \times 0.10}\right) \times 100 = 94\%$

[답] ∴ 부분 집진효율 = 94%

05

NO 224ppm, NO₂ 22.4ppm을 함유한 배기가스 100,000m³/hr를 NH₃에 의한 선택적 접촉환원법으로 처리할 경우 NOx를 제거하기 위한 NH₃의 이론량(kg/hr)을 계산하시오.

08년 2회 | 08년 4회

[풀이]
① 〈반응식〉 $6NO + 4NH_3 \rightarrow 5N_2 + 6H_2O$
$\quad\quad\quad\quad 6 \times 22.4Sm^3 : 4 \times 17kg$
$\quad\quad\quad\quad$ NO 발생량 : X

NO 발생량 $= \dfrac{224mL}{m^3} \Big| \dfrac{100,000m^3}{hr} \Big| \dfrac{m^3}{10^6 mL} = 22.4 m^3/hr$

$X = \dfrac{4 \times 17 \times 22.4}{6 \times 22.4} = 11.3333 kg/hr$

② 〈반응식〉 $6NO_2 + 8NH_3 \rightarrow 7N_2 + 12H_2O$
$\quad\quad\quad\quad 6 \times 22.4Sm^3 : 8 \times 17kg$
$\quad\quad\quad\quad$ NO₂ 발생량 : Y

NO₂ 발생량 $= \dfrac{22.4mL}{m^3} \Big| \dfrac{100,000m^3}{hr} \Big| \dfrac{m^3}{10^6 mL}$
$\quad\quad\quad\quad\quad = 2.24 m^3/hr$

$Y = \dfrac{8 \times 17 \times 2.24}{6 \times 22.4} = 2.2667 kg/hr$

③ $X + Y = 11.3333 + 2.2667 = 13.6 kg/hr$

[답] ∴ NH₃의 이론량 = 13.6kg/hr

06

A지점의 미세먼지(PM10) 측정농도가 74, 82, 97, 70, 60μg/m³일 때 다음 물음에 답하시오.

가. 기하학적 평균을 계산한 후 환경기준 24시간 평균치와 비교
나. 산술평균을 계산한 후 환경기준 24시간 평균치와 비교

08년 1회 | 12년 1회

가. [풀이] $C_m = (74 \times 82 \times 97 \times 70 \times 60)^{1/5}$
$\quad\quad\quad\quad = 75.6159 \mu g/m^3$

[답] ∴ 75.62μg/m³이므로 24시간 평균치인 100μg/m³를 초과하지 않음

나. [풀이] $C_m = (74+82+97+70+60) \div 5 = 76.6 \mu g/m^3$

[답] ∴ 76.6μg/m³이므로 24시간 평균치인 100μg/m³를 초과하지 않음

07

폭굉에 관한 다음 물음에 답하시오.

가. 유도거리의 정의
나. 폭굉유도거리가 짧아지는 이유 3가지
다. 혼합기체의 하한 연소범위(%)

성분	조성	하한 연소범위
CH_4	80	5.0
C_2H_6	14	3.0
C_3H_8	4	2.1
C_4H_{10}	2	1.5

빈출체크 14년 2회 | 20년 5회

가. 관중에 폭굉 가스가 존재할 때 최초의 완만한 연소가 격렬한 폭굉으로 발전할 때까지의 거리

나.
- 압력이 높음
- 점화원의 에너지가 큼
- 연소속도가 큼
- 관경이 작은 경우

다. [식] $L = \dfrac{100}{\dfrac{P_1}{n_1} + \dfrac{P_2}{n_2} + \cdots + \dfrac{P_n}{n_n}}$

[풀이] $L = \dfrac{100}{\dfrac{80}{5} + \dfrac{14}{3} + \dfrac{4}{2.1} + \dfrac{2}{1.5}} = 4.1833\%$

[답] ∴ 하한 연소범위 = 4.18%

08

중력 집진장치의 높이와 폭이 3m이고 가스유속이 1m/sec일 경우 레이놀즈 수를 계산하시오. (단, 20℃, 1atm, 점성계수 = 1.18×10^{-5} kg/m·sec)

빈출체크 11년 2회

[식] $Re = \dfrac{D \cdot V \cdot \rho}{\mu}$

[풀이] ※ MKS 단위로 통일

① $D_o = \dfrac{2HW}{H+W} = \dfrac{2 \times 3 \times 3}{3+3} = 3m$

② $\rho = \dfrac{1.3 kg}{Sm^3} \Big| \dfrac{273}{273+20} = 1.2113 kg/m^3$

③ $Re = \dfrac{3 \times 1 \times 1.2113}{1.18 \times 10^{-5}} = 307,957.6271$

[답] ∴ $Re = 307,957.63$

09

평판형 전기집진기의 집진극 전압이 60kV, 집진판 간격은 30cm이다. 가스속도는 1.0m/sec, 입자 직경 0.5㎛일 때 입자의 이동속도는 $W_e = \dfrac{1.1 \times 10^{-14} \cdot P \cdot E^2 \cdot d_p}{\mu}$ 를 이용하여 계산한다.

이때 효율이 100%가 되는 집진극의 길이(m)를 구하시오.
(단, $P = 2$, $\mu = 8.63 \times 10^{-2}$ kg/m·hr)

빈출체크 06년 2회 | 11년 2회 | 13년 1회 | 15년 4회 | 20년 4회

[식] $L = \dfrac{R \cdot V}{W_e}$

[풀이]

① $E = \dfrac{60 \times 10^3 V}{0.15 m} = 400,000 V/m$

② $W_e = \dfrac{1.1 \times 10^{-14} \times 2 \times 400,000^2 \times 0.5}{8.63 \times 10^{-2}} = 0.0204 m/sec$

③ $L = \dfrac{0.15 \times 1}{0.0204} = 7.3529 m$

[답] ∴ 집진극의 길이 = 7.35m

10

탄소 87%, 수소 10%, 황 3%를 함유하는 중유의 $(CO_2)_{max}(\%)$를 구하시오.

빈출 체크 06년 1회 | 10년 4회 | 21년 4회 | 24년 3회

[식] $(CO_2)_{max}(\%) = \dfrac{CO_2 \text{ 발생량}}{G_{od}} \times 100$

[풀이]
① 이론 공기량

〈반응식〉 C + O_2 → CO_2
12kg : 22.4Sm^3 : 22.4Sm^3
0.87kg/kg : X : CO_2 발생량

$X = \dfrac{0.87 \times 22.4}{12} = 1.624 Sm^3/kg$

〈반응식〉 H_2 + 0.5O_2 → H_2O
2kg : 0.5×22.4Sm^3
0.10kg/kg : Y

$Y = \dfrac{0.10 \times 0.5 \times 22.4}{2} = 0.56 Sm^3/kg$

〈반응식〉 S + O_2 → SO_2
32kg : 22.4Sm^3 : 22.4Sm^3
0.03kg/kg : Z : SO_2 발생량

$Z = \dfrac{0.03 \times 22.4}{32} = 0.021 Sm^3/kg$

$A_o = O_o \div 0.21 = (1.624 + 0.56 + 0.021) \div 0.21$
$= 10.5 Sm^3/kg$

② $G_{od} = (1-0.21)A_o + CO_2 + SO_2$
$= (1-0.21) \times 10.5 + 1.624 + 0.021$
$= 9.94 Sm^3/kg$

③ $(CO_2)_{max}(\%) = \dfrac{1.624}{9.94} \times 100 = 16.3380\%$

[답] ∴ $(CO_2)_{max}(\%) = 16.34\%$

11

용량비로 CO 45%, H_2 55%인 기체 혼합물이 있다. 다음 물음에 답하시오.

가. CO와 H_2의 중량비(%)
나. 기체 혼합물의 평균분자량(g)

빈출 체크 13년 1회

가. CO와 H_2의 중량비

[풀이]
① $CO(\%) = \dfrac{CO}{CO+H_2} \times 100$

$= \dfrac{28 \times 0.45}{28 \times 0.45 + 2 \times 0.55} \times 100 = 91.9708\%$

② $H_2(\%) = \dfrac{H_2}{CO+H_2} \times 100$

$= \dfrac{2 \times 0.55}{28 \times 0.45 + 2 \times 0.55} \times 100 = 8.0292\%$

[답] ∴ $CO(\%) = 91.97\%$, $H_2(\%) = 8.03\%$

나. 기체 혼합물의 평균분자량

[풀이] $M_w = 28 \times 0.45 + 2 \times 0.55 = 13.7g$
[답] ∴ $M_w = 13.7g$

필답형 기출문제 2018 * 4

01

연돌을 거치지 않고 외부로 비산되는 먼지를 측정하려고 한다. 다음 조건을 이용하여 비산 먼지의 농도($\mu g/m^3$)를 계산하시오.

[조건]
- 최대 먼지농도 : 6.83mg/m³
- 대조위치 먼지농도 : 0.12mg/m³
- 풍향 보정계수 : 주 풍향 90° 이상 변함
- 풍속 보정계수 : 0.5m/sec 미만 or 10m/sec 이상 되는 시간이 전 채취시간의 50% 미만

빈출체크 09년 4회 | 14년 1회

[식] $C = (C_H - C_B) \cdot W_D \cdot W_S$

[풀이]
① $C = (6.83 - 0.12) \times 1.5 \times 1.0 = 10.065 \text{mg/m}^3$

② 단위 환산 → $\dfrac{10.065\text{mg}}{\text{m}^3} \Big| \dfrac{10^3 \mu g}{\text{mg}} = 10,065 \mu g/m^3$

[답] ∴ 비산 먼지의 농도 = $10,065 \mu g/m^3$

02

1m의 직경을 갖는 원심력 집진장치에서 3m³/sec의 가스(1atm, 320K)를 처리하고자 한다. 이때 처리 입자의 밀도는 1.6g/cm³, 점도는 1.85×10^{-5}kg/m·sec라고 할 때 다음의 조건을 구하시오. (단, 입구 높이=0.5m, 입구 폭=0.25m, 유효회전수=4, 공기밀도 1.3kg/m³)

가. 유입속도(m/sec)

나. 절단입경(μm)

빈출체크 07년 4회 | 10년 4회 | 11년 2회 | 12년 4회 | 15년 2회

가. 유입속도

[식] $V = \dfrac{Q}{A}$

[풀이] $V = \dfrac{3}{0.5 \times 0.25} = 24 \text{m/sec}$

[답] ∴ 유입속도 = 24m/sec

나. 절단입경

[식] $d_{p.50}(\mu m) = \sqrt{\dfrac{9 \cdot \mu \cdot B}{2 \cdot \pi \cdot N_e \cdot V \cdot (\rho_p - \rho)}} \times 10^6$

[풀이] ※ MKS 단위로 통일

① $\rho_p = \dfrac{1.6\text{g}}{\text{cm}^3} \Big| \dfrac{\text{kg}}{10^3 \text{g}} \Big| \dfrac{10^6 \text{cm}^3}{\text{m}^3} = 1,600 \text{kg/m}^3$

② $d_{p.50}(\mu m) = \sqrt{\dfrac{9 \times 1.85 \times 10^{-5} \times 0.25}{2\pi \times 4 \times 24 \times (1,600 - 1.3)}} \times 10^6$

　　　　　　　 $= 6.5700 \mu m$

[답] ∴ 절단입경 = 6.57 μm

03

전기집진장치의 집진효율을 증가시키는 방법 6가지를 서술하시오.

 12년 4회 | 16년 4회 | 20년 5회

- 비저항 값을 $10^4 \sim 10^{11} \Omega \cdot cm$로 운영한다.
- 처리가스의 온도를 150℃ 이하 혹은 250℃ 이상으로 한다.
- 처리가스의 수분 함량을 증가시킨다.
- 연료의 황 성분 함량을 높인다.
- 인가전압을 높인다.
- 집진판의 면적을 넓게 한다.
- 입자의 이동속도를 빠르게 한다.

04

환경정책기본법상 환경기준에 대한 수치를 적으시오.

항목	기준
이산화질소 (NO₂)	연간 평균치 : ( )ppm 이하
	24시간 평균치 : ( )ppm 이하
	1시간 평균치 : ( )ppm 이하
오존 (O₃)	8시간 평균치 : ( )ppm 이하
	1시간 평균치 : ( )ppm 이하
일산화탄소 (CO)	8시간 평균치 : ( )ppm 이하
	1시간 평균치 : ( )ppm 이하

10년 4회 | 12년 4회 | 13년 4회 | 14년 2회 | 17년 1회
17년 2회 | 20년 1회 | 22년 4회

항목	기준
이산화질소 (NO₂)	연간 평균치 : (0.03)ppm 이하
	24시간 평균치 : (0.06)ppm 이하
	1시간 평균치 : (0.10)ppm 이하
오존 (O₃)	8시간 평균치 : (0.06)ppm 이하
	1시간 평균치 : (0.1)ppm 이하
일산화탄소 (CO)	8시간 평균치 : (9)ppm 이하
	1시간 평균치 : (25)ppm 이하

05

10㎛의 분진의 침강속도가 0.55cm/sec일 경우 100㎛의 분진을 중력 집진장치로 100% 처리한다면 침강실의 길이(m)는 얼마로 해야 하는가? (단, 중력 집진장치 침강실의 높이는 10m, 유입속도는 5m/sec, 층류)

[식] $\eta_d = \dfrac{V_g \cdot L}{V \cdot H}$

[풀이]
① 침강속도는 입경의 제곱에 비례하므로
    $0.55cm/sec : (10\mu m)^2 = X : (100\mu m)^2$
    $X = \dfrac{0.55 \times (100)^2}{(10)^2} = 55 cm/sec \rightarrow 0.55 m/sec$

② $L = \dfrac{\eta_d \cdot \cdot V \cdot H}{V_g} = \dfrac{1 \times 5 \times 10}{0.55} = 90.9091 m$

[답] ∴ 침강실의 길이 = 90.91m

06

물리적 흡착의 특성 4가지와 흡착법의 단점을 2가지 기술하시오.

가. 특성
- 흡착원리는 Van der Waals 힘에 의한 것이다.
- 흡착과정이 가역적이다.
- 오염가스 회수에 용이하다.
- 온도의 영향이 큰 편이다.
- 흡착 시 다층으로 흡착이 가능하다.
- 흡착열이 낮은 편이다.

나. 단점
- 농도가 높은 경우 처리비가 많이 소요된다.
- 고온가스 처리 시 효율이 떨어진다.
- 흡착제가 고가이다.

07

어떤 장소에서 특정 월의 최대 지표 온도가 30℃였다. 지면의 온도가 21℃, 고도가 600m에서의 온도가 18℃였을 때 최대 혼합고(m)를 구하시오. (단, 건조단열체감율은 -0.98℃/100m)

빈출체크 12년 1회

[식] $MMD = \dfrac{t_{max} - t}{\gamma - \gamma_d}$

[풀이]
① $\gamma = \dfrac{18-21}{600m} = -0.5℃/100m$

② $MMD = \dfrac{30℃ - 21℃}{(-0.5℃/100m) - (-0.98℃/100m)} = 1,875m$

[답] ∴ 최대 혼합고 = 1,875m

08

여과집진장치 중에서 간헐식 탈진방식과 연속식 탈진방식의 장점을 각각 2가지씩 쓰시오.

빈출체크 14년 4회

가. 간헐식
- 연속식에 비하여 먼지의 재비산이 적고 집진율이 좋다.
- 여포의 수명이 연속식에 비해 긴 편이다.

나. 연속식
- 포집과 탈진을 동시에 하는 방식이므로 압력손실이 일정하다.
- 고농도, 대용량 가스 처리에 효과적이다.

09

유효굴뚝높이가 60m인 굴뚝에서 오염물질이 40g/sec로 배출되고 있다. 그리고 지상 5m에서의 풍속이 4m/sec일 때 500m 하류에 위치하는 중심선상의 오염물질의 지표농도($\mu g/m^3$)를 계산하시오. (단, $P = 0.25$, $\sigma_y = 37m$, $\sigma_z = 18m$이고, Deacon의 식, 가우시안 확산식을 이용)

 06년 2회 | 08년 1회 | 15년 4회

[식] $C = \dfrac{Q}{2 \cdot \sigma_y \cdot \sigma_z \cdot \pi \cdot u} \exp\left[-\dfrac{1}{2}\left(\dfrac{y}{\sigma_y}\right)^2\right] \times \left[\exp\left(-\dfrac{1}{2}\left(\dfrac{z-H_e}{\sigma_z}\right)^2\right) + \exp\left(-\dfrac{1}{2}\left(\dfrac{z+H_e}{\sigma_z}\right)^2\right)\right]$

[풀이]
① Deacon 식을 이용한 풍속

$U_2 = U_1 \times \left(\dfrac{z_2}{z_1}\right)^P = 4 \times \left(\dfrac{60}{5}\right)^{0.25} = 7.4448 \text{m/sec}$

② 중심선상의 오염물질의 지표 농도
- 지표 오염물질: $z = 0$, 중심선상: $y = 0$

$C = \dfrac{Q}{\sigma_y \cdot \sigma_z \cdot \pi \cdot u} \exp\left(-\dfrac{1}{2}\left(\dfrac{H_e}{\sigma_z}\right)^2\right)$

- $Q = \dfrac{40g}{sec} \left|\dfrac{10^6 \mu g}{g}\right. = 4 \times 10^7 \mu g/sec$

- $C = \dfrac{4 \times 10^7}{37 \times 18 \times \pi \times 7.4448} \times \exp\left(-\dfrac{1}{2}\left(\dfrac{60}{18}\right)^2\right)$

$= 9.9274 \mu g/m^3$

[답] ∴ 지표 농도 = $9.93 \mu g/m^3$

10

처리가스량 100,000Sm³/hr, 압력손실 800mmH₂O, 1일 16시간 운전하는 집진장치의 연간 동력비는 1,160만 원이다. 처리가스량 70,000 Sm³/hr, 압력손실 400mmH₂O일 때 이 장치의 연간 동력비(원)를 계산하시오.

 07년 4회

[풀이] 동력비는 소요동력과 비례

$1{,}160만\ 원 : \dfrac{800 \times 100{,}000}{102 \cdot \eta} = X : \dfrac{400 \times 70{,}000}{102 \cdot \eta}$

$X = 406만\ 원$

[답] ∴ 연간 동력비 = 406만 원

11

중유조성이 탄소 85%, 수소 7%, 황 3.2%, 질소 3%, 수분 1.8% 이었다면 이 중유연소에 필요한 실제 습연소 가스량(Sm^3/kg)을 계산하시오. (단, 공기비는 1.3)

[식] $G_w = (m - 0.21)A_o + CO_2 + H_2O + SO_2 + 연료 중 N_2$

[풀이]

① 이론 공기량

〈반응식〉 C + O_2 → CO_2
  12kg : 22.4Sm^3 : 22.4Sm^3
  0.85kg/kg : X : CO_2 발생량

$$X = \frac{0.85 \times 22.4}{12} = 1.5867 Sm^3/kg$$

〈반응식〉 H_2 + 0.5O_2 → H_2O
  2kg : 0.5×22.4Sm^3 : 22.4Sm^3
  0.07kg/kg : Y : H_2O 발생량

$$Y = \frac{0.07 \times 0.5 \times 22.4}{2} = 0.392 Sm^3/kg$$

〈반응식〉 C + O_2 → CO_2
  32kg : 22.4Sm^3 : 22.4Sm^3
  0.32kg/kg : X : CO_2 발생량

$$Z = \frac{0.032 \times 22.4}{32} = 0.0224 Sm^3/kg$$

$A_o = O_o \div 0.21 = (1.5867 + 0.392 + 0.0224) \div 0.21$
   $= 9.529 Sm^3/kg$

② $G_w = (1.3 - 0.21) \times 9.529 + 1.5867$
   $+ \left(0.784 + \frac{22.4}{18} \times 0.018\right) + 0.0224 + \frac{22.4}{28} \times 0.03$
   $= 12.8261 Sm^3/kg$

[답] ∴ 실제 습연소 가스량 = 12.83Sm^3/kg

필답형 기출문제 2019 * 1

01

A물질의 반응 후 농도가 1차 반응에 의해 180min 후 초기 농도의 1/100이 되었다면 99% 제거하기 위해 소요되는 시간(min)을 구하시오.

빈출 체크 22년 2회

[식] $\ln \dfrac{C_t}{C_o} = -k \cdot t$

[풀이]
① $k = \dfrac{\ln 0.1}{-180} = 0.0128 \text{min}^{-1}$

② $t = \dfrac{\ln 0.01}{-0.0128} = 359.7789 \text{min}$

[답] ∴ 소요 시간 = 359.78min

02

전기집진장치에서 전류밀도가 먼지층 표면부근의 이온전류 밀도와 같고 양호한 집진작용이 이루어지는 값이 $2 \times 10^{-8} \text{A/cm}^2$이며, 또한 먼지층 중의 절연파괴 전계강도를 $5 \times 10^3 \text{V/cm}$로 한다면, 이때 먼지층의 겉보기 전기저항과 이 장치의 문제점을 적으시오.

빈출 체크 12년 1회 | 14년 4회

• 전기저항 : $R = \dfrac{5 \times 10^3 \text{V/cm}}{2 \times 10^{-8} \text{A/cm}^2} = 2.5 \times 10^{11} \, \Omega \cdot \text{cm}$

• 문제점 : 겉보기 비저항이 $10^{11} \, \Omega \cdot \text{cm}$ 이상이므로 역전리 현상이 발생한다.

03

탄소 85%를 함유한 중유(수소와 황 포함)를 공기비 1.3으로 완전 연소하였다. 습배출가스 중 SO_2가 0.25%였을 때 중유 속에 포함된 황의 양(%)을 구하시오.

 23년 4회

[식] $SO_2(\%) = \dfrac{SO_2\ 발생량}{G_w} \times 100$

[풀이]
① 이론 공기량

〈반응식〉 C + O_2 → CO_2
12kg : 22.4Sm^3 : 22.4Sm^3
0.85kg/kg : X : CO_2 발생량

$X = \dfrac{0.85 \times 22.4}{12} = 1.5867 Sm^3/kg$

〈반응식〉 H_2 + $0.5O_2$ → H_2O
2kg : $0.5 \times 22.4 Sm^3$: 22.4Sm^3
0.01(15−a)kg/kg : Y

$Y = \dfrac{0.01(15-a) \times 0.5 \times 22.4}{2} = 0.056(15-a) Sm^3/kg$

〈반응식〉 S + O_2 → SO_2
32kg : 22.4Sm^3 : 22.4Sm^3
0.01(a)kg/kg : Z : SO_2 발생량

$Z = \dfrac{0.01 \times a \times 22.4}{32} = 0.007a\, Sm^3/kg$

$A_o = O_o \div 0.21$
$= (1.5867 + 0.056(15-a) + 0.007a) \div 0.21$
$= (11.5557 - 0.2333a) Sm^3/kg$

② $G_w = (m - 0.21)A_o + CO_2 + SO_2 + H_2O$
$= (1.3 - 0.21) \times (11.5557 - 0.2333a) + 1.5867$
$\quad + 0.007a + 0.112(15-a)$
$= (15.8624 - 0.3593a) Sm^3/kg$

③ $0.25 = \dfrac{0.007a}{15.8624 - 0.3593a} \times 100 \ \rightarrow\ a = 5.0209\%$

[답] ∴ 황 함유량 = 5.02%

04

99%의 집진효율을 갖는 전기집진장치와 95%의 집진효율을 갖는 여과집진장치를 병렬로 연결하여 분진을 처리하고자 할 때 배출되는 분진의 양(g/hr)을 구하시오. (단, 전기집진장치 유입유량 10,000Sm^3/hr, 여과집진장치 유입유량 30,000Sm^3/hr, 입구 분진 농도는 3g/Sm^3)

 06년 2회

[식] 배출 분진의 양
  = 전기집진장치 배출 분진의 양
  + 여과집진장치 배출 분진의 양

[풀이]
① 전기집진장치 배출 분진의 양
  $= 3 \times 10,000 \times (1 - 0.99) = 300 g/hr$
② 여과집진장치 배출 분진의 양
  $= 3 \times 30,000 \times (1 - 0.95) = 4,500 g/hr$
③ 배출 분진의 양 $= 300 + 4,500 = 4,800 g/hr$

[답] ∴ 배출 분진의 양 = 4,800g/hr

05

2% 황분이 들어있는 중유를 250kg/hr로 연소하는 보일러의 배출가스를 탄산칼슘으로 탈황하여 $CaSO_4 \cdot 2H_2O$로 회수하려 한다. 탈황률을 95%라 할 때 이론적으로 회수할 수 있는 $CaSO_4 \cdot 2H_2O$의 양(kg/hr)을 계산하시오. (단, 연료 중의 황성분은 모두 SO_2로 전환)

06년 4회

[풀이] 〈반응비〉 SO_2 : $CaSO_4 \cdot 2H_2O$
64kg : 172kg
SO_2 발생량 : X

SO_2 발생량 $= \dfrac{250 kg_{중유}}{hr} \Big| \dfrac{2_S}{100_{중유}} \Big| \dfrac{64_{SO_2}}{32_S} \Big| \dfrac{95}{100} = 9.5 kg/hr$

$X = \dfrac{9.5 \times 172}{64} = 25.5313 kg/hr$

[답] ∴ $CaSO_4 \cdot 2H_2O$의 양 = 25.53kg/hr

06

굴뚝의 배출가스 온도가 207℃에서 107℃로 변화되었을 때 통풍력은 처음의 몇 %로 감소되는지 계산하시오. (단, 대기온도는 27℃, 공기 및 가스밀도는 1.3kg$_f$/Sm³)

14년 1회

[식] $Z = 355 \cdot H \cdot \left(\dfrac{1}{273+t_a} - \dfrac{1}{273+t_g} \right)$

[풀이] $\dfrac{Z_2}{Z_1} = \dfrac{355H\left(\dfrac{1}{273+27} - \dfrac{1}{273+107}\right)}{355H\left(\dfrac{1}{273+27} - \dfrac{1}{273+207}\right)} \times 100$

$= 56.1404\%$

[답] ∴ 56.14% 감소

07

배출가스 중 황산화물을 처리하고자 할 때 다음 물음에 답하시오.

가. 건식법의 종류 3가지
나. 건식법의 장점 3가지(습식법과 비교하여)

12년 2회 | 17년 2회 | 19년 2회

가. 종류 : 석회석 주입법, 활성산화망간법, 활성탄 흡착법
나. 장점
- 배출가스의 온도 저하가 거의 없는 편이다.
- 연돌에 의한 배출가스의 확산이 양호한 편이다.
- 폐수가 발생하지 않는다.
- pH 영향을 많이 받지 않는 편이다.

08

석탄의 성분 분석결과 C 72.3%, H 5.8%, O 14.9%, N 1.3%, S 0.5%, 회분 5.2%였을 때 건연소 가스량 중 SO_2(ppm)을 계산하시오. (단, 오즈자트 분석결과 연소가스 중 O_2는 3%, 표준상태기준)

[식] $SO_2(ppm) = \dfrac{SO_2 \text{ 발생량}}{G_d} \times 10^6$

[풀이]

① 이론 공기량

〈반응식〉   C   + O_2 → CO_2
             12kg : 22.4Sm^3 : 22.4Sm^3
             0.723kg/kg : X : CO_2 발생량

$X = \dfrac{0.723 \times 22.4}{12} = 1.3496 Sm^3/kg$

〈반응식〉 H_2 + $0.5O_2$ → H_2O
             2kg : $0.5 \times 22.4 Sm^3$: 22.4Sm^3
             0.058kg/kg : Y

$Y = \dfrac{0.058 \times 0.5 \times 22.4}{2} = 0.3248 Sm^3/kgz$

〈반응식〉   S   + O_2 → SO_2
             32kg : 22.4Sm^3 : 22.4Sm^3
             0.005kg/kg : Z : SO_2 발생량

$Z = \dfrac{0.005 \times 22.4}{32} = 0.0035 Sm^3/kg$

※ 연료에 포함된 산소는 이론 산소량에서 빼준다.

$O_2 = \dfrac{0.149 \times 22.4}{32} = 0.1043 Sm^3/kg$

$A_o = O_o \div 0.21$
     $= (1.3496 + 0.3248 + 0.0035 - 0.1043) \div 0.21$
     $= 7.4933 Sm^3/kg$

② $m = \dfrac{21}{21 - O_2} = \dfrac{21}{21 - 3} = 1.1667$

③ 건연소 가스량

〈반응식〉 N_2 → N_2
             28kg : 22.4Sm^3
       0.013kg/kg : N_2 발생량

N_2 발생량 $= \dfrac{0.013 \times 22.4}{28} = 0.0104 Sm^3/kg$

$G_d = (m - 0.21)A_o + CO_2 + SO_2 + N_{2(연료)}$
     $= (1.1667 - 0.21) \times 7.4933 + 1.3496 + 0.0035$
        $+ 0.0104 = 8.5323 Sm^3/kg$

④ $SO_2(ppm) = \dfrac{0.0035}{8.5323} \times 10^6 = 410.2059 ppm$

[답] ∴ $SO_2 = 410.21 ppm$

09

사이클론에서 가스 유입속도를 2배로 증가시키고, 입구폭을 4배로 늘리면 50% 효율로 집진되는 입자의 직경, 즉 Lapple의 절단입경($d_{p,50}$)은 처음에 비해 어떻게 변화되겠는가?

빈출체크 09년 2회

[식] $d_{p,50} = \sqrt{\dfrac{9 \cdot \mu \cdot B}{2 \cdot \pi \cdot N_e \cdot V \cdot (\rho_p - \rho)}}$

[풀이] $d_{p,50} = \sqrt{\dfrac{9 \cdot \mu \cdot B}{2 \cdot \pi \cdot N_e \cdot V \cdot (\rho_p - \rho)}}$

$\rightarrow d_{p,50} = \sqrt{\dfrac{9 \cdot \mu \cdot (4B)}{2 \cdot \pi \cdot N_e \cdot (2V) \cdot (\rho_p - \rho)}}$

$= \sqrt{2} \times \sqrt{\dfrac{9 \cdot \mu \cdot B}{2 \cdot \pi \cdot N_e \cdot V \cdot (\rho_p - \rho)}}$

[답] ∴ 처음보다 $\sqrt{2}$배 증가

10

충전탑을 이용하여 유해가스를 제거하고자 할 때 흡수액의 구비 조건 3가지를 적으시오.

빈출체크 07년 1회 | 07년 2회 | 16년 2회 | 19년 2회 | 20년 2회
21년 1회 | 22년 1회 | 24년 3회

- 흡수액의 손실 방지를 위해 휘발성이 작을 것
- 장치의 부식 방지를 위해 부식성이 낮을 것
- 높은 흡수율과 범람을 줄이기 위해 점도가 낮을 것
- 빙점이 낮고, 가격이 저렴할 것
- 용해도 및 비점이 높을 것
- 용매의 화학적 성질과 비슷할 것
- 화학적으로 안정적일 것

11

기체크로마토그래피에서의 각 정량방법 및 함유율 식을 적으시오.

가. 보정넓이 백분율법
나. 상대검정곡선법
다. 표준물질첨가법

가. 도입한 시료의 전성분이 용출되며 또한 용출전 성분의 상대감도가 구해진 경우는 다음 식에 의하여 정확한 함유율을 구할 수 있다.

$$X_i = \frac{A_i/f_i}{\sum_{i=1}^{n}(A_i/f_i)} \times 100$$

(f_i : 성분의 상대감도, n : 전 봉우리 수)

나. 정량하려는 성분의 순물질 일정량에 내부표준물질의 일정량을 가한 혼합시료의 크로마토그램을 기록하여 봉우리 넓이를 측정한다.

$$X(\%) = \frac{\left(\dfrac{M'_X}{M'_S}\right) \times n}{M} \times 100$$

(M'_X : 피검성분량, M'_S : 표준물질량, n : 표준물질의 기지량, M : 시료의 기지량)

다. 시료의 크로마토그램으로부터 피검성분 A 및 다른 임의의 성분 B의 봉우리 넓이 a_1 및 b_1을 구한다.

$$X(\%) = \frac{\Delta W_A}{\left(\dfrac{a_2}{b_2} \times \dfrac{b_1}{a_1} - 1\right)W} \times 100$$

(ΔW_A : 성분 A의 기지량, a_1, a_2 : 성분 A의 첫 번째, 두 번째 넓이, b_1, b_2 : 성분 B의 첫 번째, 두 번째 넓이, W : 시료량)

01

유효굴뚝높이가 50m인 연돌을 높여 최대 지표 농도를 1/4로 감소시키려 한다. 다른 조건이 동일할 경우 유효굴뚝높이(m)를 얼마로 설정하여야 하는가?

[식] $C_{max} = \dfrac{2Q}{H_e^2 \cdot \pi \cdot e \cdot u}\left(\dfrac{K_z}{K_y}\right)$

[풀이] $C_{max} \propto \dfrac{k}{H_e^2}$

최대 지표 농도는 유효굴뚝높이의 제곱에 반비례하므로 최대 지표 농도를 1/4로 감소시키기 위해서는 유효굴뚝높이를 2배로 해야 한다.
따라서, 기존의 50m의 2배인 100m

[답] ∴ 유효굴뚝높이는 100m로 설정

02

원심력 집진장치에서 블로우 다운(Blow down) 방법에 대해 서술하고 효과 3가지를 서술하시오.

15년 2회 | 16년 2회 | 20년 2회 | 21년 1회

가. 방법 : Dust Box 또는 멀티 사이클론의 Hopper부에서 처리가스량의 5~10%를 흡인하여 재순환시키는 방법
나. 효과
- 유효원심력 증가
- 분진의 재비산 방지
- 집진효율 증대
- 내통의 분진 폐색방지

03

충전탑을 이용하여 유해가스를 제거하고자 할 때 흡수액의 구비조건 3가지를 적으시오.

07년 1회 | 07년 2회 | 16년 2회 | 19년 1회 | 20년 2회 | 21년 1회 | 22년 1회 | 24년 3회

- 흡수액의 손실 방지를 위해 휘발성이 작을 것
- 장치의 부식 방지를 위해 부식성이 낮을 것
- 높은 흡수율과 범람을 줄이기 위해 점도가 낮을 것
- 빙점이 낮고, 가격이 저렴할 것
- 용해도 및 비점이 높을 것
- 용매의 화학적 성질과 비슷할 것
- 화학적으로 안정적일 것

04

압입통풍의 장·단점 3가지를 적으시오.

가. 장점
- 내압이 정압(+)으로 연소효율이 좋다.
- 송풍기의 고장이 적고 점검 및 보수가 용이하다.
- 흡입통풍보다 송풍기의 동력 소모가 적다.
- 연소용 공기를 예열할 수 있다.

나. 단점
- 역화의 위험성이 있다.
- 노 내압이 정압이므로 열가스의 누설이 우려된다.
- 노 벽에 손상을 일으킬 우려가 있다.
- 연소실 기밀 유지가 필요하다.

05

20개의 bag을 사용한 여과집진장치에서 집진율이 90%, 입구의 먼지 농도는 150℃에서 $10g/Sm^3$이었다. 가동 중 1개의 bag에 구멍이 열려 전체 처리가스량의 1/100이 그대로 통과하였다면 출구의 먼지 농도(g/Sm^3)를 계산하시오.

빈출체크 06년 1회 | 09년 4회 | 23년 1회

[식] $C_o = C_i \times (1 - \eta)$

[풀이]
① 출구 먼지농도
 = 처리되고 남은 먼지 + 그대로 통과한 먼지
② $C_o = 9 \times (1 - 0.90) = 0.9$
③ 그대로 통과한 먼지 = 1
④ 출구 먼지농도 = 0.9 + 1 = $1.9g/Sm^3$

[답] ∴ 출구의 먼지농도 = $1.9g/Sm^3$

06

배출가스 중 황산화물을 처리하고자 할 때 다음 물음에 답하시오.

가. 건식법의 종류 3가지
나. 건식법의 장점 3가지(습식법과 비교하여)

빈출체크 12년 2회 | 17년 2회 | 19년 1회

가. 종류 : 석회석 주입법, 활성산화망간법, 활성탄 흡착법

나. 장점
- 배출가스의 온도 저하가 거의 없는 편이다.
- 연돌에 의한 배출가스의 확산이 양호한 편이다.
- 폐수가 발생하지 않는다.
- pH 영향을 많이 받지 않는 편이다.

07

액분산형 흡수장치 중 분무탑의 장점 및 단점을 3가지씩 적으시오.

빈출체크 23년 4회

가. 장점
- 구조가 간단하며 압력손실이 낮다.
- 침전물이 생기는 경우에 적합하다.
- 충전탑에 비해 설비비, 유지비가 적게 든다.
- 고온가스 처리에 유리하다.

나. 단점
- 가스의 유출 시 비말동반이 많다.
- 동력소모가 많다.
- 편류발생이 쉽고 분무액과 가스를 균일하게 접촉하는 것이 어렵다.

08

외부식 장방형 후드의 속도압이 22mmH$_2$O, 유입계수가 0.79인 경우 후드의 압력손실(mmH$_2$O)을 계산하시오.

[식] $\Delta P = F_i \cdot P_v = \left(\dfrac{1-C_e^2}{C_e^2}\right) \times P_v$

[풀이] $\Delta P = \left(\dfrac{1-0.79^2}{0.79^2}\right) \times 22 = 13.2508 \, mmH_2O$

[답] ∴ 압력손실 = 13.25mmH$_2$O

09

보일러에서 중유(황 함량 2.5%)를 10ton/hr로 연소시키고 있다. 배출가스를 NaOH 수용액을 이용하여 황을 처리할 때(Na$_2$SO$_3$) 필요한 NaOH량(kg/day)을 계산하시오. (단, 황은 전부 SO$_2$로 산화, 제거효율 85%)

빈출체크 12년 1회

[풀이]

⟨반응식⟩ S + O$_2$ → SO$_2$
　　　　　32kg : 64kg
　　　S 발생량 : X

S 발생량 = $\dfrac{10{,}000\,kg}{hr} \Big| \dfrac{2.5}{100} = 250\,kg/hr$

$X = \dfrac{64 \times 250}{32} = 500\,kg/hr$

⟨반응식⟩ SO$_2$ + 2NaOH → Na$_2$SO$_3$ + H$_2$O
　　　　　64kg : 2×40kg
　　　10,200kg/day : Y

SO$_2$ 처리량 = $\dfrac{500\,kg}{hr} \Big| \dfrac{85}{100} \Big| \dfrac{24\,hr}{day} = 10{,}200\,kg/day$

$Y = \dfrac{2 \times 40 \times 10{,}200}{64} = 12{,}750\,kg/day$

[답] ∴ 필요한 NaOH 량 = 12,750kg/day

10

스테판-볼츠만의 법칙에 대한 정의를 서술하시오.

흑체의 단위 면적당 방출하는 에너지의 세기는 흑체의 온도의 네제곱에 비례한다.

11

기체크로마토그래피에서 이론단수가 1,800되는 분리관이 있다. 보유시간이 10min되는 피이크의 밑부분 폭(피이크 좌우 변곡점에서 접선이 자르는 바탕선의 길이)(mm)을 계산하시오. (단, 기록지 이동속도는 1.5cm/min, 이론단수는 모든 성분에 대하여 같다고 한다)

빈출체크 09년 4회 | 12년 2회 | 16년 2회

[식] $n = 16 \times \left(\dfrac{t_R}{W}\right)^2$

[풀이]

① $t_R = \dfrac{1.5\text{cm}}{\text{min}} \Big| \dfrac{10\text{min}}{} \Big| \dfrac{10\text{mm}}{\text{cm}} = 150\text{mm}$

② $W = \dfrac{t_R}{\sqrt{n/16}} = \dfrac{150}{\sqrt{1,800/16}} = 14.1421\text{mm}$

[답] ∴ 피이크의 밑부분 폭 = 14.14mm

12

고용량 공기 시료 채취법으로 비산먼지를 채취하고자 한다. 채취개시 직전의 유량이 1.4m³/min, 채취개시 후의 유량이 1.6m³/min일 때 흡입공기량(m³)을 계산하시오. (단, 포집시간은 25시간)

빈출체크 24년 1회

[식] 흡입공기량 $= \left(\dfrac{Q_s + Q_e}{2}\right) \times t$

[풀이] 흡입공기량 $= \left(\dfrac{1.6 + 1.4}{2}\right) \times 60 \times 25 = 2,250\text{m}^3$

[답] ∴ 흡입공기량 $= 2,250\text{m}^3$

필답형 기출문제 2019 * 4

01
재비산 현상, 역전리 현상의 방지대책을 2가지씩 적으시오.

가. 재비산 현상 방지대책
- 처리가스의 속도를 낮춤
- NH_3 주입
- 온도, 습도 조절
- 집진극에 Baffle 설치
- 미연탄소분 제거

나. 역전리 현상 방지대책
- 황 함량 높은 연료 투입
- SO_3, TEA 주입
- 온도, 습도 조절
- 전극 청결 유지

02
흑체의 정의 및 스테판 볼츠만 공식, 인자를 서술하시오.

가. 흑체 : 입사각과 진동수에 관계없이 입사하는 모든 전자기복사를 흡수하는 이상적인 물체

나. 스테판 볼츠만
$$E = \sigma \cdot T^4$$
- E : 흑체의 단위 면적당 방출하는 에너지 세기
- σ : 비례상수[$= 5.67 \times 10^{-8} W/(m^2 \cdot K^4)$]
- T : 흑체의 온도(K)

03
충전탑으로 오염물질을 처리하는 경우 처리효율을 낮추는 편류현상과 그 대책 3가지를 적으시오.

빈출체크 23년 4회

가. 편류현상(Channeling) : 충전물에 흡수액이 균일하게 분산하여 흐르지 않고 한쪽으로만 흐르는 현상

나. 방지대책
- 충전탑의 직경/충전재의 직경 비를 8 ~ 10으로 설정한다.
- 균일하고 동일한 충전재를 사용한다.
- 높은 공극률을 갖는 충전재를 사용한다.
- 저항이 적은 충전재를 사용한다.
- 정류판을 설치하거나 약 4m 간격으로 재분배기를 설치한다.

04

가솔린 엔진과 관련된 옥탄가와 디젤 엔진과 관련된 세탄가를 기술하시오.

- 옥탄가 : 휘발유의 노킹 정도를 측정하는 값으로 안티노킹성이 우수하여 좋은 연소특성을 갖는 Iso-octane의 안티노킹성을 100으로 하고, 상대적으로 쉽게 노킹하는 n-heptane의 안티노킹성을 0으로 하여 부피비로 나타낸다. (적정 옥탄가 : 91 ~ 94)
- 세탄가 : 경유의 노킹 정도를 측정하는 값으로 n-Cetane의 값을 100으로 하고, 알파메틸나프탈렌의 값을 0으로 하여 부피비로 나타낸다. (적정 세탄가 : 40 ~ 60)

05

전기집진장치로 분진을 집진할 경우 작용하는 집진원리 4가지를 서술하시오.

빈출체크 13년 4회 | 23년 1회

- 전기풍에 의한 힘
- 입자간의 흡입력
- 대전입자의 하전에 의한 쿨롱력
- 전계강도의 힘

06

황화수소가 5% 포함된 메탄을 공기비 1.05로 연소할 경우 건조 배기가스 중의 SO_2 농도(ppm)를 계산하시오. (단, 황화수소는 모두 SO_2로 변환된다)

[식] $SO_2(ppm) = \dfrac{SO_2 \text{ 발생량}}{G_d} \times 10^6$

[풀이]
① 이론 공기량
〈반응식〉
$H_2S + 1.5O_2 \rightarrow SO_2 + H_2O$: 5%
$CH_4 + 2O_2 \rightarrow CO_2 + 2H_2O$: 95%
$A_o = O_o \div 0.21 = (1.5 \times 0.05 + 2 \times 0.95) \div 0.21$
$= 9.4048 \text{mol/mol}$

② $G_d = (m - 0.21)A_o + CO_2 + SO_2$
$= (1.05 - 0.21) \times 9.4048 + 0.95 + 0.05$
$= 8.9 \text{mol/mol}$

③ $SO_2(ppm) = \dfrac{0.05}{8.9} \times 10^6 = 5,617.9775 \text{ppm}$

[답] ∴ $SO_2 = 5,617.98 \text{ppm}$

07

바람의 종류 중 지균풍과 경도풍에 대해 서술하시오.

18년 1회

- 지균풍 : 기압경도력과 전향력이 평형을 이루어 수직으로 부는 바람으로 등압선에 평행하게 발생
- 경도풍 : 등압선이 곡선일 때 기압경도력과 전향력, 원심력이 평형을 이루어 부는 바람이다.

08

처리가스 중 오염물질 60ppm을 흡착처리하여 5ppm으로 배출할 때 흡착제의 양(g)을 구하시오. (단, 흡착용량 200L, k는 0.015, 1/n은 4)

[식] $\dfrac{X}{M} = k \cdot C^{1/n}$

[풀이]

① $M = \dfrac{X}{k \cdot C^{1/n}} = \dfrac{60-5}{0.015 \times 5^4} = 5.8667 \, g/L$

② 흡착제의 양 $= 5.8667 \, g/L \times 200L = 1,173.34 \, g$

[답] ∴ 흡착제의 양 $= 1,173.34 \, g$

09

유입구의 폭이 15.0cm이고 유효회전수가 6인 원심분리기에 입자밀도가 1.6g/cm³인 배기가스가 15.0m/sec의 속도로 유입된다. 이때 절단입경(μm)을 계산하시오. (단, 공기밀도는 무시, 가스의 점성도는 300K에서 0.0648kg/m·hr)

09년 1회 | 13년 2회 | 20년 4회

[식] $d_{p.50}(\mu m) = \sqrt{\dfrac{9 \cdot \mu \cdot B}{2 \cdot \pi \cdot N_e \cdot V \cdot (\rho_p - \rho)}} \times 10^6$

[풀이] ※ MKS 단위로 통일

① $\rho_p = \dfrac{1.6g}{cm^3} \Big| \dfrac{kg}{10^3 g} \Big| \dfrac{10^6 cm^3}{m^3} = 1,600 \, kg/m^3$

② $\mu = \dfrac{0.0648 kg}{m \cdot hr} \Big| \dfrac{hr}{3,600 sec} = 1.8 \times 10^{-5} \, kg/m \cdot sec$

③ $d_{p.50}(\mu m) = \sqrt{\dfrac{9 \times 1.8 \times 10^{-5} \times 0.15}{2\pi \times 6 \times 15 \times (1,600-0)}} \times 10^6$

$= 5.1824 \, \mu m$

[답] ∴ 절단입경 $= 5.18 \, \mu m$

10

탄소 82%, 수소 13%, 황 2%의 중유를 연소하여 배기가스를 분석했더니 (CO₂ + SO₂)가 13%, O₂가 3%이었다. 건조 연소가스 중의 SO₂ 농도(ppm)를 계산하시오. (단, 표준상태 기준)

빈출체크 08년 2회 | 15년 2회

[식] $SO_2(ppm) = \dfrac{SO_2 \text{ 발생량}}{G_d} \times 10^6$

[풀이]

① 이론 공기량

〈반응식〉 C + O₂ → CO₂
12kg : 22.4Sm³ : 22.4Sm³
0.82kg/kg : X : CO₂ 발생량

$X = \dfrac{0.82 \times 22.4}{12} = 1.5307 \text{Sm}^3/\text{kg}$

〈반응식〉 H₂ + 0.5O₂ → H₂O
2kg : 0.5×22.4Sm³ : 22.4Sm³
0.13kg/kg : Y : H₂O 발생량

$Y = \dfrac{0.13 \times 0.5 \times 22.4}{2} = 0.728 \text{Sm}^3/\text{kg}$

〈반응식〉 S + O₂ → SO₂
32kg : 22.4Sm³ : 22.4Sm³
0.02kg/kg : Z : SO₂ 발생량

$Z = \dfrac{0.02 \times 22.4}{32} = 0.014 \text{Sm}^3/\text{kg}$

$A_o = O_o \div 0.21 = (1.5307 + 0.728 + 0.014) \div 0.21$
$= 10.8224 \text{Sm}^3/\text{kg}$

② $m = \dfrac{N_2}{N_2 - 3.76(O_2 - 0.5CO)}$
$= \dfrac{84}{84 - 3.76(3 - 0.5 \times 0)} = 1.1551$

③ $G_d = (m - 0.21)A_o + CO_2 + SO_2$
$= (1.1551 - 0.21) \times 10.8224 + 1.5307 + 0.014$
$= 11.773 \text{Sm}^3/\text{kg}$

④ $SO_2(ppm) = \dfrac{0.014}{11.773} \times 10^6 = 1,189.1616 \text{ppm}$

[답] ∴ SO₂ = 1,189.16ppm

11

굴뚝배출가스 중 이산화황의 연속자동측정방법 3가지를 적으시오.

빈출체크 15년 2회

용액전도율법, 적외선흡수법, 자외선흡수법, 정전위전해법, 불꽃광도법

12

굴뚝높이가 50m, 대기온도 25℃, 배기가스의 평균온도가 225℃일 때, 통풍력을 1.5배 증가시키기 위해서 요구되는 배출가스의 온도(℃)를 계산하시오.

[식] $Z = 355 \cdot H \cdot \left(\dfrac{1}{273+t_a} - \dfrac{1}{273+t_g}\right)$

[풀이]
① 기존의 통풍력(mmH$_2$O)

$Z = 355 \times 50 \times \left(\dfrac{1}{273+25} - \dfrac{1}{273+225}\right)$

$= 23.9212 \text{mmH}_2\text{O}$

② $23.9212 \times 1.5 = 355 \times 50 \times \left(\dfrac{1}{273+25} - \dfrac{1}{273+t_g}\right)$

→ $t_g = 476.5157℃$

[답] ∴ 배출가스의 온도 = 476.52℃

필답형 기출문제 2020 * 1

01

처음 굴뚝의 높이는 35m이다. 집진장치를 설치하였더니 압력손실이 10mmH₂O가 발생되었다. 집진장치를 설치했을 때 굴뚝의 높이(m)를 처음보다 얼마나 높여야 하는지 계산하시오. (단, 대기의 온도는 27℃이고, 가스의 온도는 227℃이다)

빈출 체크 14년 4회 | 17년 1회

[식] $Z = 355 \cdot H \cdot \left(\dfrac{1}{273+t_a} - \dfrac{1}{273+t_g}\right)$

[풀이]

① $Z = 355 \times 35 \times \left(\dfrac{1}{273+27} - \dfrac{1}{273+227}\right)$
   $= 16.5667 \text{mmH}_2\text{O}$

② 추가 압력손실 고려 : $16.5667 + 10 = 26.5667 \text{mmH}_2\text{O}$

③ $26.5667 = 355 \times H \times \left(\dfrac{1}{273+27} - \dfrac{1}{273+227}\right)$
   → $H = 56.1268\text{m}$

④ 높여야 하는 굴뚝 높이 $= 56.1268 - 35 = 21.1268\text{m}$

[답] ∴ 높여야 하는 굴뚝 높이 $= 21.13\text{m}$

02

다음 물음에 답하시오.

가. Coh의 정의

나. Coh 공식

빈출 체크 13년 1회

가. 빛 전달률을 측정했을 때 광화학적 밀도가 0.01이 되도록 하는 여과지상의 빛을 분산시키는 고형물질의 양

나. $\text{Coh} = \dfrac{\text{OD}}{0.01} = \dfrac{\log \dfrac{1}{I_t/I_o}}{0.01} = 100 \log \dfrac{1}{I_t/I_o}$

- Coh : 광화학적 밀도(OD)를 0.01로 나눈 값
- OD : 광화학적 밀도(Optical Density)로 불투명도의 log 값
- I_t : 투과광의 강도
- I_o : 입사광의 강도
- I_t/I_o : 빛 전달률(투과도＝T)

03

중유조성이 탄소 86.6%, 수소 4%, 황 1.4%, 산소 8%이었다면 이 중유연소에 필요한 이론 산소량(Sm^3/kg), 이론 습연소 가스량(Sm^3/kg)을 계산하시오.

가. 이론 산소량(Sm^3/kg)
나. 이론 습연소 가스량(Sm^3/kg)

 13년 4회 | 24년 2회

가. 이론 산소량

[풀이]

〈반응식〉 C + O_2 → CO_2
            12kg : $22.4Sm^3$: $22.4Sm^3$
            0.866kg/kg : X : CO_2 발생량

$$X = \frac{0.866 \times 22.4}{12} = 1.6165 Sm^3/kg$$

〈반응식〉 H_2 + $0.5O_2$ → H_2O
            2kg : $0.5 \times 22.4 Sm^3$: $22.4 Sm^3$
            0.04kg/kg : Y : H_2O 발생량

$$Y = \frac{0.04 \times 0.5 \times 22.4}{2} = 0.224 Sm^3/kg$$

〈반응식〉 S + O_2 → SO_2
            32kg : $22.4Sm^3$: $22.4Sm^3$
            0.014kg/kg : Z : SO_2 발생량

$$Z = \frac{0.014 \times 22.4}{32} = 0.0098 Sm^3/kg$$

$O_o = 1.6165 + 0.224 + 0.0098 - 0.056 = 1.7943 Sm^3/kg$

※ 연료에 포함된 산소는 이론 산소량에서 빼준다.

$$O_2 = \frac{0.08 \times 22.4}{32} = 0.056 Sm^3/kg$$

[답] ∴ 이론 산소량 = $1.79 Sm^3/kg$

나. 이론 습연소 가스량

[식] $G_{ow} = (1-0.21)A_o + CO_2 + H_2O + SO_2$

[풀이]

① $A_o = O_o \div 0.21 = 1.79 \div 0.21 = 8.5238 Sm^3/kg$
② $G_{ow} = (1-0.21) \times 8.5238 + 1.6165 + 0.448 + 0.0098$
         $= 8.8081 Sm^3/kg$

[답] ∴ 이론 습연소 가스량 = $8.81 Sm^3/kg$

04

입자의 간접 측정방법 2가지를 적고 간략하게 설명하시오.

 17년 4회

- 관성충돌법 : 입자의 관성충돌을 이용하여 측정하는 방법
- 액상침강법 : 액상 중 입자를 침강속도를 적용하여 측정하는 방법
- 공기투과법 : 입자의 비표면적을 측정하여 입경을 측정하는 방법
- 광산란법 : 입자의 표면에서 일어나는 빛의 산란정도를 광학분진계로 측정하는 방법

05

여과집진기에서 유량 $4.78 \times 10^6 cm^3/sec$, 공기여재비 4cm/sec로 유입될 때 여과포 1개의 직경 0.2m, 유효높이 3m인 경우의 필요한 여과포의 개수를 구하시오.

 08년 1회 | 11년 2회 | 15년 4회

[식] $n = \dfrac{Q_T}{\pi D L V_f}$

[풀이] ※ CGS 단위로 통일

$$n = \dfrac{4.78 \times 10^6}{\pi \times 20 \times 300 \times 4} = 63.3967 \text{이므로 64개 필요}$$

[답] ∴ 여과포의 개수 = 64개

06

벤츄리 스크러버에서 목 부의 직경 0.2m, 수압 20,000mmH₂O, 노즐의 직경 3.8mm, 액가스비 0.5L/m³, 목 부의 가스유속이 60m/sec일 때, 노즐의 개수를 계산하시오.

 11년 4회 | 17년 1회

[식] $n \left(\dfrac{d_n}{D_t}\right)^2 = \dfrac{V_t \cdot L}{100 \sqrt{P}}$

[풀이]

① $d_n = \dfrac{3.8mm}{} \Big| \dfrac{m}{10^3 mm} = 3.8 \times 10^{-3} m$

② $n = \dfrac{60 \times 0.5}{100 \sqrt{20,000}} \times \left(\dfrac{0.2}{3.8 \times 10^{-3}}\right)^2 = 5.8762$ 이므로 6개

[답] ∴ 노즐의 개수 = 6개

07

충전탑과 단탑의 차이점 3가지를 서술하시오.

 15년 1회

- 충전탑 흡수액의 Hold-up이 단탑에 비해 적다.
- 충전탑은 단탑에 비해 압력손실이 적다.
- 흡수액에 부유물이 포함된 경우 단탑 사용이 더 효율적이다.
- 충전탑의 충전물이 고가이므로 초기 설치비가 많이 든다.
- 부하변동의 적응성은 충전탑이 유리하다.
- 단탑의 운용 액가스비가 더 적다.

08

원심력 집진장치의 집진효율 향상 조건 3가지를 적으시오.
(단, Blow Down 효과는 제외)

 07년 2회 | 16년 1회

- 원통의 직경, 내경이 작을수록
- 입경과 밀도가 클수록
- 입구유속이 빠를수록
- 직렬로 사용하는 경우
- 회전수가 클수록

09

배출가스 중 가스상 물질 시료채취방법 중 시료채취관 재질의 고려사항 3가지와 폼알데하이드 여과재 2가지를 서술하시오.

빈출체크 07년 2회 | 12년 4회

가. 시료채취관 재질의 고려사항
- 화학반응이나 흡착작용 등으로 배출가스의 분석결과에 영향을 주지 않는 것
- 배출가스 중의 부식성 성분에 의하여 잘 부식되지 않는 것
- 배출가스의 온도, 유속 등에 견딜 수 있는 충분한 기계적 강도를 갖는 것

나. 폼알데하이드 여과재
- 알칼리 성분이 없는 유리솜 또는 실리카솜
- 소결유리

10

수은 1kg이 기화됐을 때 체적(m^3)을 구하시오. (단, 기온은 25℃, 압력은 760mmHg, 수은 원자량 200)

[풀이] $V = \dfrac{1kg}{200kg} \Big| \dfrac{22.4Sm^3}{1} \Big| \dfrac{273+25}{273} \Big| \dfrac{760}{760} = 0.1223m^3$

[답] ∴ 수은 체적 = $0.12m^3$

11

Bag filter에서 먼지부하가 360g/m^2일 때마다 부착먼지를 간헐적으로 탈락시키고자 한다. 유입가스 중의 먼지농도가 10g/m^3이고, 겉보기 여과속도가 1cm/sec일 때 부착먼지의 탈락시간 간격(sec)을 구하시오. (단, 집진율은 98.5%이다)

빈출체크 13년 4회 | 15년 2회 | 17년 2회

[식] $L_d = C_i \cdot V_f \cdot t \cdot \eta$

[풀이]
① $V_f = \dfrac{1cm}{sec} \Big| \dfrac{m}{100cm} = 0.01 m/sec$

② $t = \dfrac{L_d}{C_i \cdot V_f \cdot \eta} = \dfrac{360}{10 \times 0.01 \times 0.985} = 3,654.8223 sec$

[답] ∴ 탈락시간 간격 = 3,654.82sec

12

여과집진장치의 집진원리 4가지를 적으시오.

빈출체크 16년 1회

관성충돌, 차단, 확산, 중력, 정전기적 인력

13

환경정책기본법상 환경기준에 대한 수치를 적으시오.

항목	기준	
이산화질소 (NO₂)	연간 평균치 : ( )ppm 이하	
	24시간 평균치 : ( )ppm 이하	
	1시간 평균치 : ( )ppm 이하	
오존 (O₃)	8시간 평균치 : ( )ppm 이하	
	1시간 평균치 : ( )ppm 이하	
일산화탄소 (CO)	8시간 평균치 : ( )ppm 이하	
	1시간 평균치 : ( )ppm 이하	

빈출체크 10년 4회 | 12년 4회 | 13년 4회 | 14년 2회 | 17년 1회
17년 2회 | 18년 4회 | 22년 4회

항목	기준
이산화질소 (NO₂)	연간 평균치 : (0.03)ppm 이하
	24시간 평균치 : (0.06)ppm 이하
	1시간 평균치 : (0.10)ppm 이하
오존 (O₃)	8시간 평균치 : (0.06)ppm 이하
	1시간 평균치 : (0.1)ppm 이하
일산화탄소 (CO)	8시간 평균치 : (9)ppm 이하
	1시간 평균치 : (25)ppm 이하

14

불소 허용기준이 10mg/m³일 때 공장에서는 불화규소가 25ppm으로 배출되고 있다. 허용기준에 맞춰 배출하려면 불소의 처리효율을 얼마로 하여야 하는지 계산하시오. (단, 불화규소 분자량은 104)

[식] $\eta(\%) = \left(1 - \dfrac{C_o}{C_i}\right) \times 100$

[풀이]
① $C_i = \dfrac{25\text{mL}}{\text{m}^3} \Big| \dfrac{104\text{mg}}{22.4\text{mL}} \Big| \dfrac{4 \times 19}{104} = 84.8214 \text{mg/m}^3$

② $\eta(\%) = \left(1 - \dfrac{10}{84.8214}\right) \times 100 = 88.2105\%$

[답] ∴ 처리효율 = 88.21%

15

0.3048m의 직경을 갖는 덕트에 유속 2m/sec로 유체가 흐르고 있다. 밀도가 1.2kg/m³이고 점도가 20cP일 경우 레이놀즈 수와 동점성계수(m²/sec)를 계산하시오. (단, 동점성계수는 소수점 세 번째 자리까지)

가. 레이놀즈 수

나. 동점성계수(m²/sec)

빈출체크 07년 2회

가. 레이놀즈 수

[식] $Re = \dfrac{D \cdot V \cdot \rho}{\mu}$

[풀이] ※ MKS 단위로 통일

① $\mu = \dfrac{20\text{cP}}{} \Big| \dfrac{P}{100\text{cP}} \Big| \dfrac{\text{g/cm} \cdot \text{sec}}{P} \Big| \dfrac{\text{kg}}{10^3 \text{g}} \Big| \dfrac{100\text{cm}}{\text{m}}$
$= 0.02 \text{kg/m} \cdot \text{sec}$

② $Re = \dfrac{0.3048 \times 2 \times 1.2}{0.02} = 36.576$

[답] ∴ Re = 36.58

나. 동점성계수

[식] $\nu = \dfrac{\mu}{\rho}$

[풀이] $\nu = \dfrac{0.02 \text{kg/m} \cdot \text{sec}}{1.2 \text{kg/m}^3} = 0.0167 \text{m}^2/\text{sec}$

[답] ∴ 동점성계수 = 0.017m²/sec

16

송풍량이 200m³/min일 때 송풍기의 회전수가 250rpm, 정압이 60mmH₂O, 동력이 6HP이다. 회전수가 500rpm으로 변할 때 다음을 구하시오.

가. 정압(mmH₂O)
나. 동력(HP)
다. 송풍량(m³/min)

 11년 1회

가. 정압

[식] $P_2 = P_1 \times \left(\dfrac{N_2}{N_1}\right)^2$

[풀이] $P_2 = 60 \times \left(\dfrac{500}{250}\right)^2 = 240 \text{mmH}_2\text{O}$

[답] ∴ 정압 = 240mmH₂O

나. 동력

[식] $KW_2 = KW_1 \times \left(\dfrac{N_2}{N_1}\right)^3$

[풀이] $KW_2 = 6 \times \left(\dfrac{500}{250}\right)^3 = 48 \text{HP}$

[답] ∴ 동력 = 48HP

다. 송풍량

[식] $Q_2 = Q_1 \times \left(\dfrac{N_2}{N_1}\right)$

[풀이] $Q_2 = 200 \times \left(\dfrac{500}{250}\right) = 400 \text{m}^3/\text{min}$

[답] ∴ 송풍량 = 400m³/min

17

탄소 74.11%, 수소 25.89%를 함유한 액체연료를 100kg/hr 연소할 경우 공기 공급량(Sm³/hr)을 계산하시오.

 20년 2회

[풀이]
① 이론 공기량

⟨반응식⟩ C + O₂ → CO₂
　　　　　12kg : 22.4Sm³
　　　　　0.7411kg/kg : X

$X = \dfrac{0.7411 \times 22.4}{12} = 1.3834 \text{Sm}^3/\text{kg}$

⟨반응식⟩ H₂ + 0.5O₂ → H₂O
　　　　　2kg : 0.5 × 22.4Sm³
　　　　　0.2589kg/kg : Y

$Y = \dfrac{0.2589 \times 0.5 \times 22.4}{2} = 1.4498 \text{Sm}^3/\text{kg}$

$A_o = O_o \div 0.21 = (1.3834 + 1.4498) \div 0.21$
　　$= 13.4914 \text{Sm}^3/\text{kg}$

② 공기 공급량 = 13.4914Sm³/kg × 100kg/hr
　　　　　　　= 1,349.14Sm³/hr

[답] ∴ 공기 공급량 = 1,349.14Sm³/hr

18

처리가스 500m³/min를 전기집진장치를 이용하여 처리하고자 한다. 반경 12cm, 길이 15m인 집진극이 24개 존재할 때 먼지입자의 겉보기 이동속도(m/sec)를 계산하시오. (단, 유입 농도 10g/m³, 유출 농도 0.1g/m³)

빈출 체크 13년 2회

[식] $\eta = 1 - e^{-\frac{A \cdot W_e}{Q}}$

[풀이]
① $\eta = \left(1 - \frac{C_o}{C_i}\right) = \left(1 - \frac{0.1}{10}\right) = 0.99$

② $Q = \frac{500 \text{m}^3}{\text{min}} \left| \frac{\text{min}}{60 \text{sec}} \right. = 8.3333 \text{m}^3/\text{sec}$

③ $A = \pi \times 0.24 \times 15 \times 24 = 271.4336 \text{m}^2$

④ $0.99 = 1 - e^{-\frac{271.4336 \cdot W_e}{8.3333}}$, $W_e = 0.1414 \text{m/sec}$

[답] ∴ 겉보기 이동속도 = 0.14m/sec

19

유효굴뚝높이가 50m인 연돌을 높여 최대 지표 농도를 1/3로 감소시키려 한다. 다른 조건이 동일할 경우 유효굴뚝높이(m)를 처음보다 얼마나 높여야 하는지 구하시오.

[식] $C_{max} = \frac{2Q}{H_e^2 \cdot \pi \cdot e \cdot u}\left(\frac{K_z}{K_y}\right)$

[풀이]
① $C_{max} \propto \frac{k}{H_e^2}$

최대 지표 농도는 유효굴뚝높이의 제곱에 반비례하므로 최대 지표 농도를 1/3로 감소시키기 위해서는 유효굴뚝높이를 $\sqrt{3}$ 배로 해야 한다.
따라서, 기존의 50m의 $\sqrt{3}$ 배인 86.6025m

② 높여야 하는 유효굴뚝높이 = 86.6025 - 50 = 36.6025m

[답] ∴ 높여야 하는 유효굴뚝높이 = 36.60m

20

부탄 1Sm³을 연소하였을 때 건조 배기 가스 중 CO_2가 11%일 때 공기비를 구하시오.

빈출 체크 11년 2회

[식] $CO_2(\%) = \frac{CO_2}{G_d} \times 100$

[풀이]
① 이론 공기량
⟨반응식⟩ $C_4H_{10} + 6.5O_2 \rightarrow 4CO_2 + 5H_2O$
$A_o = O_o \div 0.21 = 6.5 \div 0.21 = 30.9524 \text{Sm}^3$

② $11 = \frac{4}{G_d} \times 100 \rightarrow G_d = 36.3636 \text{Sm}^3$

③ $36.3636 = (m - 0.21) \times 30.9524 + 4 \rightarrow m = 1.2556$

[답] ∴ m = 1.26

필답형 기출문제

2020 * 2

01

송풍기 회전판 회전에 의하여 집진장치에 공급되는 세정액이 미립자로 만들어져 집진하는 원리를 가진 회전식 세정집진장치에서 직경이 12cm인 회전판이 4,400rpm으로 회전할 때 형성되는 물방울의 직경(μm)을 구하시오.

빈출체크 09년 1회 | 15년 1회

[식] $d_w = \dfrac{200}{N\sqrt{R}} \times 10^4$

[풀이] $d_w = \dfrac{200}{4,400 \times \sqrt{6}} \times 10^4 = 185.5674 \mu m$

[답] ∴ 물방울의 직경 = 185.57 μm

02

석탄의 성분 분석결과 C 64%, H 5.3%, O 8.8%, N 0.8%, S 0.1%, 회분 12%, 수분 9%였을 때 $G_{od}(Sm^3/kg)$, $G_{ow}(Sm^3/kg)$를 계산하시오.

가. $G_{od}(Sm^3/kg)$

나. $G_{ow}(Sm^3/kg)$

빈출 체크 06년 4회 | 16년 4회 | 20년 3회

가. G_{od}

[식] $G_{od} = (1-0.21)A_o + CO_2 + SO_2 + N_{2(연료)}$

[풀이]

① 이론 공기량

〈반응식〉　　C　　+　　O_2　　→　　CO_2
　　　　　　12kg　　:　　22.4Sm^3
　　　　　　0.64kg/kg　:　　X　　: CO_2 발생량

$$X = \frac{0.64 \times 22.4}{12} = 1.1947 Sm^3/kg$$

〈반응식〉　　H_2　　+　　$0.5O_2$　　→　　H_2O
　　　　　　2kg　　:　　$0.5 \times 22.4 Sm^3$　:　22.4Sm^3
　　　　　　0.053kg/kg　:　　Y　　: H_2O 발생량

$$Y = \frac{0.053 \times 0.5 \times 22.4}{2} = 0.2968 Sm^3/kg$$

〈반응식〉　　S　　+　　O_2　　→　　SO_2
　　　　　　32kg　　:　　22.4Sm^3　:　22.4Sm^3
　　　　　　0.001kg/kg　:　　Z　　: SO_2 발생량

$$Z = \frac{0.001 \times 22.4}{32} = 0.0007 Sm^3/kg$$

※ 연료에 포함된 산소는 이론산소량에서 빼준다.

$$O_2 = \frac{0.088 \times 22.4}{32} = 0.0616 Sm^3/kg$$

$A_o = O_o \div 0.21$
　　$= (1.1947 + 0.2968 + 0.0007 - 0.0616) \div 0.21$
　　$= 6.8124 Sm^3/kg$

② 이론 건연소 가스량

〈반응식〉　　N_2　　→　　N_2
　　　　　　28kg　　:　　22.4Sm^3
　　　　　　0.008kg/kg　: N_2 발생량

N_2 발생량 $= \frac{0.008 \times 22.4}{28} = 0.0064 Sm^3/kg$

$G_{od} = (1-0.21) \times 6.8124 + 1.1947 + 0.0007 + 0.0064$
　　　$= 6.5836 Sm^3/kg$

[답] ∴ $G_{od} = 6.58 Sm^3/kg$

나. G_{ow}

[식] $G_{ow} = G_{od} + H_2O$

[풀이] 〈반응식〉　H_2O　→　H_2O
　　　　　　　　18kg　:　22.4Sm^3
　　　　　　　0.09kg/kg : H_2O 발생량

H_2O 발생량 $= \frac{0.09 \times 22.4}{18} = 0.112 Sm^3/kg$

$G_{ow} = 6.58 + (0.5936 + 0.112) = 7.2856 Sm^3/kg$

[답] ∴ $G_{ow} = 7.29 Sm^3/kg$

03

탄소 85%, 수소 15%인 경유(1kg)를 공기과잉계수 1.1로 연소했더니 탄소 1%가 검댕(그을음)으로 된다. 건조 배기가스 1Sm³ 중 검댕의 농도(g/Sm³)를 계산하시오.

빈출체크 06년 4회 | 08년 1회 | 11년 4회 | 16년 1회 | 18년 1회 | 21년 1회 | 23년 4회

[식] $C = \dfrac{검댕\ 발생량}{G_d}$

[풀이]
① 이론 공기량

〈반응식〉 $C + O_2 \rightarrow CO_2$
12kg : 22.4Sm³ : 22.4Sm³
0.85kg : X : CO_2 발생량

$X = \dfrac{0.85 \times 22.4}{12} = 1.5867 Sm^3$

CO_2 발생량 $= 0.85 \times 0.99 \times 22.4/12 = 1.5708 Sm^3$

※ 1%는 검댕으로 변하므로 99%만 CO_2로 발생한다.

〈반응식〉 $H_2 + 0.5 O_2 \rightarrow H_2O$
2kg : 0.5×22.4Sm³
0.15kg : Y

$Y = \dfrac{0.15 \times 0.5 \times 22.4}{2} = 0.84 Sm^3$

$A_o = O_o \div 0.21 = (1.5867 + 0.84) \div 0.21 = 11.5557 Sm^3$

② $G_d = (m - 0.21)A_o + CO_2$
$= (1.1 - 0.21) \times 11.5557 + 1.5708$
$= 11.8554 Sm^3$

③ 검댕 발생량 $= 0.85 \times 0.01 kg \times 10^3 g/kg = 8.5g$

④ $C = \dfrac{8.5g}{11.8554 Sm^3} = 0.7170 g/Sm^3$

[답] ∴ 검댕의 농도 = 0.72 g/Sm³

04

세정 집진장치의 기본원리와 포집원리 3가지를 적으시오.

빈출체크 24년 1회

- 기본원리 : 액적, 액막, 기포 등을 이용하여 함진가스를 세정한 후 입자의 부착, 상호 응집을 촉진시켜 먼지를 분리·포집하는 장치
- 포집원리 : 관성충돌, 차단, 확산, 응축

05

탄소 74.11%, 수소 25.89%를 함유한 액체연료를 100kg/hr 연소할 경우 공기 공급량(Sm³/hr)을 계산하시오.

20년 1회

[풀이]

① 이론 공기량

〈반응식〉 $C + O_2 \rightarrow CO_2$
12kg : 22.4Sm³
0.7411kg/kg : X

$$X = \frac{0.7411 \times 22.4}{12} = 1.3834 \, Sm^3/kg$$

〈반응식〉 $H_2 + 0.5O_2 \rightarrow H_2O$
2kg : 0.5×22.4Sm³
0.2589kg/kg : Y

$$Y = \frac{0.2589 \times 0.5 \times 22.4}{2} = 1.4498 \, Sm^3/kg$$

$A_o = O_o \div 0.21$
 $= (1.3834 + 1.4498) \div 0.21 = 13.4914 \, Sm^3/kg$

② 공기 공급량 = 13.4914 Sm³/kg × 100kg/hr
 = 1,349.14 Sm³/hr

[답] ∴ 공기 공급량 = 1,349.14 Sm³/hr

06

물리적 흡착의 특성 6가지를 적으시오.

14년 4회

- 흡착원리는 Van der Waals 힘에 의한 것이다.
- 흡착과정이 가역적이다.
- 오염가스 회수에 용이하다.
- 온도의 영향이 큰 편이다.
- 흡착 시 다층으로 흡착이 가능하다.
- 흡착열이 낮은 편이다.

07

지표면 근처의 CO_2 농도를 측정하였더니 평균 350ppm이었다. 지구의 반지름이 6,380km라고 한다면 지표면과 지표면으로부터 150m 상공 사이에 존재하는 이산화탄소의 양(ton)을 계산하시오. (단, 표준상태, 유효숫자 세자리)

06년 2회 | 09년 2회 | 12년 4회

[식] CO_2 양 = CO_2 농도 × 체적

[풀이]

① 체적 = 150m를 포함한 구의 부피 - 지구의 부피

$$= \frac{\pi \times (12,760,300m)^3}{6} - \frac{\pi \times (12,760,000m)^3}{6}$$

$$= 7.6728 \times 10^{16} \, m^3$$

② CO_2 양 = $\frac{350mL}{m^3} \mid \frac{7.6728 \times 10^{16} m^3}{} \mid \frac{44mg}{22.4mL} \mid \frac{ton}{10^9 mg}$

$$= 5.2751 \times 10^{10} \, ton$$

[답] ∴ CO_2 양 = 5.28×10^{10} ton

08

사이클론에서 처리가스량에 대하여 외기의 누입이 없을 때 집진율은 80%였다면 외부로부터 외기가 5% 유입될 때의 유출농도(g/Sm^3)를 구하시오. (단, 먼지 통과율은 누입되지 않은 경우의 2배에 해당, 유입농도는 $50g/Sm^3$)

[식] $C_o = C_i(1-\eta) \times \dfrac{Q_i}{Q_o}$

[풀이]
① $P = 1 - \dfrac{\eta(\%)}{100} = 1 - \dfrac{80}{100} = 0.2$
② $\eta = (1 - 2 \times 0.2) = 0.6$
③ $C_o = 50 \times (1-0.6) \times \dfrac{1}{1.05} = 19.0476 g/Sm^3$

[답] ∴ 유출 농도 = $19.05 g/Sm^3$

09

오염가스가 $4,300 m^3/hr$로 배출되고 있다. 오염가스 중 HF의 농도는 46ppm이며 이를 수산화칼슘용액으로 침전제거하려고 할 때 5일 동안 사용한 수산화칼슘의 양(kg)을 계산하시오. (단, HF는 90%가 물에 흡수, 하루 9시간 운전)

07년 4회 | 09년 2회

[풀이]
〈반응식〉 $2HF + Ca(OH)_2 \rightarrow CaF_2 + 2H_2O$
   $2 \times 22.4 m^3$: 74kg
   HF 흡수량 :   X

HF 흡수량 $= \dfrac{4,300 m^3}{hr} \Big| \dfrac{46 mL}{m^3} \Big| \dfrac{m^3}{10^6 mL} \Big| \dfrac{9hr}{day} \Big| \dfrac{5 day}{} \Big| \dfrac{90}{100}$
$= 8.0109 m^3$

$X = \dfrac{74 \times 8.0109}{2 \times 22.4} = 13.2323 kg$

[답] ∴ 수산화칼슘의 양 = 13.23kg

10

흡착제 재생방법 5가지를 적으시오.

20년 4회

- 고온공기 탈착법
- 수세 탈착법
- 수증기 탈착법
- 불활성 가스에 의한 탈착법
- 감압 진공 탈착법

11

온실효과에 의한 기온상승 원리와 대표적인 원인물질 3가지를 적으시오.

08년 4회 | 17년 2회 | 20년 3회

- 기온상승 원리 : 태양복사에너지는 대기를 통과하면서 구름, H_2O, CO_2, O_3 등의 물질에 의하여 일부 반사되고 지표에 도달하게 된다. 지표에서 얻은 에너지는 지구복사에너지로 우주로 방출하게 되는데 구름, 온실기체 등에 의하여 대부분이 반사되어 재복사가 발생하여 대기 온도가 상승하게 된다.
- 대표적인 원인물질 : CO_2, CH_4, CFC, SF_6, PFCs, HFCs, N_2O

12

액가스비를 크게 하는 요인 3가지를 적으시오.

- 농도가 클수록
- 점착성이 클수록
- 처리가스의 온도가 높을수록
- 친수성이 낮을수록
- 먼지 입경이 작을수록

13

연소방법의 종류를 해당물질 1가지 이상을 언급하여 서술하시오.

가. 증발연소
나. 분해연소
다. 표면연소
라. 확산연소
마. 내부연소

빈출 체크 10년 2회 | 14년 4회

가. 가연성가스가 공기와 혼합되어 불꽃이 생기지 않는 상태로 연소하는 현상(유황, 나프탈렌, 파라핀 등)
나. 열분해에 의해 가연성 가스가 생성되고 긴 화염을 발생 시키면서 공기와 혼합하여 연소하는 현상(종이, 석탄, 목재 등)
다. 휘발성분이 없는 고체연료의 연소형태로 그 물질 자체가 연소하는 현상(코크스, 목탄, 숯 등)
라. 역화의 위험이 없는 연소현상으로 불꽃은 있으나 불티가 없는 연소 현상(수소, 아세틸렌, 프로판 등)
마. 공기·산소 없이도 연소하는 현상(히드라진류, 니트로화합물류, 니트로글리세린 등)

14

배기가스량 1,180m³/min, 농도 5g/Sm³, 분진을 유효 높이 11.6m, 직경 290mm인 Back Filter를 사용하여 처리할 경우 필요한 Back Filter의 개수를 구하시오. (단, 여과속도는 1.3cm/sec)

빈출 체크 16년 2회 | 21년 1회

[식] $n = \dfrac{Q_T}{\pi D L V_f}$

[풀이] ※ MKS 단위로 통일

① $Q_T = \dfrac{1,180\text{m}^3}{\text{min}} \Big| \dfrac{\text{min}}{60\text{sec}} = 19.6667\text{m}^3/\text{sec}$

② $D = \dfrac{290\text{mm}}{1} \Big| \dfrac{\text{m}}{10^3\text{mm}} = 0.29\text{m}$

③ $V_f = \dfrac{1.3\text{cm}}{\text{sec}} \Big| \dfrac{\text{m}}{100\text{cm}} = 0.013\text{m/sec}$

④ $n = \dfrac{19.6667}{\pi \times 0.29 \times 11.6 \times 0.013} = 143.147$이므로 144개

[답] ∴ Back Filter의 개수 = 144개

15

리차드슨 수 및 대기 안정도를 표의 조건을 이용하여 구하시오.

고도	풍속	온도
3m	3.9m/sec	14.7℃
2m	3.3m/sec	15.4℃

가. 리차드슨 수

나. 안정도 판별

빈출 체크 06년 4회 | 07년 4회 | 10년 1회 | 16년 1회 | 21년 2회

가. 리차드슨 수

[식] $R_i = \dfrac{g}{T_m} \times \dfrac{(\Delta T/\Delta Z)}{(\Delta U/\Delta Z)^2}$

[풀이] $R_i = \dfrac{9.8}{273 + \dfrac{(14.7+15.4)}{2}} \times \dfrac{\left(\dfrac{14.7-15.4}{3-2}\right)}{\left(\dfrac{3.9-3.3}{3-2}\right)^2}$

$= -0.0662$

[답] ∴ $R_i = -0.07$

나. 안정도 판별

대류에 의한 혼합이 기계적 난류를 지배

※ 참고(해당되는 부분만 적을 것)

리차드슨 수(R_i)	특성
-0.04 미만	대류에 의한 혼합이 기계적 난류를 지배
-0.03 초과 0 미만	기계적 난류와 대류가 존재하나 기계적 난류가 주로 혼합을 일으킴
0	기계적 난류만 존재
0 초과 0.25 미만	성층에 의해서 약화된 기계적 난류가 존재
0.25 이상	수직방향의 혼합은 없음, 수평상의 소용돌이 존재

16

원심력 집진장치에서 블로우 다운(Blow down) 방법에 대해 서술하고 효과 3가지를 서술하시오.

빈출 체크 15년 2회 | 16년 2회 | 19년 2회 | 21년 1회

가. 방법 : Dust Box 또는 멀티 사이클론의 Hopper부에서 처리가스량의 5~10%를 흡인하여 재순환시키는 방법

나. 효과
- 유효원심력 증가
- 분진의 재비산 방지
- 집진효율 증대
- 내통의 분진 폐색방지

17

직경 55㎛인 입자가 유속 2.2m/sec로 중력 집진장치에 유입되고 있다. 중력 집진장치의 높이가 1.55m, 침강속도가 15.5cm/sec인 경우 입자를 100% 제거하기 위한 이론적 중력 집진장치의 길이 (m)를 계산하시오. (단, 층류영역)

빈출 체크 12년 2회

[식] $\eta_d = \dfrac{V_g \cdot L}{V \cdot H}$

[풀이] ※ MKS 단위로 통일

① $V_g = \dfrac{15.5\text{cm}}{\text{sec}} \Big| \dfrac{m}{100\text{cm}} = 0.155\text{m/sec}$

② $L = \dfrac{\eta_d \cdot V \cdot H}{V_g} = \dfrac{1 \times 2.2 \times 1.55}{0.155} = 22\text{m}$

[답] ∴ 중력 집진장치의 길이 = 22m

18

70%의 효율을 갖는 송풍기를 이용하여 72,000m³/hr의 가스를 처리하려고 한다. 배출원에서 송풍기까지의 압력손실을 150mmH₂O라 할 때 송풍기의 소요동력(kW)을 계산하시오.

빈출체크 13년 1회

[식] $P(kW) = \dfrac{\Delta P \cdot Q}{102 \cdot \eta} \times \alpha$

[풀이]

① $Q = \dfrac{72,000m^3}{hr} \Big| \dfrac{hr}{3,600sec} = 20m^3/sec$

② $P = \dfrac{150 \times 20}{102 \times 0.7} = 42.0168kW$

[답] ∴ 송풍기의 소요동력 = 42.02kW

19

고용량공기시료채취기로 비산먼지를 채취하고자 한다. 비산먼지의 농도(mg/m³)를 구하시오. (단, 채취시간 24시간, 채취개시 직후의 유량 1.8m³/min, 채취종료 직전의 유량 1.2m³/min, 채취 후 여과지의 질량 3.6816g, 채취 전 여과지의 질량 3.416g)

[식] 먼지농도 $= \dfrac{W_e - W_s}{V}$

[풀이]

① $V = \left(\dfrac{Q_s + Q_e}{2}\right) \times t = \left(\dfrac{1.8 + 1.2}{2}\right) \times 60 \times 24 = 2,160m^3$

② 먼지농도 $= \dfrac{(3.6816 - 3.416)g}{2,160m^3} \Big| \dfrac{10^3 mg}{g} = 0.123mg/m^3$

[답] ∴ 먼지농도 = 0.12mg/m³

20

충전탑을 이용하여 유해가스를 제거하고자 할 때 흡수액의 구비조건 3가지를 적으시오.

빈출체크 07년 1회 | 07년 2회 | 16년 2회 | 19년 1회 | 19년 2회
21년 1회 | 22년 1회 | 24년 3회

- 흡수액의 손실 방지를 위해 휘발성이 작을 것
- 장치의 부식 방지를 위해 부식성이 낮을 것
- 높은 흡수율과 범람을 줄이기 위해 점도가 낮을 것
- 빙점이 낮고, 가격이 저렴할 것
- 독성이 낮을 것
- 용해도 및 비점이 높을 것
- 용매의 화학적 성질과 비슷할 것
- 화학적으로 안정적일 것

필답형 기출문제 2020 * 3

01
다음의 용어를 설명하시오.

가. 알베도
나. 비인의 변위법칙

 17년 1회

가. 지표면에 처음 도달하는 복사에너지의 양과 반사되는 복사에너지의 비율이다.
나. 흑체 표면의 온도(K)는 에너지 밀도가 높은 파장과 반비례한다.

02
처리가스량이 100m³/min인 전기집진장치를 설계하고자 한다. 입자의 이동속도는 10cm/sec라면 입자를 99.9% 제거하는 데 필요한 면적(m²)을 계산하시오.

[식] $\eta = 1 - e^{-\frac{A \cdot W_e}{Q}}$

[풀이] ※ MKS 단위로 통일

① $Q = \frac{100\text{m}^3}{\text{min}} \Big| \frac{\text{min}}{60\text{sec}} = 1.6667 \text{m}^3/\text{sec}$

② $W_e = \frac{10\text{cm}}{} \Big| \frac{\text{m}}{100\text{cm}} = 0.1 \text{m/sec}$

③ A에 대한 식으로 정리

$A = -\frac{Q}{W_e}\ln(1-\eta) = -\frac{1.6667}{0.1}\ln(1-0.999)$

$= 115.1316 \text{m}^2$

[답] ∴ 필요한 면적 = 115.13m²

03
기체연료(C_mH_n) 1mol을 이론 공기량으로 완전연소시켰을 경우 이론 습연소 가스량(mol)을 계산하시오.

 09년 2회 | 12년 2회 | 15년 4회

[식] $G_{ow} = (1-0.21)A_o + CO_2 + H_2O$

[풀이]

① 〈반응식〉 $C_mH_n + \left(m + \frac{n}{4}\right)O_2 \rightarrow mCO_2 + \frac{n}{2}H_2O$

$A_o = O_o \div 0.21 = \left(m + \frac{n}{4}\right) \div 0.21 = 4.7619m + 1.1905n$

② $G_{ow} = (1-0.21) \times (4.7619m + 1.1905n) + m + 0.5n$

$= 4.7619m + 1.4405n$

[답] ∴ 이론 습연소 가스량 = (4.76m + 1.44n)mol

04

기체크로마토그램에서 피크의 분리정도를 나타내는 분리도와 분리계수를 구하시오. (단, 시료 도입점으로부터 봉우리 1의 최고점까지의 길이(시간)는 2분, 시료 도입점으로부터 봉우리 2의 최고점까지의 길이(시간)는 5분, 봉우리 1의 좌우 변곡점에서의 접선이 자르는 바탕선의 길이(시간)는 40초, 봉우리 2의 좌우 변곡점에서의 접선이 자르는 바탕선의 길이(시간)는 60초)

가. 분리도

[식] 분리도$(R) = \dfrac{2(t_{R2} - t_{R1})}{W_1 + W_2}$

[풀이] 분리도$(R) = \dfrac{2(5-2)}{(40+60) \div 60} = 3.6$

[답] ∴ 분리도 = 3.6

나. 분리계수

[식] 분리계수$(d) = \dfrac{t_{R2}}{t_{R1}}$

[풀이] 분리계수$(d) = \dfrac{5}{2} = 2.5$

[답] ∴ 분리계수 = 2.5

05

원자흡수분광광도법의 용어 중 공명선, 분무실의 정의를 서술하시오.

빈출 체크 08년 2회 | 15년 4회

- 공명선 : 원자가 외부로부터 빛을 흡수했다가 다시 먼저 상태로 돌아갈 때 방사하는 스펙트럼선
- 분무실 : 분무기와 함께 분무된 시료용액의 미립자를 더욱 미세하게 해주는 한편 큰 입자와 분리시키는 작용을 갖는 장치

06

선택적 촉매 환원법(SCR)의 원리를 서술하고 대표적 반응식 3가지를 적으시오.

빈출 체크 16년 2회

가. 원리 : 300 ~ 400℃에서 촉매(TiO_2, V_2O_5)와 환원제(NH_3, CO, H_2S 등)를 이용하여 NO_x를 N_2로 환원시키는 방법이다.

나. 대표 반응식
- $4NO + 4NH_3 + O_2 \rightarrow 4N_2 + 6H_2O$
- $6NO + 4NH_3 \rightarrow 5N_2 + 6H_2O$
- $6NO_2 + 8NH_3 \rightarrow 7N_2 + 12H_2O$

07

온실효과에 의한 기온상승 원리와 대표적인 원인물질 3가지를 적으시오.

빈출 체크 08년 4회 | 17년 2회 | 20년 2회

- 기온상승 원리 : 태양복사에너지는 대기를 통과하면서 구름, H_2O, CO_2, O_3 등의 물질에 의하여 일부 반사되고 지표에 도달하게 된다. 지표에서 얻은 에너지는 지구복사에너지로 우주로 방출하게 되는데 구름, 온실기체 등에 의하여 대부분이 반사되어 재복사가 발생하여 대기 온도가 상승하게 된다.
- 대표적인 원인물질 : CO_2, CH_4, CFC, SF_6, PFCs, HFCs, N_2O

08

역전리 현상의 방지대책을 2가지씩 적으시오.

- 황 함량 높은 연료 투입한다.
- SO_3, TEA 주입한다.
- 온도, 습도 조절한다.
- 전극의 청결을 유지한다.

빈출 체크 08년 4회 | 09년 1회 | 16년 4회 | 24년 1회

09

A공장에서 6,000kcal/kg의 발열량을 갖는 석탄을 연소하고 있다. SO_2의 규제 기준이 2.5mg SO_2/kcal라면 기준에 맞는 석탄의 황 함유량(%)을 계산하시오.

[식] 석탄의 황 함유량(%) $= \dfrac{S}{석탄} \times 100$

[풀이]

① $\dfrac{2.5 \text{mgSO}_2}{\text{kcal}} = \dfrac{\text{kg}_{석탄}}{6,000\text{kcal}} \Big| \dfrac{X \text{kg}_S}{\text{kg}_{석탄}} \Big| \dfrac{64\text{kg}_{SO_2}}{32\text{kg}_S} \Big| \dfrac{10^6 \text{mg}}{\text{kg}}$

→ $X = 7.5 \times 10^{-3}$ kg

② 석탄의 황 함유량 $= \dfrac{7.5 \times 10^{-3} \text{kg}}{1 \text{kg}} \times 100 = 0.75\%$

[답] ∴ 석탄의 황 함유량 = 0.75%

10

다음 표를 이용하여 집진장치의 총 집진효율을 계산하시오.

입경(μm)	0~5	5~10	10~15
분진 질량분포(%)	50	30	20
부분 집진효율(%)	45	80	96

[식] $\eta_T = \sum\limits_{i=1}^{n}(R_i \cdot \eta_i)$

[풀이] $\eta_T = 0.50 \times 45 + 0.30 \times 80 + 0.20 \times 96 = 65.7\%$

[답] ∴ 총 집진효율 = 65.7%

빈출 체크 09년 1회 | 11년 1회

11

보일러에서 중유(황 함량 5%)를 10ton/hr로 연소시키고 있다. 배출가스를 NaOH 수용액을 이용하여 황을 처리할 때(Na_2SO_3) 필요한 NaOH량(kg/hr)을 계산하시오. (단, 황은 전부 SO_2로 산화)

〈반응식〉 S + O_2 → SO_2
　　　　　32kg : 64kg
　　　　　S 발생량 : X

S 발생량 $= \dfrac{10,000 \text{kg}}{\text{hr}} \Big| \dfrac{5}{100} = 500 \text{kg/hr}$

$X = \dfrac{64 \times 500}{32} = 1,000 \text{kg/hr}$

〈반응식〉 SO_2 + 2NaOH → $Na_2SO_3 + H_2O$
　　　　　64kg : 2 × 40kg
　　　　SO_2 처리량 : Y

$Y = \dfrac{2 \times 40 \times 1,000}{64} = 1,250 \text{kg/hr}$

[답] ∴ 필요한 NaOH량 = 1,250kg/hr

12

A물질이 1차 반응에서 550초 동안 50%가 분해되었다면 20%가 남을 때까지의 시간(sec)을 계산하시오.

23년 2회

[식] $\ln\dfrac{C_t}{C_o} = -k \cdot t$

[풀이]

① $k = \dfrac{\ln(50/100)}{-550\text{sec}} = 1.2603 \times 10^{-3} \text{sec}^{-1}$

② $t = \dfrac{\ln(C_t/C_o)}{-k} = \dfrac{\ln(20/100)}{-1.2603 \times 10^{-3}\text{sec}^{-1}}$

   $= 1,277.0276 \text{sec}$

[답] ∴ 20% 남을 때까지의 시간 = 1,277.03sec

13

반경이 15cm인 원통에 공기가 2m/sec로 흐른다. 유체의 밀도가 1.2kg/m³, 점도가 0.2cP일 경우 레이놀즈 수와 동점성계수(stoke)를 구하시오.

가. 레이놀즈 수
나. 동점성계수(stoke)

가. 레이놀즈 수

[식] $\text{Re} = \dfrac{D \cdot V \cdot \rho}{\mu}$

[풀이] ※ MKS 단위로 통일

① $D = \dfrac{2 \times 15\text{cm}}{} \Big| \dfrac{\text{m}}{100\text{cm}} = 0.3\text{m}$

② $\mu = \dfrac{0.2\text{cP}}{} \Big| \dfrac{\text{P}}{100\text{cP}} \Big| \dfrac{\text{g/cm}\cdot\text{sec}}{\text{P}} \Big| \dfrac{\text{kg}}{10^3\text{g}} \Big| \dfrac{100\text{cm}}{\text{m}}$

   $= 2 \times 10^{-4} \text{kg/m}\cdot\text{sec}$

③ $\text{Re} = \dfrac{0.3 \times 2 \times 1.2}{2 \times 10^{-4}} = 3,600$

[답] ∴ Re = 3,600

나. 동점성계수

[식] $\nu = \dfrac{\mu}{\rho}$

[풀이] $\nu = \dfrac{2 \times 10^{-4}\text{kg}}{\text{m}\cdot\text{sec}} \Big| \dfrac{\text{m}^3}{1.2\text{kg}} \Big| \dfrac{10^4\text{cm}^2}{1\text{m}^2} = 1.6667\text{stoke}$

[답] ∴ 동점성계수 = 1.67stoke

14

석탄의 성분 분석결과 C 64%, H 5.3%, O 8.8%, N 0.8%, S 0.1%, 회분 12%, 수분 9%였을 때 $G_{od}(Sm^3/kg)$, $G_{ow}(Sm^3/kg)$, $(CO_2)_{max}(\%)$를 계산하시오.

가. $G_{od}(Sm^3/kg)$

나. $G_{ow}(Sm^3/kg)$

다. $(CO_2)_{max}(\%)$

빈출체크 06년 4회 | 16년 4회 | 20년 2회

가. G_{od}

[식] $G_{od} = (1-0.21)A_o + CO_2 + SO_2 + N_{2(연료)}$

[풀이]

① 이론 공기량

〈반응식〉 C + O₂ → CO₂
  12kg : 22.4Sm³ : 22.4Sm³
  0.64kg/kg : X : CO₂ 발생량

$X = \dfrac{0.64 \times 22.4}{12} = 1.1947 Sm^3/kg$

〈반응식〉 H₂ + 0.5O₂ → H₂O
  2kg : 0.5×22.4Sm³ : 22.4Sm³
  0.053kg/kg : Y : H₂O 발생량

$Y = \dfrac{0.053 \times 0.5 \times 22.4}{2} = 0.2968 Sm^3/kg$

〈반응식〉 S + O₂ → SO₂
  32kg : 22.4Sm³ : 22.4Sm³
  0.001kg/kg : Z : SO₂ 발생량

$Z = \dfrac{0.001 \times 22.4}{32} = 0.0007 Sm^3/kg$

※ 연료에 포함된 산소는 이론 산소량에서 빼준다.

$O_2 = \dfrac{0.088 \times 22.4}{32} = 0.0616 Sm^3/kg$

$A_o = O_o \div 0.21$
$= (1.1947 + 0.2968 + 0.0007 - 0.0616) \div 0.21$
$= 6.8124 Sm^3/kg$

② 이론 건연소 가스량

〈반응식〉 N₂ → N₂
  28kg : 22.4Sm³
  0.008kg/kg : N₂ 발생량

$N_2 \text{ 발생량} = \dfrac{0.008 \times 22.4}{28} = 0.0064 Sm^3/kg$

$G_{od} = (1-0.21) \times 6.8124 + 1.1947 + 0.0007 + 0.0064$
$= 6.5836 Sm^3/kg$

[답] ∴ $G_{od} = 6.58 Sm^3/kg$

나. G_{ow}

[식] $G_{ow} = G_{od} + H_2O$

[풀이] 〈반응식〉 H₂O → H₂O
  18kg : 22.4Sm³
  0.09kg/kg : H₂O 발생량

$H_2O \text{ 발생량} = \dfrac{0.09 \times 22.4}{18} = 0.112 Sm^3/kg$

$G_{ow} = 6.58 + (0.5936 + 0.112) = 7.2856 Sm^3/kg$

[답] ∴ $G_{ow} = 7.29 Sm^3/kg$

다. $(CO_2)_{max}(\%)$

[식] $(CO_2)_{max}(\%) = \dfrac{CO_2 \text{ 발생량}}{G_{od}} \times 100$

[풀이] $(CO_2)_{max}(\%) = \dfrac{1.1947}{6.58} \times 100 = 18.1565\%$

[답] ∴ $(CO_2)_{max}(\%) = 18.16\%$

15

배출되는 CO_2의 양이 분당 $0.9m^3$일 때 공기 중 CO_2를 5,000ppm으로 유지하기 위해 필요한 환기량(m^3/hr)은? (단, 안전계수 10)

빈출체크 11년 2회

[식] $Q = k \times \dfrac{G}{C}$

[풀이]

① $G = \dfrac{0.9m^3}{min} \Big| \dfrac{60min}{hr} = 54m^3/hr$

② $C = \dfrac{5,000mL}{m^3} \Big| \dfrac{m^3}{10^6 mL} = 0.005$

③ $Q = 10 \times \dfrac{54}{0.005} = 108,000 m^3/hr$

[답] ∴ 필요 환기량 = $108,000 m^3/hr$

16

A공정에서 배출되는 NO_x 중 NO_2를 암모니아를 이용한 선택적 접촉환원법으로 처리하고자 한다. 이때 배출유량은 $180Sm^3$/hr, 농도는 7,000ppm일 때 필요한 암모니아의 양(Sm^3/day)을 계산하시오. (단, 공정은 하루에 6시간 가동하며 산소의 공존은 없다)

[풀이]

⟨반응식⟩ $6NO_2 + 8NH_3 \rightarrow 7N_2 + 12H_2O$

    6 : 8
NO_2 발생량 : X

NO_2 발생량 $= \dfrac{7,000mL}{m^3} \Big| \dfrac{180Sm^3}{hr} \Big| \dfrac{6hr}{day} \Big| \dfrac{m^3}{10^6 mL}$

$= 7.56 Sm^3/day$

$X = \dfrac{8 \times 7.56}{6} = 10.08 Sm^3/day$

[답] ∴ 필요한 $NH_3 = 10.08 Sm^3/day$

17

원심력 집진장치를 이용하여 분진을 처리하고자 한다. Lapple식을 적용하여 총 집진효율(%)을 계산하시오.

[조건]
- 유입구 폭 : 0.25m
- 유입구 높이 : 0.5m
- 유효 회전수 : 6회
- 유입 함진가스 : 1m³/sec
- 가스 밀도 : 1.2kg/m³
- 가스 점도 : 1.85×10^{-4} poise
- 분진 밀도 : 1.8g/cm³

입경(μm)	10	30	60	80	100
중량분포(%)	5	15	50	20	10
$d_p/d_{p.50}$	0.16	0.48	1.14	1.27	2.06
부분 집진효율(%)	3	19	51	62	81
$d_p/d_{p.50}$	3.42	3.83	6.85	9.13	11.42
부분 집진효율(%)	93	94	97	99	100

 07년 4회 | 15년 1회

[식] $d_{p.50}(\mu m) = \sqrt{\dfrac{9 \cdot \mu \cdot B}{2 \cdot \pi \cdot N_e \cdot V \cdot (\rho_p - \rho)}} \times 10^6$

[풀이]

① $d_{p.50}$

- $\mu = \dfrac{1.85 \times 10^{-4} g}{cm \cdot sec} | \dfrac{100cm}{m} | \dfrac{kg}{10^3 g}$

   $= 1.85 \times 10^{-5} kg/m \cdot sec$

- $V = \dfrac{Q}{A} = \dfrac{1m^3}{sec} | \dfrac{1}{0.25m \times 0.5m} = 8m/sec$

- $d_{p.50}(\mu m) = \sqrt{\dfrac{9 \times 1.85 \times 10^{-5} \times 0.25}{2\pi \times 6 \times 8 \times (1,800 - 1.2)}} \times 10^6$

   $= 8.7594 \mu m$

② 입경별 부분 집진효율

- 10μm 부분 집진효율 → $\dfrac{10}{8.7594} = 1.1416$ 이므로 51%

- 30μm 부분 집진효율 → $\dfrac{30}{8.7594} = 3.4249$ 이므로 93%

- 60μm 부분 집진효율 → $\dfrac{60}{8.7594} = 6.8498$ 이므로 97%

- 80μm 부분 집진효율 → $\dfrac{80}{8.7594} = 9.1330$ 이므로 99%

- 100μm 부분 집진효율 → $\dfrac{100}{8.7594} = 11.4163$ 이므로 100%

③ 총 집진효율

$\eta_T = (5 \times 0.51) + (15 \times 0.93) + (50 \times 0.97) + (20 \times 0.99)$
$+ (10 \times 1) = 94.8\%$

[답] ∴ 총 집진효율 = 94.8%

18

$C_{10}H_{20}$ 중 0.3% 중량비를 갖는 질소가 포함된 연료가 연소된다고 한다. 이때 연료 중 질소는 NO_2로 전부 전환될 때 습연소 가스량 중 NO_2의 농도(ppm)를 구하시오. (단, 과잉공기계수 60%)

[식] $NO_2(ppm) = \dfrac{NO_2 \text{ 발생량}}{G_w} \times 10^6$

[풀이]
① 이론 공기량

〈반응식〉 $C_{10}H_{20} + 15O_2 \rightarrow 10CO_2 + 10H_2O$
140kg : $15 \times 22.4 Sm^3$: $10 \times 22.4 Sm^3$: $10 \times 22.4 Sm^3$
0.997kg/kg : X : CO_2 발생량 : H_2O 발생량

$X = \dfrac{0.997 \times 15 \times 22.4}{140} = 2.3928 Sm^3/kg$

CO_2 발생량 $= \dfrac{0.997 \times 10 \times 22.4}{140} = 1.5952 Sm^3/kg$

H_2O 발생량 $= \dfrac{0.997 \times 10 \times 22.4}{140} = 1.5952 Sm^3/kg$

〈반응식〉 $N_2 + 2O_2 \rightarrow 2NO_2$
28kg : $2 \times 22.4 Sm^3$: $2 \times 22.4 Sm^3$
0.003kg/kg : Y : NO_2 발생량

$Y = \dfrac{0.003 \times 2 \times 22.4}{28} = 0.0048 Sm^3/kg$

NO_2 발생량 $= \dfrac{0.003 \times 2 \times 22.4}{28} = 0.0048 Sm^3/kg$

$A_o = O_o \div 0.21 = (2.3928 + 0.0048) \div 0.21$
$= 11.4171 Sm^3/kg$

② $G_w = (m - 0.21)A_o + CO_2 + H_2O + NO_2$
$= (1.6 - 0.21) \times 11.4171 + 1.5952 + 1.5952 + 0.0048$
$= 19.065 Sm^3/kg$

③ $NO_2(ppm) = \dfrac{0.0048}{19.065} \times 10^6 = 251.7703 ppm$

[답] ∴ $NO_2 = 251.77 ppm$

19

광화학 사이클에 대한 아래 내용 중 ㉠~㉤에 해당되는 알맞은 말을 적으시오.

오전 시간 중 자동차 등에서 발생한 NO_2가 (㉠)에 의해 NO와 (㉡)로 분해되며, O_2와 (㉢)이 반응하여 O_3이 생성된다. 이때 (㉣)는 생성된 O_3와 반응하여 NO_2로 (㉤)하여 대기 중 O_3의 농도가 유지된다.

㉠ hv
㉡ O
㉢ O
㉣ NO
㉤ 산화

필답형 기출문제 2020 * 4

01

100kg/hr의 액체 연료(C : 85%, H : 15%)를 연소하려고 한다. 배출가스의 분석결과 N_2 : 84%, O_2 : 4%, CO_2 : 12%이었다면 실제 연소 공기량(Sm^3/hr)을 계산하시오. (단, 표준상태)

빈출 체크 06년 2회

[식] 실제 연소 공기량 = 실제 공기량 × 연료량
[풀이]
① 이론 공기량
〈반응식〉 $C + O_2 \rightarrow CO_2$
  12kg : $22.4Sm^3$: $22.4Sm^3$
  0.85kg/kg : X : CO_2 발생량

$$X = \frac{0.85 \times 22.4}{12} = 1.5867 Sm^3/kg$$

〈반응식〉 $H_2 + 0.5O_2 \rightarrow H_2O$
  2kg : $0.5 \times 22.4 Sm^3$
  0.15kg/kg : Y

$$Y = \frac{0.15 \times 0.5 \times 22.4}{2} = 0.84 Sm^3/kg$$

$A_o = O_o \div 0.21 = (1.5867 + 0.84) \div 0.21$
$= 11.5557 Sm^3/kg$

② $m = \dfrac{N_2}{N_2 - 3.76(O_2 - 0.5CO)}$

$= \dfrac{84}{84 - 3.76(4 - 0.5 \times 0)} = 1.2181$

③ 실제 연소 공기량 $= 1.2181 \times 11.5557 \times 100$
$= 1,407.5998 Sm^3/hr$

[답] ∴ 실제 연소 공기량 $= 1,407.6 Sm^3/hr$

02

$500m^3$의 크기의 방안에서 10명 중 5명이 담배를 피우고 있다. 1시간 동안 5명이 총 10개비의 담배를 피울 때 담배 1개비당 1.4mg의 폼알데하이드가 발생한다면 1시간 후 방안의 폼알데하이드 농도(ppm)를 계산하시오. (단, 폼알데하이드는 완전혼합되고, 담배를 피우기 전의 농도는 0, 실내온도는 25℃, 소수점 세 번째 자리)

빈출 체크 14년 4회

[풀이] 폼알데하이드 농도
$= \dfrac{1.4mg}{1개비} \Big| \dfrac{10개비}{} \Big| \dfrac{22.4SmL}{30mg} \Big| \dfrac{273+25}{273} \Big| \dfrac{1}{500m^3}$

$= 0.0228 mL/m^3$

[답] ∴ 폼알데하이드 농도 = 0.023ppm

03

고용량공기시료채취기로 비산먼지를 채취하고자 한다. 비산먼지의 농도(mg/m^3)를 구하시오. (단, 채취시간 24시간, 채취개시 직후의 유량 $1.8m^3/min$, 채취종료 직전의 유량 $0.2m^3/min$, 채취 후 여과지의 질량 14.9938g, 채취 전 여과지의 질량 3.4213g)

[식] 먼지농도 $= \dfrac{W_e - W_s}{V}$

[풀이]

① $V = \left(\dfrac{Q_s + Q_e}{2}\right) \times t = \left(\dfrac{1.8 + 0.2}{2}\right) \times 60 \times 24 = 1,440 m^3$

② 먼지농도 $= \dfrac{(14.9938 - 3.4213)g}{1,440 m^3} \Big| \dfrac{10^3 mg}{g}$

$= 8.0365 mg/m^3$

[답] ∴ 먼지농도 $= 8.04 mg/m^3$

04

상사법칙에서 송풍기 회전수와 풍량, 풍압, 축동력과의 관계를 설명하시오.

빈출체크 09년 4회

- 풍량은 회전수 비에 비례
- 풍압은 회전수 비의 제곱에 비례
- 축동력은 회전수 비의 세제곱에 비례

05

후드의 흡인 저하 원인을 4가지 적으시오.

- 후드 주변의 방해기류 등에 인한 난기류 형성
- 입구 앞부분의 높은 압력
- 내부의 분진 등이 퇴적
- 개구부가 발생원으로부터 멀어지는 경우

06

유입구의 폭이 15.0cm이고 유효회전수가 6인 원심분리기에 입자밀도가 $1.6g/cm^3$인 배기가스가 15.0m/sec의 속도로 유입된다. 이때 절단입경(μm)을 계산하시오. (단, 공기밀도는 무시, 가스의 점성도는 300K에서 $0.0648 kg/m \cdot hr$)

빈출체크 09년 1회 | 13년 2회 | 19년 4회

[식] $d_{p.50}(\mu m) = \sqrt{\dfrac{9 \cdot \mu \cdot B}{2 \cdot \pi \cdot N_e \cdot V \cdot (\rho_p - \rho)}} \times 10^6$

[풀이] ※ MKS 단위로 통일

① $\rho_p = \dfrac{1.6g}{cm^3} \Big| \dfrac{kg}{10^3 g} \Big| \dfrac{10^6 cm^3}{m^3} = 1,600 kg/m^3$

② $\mu = \dfrac{0.0648 kg}{m \cdot hr} \Big| \dfrac{hr}{3,600 sec} = 1.8 \times 10^{-5} kg/m \cdot sec$

③ $d_{p.50}(\mu m) = \sqrt{\dfrac{9 \times 1.8 \times 10^{-5} \times 0.15}{2\pi \times 6 \times 15 \times (1,600 - 0)}} \times 10^6$

$= 5.1824 \mu m$

[답] ∴ 절단입경 $= 5.18 \mu m$

07

연소조절에 의하여 질소산화물을 처리하는 방법 4가지를 적으시오.

2단연소, 배기가스 재순환, 수증기분사, 저산소 연소, 저 NO_x 버너, 희박예혼합연소, 연소부분 냉각

08

유량이 $10m^3/sec$, 먼지농도가 $155g/m^3$, 밀도는 $800kg/m^3$, 제거효율이 85%인 중력침강실에서 침전된 먼지의 부피가 $0.55m^3$일 경우 청소시간 간격(min)을 계산하시오.

빈출체크 06년 4회 | 10년 2회

[식] 청소시간 간격 = $\dfrac{\text{먼지밀도} \times \text{침전된 먼지부피}}{\text{제거 먼지량}}$

[풀이] ① 제거 먼지량 = $\dfrac{155g}{m^3} \Big| \dfrac{10m^3}{sec} \Big| \dfrac{85}{100} \Big| \dfrac{kg}{10^3 g}$

$= 1.3175 kg/sec$

② 청소시간 간격 = $\dfrac{sec}{1.3175kg} \Big| \dfrac{800kg}{m^3} \Big| \dfrac{0.55m^3}{} \Big| \dfrac{min}{60sec}$

$= 5.5661 min$

[답] ∴ 청소시간 간격 = 5.57min

09

분진농도가 $10g/m^3$인 배출가스를 처리하는 1차 집진장치의 집진율이 90%인 경우, 출구의 분진농도를 $0.2g/m^3$으로 하기 위한 2차 집진기의 집진율(%)을 계산하시오.

빈출체크 16년 2회

[식] $\eta_T = 1 - (1-\eta_1)(1-\eta_2)$

[풀이]

① $\eta_T(\%) = \left(1 - \dfrac{C_o}{C_i}\right) \times 100 = \left(1 - \dfrac{0.2}{10}\right) \times 100 = 98\%$

② $0.98 = 1 - (1-0.90)(1-\eta_2)$

→ $\eta_2 = 0.8$ → $\eta_2 = 80\%$

[답] ∴ 집진효율 = 80%

10

가솔린($C_8H_{17.5}$)을 연소시킬 경우 질량기준의 공연비와 부피기준의 공연비를 계산하시오.

가. 질량기준
나. 부피기준

빈출 체크 12년 2회 | 17년 2회 | 24년 2회

가. 질량기준

[식] $AFR_m = \dfrac{M_A \times m_a}{M_F \times m_f}$

[풀이]
⟨반응식⟩ $C_8H_{17.5} + 12.375O_2 \rightarrow 8CO_2 + 8.75H_2O$

$AFR_m = \dfrac{12.375 \times 32 \div 0.232}{113.5 \times 1} = 15.0387$

[답] ∴ $AFR_m = 15.04$

나. 부피기준

[식] $AFR_v = \dfrac{m_a \times 22.4}{m_f \times 22.4}$

[풀이]
⟨반응식⟩ $C_8H_{17.5} + 12.375O_2 \rightarrow 8CO_2 + 8.75H_2O$

$AFR_v = \dfrac{12.375 \div 0.21 \times 22.4}{1 \times 22.4} = 58.9286$

[답] ∴ $AFR_v = 58.93$

11

액분산형 흡수장치 3가지만 적으시오.

벤츄리 스크러버, 사이클론 스크러버, 제트 스크러버, 충전탑, 분무탑

12

물리적 흡착의 특성 4가지를 적으시오.

빈출 체크 09년 1회 | 16년 2회

- 흡착원리는 Van der Waals 힘에 의한 것이다.
- 흡착과정이 가역적이다.
- 오염가스 회수에 용이하다.
- 온도의 영향이 큰 편이다.
- 흡착 시 다층으로 흡착이 가능하다.
- 흡착열이 낮은 편이다.

13

분산모델과 수용모델의 특징을 각각 3가지씩 기술하시오.

 07년 1회 | 14년 1회

가. 분산모델
- 미래의 대기질을 예측할 수 있다.
- 점, 선, 면 오염원의 영향을 평가할 수 있다.
- 2차 오염원의 확인 가능하다.
- 대기오염제거 정책입안에 도움을 준다.
- 오염원의 운영 및 설계요인의 효과를 예측할 수 있다.

나. 수용모델
- 기상, 지형 정보 없이도 사용 가능하다.
- 입자상·가스상 물질, 가시도 문제 등 환경화학 전반에 응용할 수 있다.
- 새롭거나 불확실한 오염원, 불법배출 오염원을 정량적으로 확인하고 평가할 수 있다.
- 수용체 입장에서 영향평가가 현실적으로 이루어질 수 있다.

14

굴뚝높이가 75m, 대기온도 27℃, 배기가스의 평균온도가 105℃일 때, 통풍력을 2.5배 증가시키기 위해서 요구되는 배출가스의 온도(℃)를 계산하시오.

[식] $Z = 355 \cdot H \cdot \left(\dfrac{1}{273+t_a} - \dfrac{1}{273+t_g} \right)$

[풀이]
① 기존의 통풍력(mmH$_2$O)

$Z = 355 \times 75 \times \left(\dfrac{1}{273+27} - \dfrac{1}{273+105} \right)$

$\quad = 18.3135 \, mmH_2O$

② $18.3135 \times 2.5 = 355 \times 75 \times \left(\dfrac{1}{273+27} - \dfrac{1}{273+t_g} \right)$

$\rightarrow t_g = 346.6724℃$

[답] ∴ 배출가스의 온도 = 346.67℃

15

이온크로마토그래피의 측정원리와 써프렛서의 역할을 서술하시오.

가. 측정원리
나. 써프렛서의 역할

 18년 1회

가. 이동상으로는 액체, 그리고 고정상으로는 이온교환수지를 사용하여 이동상에 녹는 혼합물을 고분리능 고정상이 충전된 분리관 내로 통과시켜 시료성분의 용출상태를 전도도 검출기 또는 광학 검출기로 검출하여 그 농도를 정량하는 방법이다.

나. 전해질을 물 또는 저전도도의 용매로 바꿔줌으로써 전기 전도도 셀에서 목적이온 성분과 전기 전도도만을 고감도로 검출할 수 있게 해주는 것이다.

16

평판형 전기집진기의 집진극 전압이 60kV, 집진판 간격은 30cm이다. 가스속도는 1.0m/sec, 입자 직경 0.5㎛일 때 입자의 이동 속도는 $W_e = \dfrac{1.1 \times 10^{-14} \cdot P \cdot E^2 \cdot d_p}{\mu}$ 를 이용하여 계산한다. 이때 효율이 100%가 되는 집진극의 길이(m)를 구하시오. (단, $P = 2$, $\mu = 8.63 \times 10^{-2}$ kg/m·hr)

빈출체크 06년 2회 | 11년 2회 | 13년 1회 | 15년 4회 | 18년 2회

[식] $L = \dfrac{R \cdot V}{W_e}$

[풀이]

① $E = \dfrac{60 \times 10^3 \text{V}}{0.15 \text{m}} = 400,000 \text{V/m}$

② $W_e = \dfrac{1.1 \times 10^{-14} \times 2 \times 400,000^2 \times 0.5}{8.63 \times 10^{-2}} = 0.0204 \text{m/sec}$

③ $L = \dfrac{0.15 \times 1}{0.0204} = 7.3529 \text{m}$

[답] ∴ 집진극의 길이 = 7.35m

17

벤츄리 스크러버에서 목 부의 직경 0.22m, 수압 2atm, Nozzle의 수 6개, 액가스비 0.5L/m³, 목 부의 가스유속이 60m/sec일 때, Nozzle의 직경(mm)을 계산하시오.

빈출체크 07년 1회 | 08년 4회

[식] $n\left(\dfrac{d_n}{D_t}\right)^2 = \dfrac{V_t \cdot L}{100\sqrt{P}}$

[풀이]

① $P = 2\text{atm} \left| \dfrac{10,000 \text{mmH}_2\text{O}}{\text{atm}} \right. = 20,000 \text{mmH}_2\text{O}$

(※ 벤츄리 스크러버에서는 공학기압 10,000mmH₂O 사용)

② $6 \times \left(\dfrac{d_n}{0.22}\right)^2 = \dfrac{60 \times 0.5}{100\sqrt{20,000}} \to d_n = 4.1367 \times 10^{-3} \text{m}$

③ $d_n = 4.1367 \times 10^{-3} \text{m} \left| \dfrac{10^3 \text{mm}}{\text{m}} \right. = 4.1367 \text{mm}$

[답] ∴ Nozzle의 직경 = 4.14mm

18

21,000Sm³/hr의 배출가스를 물을 이용하여 처리하고자 한다. 목 부의 유속은 80m/sec, 액가스비는 1L/m³인 경우 목 부 직경(m)을 계산하시오. (단, 배출가스의 온도는 150℃)

빈출체크 15년 4회

[식] $Q = A \cdot V = \dfrac{\pi D^2}{4} \times V$

[풀이] ① $Q = \dfrac{21,000 \text{Sm}^3}{\text{hr}} \left| \dfrac{\text{hr}}{3,600 \text{sec}} \right| \dfrac{273 + 150}{273}$

$= 9.0385 \text{m}^3/\text{sec}$

② $D = \sqrt{\dfrac{4Q}{\pi V}} = \sqrt{\dfrac{4 \times 9.0385}{\pi \times 80}} = 0.3793 \text{m}$

[답] ∴ 목 부 직경 = 0.38m

19

탄소 84%, 수소 13%, 황 3%의 중유를 연소하는 데 공기 $15Sm^3/kg$이 소요될 때 습연소가스 중의 SO_2 농도(ppm)를 계산하시오. (단, 표준상태 기준)

[식] $SO_2(ppm) = \dfrac{SO_2 \text{ 발생량}}{G_w} \times 10^6$

[풀이]

① 이론 공기량

〈반응식〉 $\quad C \quad + \quad O_2 \quad \rightarrow \quad CO_2$
$\qquad\qquad 12kg \quad : 22.4Sm^3 : 22.4Sm^3$
$\qquad\quad 0.84kg/kg : \quad X \quad : CO_2$ 발생량

$X = \dfrac{0.84 \times 22.4}{12} = 1.568 Sm^3/kg$

〈반응식〉 $\quad H_2 \quad + \quad 0.5O_2 \quad \rightarrow \quad H_2O$
$\qquad\qquad 2kg \quad : 0.5 \times 22.4Sm^3 : 22.4Sm^3$
$\qquad\quad 0.13kg/kg : \quad Y \quad : H_2O$ 발생량

$Y = \dfrac{0.13 \times 0.5 \times 22.4}{2} = 0.728 Sm^3/kg$

〈반응식〉 $\quad S \quad + \quad O_2 \quad \rightarrow \quad SO_2$
$\qquad\qquad 32kg \quad : 22.4Sm^3 : 22.4Sm^3$
$\qquad\quad 0.03kg/kg : \quad Z \quad : SO_2$ 발생량

$Z = \dfrac{0.03 \times 22.4}{32} = 0.021 Sm^3/kg$

$A_o = O_o \div 0.21 = (1.568 + 0.728 + 0.021) \div 0.21$
$\quad = 11.0333 Sm^3/kg$

② $m = \dfrac{A}{A_o} = \dfrac{15}{11.0333} = 1.3595$

③ $G_w = (m - 0.21)A_o + CO_2 + SO_2 + H_2O$
$\quad = (1.3595 - 0.21) \times 11.0333 + 1.568 + 0.021$
$\quad + 1.456 = 15.7278 Sm^3/kg$

④ $SO_2(ppm) = \dfrac{0.021}{15.7278} \times 10^6 = 1,335.2154 ppm$

[답] ∴ $SO_2 = 1,335.22 ppm$

20

흡착제 재생방법 5가지를 적으시오.

20년 2회

- 고온공기 탈착법
- 수세 탈착법
- 수증기 탈착법
- 불활성 가스에 의한 탈착법
- 감압 진공 탈착법

필답형 기출문제 2020 * 5

01

전기집진장치의 집진효율을 증가시키는 방법 6가지를 서술하시오.

빈출체크 12년 4회 | 16년 4회 | 18년 4회

- 비저항 값을 $10^4 \sim 10^{11} \, \Omega \cdot cm$로 운영한다.
- 처리가스의 온도를 150℃ 이하 혹은 250℃ 이상으로 한다.
- 처리가스의 수분 함량을 증가시킨다.
- 연료의 황 성분 함량을 높인다.
- 인가전압을 높인다.
- 집진판의 면적을 넓게 한다.
- 입자의 이동속도를 빠르게 한다.

02

처리가스의 먼지농도가 2,000mg/Sm³인 것을 3개의 집진장치를 직렬로 연결하여 처리하고자 한다. 각각의 집진율은 70%, 50%, 80%라 할 때 배출되는 먼지농도(mg/Sm³)를 계산하시오.

빈출체크 13년 1회 | 18년 1회

[식] $C_o = C_i \times (1 - \eta_T)$

[풀이] ① $\eta_T = 1 - (1-\eta_1)(1-\eta_2)(1-\eta_3)$
$= 1 - (1-0.7)(1-0.5)(1-0.8)$
$= 0.97$

② $C_o = 2,000 \times (1 - 0.97) = 60 \, mg/Sm^3$

[답] ∴ 배출 먼지농도 = 60mg/Sm³

03

배기가스 채취 시 채취관을 보온, 가열을 하는 이유 3가지를 적으시오.

빈출체크 16년 1회 | 16년 4회 | 23년 4회

- 채취관이 부식될 염려가 있는 경우
- 여과재가 막힐 염려가 있는 경우
- 분석물질이 응축수에 용해되어 오차가 생길 염려가 있는 경우

04

다음 보기 중 오존파괴지수(ODP)가 큰 순서대로 나열하시오.

[보기]
① $C_2F_4Br_2$ ② CF_3Br ③ CH_2BrCl
④ $C_2F_3Cl_3$ ⑤ CF_2BrCl

 10년 4회 | 16년 4회 | 23년 1회

② $CF_3Br(10)$ > ① $C_2F_4Br_2(6.0)$ > ⑤ $CF_2BrCl(3.0)$ > ④ $C_2F_3Cl_3(0.8)$ > ③ $CH_2BrCl(0.12)$

※ 괄호 안의 숫자는 암기할 필요 없음

05

유해가스와 물이 일정한 온도에서 평형상태에 있다. 기상의 유해가스의 분압이 38mmHg일 때 수중 유해가스의 농도가 2.5kmol/m³이면 이때 헨리상수(atm·m³/kmol)를 계산하시오.

 13년 2회 | 18년 1회

[식] $H = \dfrac{P}{C}$

[풀이] ① $P = \dfrac{38\text{mmHg}}{} \Big| \dfrac{1\text{atm}}{760\text{mmHg}} = 0.05\text{atm}$

② $H = \dfrac{0.05}{2.5} = 0.02\,\text{atm}\cdot\text{m}^3/\text{kmol}$

[답] ∴ 헨리상수 = 0.02 atm·m³/kmol

06

기체크로마토그래피에서 분리도와 분리계수의 공식을 쓰고, 각각을 기술하시오.

 08년 2회 | 15년 1회 | 18년 1회

분리도(R) = $\dfrac{2(t_{R2} - t_{R1})}{W_1 + W_2}$, 분리계수(d) = $\dfrac{t_{R2}}{t_{R1}}$

- t_{R1} : 시료도입점으로부터 봉우리 1의 최고점까지의 길이
- t_{R2} : 시료도입점으로부터 봉우리 2의 최고점까지의 길이
- W_1 : 봉우리 1의 좌우 변곡점에서의 접선이 자르는 바탕선의 길이
- W_2 : 봉우리 2의 좌우 변곡점에서의 접선이 자르는 바탕선의 길이

07

폭굉에 관한 다음 물음에 답하시오.

가. 유도거리의 정의
나. 폭굉유도거리가 짧아지는 이유 3가지
다. 혼합기체의 하한 연소범위(%)

성분	조성	하한 연소범위
CH_4	80	5.0
C_2H_6	14	3.0
C_3H_8	4	2.1
C_4H_{10}	2	1.5

빈출 체크 14년 2회 | 18년 2회

가. 관중에 폭굉 가스가 존재할 때 최초의 완만한 연소가 격렬한 폭굉으로 발전할 때까지의 거리

나.
- 압력이 높음
- 점화원의 에너지가 큼
- 연소속도가 큼
- 관경이 작은 경우

다. [식] $L = \dfrac{100}{\dfrac{P_1}{n_1}+\dfrac{P_2}{n_2}+\cdots+\dfrac{P_n}{n_n}}$

[풀이] $L = \dfrac{100}{\dfrac{80}{5}+\dfrac{14}{3}+\dfrac{4}{2.1}+\dfrac{2}{1.5}} = 4.1833\%$

[답] ∴ 하한 연소범위 = 4.18%

08

다음 물음에 답하시오.

가. 액분산형 흡수장치 3가지만 적으시오.
나. Hold-up, Loading Point, Flooding Point에 대해 서술하시오.

빈출 체크 13년 4회

가. 벤츄리 스크러버, 사이클론 스크러버, 제트 스크러버, 충전탑, 분무탑

나.
- Hold-up : 충전층 내 액 보유량
- Loading Point : Hold up의 증가로 급격한 압력 변화가 생기는 점
- Flooding Point : 가스 속도가 커져 액이 흐르지 않고 넘는 점(향류 조작 불가능)

09

해륙풍, 산곡풍, 경도풍에 대해서 서술하시오. (단, 정의, 특성, 밤과 낮일 때 차이를 구분해서 서술할 것)

빈출 체크 09년 2회 | 12년 4회 | 15년 2회

- 해륙풍 : 바다와 육지의 비열차에 의하여 부는 바람으로 낮에는 바다가 육지에 비해 비열이 높아 온도 상승이 적어 해풍이 불며, 밤에는 바다가 육지에 비해 온도 저하가 적어 육풍이 분다.
- 산곡풍 : 낮에는 일사량이 곡보다 산이 많아 산이 저기압이 되어 곡풍이 불며, 밤에는 산의 냉각으로 고기압이 되어 산풍이 분다.
- 경도풍 : 등압선이 곡선일 때 기압경도력과 전향력, 원심력이 평형을 이루어 부는 바람이다.

10

Ethane과 Propane을 함유하는 혼합가스 $1Nm^3$을 완전연소 배기가스 중 CO_2 발생량은 $2.6Nm^3$이었다. 이 혼합가스 중 ethane/propane의 몰 비를 계산하시오.

 11년 4회

[풀이]
① 〈반응식〉 $C_2H_6 + 3.5O_2 \rightarrow 2CO_2 + 3H_2O$: X
　　　　　 $C_3H_8 + 5O_2 \rightarrow 3CO_2 + 4H_2O$: Y
② $X + Y = 1$ ············· 혼합가스가 1이므로
③ $2X + 3Y = 2.6$ ········ 이산화탄소 발생량이 2.6이므로
④ 두 식을 연립 $X = 0.4$, $Y = 0.6$
⑤ ethane/propane의 몰 비 = 0.4/0.6 = 0.6667
[답] ∴ ethane/propane의 몰 비 = 0.67

11

세정집진장치에서 관성충돌계수를 크게 하기 위한 입자배출원 특징, 운전조건 6가지를 서술하시오.

 11년 1회 | 11년 2회

- 먼지입경이 클수록
- 분진의 밀도가 클수록
- 가스의 점도가 낮을수록
- 처리가스의 온도가 낮을수록
- 물방울 직경이 작을수록
- 가스유속이 빠를수록

12

입자의 직경이 $50\mu m$, 밀도가 $2,000kg/m^3$인 중력 집진장치 가스의 유량은 $10m^3/sec$이다. 집진기의 폭이 1.5m, 높이가 1.5m이며 밑면을 포함한 평판이 10단일 때 효율이 100%가 되기 위한 침강실의 길이(m)를 계산하시오. (단, 층류로 가정하며 점성계수 $\mu = 1.75 \times 10^{-5} kg/m \cdot sec$)

 11년 2회

[식] $\eta_d = \dfrac{V_g \cdot L}{V \cdot H}$

[풀이]
① $V_g = \dfrac{d_p^2(\rho_p - \rho)g}{18\mu} = \dfrac{(50 \times 10^{-6})^2 \times (2,000 - 1.3) \times 9.8}{18 \times 1.75 \times 10^{-5}}$
　　　$= 0.1555 m/sec$

② $V = \dfrac{Q}{A} = \dfrac{10}{1.5 \times 1.5} = 4.4444 m/sec$

③ 평판이 10단이므로 높이는 1/10로 줄어든다.

④ $L = \dfrac{\eta_d \cdot V \cdot H}{V_g} = \dfrac{1 \times 4.4444 \times (1.5 \div 10)}{0.1555} = 4.2872 m$

[답] ∴ 침강실의 길이 = 4.29m

13

탄소 85%, 수소 14%, 황 1%의 중유를 5kg/hr 연소하였다. 이때 건조연소가스 중의 SO_2 농도(ppm)를 계산하시오. (단, 표준상태 기준, 공기비 1.2)

06년 1회 | 11년 1회

[식] $SO_2(ppm) = \dfrac{SO_2 \text{ 발생량}}{G_d} \times 10^6$

[풀이]
① 이론 공기량

〈반응식〉 C + O_2 → CO_2
　　　　12kg : 22.4Sm³ : 22.4Sm³
　　　　0.85kg/kg : X : CO_2 발생량

$X = \dfrac{0.85 \times 22.4}{12} = 1.5867 \text{Sm}^3/\text{kg}$

〈반응식〉 H_2 + $0.5O_2$ → H_2O
　　　　2kg : 0.5×22.4Sm³ : 22.4Sm³
　　　　0.14kg/kg : Y : H_2O 발생량

$Y = \dfrac{0.14 \times 0.5 \times 22.4}{2} = 0.784 \text{Sm}^3/\text{kg}$

〈반응식〉 S + O_2 → SO_2
　　　　32kg : 22.4Sm³ : 22.4Sm³
　　　　0.01kg/kg : Z : SO_2 발생량

$Z = \dfrac{0.01 \times 22.4}{32} = 0.007 \text{Sm}^3/\text{kg}$

$A_o = O_o \div 0.21 = (1.5867 + 0.784 + 0.007) \div 0.21$
　　$= 11.3224 \text{Sm}^3/\text{kg}$

② $G_d = (m - 0.21)A_o + CO_2 + SO_2$
　　$= (1.2 - 0.21) \times 11.3224 + 1.5867 + 0.007$
　　$= 12.8029 \text{Sm}^3/\text{kg}$

③ $SO_2(\text{ppm}) = \dfrac{0.007}{12.8029} \times 10^6 = 546.7511 \text{ppm}$

[답] ∴ $SO_2 = 546.75 \text{ppm}$

14

열섬효과에 영향을 주는 대표적인 인자 3가지를 적으시오.

08년 2회 | 10년 4회 | 17년 1회

- 도시 지역의 인구집중에 따른 인공 열 발생의 증가
- 도시의 건물 등 구조물에 의한 거칠기 길이의 변화
- 도시 표면의 열적 성질의 차이 및 지표면에서의 증발잠열의 차이

15

200kmol로 배출되는 처리가스는 공기 3mol : HCl 5mol로 구성되어 있다. 해당 처리가스를 16,200kg/hr의 물로 HCl을 흡수처리한다고 했을 때 배출되는 가스의 공기 1mol당 HCl은 몇 mol인가? (단, 배출된 물은 물 8mol당 HCl 1mol로 구성)

[풀이]
① 공기 3mol : HCl 5mol이므로

$$공기 = \frac{200\text{kmol}}{\text{hr}} \Big| \frac{3}{8} = 75\text{kmol/hr}$$

$$HCl = \frac{200\text{kmol}}{\text{hr}} \Big| \frac{5}{8} = 125\text{kmol/hr}$$

② 흡수 후 배출된 HCl의 양

$$= 125\text{kmol/hr} - \frac{16,200\text{kg}}{\text{hr}} \Big| \frac{\text{kmol}}{18\text{kg}} \Big| \frac{1}{8} = 12.5\text{kmol/hr}$$

③ 배출가스의 공기 1mol당 $HCl = \dfrac{12.5 \times 10^3}{75 \times 10^3} = 0.1667$

[답] ∴ 배출가스의 공기 1mol당 HCl = 0.17mol

16

전기집진장치의 전기적 구획화(electrical sectionalization)의 이유를 서술하시오.

빈출 체크 23년 2회

입구는 분진농도가 높아 코로나 전류가 상대적으로 감소하며 출구는 분진농도가 낮아 코로나 전류가 급증하여 전기집진장치의 효율이 감소하므로 전기적 특성에 따라 몇 개의 집진실로 구획하여 집진장치의 효율을 증가시키기 위함이다.

17

A공정에서 NO_2 150ppm 포함된 처리가스 1,500Sm^3/hr가 배출되고 있다. 이를 CH_4으로 환원처리한 후 $FeSO_4$로 흡수 처리하고자 할 때 필요한 $FeSO_4$(kg/hr)의 양을 구하시오. (단, $FeSO_4$의 분자량은 151.8, 소수점 세 번째 자리까지)

[풀이]
① NO_2 환원 반응

〈반응식〉 $4NO_2 + CH_4 \rightarrow 4NO + CO_2 + 2H_2O$

$$NO_2 \text{ 발생량} = \frac{150\text{mL}}{\text{m}^3} \Big| \frac{1,500\text{Sm}^3}{\text{hr}} \Big| \frac{\text{m}^3}{10^6 \text{mL}}$$

$$= 0.225 \text{Sm}^3/\text{hr}$$

(※ NO_2와 NO는 같은 몰비이므로 NO 발생량은 NO_2와 같다)

② $FeSO_4$로 흡수

〈반응비〉 NO + $FeSO_4$
22.4Sm^3 : 151.8kg
0.225Sm^3/hr : X

$$X = \frac{151.8 \times 0.225}{22.4} = 1.5248 \text{kg/hr}$$

[답] ∴ 필요한 $FeSO_4$의 양 = 1.525kg/hr

18

액체 연료의 특성 3가지를 적으시오.

- 품질이 일정하며 회분이 거의 없음
- 발열량 및 연소효율이 좋음
- 저장·운반·점화 및 연소조절이 용이함
- 연소온도가 높아 국부적 과열 발생
- 역화(Back fire)의 위험이 큼
- 연소 시 소음 발생 우려
- 고황분인 것이 많아 SO_x 발생 우려

19

전기집진장치에서 2차 전류가 현저하게 떨어질 때의 대책 3가지를 쓰시오.

빈출체크 14년 2회 | 18년 1회

- 입구분진 농도 조절
- 조습용 스프레이 수량 증가
- 스파크 횟수 증가

20

중력집진장치를 사용하여 72m³/min로 유입되는 가스를 처리하고자 한다. 단수는 30, 폭과 높이는 2m일 경우의 레이놀즈 수를 구한 후 흐름상태를 구분하시오. (단, 점도는 2.0×10^{-5} kg/m·sec, 밀도는 1.0kg/m³)

빈출체크 12년 4회

[식] $Re = \dfrac{D \cdot V \cdot \rho}{\mu}$

[풀이] ※ MKS 단위로 통일

① $V = \dfrac{Q}{A} = \dfrac{72m^3}{min} \Big| \dfrac{1}{2m \times 2m} \Big| \dfrac{min}{60sec} = 0.3 m/sec$

② $D_o = \dfrac{2HW}{H+W} = \dfrac{2 \times \dfrac{2}{30} \times 2}{\dfrac{2}{30} + 2} = 0.1290 m$

③ $Re = \dfrac{0.1290 \times 0.3 \times 1}{2.0 \times 10^{-5}} = 1,935$, **층류**

[답] ∴ Re=1,935, **층류**

필답형 기출문제 2021 * 1

01

원심력 집진장치에서 블로우 다운(Blow down) 방법에 대해 서술하고 효과 3가지를 서술하시오.

> 15년 2회 | 16년 2회 | 19년 2회 | 20년 2회

가. 방법 : Dust Box 또는 멀티 사이클론의 Hopper부에서 처리가스량의 5~10%를 흡인하여 재순환시키는 방법
나. 효과
- 유효원심력 증가
- 분진의 재비산 방지
- 집진효율 증대
- 내통의 분진 폐색방지

02

다음은 산성비에 대한 정의이다. 빈칸에 알맞은 것을 적으시오.

> 산성비의 pH는 (가) 이하이며, (나) 가스가 수증기 속에 녹아서 발생된다. 온도가 (다) 산성물질이 더 많이 용해된다.

가. 5.6
나. CO_2
다. 낮을수록

03

충전탑을 이용하여 유해가스를 제거하고자 할 때 흡수액의 구비조건 3가지를 적으시오.

> 07년 1회 | 07년 2회 | 16년 2회 | 19년 1회 | 19년 2회 | 20년 2회 | 22년 1회 | 24년 3회

- 흡수액의 손실 방지를 위해 휘발성이 작을 것
- 장치의 부식 방지를 위해 부식성이 낮을 것
- 높은 흡수율과 범람을 줄이기 위해 점도가 낮을 것
- 빙점이 낮고, 가격이 저렴할 것
- 용해도 및 비점이 높을 것
- 용매의 화학적 성질과 비슷할 것
- 화학적으로 안정적일 것

04

후드 선정 시 모형, 크기 등을 고려하여 선정해야 한다. 후드 선택 시 흡인요령 3가지를 서술하시오. (단, 개구면적을 좁게 하는 것은 제외)

- 국부적인 흡인방식을 택한다.
- 충분한 포착속도를 유지한다.
- 후드를 발생원에 근접시킨다.
- 에어커튼을 사용한다.

05

대기오염 공정시험법 기준 중 배출가스 분석방법을 적으시오.

가. 암모니아 1가지
나. 염화수소 2가지
다. 황산화물 2가지

가. 인도페놀법(자외선/가시선 분광법)
나. 이온크로마토그래피, 싸이오사이안산제이수은(자외선/가시선 분광법)
다. 침전적정법(아르세나조 Ⅲ법), 전기화학식, 용액 전도율법, 적외선 흡수법, 자외선 흡수법, 불꽃 광도법

06

원심력 집진장치의 제거효율의 변화는 $\dfrac{100-\eta_a}{100-\eta_b} = \left(\dfrac{Q_b}{Q_a}\right)^{0.5}$ 을 이용하여 구할 수 있다. 유량 200Sm³/sec일 경우 효율이 70%라면 유량이 100Sm³/sec일 때의 효율(%)을 구하시오.

빈출체크 11년 4회

[식] $\dfrac{100-\eta_a}{100-\eta_b} = \left(\dfrac{Q_b}{Q_a}\right)^{0.5}$

[풀이] $\dfrac{100-70}{100-\eta_b} = \left(\dfrac{100}{200}\right)^{0.5} \rightarrow \eta_b = 57.5736\%$

[답] ∴ 효율 = 57.57%

07

굴뚝 배기량이 1,000m³/hr이고 HF 농도가 500ppm일 때 20m³의 물을 순환 사용하는 수세탑을 설치하여 5시간 운영하였을 때 순환수의 pH를 구하시오. (단, 물의 증발 손실은 없으며 제거율은 100% 이다)

빈출체크 06년 1회

[식] $pH = \log \dfrac{1}{[H^+]}$

[풀이]

① $N(eq/L) = \dfrac{\text{흡수 HF 당량}}{\text{용액}}$

② 흡수 HF 당량 $= \dfrac{500\text{mL}}{\text{m}^3} \Big| \dfrac{1\text{eq}}{22.4\text{L}} \Big| \dfrac{\text{L}}{10^3\text{mL}} \Big| \dfrac{1,000\text{m}^3}{\text{hr}} \Big| \dfrac{5\text{hr}}{}$
  $= 111.6071\text{eq}$

③ 용액 $= \dfrac{20\text{m}^3}{} \Big| \dfrac{10^3\text{L}}{\text{m}^3} = 2 \times 10^4 \text{L}$

④ $N = \dfrac{111.6071}{2 \times 10^4} = 5.5804 \times 10^{-3}$

⑤ $pH = \log \dfrac{1}{5.5804 \times 10^{-3}} = 2.2533$

[답] ∴ pH = 2.25

08

250m³의 크기를 갖는 실험실에서 HCHO가 발생하여 농도가 0.5ppm가 되었다. 이를 0.01ppm까지 낮추기 위하여 25m³/min 유량을 갖는 공기청정기를 이용하려고 한다. 원하는 농도로 낮추기 위해 걸리는 시간(min)을 구하시오. (단, 처리효율은 100%, 초기 HCHO 농도는 0ppm)

빈출체크 08년 4회 | 12년 1회 | 16년 4회

[식] $\ln \dfrac{C_t}{C_o} = -\dfrac{Q}{V} \cdot t$

[풀이] $t = \dfrac{\ln \dfrac{0.01}{0.5}}{-\dfrac{25}{250}} = 39.1202 \text{min}$

[답] ∴ 39.12min

09

우리나라의 월별 물질 농도표를 참고하여 아래의 물음에 답하시오.

물질 \ 월	1월	2월	3월	4월	5월	6월
TVOC (ppm)	0.012	0.024	0.028	0.028	0.030	0.018
NO₂ (ppm)	0.034	0.034	0.042	0.042	0.032	0.032
O₃ (ppm)	0.064	0.072	0.106	0.102	0.080	0.068

가. O_3와 NO_2의 회귀방정식(y = A + Bx)
나. O_3와 TVOC의 회귀방정식(y = A + Bx)
다. O_3와 NO_2의 상관계수
라. O_3와 TVOC의 상관계수
마. O_3와 상관성이 높은 물질

※ 회귀방정식을 입력하는 방법이 계산기마다 다르므로 따로 찾아보셔야 합니다.
① MODE(MENU) 버튼을 누른다.
② STAT 버튼을 누른다.
③ x, y값을 대입한다.
④ REG 버튼을 누른다.
⑤ B : 기울기, A : y절편, R : 상관계수

가. y = 3.43x - 0.04
나. y = 1.89x + 0.04
다. 0.91
라. 0.74
마. NO_2

10

S함량 4%의 B-C유 100kL를 사용하는 보일러에 S함량 1.5%인 B-C유를 40% 섞어서 사용하면 SO_2의 배출량은 몇 % 감소하겠는가? [단, 기타 연소조건은 동일하며, S는 연소 시 전량 SO_2로 변환되고, B-C유 비중은 0.95(S함량에 무관)]

[식] 감소량(%) $= \left(1 - \dfrac{Q_2}{Q_1}\right) \times 100$

[풀이]
① $Q_1 = \dfrac{100\text{kL}}{\text{day}} \mid \dfrac{4}{100} = 4\text{kL/day}$
② $Q_2 = \dfrac{60\text{kL}}{\text{day}} \mid \dfrac{4}{100} + \dfrac{40\text{kL}}{\text{day}} \mid \dfrac{1.5}{100} = 3\text{kL/day}$
③ 감소량(%) $= \left(1 - \dfrac{3}{4}\right) \times 100 = 25\%$

[답] ∴ 감소량 = 25%

11

유효높이(H)가 60m인 굴뚝으로부터 SO_2가 9,000g/min의 속도로 배출되고 있다. 굴뚝높이에서의 풍속은 4m/sec이고 풍하거리 500m에서 대기안정 조건에 따라 편차 σ_y는 110m, σ_z는 65m이었다. 이 굴뚝으로부터 풍하거리 500m의 중심선상의 지표면 농도($\mu g/m^3$)는 얼마인가? (단, 가우시안 모델식을 사용하고, SO_2는 배출되는 동안에 화학적으로 반응하지 않는다고 가정한다. 소수점 첫 번째 자리까지)

 23년 1회

[식]
$$C = \frac{Q}{2 \cdot \sigma_y \cdot \sigma_z \cdot \pi \cdot u} \exp\left[-\frac{1}{2}\left(\frac{y}{\sigma_y}\right)^2\right]$$
$$\times \left[\exp\left(-\frac{1}{2}\left(\frac{z-H_e}{\sigma_z}\right)^2\right) + \exp\left(-\frac{1}{2}\left(\frac{z+H_e}{\sigma_z}\right)^2\right)\right]$$

[풀이]

① $Q = \frac{9,000g}{min} \bigg| \frac{10^6 \mu g}{g} \bigg| \frac{min}{60sec} = 1.5 \times 10^8 \mu g/sec$

② 지표면 오염물질 : $z=0$, 중심선상 : $y=0$
$$C = \frac{Q}{2 \cdot \sigma_y \cdot \sigma_z \cdot \pi \cdot u} \exp\left[-\frac{1}{2}\left(\frac{0}{\sigma_y}\right)^2\right]$$
$$\times \left[\exp\left(-\frac{1}{2}\left(\frac{0-H_e}{\sigma_z}\right)^2\right) + \exp\left(-\frac{1}{2}\left(\frac{0+H_e}{\sigma_z}\right)^2\right)\right]$$

③ $C = \frac{Q}{2 \cdot \sigma_y \cdot \sigma_z \cdot \pi \cdot u} \exp[0] \times \left[2 \times \exp\left(-\frac{1}{2}\left(\frac{H_e}{\sigma_z}\right)^2\right)\right]$

※ 지수법칙 : $\exp(0) = 1$

$$C = \frac{Q}{2 \cdot \sigma_y \cdot \sigma_z \cdot \pi \cdot u} \times 1 \times \left[2 \times \exp\left(-\frac{1}{2}\left(\frac{H_e}{\sigma_z}\right)^2\right)\right]$$

④ $C = \frac{1.5 \times 10^8}{2 \times 110 \times 65 \times \pi \times 4} \left[2 \times \exp\left(-\frac{1}{2}\left(\frac{60}{65}\right)^2\right)\right]$
$= 1,090.3112 \mu g/m^3$

[답] ∴ 지표면 농도 $= 1,090.3 \mu g/m^3$

12

H_{OG}가 1.0m, 제거율이 95%인 경우 다음을 구하시오.

가. N_{OG}

나. 충전탑의 높이(m)

가. [식] $N_{OG} = \ln\left(\frac{1}{1-\eta}\right)$

[풀이] $N_{OG} = \ln\left(\frac{1}{1-0.95}\right) = 2.9957$

[답] ∴ $N_{OG} = 3.00$

나. [식] $H = H_{OG} \times N_{OG}$

[풀이] $H = 1.0 \times 3.00 = 3.00m$

[답] ∴ 충전탑의 높이 $= 3.00m$

13

탄소 85%, 수소 15%된 경유(1kg)를 공기과잉계수 1.1로 연소했더니 탄소 1%가 그을음으로 된다. 건조 배기가스 $1Sm^3$ 중 그을음의 농도 (g/Sm^3)를 계산하시오.

빈출체크 06년 4회 | 08년 1회 | 11년 4회 | 16년 1회 | 18년 1회
20년 2회 | 23년 4회

[식] $C = \dfrac{\text{그을음 발생량}}{G_d}$

[풀이]

① 이론 공기량

〈반응식〉 $C + O_2 \rightarrow CO_2$
  $12kg : 22.4Sm^3 : 22.4Sm^3$
  $0.85kg : X : CO_2$ 발생량

$X = \dfrac{0.85 \times 22.4}{12} = 1.5867 Sm^3$

CO_2 발생량 $= 0.85 \times 0.99 \times 22.4/12 = 1.5708 Sm^3$

※ 1%는 검댕으로 변하므로 99%만 CO_2로 발생한다.

〈반응식〉 $H_2 + 0.5O_2 \rightarrow H_2O$
  $2kg : 0.5 \times 22.4 Sm^3$
  $0.15kg : Y$

$Y = \dfrac{0.15 \times 0.5 \times 22.4}{2} = 0.84 Sm^3$

$A_o = O_o \div 0.21 = (1.5867 + 0.84) \div 0.21 = 11.5557 Sm^3$

② $G_d = (m - 0.21)A_o + CO_2$
   $= (1.1 - 0.21) \times 11.5557 + 1.5708$
   $= 11.8554 Sm^3$

③ 검댕 발생량 $= 0.85 \times 0.01 kg \times 10^3 g/kg = 8.5g$

④ $C = \dfrac{8.5g}{11.8554 Sm^3} = 0.7170 g/Sm^3$

[답] ∴ 그을음의 농도 $= 0.72 g/Sm^3$

14

중유(1kg)의 조성이 C : 80%, O : 10%, H : 7%, S : 3%이며, $15.3Sm^3$의 공기를 이용하여 완전 연소할 경우 다음을 구하시오.

가. 공기비

나. 과다 공기량(Sm^3)

다. 과다 공기비(%)

가. [식] $m = \dfrac{A}{A_o}$

[풀이]

① 이론 공기량

〈반응식〉 $C + O_2 \rightarrow CO_2$
  $12kg : 22.4Sm^3 : 22.4Sm^3$
  $0.80kg : X : CO_2$ 발생량

$X = \dfrac{0.80 \times 22.4}{12} = 1.4933 Sm^3$

〈반응식〉 $H_2 + 0.5O_2 \rightarrow H_2O$
  $2kg : 0.5 \times 22.4 Sm^3 : 22.4Sm^3$
  $0.07kg : Y : H_2O$ 발생량

$Y = \dfrac{0.07 \times 0.5 \times 22.4}{2} = 0.392 Sm^3$

⟨반응식⟩ S + O₂ → SO₂
32kg : 22.4Sm³ : 22.4Sm³
0.03kg : Z : SO₂ 발생량

$$Z = \frac{0.03 \times 22.4}{32} = 0.021 Sm^3$$

※ 연료에 포함된 산소는 이론산소량에서 빼준다.

$$O_2 = \frac{0.10 \times 22.4}{32} = 0.07 Sm^3$$

$$A_o = O_o \div 0.21$$
$$= (1.4933 + 0.392 + 0.021 - 0.07) \div 0.21$$
$$= 8.7443 Sm^3$$

② $m = \dfrac{15.3 Sm^3}{8.7443 Sm^3} = 1.7497$

[답] ∴ 공기비 = 1.75

나. [식] 과다 공기량 = A - A₀
  [풀이] 과다 공기량 = 15.3 - 8.7443 = 6.5557Sm³
  [답] ∴ 과다 공기량 = 6.56Sm³

다. [식] 과다 공기비 = $\left(\dfrac{A}{A_o} - 1\right) \times 100$

  [풀이] 과다 공기비 = $\left(\dfrac{15.3}{8.7443} - 1\right) \times 100 = 74.9711\%$

  [답] ∴ 과다 공기비 = 74.97%

15

대기오염물질의 농도를 추정하기 위한 상자모델 이론을 적용하기 위한 가정조건을 4가지만 서술하시오.

 13년 2회 | 16년 1회 | 24년 3회

- 오염물질의 분해가 있는 경우는 1차 반응에 의한다.
- 오염물질의 배출원이 지면 전역에 균등히 분포한다.
- 고려되는 공간에서 오염물질의 농도는 균일하다.
- 상자 안에서는 밑면에서 방출되는 오염물질이 상자 높이인 혼합층까지 즉시 균등하게 혼합된다.
- 고려되는 공간의 수직단면에 직각방향으로 부는 바람의 속도가 일정하여 환기량이 일정하다.
- 배출된 오염물질은 다른 물질로 변하지도 않고 지면에 흡수되지 않는다.

16

CO_2 20%, NH_3 55%, Air 25%와 흡착제가 흡수탑에 들어가서 CO_2 40%, NH_3 + Air 60% 배출가스와 NH_3 흡착제로 배출된다. 이때 배출가스의 NH_3 함량(%)을 계산하시오.

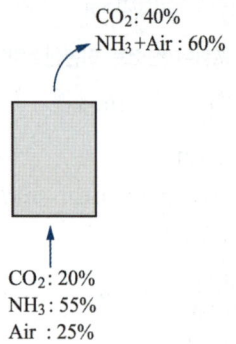

[풀이]
① CO_2와 Air는 처리되지 않고 배출된다.
따라서, 전체를 100으로 본다면 CO_2는 20, Air는 25만큼 그대로 배출된다.
② 배출가스량 = 20(CO_2) + 25(Air) + X (처리 후 배출된 NH_3)
③ $CO_2(\%) = \dfrac{CO_2}{배출가스량} \times 100$

$40 = \dfrac{20}{45+X} \times 100 \;\rightarrow\; 20 \times 100 = 40(45+X)$
$\rightarrow X = 5$

④ $NH_3(\%) = \dfrac{처리\ 후\ 배출된\ NH_3}{배출가스량} \times 100$

$= \dfrac{5}{50} \times 100 = 10\%$

[답] ∴ 배출가스의 NH_3 함량 = 10%

17

배기가스량 65,000 Sm^3/hr, 직경 20cm인 분진을 유효 높이 8m인 Back Filter를 사용하여 처리할 경우 필요한 Back Filter의 개수를 구하시오. (단, 여과속도는 1.5m/min, 짝수 답)

빈출 체크 16년 2회 | 20년 2회

[식] $n = \dfrac{Q_T}{\pi D L V_f}$

[풀이] ※ MKS 단위로 통일

① $Q_T = \dfrac{65,000m^3}{hr} \Big| \dfrac{hr}{60min} = 1,083.3333 m^3/min$

② $D = \dfrac{20cm}{} \Big| \dfrac{m}{100cm} = 0.2m$

③ $n = \dfrac{1,083.3333}{\pi \times 0.2 \times 8 \times 1.5} = 143.6815$이므로 144개

[답] ∴ Back Filter의 개수 = 144개

18

대기오염물질 입자상물질의 농도를 측정하고자 흡습관법, 경사 마노미터, 피토우관, 건식가스미터를 이용하여 다음의 값을 얻었다. 다음 물음에 답하시오. (단, 소수점 첫 번째 자리까지)

[조건]
- 시료채취 흡인가스량 : 20L
- 흡습 수분의 질량 : 2.0g
- 배출가스의 밀도 : 1.3kg/m³
- 포집 먼지의 질량 : 2.4mg
- 가스미터 게이지압 : 13.6mmH₂O
- 가스미터 흡인가스온도 : 17℃
- 측정 대기압 : 760mmHg
- 물의 포화수증기압(17℃) : 14.53mmH₂O
- 피토우관 계수 : 1.1
- 피토우관 동압 : 6mmH₂O

가. 배출가스 중의 수분농도(%)
나. 배출가스의 유속(m/sec)
다. 배출가스 중 먼지농도(mg/Sm³)

가. [식] $X_w = \dfrac{\dfrac{22.4}{18}m_a}{V_m + \dfrac{22.4}{18}m_a} \times 100$

[풀이]

① $V_m = 20L \left| \dfrac{273}{273+17} \right| \dfrac{760+1}{760} = 18.8524 SL$

② $X_w = \dfrac{\dfrac{22.4}{18} \times 2.0}{18.8524 + \dfrac{22.4}{18} \times 2.0} \times 100 = 11.6623\%$

[답] ∴ 배출가스 중의 수분농도 = 11.7%

나. [식] $\overline{V} = C\sqrt{\dfrac{2gh}{\gamma}}$

[풀이] $\overline{V} = 1.1\sqrt{\dfrac{2 \times 9.8 \times 6}{1.3}} = 10.4622 \text{m/sec}$

[답] ∴ 배출가스의 유속 = 10.5m/sec

다. [풀이] ① $V_m = 20L \left| \dfrac{273}{273+17} \right| \dfrac{760+1}{760} = 18.8524 SL$

② $C = \dfrac{2.4mg}{18.8524SL} \left| \dfrac{10^3 L}{m^3} \right. = 127.3047 mg/Sm^3$

[답] ∴ 먼지농도 = 127.3mg/Sm³

19

입구 분진농도 12g/m³, 출구농도 0.1g/m³인 전기집진장치에서 출구 농도를 50mg/m³으로 바꾸려면 집진면적을 얼마나(%) 넓혀야 하는가?

[식] $\eta = 1 - e^{-\frac{A \cdot W_e}{Q}}$

[풀이]

① 초기 효율 : $\eta = \left(1 - \dfrac{0.1}{12}\right) = 0.9917$

$A_1 = \dfrac{\ln(1-\eta)}{-W_e/Q} = \dfrac{\ln(1-0.9917)}{-W_e/Q}$

② 나중 효율 : $\eta = \left(1 - \dfrac{0.05}{12}\right) = 0.9958$

$A_2 = \dfrac{\ln(1-\eta)}{-W_e/Q} = \dfrac{\ln(1-0.9958)}{-W_e/Q}$

③ 넓혀야 하는 집진면적 $= \left(\dfrac{A_2}{A_1} - 1\right) \times 100$

$= \left(\dfrac{\ln(1-0.9958)}{\ln(1-0.9917)} - 1\right) \times 100$

$= 14.2162\%$

[답] ∴ 넓혀야 하는 집진면적 = 14.22%

20

20,000m³/hr의 배출가스를 물을 이용하여 처리하고자 한다. 목 부의 유속은 2.5m/sec인 경우 목 부 직경(m)을 계산하시오.

[식] $Q = A \cdot V = \dfrac{\pi D^2}{4} \times V$

[풀이] ① $Q = \dfrac{20{,}000\,\mathrm{m}^3}{\mathrm{hr}} \Big| \dfrac{\mathrm{hr}}{3{,}600\,\mathrm{sec}} = 5.5556\,\mathrm{m}^3/\mathrm{sec}$

② $D = \sqrt{\dfrac{4Q}{\pi V}} = \sqrt{\dfrac{4 \times 5.5556}{\pi \times 2.5}} = 1.6821\,\mathrm{m}$

[답] ∴ 목 부 직경 = 1.68m

필답형 기출문제 2021 * 2

01

원심력 집진장치에서 블로우 다운(Blow down) 방법에 대해 서술하시오.

Dust Box 또는 멀티 사이클론의 Hopper부에서 처리가스량의 5 ~ 10%를 흡인하여 재순환시키는 방법

02

탄소 85%, 수소 14%, 황 1% 연료 5kg로 연소 공기비 1.2일 때 실제 공기량(Sm^3)을 계산하시오.

[식] $A = mA_o$

[풀이]

① 이론 공기량

〈반응식〉 $C + O_2 \rightarrow CO_2$
  12kg : 22.4Sm^3
  0.85kg/kg : X

$X = \dfrac{0.85 \times 22.4}{12} = 1.5867 Sm^3/kg$

〈반응식〉 $H_2 + 0.5O_2 \rightarrow H_2O$
  2kg : 0.5×22.4Sm^3
  0.14kg/kg : Y

$Y = \dfrac{0.14 \times 0.5 \times 22.4}{2} = 0.784 Sm^3/kg$

〈반응식〉 $S + O_2 \rightarrow SO_2$
  32kg : 22.4Sm^3
  0.01kg/kg : Z

$Z = \dfrac{0.01 \times 22.4}{32} = 0.007 Sm^3/kg$

$A_o = O_o \div 0.21 = (1.5867 + 0.784 + 0.007) \div 0.21$
   $= 11.3224 Sm^3/kg$

② $A = 1.2 \times 11.3224 \times 5 = 67.9344 Sm^3$

[답] ∴ 실제 공기량 = 67.93Sm^3

03

입경의 종류 중 스토크스 직경과 공기역학적 직경에 대하여 서술하시오.

- 스토크스 직경 : 입자상 물질과 같은 밀도 및 침강속도를 갖는 입자상 물질의 직경
- 공기역학적 직경 : 대상 먼지와 침강속도가 동일하며, 밀도가 $1g/cm^3$인 구형입자의 직경

04

소각 후 발생하는 다이옥신류를 처리하기 위한 처리방법 3가지를 서술하시오. (단, 생물학적 분해방법 제외)

- 촉매분해법 : 300 ~ 400℃에서 V_2O_5, TiO_2, Pt, Pd 등의 촉매를 사용하여 다이옥신을 분해시키는 방법
- 생물학적 분해법 : 리그닌 및 세균 등을 이용하여 다이옥신을 생물화학적으로 분해시키는 방법
- 광분해법 : 250 ~ 300nm의 파장범위를 갖는 자외선을 배기가스에 조사시켜 다이옥신의 결합을 파괴하는 방법
- 고온 열분해법 : 배기가스의 온도를 850℃ 이상 유지하여 열적으로 다이옥신을 분해시키는 방법
- 오존산화법 : 수중에 함유된 다이옥신 제거 방법으로 용액(저온, 염기성) 중 오존을 주입하여 PCDDs를 산화분해 시키는 방법
- 초임계유체분해법 : 초임계유체의 극대 용해도(374℃, 218atm)를 이용하여 다이옥신을 흡수 제거하는 방법
- 활성탄 흡착법 : 배기가스의 유동경로에 흡착제를 분무하여 다이옥신을 흡착처리하는 방법

05

실제 연돌직경을 늘리지 않고 유효연돌을 높여 배출가스를 희석시키는 방법 3가지를 적으시오.

- 배출가스의 온도를 높인다.
- 배출가스의 토출속도를 높인다.
- 굴뚝 배출구의 직경을 줄인다.
- 마찰력을 줄인다.

06

리차드슨 수 및 대기 안정도를 표의 조건을 이용하여 구하시오.

고도	풍속	온도
3m	3.9m/sec	14.7℃
2m	3.3m/sec	15.4℃

가. 리차드슨 수

나. 안정도 판별

빈출체크 06년 4회 | 07년 4회 | 10년 1회 | 16년 1회 | 20년 2회

가. 리차드슨 수

[식] $R_i = \dfrac{g}{T_m} \times \dfrac{(\Delta T/\Delta Z)}{(\Delta U/\Delta Z)^2}$

[풀이] $R_i = \dfrac{9.8}{273 + \dfrac{(14.7+15.4)}{2}} \times \dfrac{\left(\dfrac{14.7-15.4}{3-2}\right)}{\left(\dfrac{3.9-3.3}{3-2}\right)^2}$

$= -0.0662$

[답] ∴ $R_i = -0.07$

나. 안정도 판별

대류에 의한 혼합이 기계적 난류를 지배

※ 참고(해당되는 부분만 적을 것)

리차드슨 수(R)	특성
-0.04 미만	대류에 의한 혼합이 기계적 난류를 지배
-0.03 초과 0 미만	기계적 난류와 대류가 존재하나 기계적 난류가 주로 혼합을 일으킴
0	기계적 난류만 존재
0 초과 0.25 미만	성층에 의해서 약화된 기계적 난류가 존재
0.25 이상	수직방향의 혼합은 없음, 수평상의 소용돌이 존재

07

사이클론에서 가스 유입속도를 2배로 증가시키고, 입구폭을 2배로 늘리면 50% 효율로 집진되는 입자의 직경, 즉 Lapple의 절단입경(d_{p50})은 처음에 비해 어떻게 변화되겠는가?

[식] $d_{p.50} = \sqrt{\dfrac{9 \cdot \mu \cdot B}{2 \cdot \pi \cdot N_e \cdot V \cdot (\rho_p - \rho)}}$

[풀이] $d_{p.50} = \sqrt{\dfrac{9 \cdot \mu \cdot B}{2 \cdot \pi \cdot N_e \cdot V \cdot (\rho_p - \rho)}}$

$\rightarrow d_{p.50} = \sqrt{\dfrac{9 \cdot \mu \cdot (2B)}{2 \cdot \pi \cdot N_e \cdot (2V) \cdot (\rho_p - \rho)}}$

$= \sqrt{\dfrac{9 \cdot \mu \cdot B}{2 \cdot \pi \cdot N_e \cdot V \cdot (\rho_p - \rho)}}$

[답] ∴ 처음과 동일하다.

08

수소 2g과 염소 6g을 15L에 혼합시켰을 때 부분압력(mmHg, 25℃)을 구하시오.

[풀이]

① $H_2 = \dfrac{2g}{} | \dfrac{mol}{2g} = 1mol$

② $Cl_2 = \dfrac{6g}{} | \dfrac{mol}{71g} = 0.0845mol$

③ $PV = nRT$

$P = \dfrac{1.0845mol}{} | \dfrac{0.082L \cdot atm}{K \cdot mol} | \dfrac{(273+25)K}{}$

$\dfrac{}{15L} | \dfrac{760mmHg}{atm} = 1,342.71mmHg$

[답] ∴ 압력 = 1,342.71mmHg

09

처리효율이 70%인 공정을 이용하여 농도 2g/m³, 유량 1,000m³/hr인 오염물질을 처리하고자 한다. 세정액량이 2m³일 때 세정액의 농도가 10g/L일 경우 방류할 때 방류시간 간격(hr)을 계산하시오.

빈출체크 11년 4회

[풀이]

① $C = \dfrac{2g/m^3 \times 1,000m^3 \times 0.70}{2m^3 \times (10^3 L/m^3)} = 0.7 g/L \cdot hr$

② 방류시간 간격 $= \dfrac{10}{0.7} = 14.2857 hr$

[답] ∴ 방류시간 간격 = 14.29hr

10

황화수소가 0.3% 포함된 메탄을 공기비 1.05로 연소할 경우 건조 배기가스 중의 SO_2 농도(ppm)를 계산하시오. (단, 황화수소는 모두 SO_2로 변환된다)

빈출체크 11년 2회

[식] $SO_2(ppm) = \dfrac{SO_2 \text{ 발생량}}{G_d} \times 10^6$

[풀이]
① 이론 공기량
〈반응식〉 $H_2S + 1.5O_2 \rightarrow SO_2 + H_2O : 0.3\%$
$CH_4 + 2O_2 \rightarrow CO_2 + 2H_2O : 99.7\%$
$A_o = O_o \div 0.21 = (1.5 \times 0.003 + 2 \times 0.997) \div 0.21$
$= 9.5167 \, mol/mol$

② $G_d = (m - 0.21)A_o + CO_2 + SO_2$
$= (1.05 - 0.21) \times 9.5167 + 0.997 + 0.003$
$= 8.994 \, mol/mol$

③ $SO_2(ppm) = \dfrac{0.003}{8.994} \times 10^6 = 333.5557 \, ppm$

[답] ∴ $SO_2 = 333.56 \, ppm$

11

C_xH_y을 연소시킬 경우 질량기준의 공연비를 계산하시오.
(단, $x : y = 1 : 1.85$, 공기 분자량 28.84)

[식] $AFR_m = \dfrac{M_A \times m_a}{M_F \times m_f}$

[풀이] ※ $x : y = 1 : 1.85$이므로 $y = 1.85x$
〈반응식〉 $CxH_{1.85x} + 1.4625xO_2 \rightarrow xCO_2 + 0.925xH_2O$
① $m_a = 1.4625x \div 0.21 = 6.9643$
② $AFR_m = \dfrac{28.84 \times 6.9643}{(12 + 1.85) \times 1} = 14.5018$

[답] ∴ $AFR_m = 14.50$

12

1,000m³/hr의 분진(농도 : 10g/m³)을 배출하는 공장에서 중력집진장치를 이용하여 이를 처리하고자 한다. 입자의 모양은 모두 구형이라고 가정할 때 집진장치의 처리효율(%) 및 분진제거량(kg)을 계산하시오.

[조건]
- 침강실 길이 : 0.6m
- 침강실 높이 : 1m
- 수평 유속 : 10cm/sec
- 하루 운행 시간 : 10hr
- 층류
- 가스밀도 : 0.06kg/m³
- 먼지밀도 : 200kg/m³
- 점성도 : 8.5×10^{-6} kg/m·sec
- 총 운행한 날 : 30day

직경(μm)	30	50	70	90	100
중량분율(%)	5%	25%	40%	20%	10%

가. 중력집진장치의 처리효율(%)
나. 분진제거량(kg)

가. [식] $\eta_d = \dfrac{V_g \cdot L}{V \cdot H}$

[풀이]
① 직경의 크기가 30μm인 경우

$$\eta_d = \dfrac{\dfrac{(30 \times 10^{-6})^2 \times (200 - 0.06) \times 9.8}{18 \times 8.5 \times 10^{-6}} \times 0.6}{0.1 \times 1}$$

$= 0.0692$

② 직경의 크기가 50μm인 경우

$$\eta_d = \dfrac{\dfrac{(50 \times 10^{-6})^2 \times (200 - 0.06) \times 9.8}{18 \times 8.5 \times 10^{-6}} \times 0.6}{0.1 \times 1}$$

$= 0.1921$

③ 직경의 크기가 70μm인 경우

$$\eta_d = \dfrac{\dfrac{(70 \times 10^{-6})^2 \times (200 - 0.06) \times 9.8}{18 \times 8.5 \times 10^{-6}} \times 0.6}{0.1 \times 1}$$

$= 0.3765$

④ 직경의 크기가 90μm인 경우

$$\eta_d = \dfrac{\dfrac{(90 \times 10^{-6})^2 \times (200 - 0.06) \times 9.8}{18 \times 8.5 \times 10^{-6}} \times 0.6}{0.1 \times 1}$$

$= 0.6224$

⑤ 직경의 크기가 100μm인 경우

$$\eta_d = \dfrac{\dfrac{(100 \times 10^{-6})^2 \times (200 - 0.06) \times 9.8}{18 \times 8.5 \times 10^{-6}} \times 0.6}{0.1 \times 1}$$

$= 0.7684$

⑥ $\eta_T = 5 \times 0.0692 + 25 \times 0.1921 + 40 \times 0.3765 + 20 \times 0.6224 + 10 \times 0.7684$

$= 40.3405\%$

[답] ∴ 처리효율 = 40.34%

나. [풀이] 분진제거량 $= \dfrac{1,000\text{m}^3}{\text{hr}} \Big| \dfrac{10\text{g}}{\text{m}^3} \Big| \dfrac{\text{kg}}{10^3\text{g}} \Big| \dfrac{10\text{hr}}{\text{day}}$

$\Big| \dfrac{30\text{day}}{} \Big| \dfrac{0.4034}{} = 1,210.2\text{kg}$

[답] ∴ 분진제거량 = 1,210.2kg

13

배기가스 온도가 120℃, 동압이 15mmH₂O인 피토우관(직경 1.2m)에서의 유량(m³/min)을 계산하시오. (단, 피토우관 계수는 0.85, 정압 10mmH₂O, 밀도는 1.29kg/Sm³, 일의 자리까지 계산할 것)

[식] $Q = A \cdot V$

[풀이]

① $\gamma = \dfrac{1.29 \text{kg}}{\text{Sm}^3} \Big| \dfrac{273}{273+120} \Big| \dfrac{10,332+10}{10,332} = 0.8970 \text{kg/m}^3$

② $\overline{V} = C\sqrt{\dfrac{2gh}{\gamma}} = 0.85\sqrt{\dfrac{2 \times 9.8 \times 15}{0.8970}} = 15.3885 \text{m/sec}$

→ $\dfrac{15.3885\text{m}}{\text{sec}} \Big| \dfrac{60\text{sec}}{\text{min}} = 923.31 \text{m/min}$

③ $A = \dfrac{\pi D^2}{4} = \dfrac{\pi (1.2\text{m})^2}{4} = 1.131 \text{m}^2$

④ $Q = 1.131 \times 923.31 = 1,044.2636 \text{m}^3/\text{min}$

[답] ∴ 유량 = 1,044 m³/min

14

이산화황이 굴뚝을 통하여 배출된다. 포집관 직경은 10mm, 길이가 100m일 경우 최대 5분 수집한다고 하였을 때 1분 동안 수집 유량(L/min)을 계산하시오. (단, 배출가스 온도 150℃, 펌프 150℃)

[풀이] $Q = \dfrac{\pi \times (0.01\text{m})^2}{4} \Big| \dfrac{100\text{m}}{5\text{min}} \Big| \dfrac{10^3 \text{L}}{\text{m}^3}$

= 1.5708 L/min

[답] ∴ 수집 유량 = 1.57 L/min

15

헨리상수 2.0kmol/m³·atm, k_g 3.2kmol/m²·atm·hr, k_l 0.7m/hr, 기체분압 114mmHg, C_L 0.1kmol/m³인 경우 기액분리면에서의 농도(kmol/m³)를 계산하시오.

[식] $N_A = k_g(P_G - P_i) = k_l(C_i - C_L)$

[풀이]

① $k_g\left(P_G - \dfrac{C_i}{H}\right) = k_l(C_i - C_L)$ ……………… ※ $P_i = \dfrac{C_i}{H}$

② $k_g P_G - k_g \dfrac{C_i}{H} = k_l C_i - k_l C_L$

③ $k_g P_G + k_l C_L = C_i\left(k_l + \dfrac{k_g}{H}\right)$

④ $C_i = \dfrac{k_g P_G + k_l C_L}{k_l + \dfrac{k_g}{H}} = \dfrac{3.2 \times 114 \div 760 + 0.7 \times 0.1}{0.7 + 3.2 \div 2}$

= 0.2391 kmol/m³

[답] ∴ 기액분리면에서의 농도 = 0.24 kmol/m³

16

SO_2를 탄산칼슘으로 탈황하여 $CaSO_4 \cdot 2H_2O$로 하루에 10ton씩 처리한다고 할 때 SO_2의 농도(ppm)을 계산하시오. (단, 유량은 200,000Sm³/hr, 탈황률 98%)

[풀이] 〈반응비〉 SO_2 : $CaSO_4 \cdot 2H_2O$
22.4Sm³ : 172kg
발생량 : 10ton/day

$$SO_2 \text{ 발생량} = \frac{200,000Sm^3}{hr} \Big| \frac{XmL}{m^3} \Big| \frac{m^3}{10^6 mL} \Big| \frac{98}{100}$$

$$X = \frac{hr}{200,000Sm^3} \Big| \frac{10^6}{98} \Big| \frac{100}{98} \Big| \frac{22.4Sm^3}{172kg}$$

$$\Big| \frac{10 \times 10^3 kg}{day} \Big| \frac{day}{24hr} = 276.8549 ppm$$

[답] ∴ SO_2의 농도 = 276.85ppm

17

레이놀즈 수는 3×10^4, 동점성 계수는 $1.5 \times 10^{-5} m^2/sec$, 관경 50mm인 경우 유속(m/sec)을 계산하시오. (단, 굴뚝 내 온도는 68°F)

[식] $Re = \dfrac{D \cdot V}{\nu}$

[풀이] $V = \dfrac{Re \cdot \nu}{D} = \dfrac{3 \times 10^4 \times 1.5 \times 10^{-5}}{50 \times 10^{-3}} = 9$

[답] ∴ 유속 = 9m/sec

18

A공정에서 NO가 50,000m³/hr, 600ppm만큼 배출되고 있다. NO를 150ppm까지 낮추기 위해 시간당 필요한 요소용액의 양(kg/hr)을 계산하시오. (단, 요소 1몰당 NO 2몰 제거, 요소 : 60g/mol, 요소용액은 20wt%, 기준온도 150℃)

[풀이] 요소 : NO
60kg : $2 \times 22.4Sm^3$
0.2X : NO 발생량

$$NO \text{ 발생량} = \frac{50,000m^3}{hr} \Big| \frac{273}{273+150} \Big| \frac{450mL}{m^3} \Big| \frac{m^3}{10^6 mL}$$

$$= 14.5213 Sm^3/hr$$

$$X = \frac{60 \times 14.5213}{0.2 \times 2 \times 22.4} = 97.24 kg/hr$$

[답] ∴ 요소용액의 양 = 97.24kg/hr

19

유효 굴뚝 높이가 100m인 연돌에서 배출되는 가스량은 30,000 Sm³/hr, SO_2의 농도가 1,000ppm일 때 Sutton식에 의한 최대 지표 농도와 최대 착지거리를 계산하시오. (단, $K_y = K_z = 0.07$, 유속은 6m/sec, 대기안정도 지수는 0.25)

가. 최대 지표 농도(ppm)

나. 최대 착지 거리(m)

가. [식] $C_{max} = \dfrac{2Q}{H_e^2 \cdot \pi \cdot e \cdot u}\left(\dfrac{K_z}{K_y}\right)$

[풀이] ① $u = \dfrac{6m}{sec} \left| \dfrac{3,600sec}{hr} \right. = 21,600 m/hr$

② $C_{max} = \dfrac{2 \times 30,000 \times 1,000}{100^2 \times \pi \times e \times 21,600} \times \left(\dfrac{0.07}{0.07}\right)$

$= 0.0325 ppm$

[답] ∴ $C_{max} = 0.03 ppm$

나. [식] $X_{max} = \left(\dfrac{H_e}{K_z}\right)^{\frac{2}{2-n}}$

[풀이] $X_{max} = \left(\dfrac{100}{0.07}\right)^{\frac{2}{2-0.25}} = 4,032.7587 m$

[답] ∴ $X_{max} = 4,032.76 m$

20

전기집진장치는 비저항 값에 영향을 많이 받는다. 정상상태로 운영하기 위해서는 비저항값을 $10^4 \sim 10^{10} \Omega \cdot cm$을 유지해야 하는데 $10^4 \Omega \cdot cm$ 이하일 경우와 $10^{11} \Omega \cdot cm$ 이상인 경우 발생되는 현상 및 방지대책 1가지를 쓰시오.

빈출체크 24년 1회

- $10^4 \Omega \cdot cm$ 이하 : 재비산 현상
  〈대책〉 ① 처리가스의 속도를 낮춤
  ② NH_3 주입
  ③ 온도, 습도 조절
  ④ 집진극에 Baffle 설치
  ⑤ 미연탄소분 제거
- $10^{11} \Omega \cdot cm$ 이상 : 역전리 현상
  〈대책〉 ① 황함량이 높은 연료 투입
  ② SO_3, TEA 주입
  ③ 온도, 습도 조절
  ④ 전극 청결 유지

필답형 기출문제 2021 * 4

01

CH_4 0.5Sm³, C_3H_8 0.5Sm³을 연소시킬 때 각각 저위발열량이 8,570kcal/Sm³, 22,350kcal/Sm³인 연료의 이론 연소온도(℃)는 약 얼마인가? (단, 0~2,200℃에서 CO_2, H_2O, N_2의 정압비열은 13.1, 10.5, 8.0kcal/kmol·℃, 기준온도 15℃)

[식] $t_1 = \dfrac{Hl}{G \cdot C_p} + t_2$

[풀이]
〈반응식〉 $CH_4 + 2O_2 \rightarrow CO_2 + 2H_2O$

① $A_o = O_o \div 0.21 = 2 \div 0.21 = 9.5238 Sm^3/Sm^3$

② $G_{ow} = (1-0.21)A_o + CO_2 + H_2O$
   $= (1-0.21) \times 9.5238 + 1 + 2 = 10.5238 Sm^3/Sm^3$

③ 발생 기체의 성분

   I) $CO_2 = \dfrac{1}{10.5238} = 0.095$

   II) $H_2O = \dfrac{2}{10.5238} = 0.19$

   III) $N_2 = 1 - (0.095 + 0.19) = 0.715$

④ $C_p = 13.1 \times 0.095 + 10.5 \times 0.19 + 8 \times 0.715$
   $= 8.9595 kcal/kmol \cdot ℃$
   $= \dfrac{8.9595 kcal}{kmol \cdot ℃} \Big| \dfrac{kmol}{22.4 Sm^3} = 0.4 kcal/Sm^3 \cdot ℃$

〈반응식〉 $C_3H_8 + 5O_2 \rightarrow 3CO_2 + 4H_2O$

① $A_o = O_o \div 0.21 = 5 \div 0.21 = 23.8095 Sm^3/Sm^3$

② $G_{ow} = (1-0.21)A_o + CO_2 + H_2O$
   $= (1-0.21) \times 23.8095 + 3 + 4 = 25.8095 Sm^3/Sm^3$

③ 발생 기체의 성분

   I) $CO_2 = \dfrac{3}{25.8097} = 0.1162$

   II) $H_2O = \dfrac{4}{25.8097} = 0.1550$

   III) $N_2 = 1 - (0.1162 + 0.1550) = 0.7288$

④ $C_p = 13.1 \times 0.1162 + 10.5 \times 0.1550 + 8 \times 0.7288$
   $= 8.9801 kcal/kmol \cdot ℃$
   $= \dfrac{8.9801 kcal}{kmol \cdot ℃} \Big| \dfrac{kmol}{22.4 Sm^3} = 0.4009 kcal/Sm^3 \cdot ℃$

$t_1 = \dfrac{(8,570+22,350) \times 0.5}{(10.5238 \times 0.4 + 25.8095 \times 0.4009) \times 0.5} + 15$
$= 2,139.1299 ℃$

[답] ∴ 이론 연소온도 = 2,139.13℃

02

흡착법에 사용되는 Freundlich 등온흡착식과 Langmuir 등온흡착식을 적으시오.

가. Freundlich 등온흡착식

나. Langmuir 등온흡착식

 10년 1회 | 17년 1회

가. Freundlich 등온흡착식

$$\frac{X}{M} = k \cdot C^{1/n}$$

- X : 흡착된 유기물의 양(mg/L)
- M : 필요한 활성탄의 양(mg/L)
- C : 흡착되고 남은 유기물의 양(mg/L)
- k, n : 상수

나. Langmuir 등온흡착식

$$\frac{X}{M} = \frac{abC}{1+aC}$$

- X : 흡착된 유기물의 양(mg/L)
- M : 필요한 활성탄의 양(mg/L)
- C : 흡착되고 남은 유기물의 양(mg/L)
- a, b : 상수

03

탄소 85%, 수소 15%된 경유(1kg)를 공기과잉계수 1.1로 연소했더니 탄소 1%가 검댕(그을음)으로 된다. 건조 배기가스 중 검댕의 농도(ppm)계산하시오. (단, 검댕의 밀도는 2g/mL이다)

[식] $C = \dfrac{검댕}{G_d}$

[풀이]

① 이론 공기량

⟨반응식⟩ C + O₂ → CO₂
  12kg : 22.4Sm³ : 22.4Sm³
  0.85kg : X : CO₂ 발생량

$$X = \frac{0.85 \times 22.4}{12} = 1.5867 Sm^3$$

CO₂ 발생량 = $0.85 \times 0.99 \times 22.4/12 = 1.5708 Sm^3$

※ 1%는 검댕으로 변하므로 99%만 CO₂로 발생한다.

⟨반응식⟩ H₂ + 0.5O₂ → H₂O
  2kg : 0.5×22.4Sm³
  0.15kg : Y

$$Y = \frac{0.15 \times 0.5 \times 22.4}{2} = 0.84 Sm^3$$

$A_o = O_o \div 0.21 = (1.5867 + 0.84) \div 0.21 = 11.5557 Sm^3$

② $G_d = (m - 0.21)A_o + CO_2$
  $= (1.1 - 0.21) \times 11.5557 + 1.5708 = 11.8554 Sm^3$

③ 검댕 발생량 = $0.85 \times 0.01 kg \times 10^3 g/kg = 8.5g$

④ $C = \dfrac{8.5g \div 2g/mL}{11.8554 Sm^3} = 0.3585 mL/Sm^3$

[답] ∴ 검댕의 농도 = 0.36ppm

04

탄소 87%, 수소 10%, 황 3%를 함유하는 중유의 $(CO_2)_{max}(\%)$를 구하시오.

 06년 1회 | 10년 4회 | 18년 2회 | 24년 3회

[식] $(CO_2)_{max}(\%) = \dfrac{CO_2 \text{ 발생량}}{G_{od}} \times 100$

[풀이]
① 이론 공기량

⟨반응식⟩ C   + O_2 → CO_2
　　　　　12kg : 22.4Sm^3 : 22.4Sm^3
　　　　0.87kg/kg :   X   : CO_2 발생량

$X = \dfrac{0.87 \times 22.4}{12} = 1.624 Sm^3/kg$

⟨반응식⟩ H_2 + 0.5O_2 → H_2O
　　　　　2kg   : 0.5 × 22.4Sm^3
　　　　0.10kg/kg :   Y

$Y = \dfrac{0.10 \times 0.5 \times 22.4}{2} = 0.56 Sm^3/kg$

⟨반응식⟩ S   + O_2 → SO_2
　　　　　32kg : 22.4Sm^3 : 22.4Sm^3
　　　　0.03kg/kg :   Z   : SO_2 발생량

$Z = \dfrac{0.03 \times 22.4}{32} = 0.021 Sm^3/kg$

$A_o = O_o \div 0.21 = (1.624 + 0.56 + 0.021) \div 0.21$
　　$= 10.5 Sm^3/kg$

② $G_{od} = (1-0.21)A_o + CO_2 + SO_2$
　　$= (1-0.21) \times 10.5 + 1.624 + 0.021$
　　$= 9.94 Sm^3/kg$

③ $(CO_2)_{max}(\%) = \dfrac{1.624}{9.94} \times 100 = 16.3380\%$

[답] ∴ $(CO_2)_{max}(\%) = 16.34\%$

05

직경이 20μm인 구형입자가 침강할 때 침강속도(m/sec)와 항력(N)을 계산하시오. (단, 점성계수 : 1.5×10^{-5} kg/m·sec, 입자의 밀도 : 2g/cm³, 커닝험 보정계수 : 1.0, 항력은 유효숫자 세자리까지)

가. 침강속도(m/sec)

나. 항력(N)

10년 2회

가. 침강속도

[식] $V_g = \dfrac{d_p^2(\rho_p - \rho)g}{18\mu} \times C_f$

[풀이] ※ MKS 단위로 통일

① $d_p = \dfrac{20\mu m}{} \Big| \dfrac{m}{10^6 \mu m} = 2 \times 10^{-5}$ m,

$\rho_p = \dfrac{2g}{cm^3} \Big| \dfrac{10^6 cm^3}{m^3} \Big| \dfrac{kg}{10^3 g} = 2{,}000 \text{kg/m}^3$

② $V_g = \dfrac{(2 \times 10^{-5})^2 \times (2{,}000 - 1.3) \times 9.8}{18 \times 1.5 \times 10^{-5}} \times 1$

$= 0.0290$ m/sec

[답] ∴ 침강속도 = 0.03m/sec

나. 항력

[식] $F_d = 3\pi \cdot \mu \cdot d_p \cdot V_g$

[풀이] ※ MKS 단위로 통일

① $d_p = \dfrac{20\mu m}{} \Big| \dfrac{m}{10^6 \mu m} = 2 \times 10^{-5}$ m

② $F_d = 3\pi \times 1.5 \times 10^{-5} \times 2 \times 10^{-5} \times 0.03$

$= 8.4823 \times 10^{-11}$ kg·m/sec²

[답] ∴ 항력 = 8.48×10^{-11} N

06

40μm의 분진의 침강속도가 1.5m/sec일 경우 20μm의 분진을 중력 집진장치로 100% 처리한다면 침강실의 높이(m)는 얼마로 해야 하는가? (단, 중력 집진장치 침강실의 길이는 8m, 유입속도는 2m/sec, 층류)

12년 4회

[식] $\eta_d = \dfrac{V_g \cdot L}{V \cdot H}$

[풀이]

① 침강속도는 입경의 제곱에 비례하므로

1.5m/sec : $(40\mu m)^2$ = X : $(20\mu m)^2$

$X = \dfrac{1.5 \times (20)^2}{(40)^2} = 0.375$ m/sec

② $H = \dfrac{V_g \cdot L}{V \cdot \eta_d} = \dfrac{0.375 \times 8}{2 \times 1} = 1.5$ m

[답] ∴ 침강실의 높이 = 1.5m

07

원형 덕트의 직경이 두 배가 될 때, 압력손실은 어떻게 변하겠는가?

[식] $\Delta P = 4f \times \dfrac{L}{D} \times \dfrac{\gamma \cdot V^2}{2g}$

[풀이]

① $V = \dfrac{Q}{A} = \dfrac{Q}{\dfrac{\pi D^2}{4}}$ 이므로 직경이 두 배 증가할 경우

유속은 4배 감소

② $\Delta P = 4f \times \dfrac{L}{2D} \times \dfrac{\gamma \cdot (1/4\,V)^2}{2g}$

→ $\Delta P = \left(4f \times \dfrac{L}{D} \times \dfrac{\gamma \cdot V^2}{2g}\right) \times \dfrac{1}{32}$ 이므로

기존의 32배 감소

[답] ∴ 1/32배 or 0.03배

08

처리가스량 15,000Sm³/hr, 압력손실 750mmH₂O, 1일 12시간 운전하는 집진장치의 연간 동력비는 2,000만 원이다. 처리가스량 50,000 Sm³/hr, 압력손실 30mmHg일 때 이 장치의 연간 동력비(원)를 계산하시오.

[풀이] 동력비는 소요동력과 비례

$2{,}000$만 원 : $P(kW) = \dfrac{750 \times 15{,}000}{102 \cdot \eta}$

$= X$: $P(kW) = \dfrac{30 \times \dfrac{10{,}332}{760} \times 50{,}000}{102 \cdot \eta}$

$X = 3{,}625.2632$만 원

[답] ∴ 연간 동력비 = 3,625.26만 원

09

습식 배연탈황법 중 석회석 세정법을 이용하여 황산화물을 처리할 때 발생하는 Scale 생성 방지대책 3가지를 적으시오.

빈출 체크 17년 4회

- 주기적으로 세정액을 내벽을 향해 고루 분사한다.
- 배가스와 슬러지 분배를 적절하게 유지한다.
- pH의 급격한 저하를 막는다.
- L/G비를 증가시켜 슬러리 부피당 제거되는 SO₂ 양을 줄인다.

10

저위발열량 10,000kcal/kg의 중유를 100kg/hr로 연소실에서 연소시킬 때 연소실의 열발생율(kcal/m³·hr)을 구하시오. (단, 연소실의 가로 1.2m, 세로 2.0m, 높이 1.5m)

빈출 체크 12년 2회

[식] $Q_v = \dfrac{Hl \cdot G_f}{V}$

[풀이] $Q_v = \dfrac{10{,}000 \times 100}{1.2 \times 2.0 \times 1.5} = 277{,}777.7778$

[답] ∴ 연소실 열발생율 = 277,777.78kcal/m³·hr

11

사이클론 집진장치를 다음과 같이 변화시키는 경우 괄호 안에 들어갈 증가/감소/불변 중 하나를 적으시오.

가. 블로우 다운 시 효율은 (   )한다.
나. 입구의 직경이 작을수록 효율은 (   )한다.
다. 유속이 증가할수록 효율은 (   )한다.
라. 분진밀도가 클수록 효율은 (   )한다.
마. 원통 직경이 클수록 효율은 (   )한다.

빈출체크 11년 4회

가. 증가
나. 증가
다. 증가
라. 증가
마. 감소

12

등가비가 1에서 1.1로 변하였을 경우, CO와 NO_x의 농도가 증가/감소하는지 쓰고 그 이유를 서술하시오.

- CO
  - 변화 : 증가
  - 이유 : 연료 과잉으로 불완전연소를 하기 때문이다.
- NO_x
  - 변화 : 감소
  - 이유 : 연료 과잉으로 불완전연소를 하기 때문이다.

13

함량이 CH_4 94%, CO_2 3%, O_2 2%, N_2 1%인 기체연료를 10Sm³/Sm³의 공기량으로 연소시켰을 때 공기비를 구하시오. (단, 표준상태)

빈출체크 10년 1회

[식] $m = \dfrac{A}{A_o}$

[풀이]
① 이론 공기량

〈반응식〉 $CH_4 + 2O_2 \rightarrow CO_2 + 2H_2O$

$A_o = O_o \div 0.21 = (2 \times 0.94 - 0.02) \div 0.21$
$= 8.8571 Sm^3/Sm^3$

② $m = \dfrac{10}{8.8571} = 1.1290$

[답] ∴ 공기비(m) = 1.13

14

NO 1,000ppm을 함유한 배기가스 5,000Sm³/hr를 NH₃에 의한 선택적 접촉환원법으로 처리할 경우 NOx를 제거하기 위한 NH₃의 이론량(mol/hr)을 계산하시오. (단, NO가 20% 남을 때까지 제거하였다)

[풀이]
⟨반응식⟩ $6NO + 4NH_3 \rightarrow 5N_2 + 6H_2O$
  $6 \times 22.4 Sm^3$: 4kmol
  NO 발생량 : X

NO 발생량 $= \dfrac{800mL}{m^3} \Big| \dfrac{5,000Sm^3}{hr} \Big| \dfrac{m^3}{10^6 mL} = 4Sm^3/hr$

$X = \dfrac{4 \times 4 \times 10^3}{6 \times 22.4} = 119.0476 mol/hr$

[답] ∴ NH₃의 이론량 = 119.05mol/hr

15

Hold-up, Loading Point, Flooding Point에 대해 서술하시오.

- Hold-up : 충전층 내 액 보유량
- Loading Point : Hold up의 증가로 급격한 압력 변화가 생기는 점
- Flooding Point : 가스 속도가 커져 액이 흐르지 않고 넘는 점(향류 조작 불가능)

16

옥테인을 연소할 때, 다음 물음에 답하시오.

가. 질량기준 공연비를 구하시오. (단, 공기의 질량은 29이다)
나. 옥테인 연소 시 질량기준 공연비가 5일 때, 옥테인은 어떻게 되는가?

가. [식] $AFR_m = \dfrac{M_A \times m_a}{M_F \times m_f}$

[풀이] ⟨반응식⟩ $C_8H_{18} + 12.5O_2 \rightarrow 8CO_2 + 9H_2O$

① $m_a = 12.5 \div 0.21 = 59.5238$

② $AFR_m = \dfrac{29 \times 59.5238}{114 \times 1} = 15.1420$

[답] ∴ $AFR_m = 15.14$

나. 불완전연소

17

벤츄리 스크러버에서 목 부의 직경 0.2m, 수압 2atm, 노즐의 개수 6, 액가스비 0.5L/m³, 목 부의 가스유속이 60m/sec일 때, 노즐의 직경(mm)를 계산하시오.

[식] $n\left(\dfrac{d_n}{D_t}\right)^2 = \dfrac{V_t \cdot L}{100\sqrt{P}}$

[풀이]
① $P = \dfrac{2atm}{} \Big| \dfrac{10,000 mmH_2O}{atm} = 20,000 mmH_2O$
(※ 벤츄리 스크러버에서는 공학기압 10,000mmH₂O 사용)

② $6 \times \left(\dfrac{d_n}{0.2}\right)^2 = \dfrac{60 \times 0.5}{100\sqrt{20,000}} \rightarrow d_n = 3.7606 \times 10^{-3} m$

③ $d_n = \dfrac{3.7606 \times 10^{-3} m}{} \Big| \dfrac{(10^3 mm)}{m} = 3.7606 mm$

[답] ∴ 노즐의 직경 = 3.76mm

18

연돌을 거치지 않고 외부로 비산되는 먼지를 측정하려고 한다. 다음 조건을 이용하여 비산 먼지의 농도(mg/m³)를 계산하시오.

[조건]
- 최대 먼지농도 : 6.83mg/m³
- 대조위치 먼지농도 : 0.12mg/m³
- 풍향 보정계수 : 주 풍향 90° 이상 변함
- 풍속 보정계수 : 0.5m/sec 미만 or 10m/sec 이상되는 시간이 전 채취시간의 50% 미만

[식] $C = (C_H - C_B) \cdot W_D \cdot W_S$

[풀이] $C = (6.83 - 0.12) \times 1.5 \times 1.0 = 10.065 \text{mg/m}^3$

[답] ∴ 비산 먼지의 농도 = 10.07mg/m³

19

0.05M NaOH 15mL로 SO_2 가스를 완전히 제거하려고 한다. 이때, 제거되는 SO_2의 부피(mL)를 계산하시오. (단, 배기가스 온도 70℃, 압력 760mmHg)

[풀이]

〈반응식〉 $SO_2 + 2NaOH \rightarrow Na_2SO_3 + H_2O$

　　　　　1 : 2
　　　　　X : NaOH(mL)

$NaOH = \dfrac{0.05\text{mol}}{L} \Big| \dfrac{15\text{mL}}{} \Big| \dfrac{22.4\text{SL}}{\text{mol}} \Big| \dfrac{273+70}{273} = 21.1077\text{mL}$

$X = \dfrac{1 \times 21.1077}{2} = 10.5539\text{mL}$

[답] ∴ 제거되는 SO_2의 부피 = 10.55mL

빈출 체크 15년 4회

20

가솔린 자동차에서 사용하는 삼원촉매 및 제거 오염물질 3가지를 적으시오.

- 삼원촉매 : 백금(Pt), 파라듐(Pd), 로듐(Rh)
- 제거 오염물질 : NO_x, HC, CO

필답형 기출문제 2022 * 1

01

실내 대기오염물질 중 석면에 대한 다음 물음에 답하시오.

가. 청석면, 갈석면, 백석면을 독성이 강한 순서로 쓰시오.
   (단, 왼쪽 물질의 독성이 더 강함)
나. 석면으로 인하여 인체에 나타나는 증상 2가지를 쓰시오.

가. 청석면 > 갈석면 > 백석면
나. 석면폐증, 폐암, 악성중피종, 흉막염

02

충전탑을 이용하여 유해가스를 제거하고자 할 때 흡수액의 구비 조건 3가지를 적으시오.

빈출체크 07년 1회 | 07년 2회 | 16년 2회 | 19년 1회 | 19년 2회
20년 2회 | 21년 1회 | 24년 3회

- 흡수액의 손실 방지를 위해 휘발성이 작을 것
- 장치의 부식 방지를 위해 부식성이 낮을 것
- 높은 흡수율과 범람을 줄이기 위해 점도가 낮을 것
- 빙점이 낮고, 가격이 저렴할 것
- 용해도 및 비점이 높을 것
- 용매의 화학적 성질과 비슷할 것
- 화학적으로 안정적일 것

03

PM10 분석방법 중 베타선법을 측정원리를 포함하여 서술하시오.

환경대기 중에 존재하는 입경이 10㎛ 이하인 입자상 물질의 질량농도를 베타선법에 의해 측정하는 방법

04

탄화수소, NO_2, NO, 오존의 오전 4시부터 오후 6시까지의 시간 변화에 대한 그래프를 그리시오.

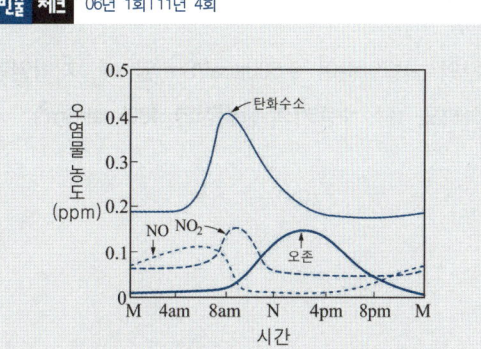

05

전기집진장치의 효율 증가방안 4가지를 서술하시오.

- 비저항 값을 $10^4 \sim 10^{11}\ \Omega \cdot cm$로 운영한다.
- 처리가스의 온도를 150℃ 이하 혹은 250℃ 이상으로 한다.
- 처리가스의 수분 함량을 증가시킨다.
- 연료의 황 성분 함량을 높인다.
- 인가전압을 높인다.
- 집진판의 면적을 넓게 한다.
- 입자의 이동속도를 빠르게 한다.

06

광화학 스모그의 대표적인 원인물질과 기후조건을 포함하여 간단히 설명하시오.

공장 및 자동차 등에서 발생한 NO_x, HC 등이 자외선과 반응하여 광화학 스모그가 발생하며 일사량 및 기온이 높거나 풍속 및 기압경사가 낮을 때 활발하게 발생한다.

07

메탄의 고발열량이 9,500kcal/Sm³일 때, 저발열량(kcal/Sm³)을 구하시오. (단, 수증기의 증발잠열 480kcal/Sm³)

[식] $Hl(kcal/Sm^3) = Hh - 480 \sum H_2O$

[풀이]

① 〈반응식〉
$CH_4 + 2O_2 \rightarrow CO_2 + 2H_2O$

② $Hl = 9,500 - 480 \times 2 = 8,540 kcal/Sm^3$

[답] ∴ 저발열량 = 8,540kcal/Sm³

08

오염물질 농도 75,000ppm을 포함한 가스가 유입될 때, 3개의 흡수탑을 직렬로 연결하여 처리한다. 각 흡수탑의 처리율이 80%일 때, 오염물질의 출구농도(ppm)는 얼마인지 구하시오.

[식] $C_o = C_i \times (1 - \eta_T)$

[풀이]

① $\eta_T = 1 - (1 - 0.8)^3 = 0.992$

② $C_o = 75,000 \times (1 - 0.992) = 600 ppm$

[답] ∴ 오염물질의 출구농도 = 600ppm

09

질소산화물의 생성기구 3가지를 서술하시오.

빈출체크 07년 2회 | 18년 1회

- Thermal NO_x : 공기 중의 N_2가 고온(1,000 ~ 1,400℃)의 영역에서 산화되어 생성
- Fuel NO_x : 연소 중 연료 중의 N_2가 공기 중의 O_2와 반응하여 생성
- Prompt NO_x : 연소 중 연료의 탄화수소와 반응하여 생성 (Flame 내부에서 빠르게 반응)

10

전기집진장치에서 가로 길이 10m, 세로 길이 10m인 집진판 두 개를 사용하여 분진농도 6g/m³인 가스를 99% 효율로 처리한다. 가스의 유량이 150m³/min일 때 이론적인 입자의 이동속도(m/min)를 구하시오.

[식] $\eta = 1 - e^{-\frac{A \cdot W_e}{Q}}$

[풀이]
① $A = 2 \times (10m \times 10m) = 200m^2$
② W_e에 대한 식으로 정리
$$W_e = -\frac{Q}{A} \ln(1-\eta) = -\frac{150}{200} \ln(1-0.99)$$
$$= 3.4539 \, m/min$$

[답] ∴ 입자의 이동속도 = 3.45m/min

11

염소농도가 250ppm인 배기가스 75,000Sm³/hr를 수산화나트륨 수용액으로 세정처리하여 염소를 제거하려고 한다. 이때 발생되는 차아염소산나트륨(NaOCl)의 양(kg/hr)을 구하시오. (단, H_2와 HCl은 생성되지 않고, Cl 1mol = 35.5g)

[풀이]
〈반응식〉 $Cl_2 + 2NaOH \rightarrow NaCl + NaOCl + H_2O$
　　　　　22.4Sm³ : 74.5kg
　　　Cl_2 발생량 : X

Cl_2 발생량 $= \frac{250mL}{m^3} \Big| \frac{75,000Sm^3}{hr} \Big| \frac{m^3}{10^6 mL} = 18.75 Sm^3/hr$

$X = \frac{18.75 \times 74.5}{22.4} = 62.3605 \, kg/hr$

[답] ∴ NaOCl의 양 = 62.36kg/hr

12

10개의 bag을 사용한 여과집진장치에서 집진율이 98%, 입구의 먼지농도는 10g/m³이었다. 가동 중 장치에 장애가 발생하여 전체 처리 가스량의 1/50이 그대로 통과하였다면 출구의 먼지농도(g/m³)를 계산하시오.

[식] $C_o = C_i \times (1-\eta)$

[풀이]
① 출구 먼지농도 = 처리되고 남은 먼지 + 그대로 통과한 먼지
② $C_o = 8 \times (1-0.98) = 0.16$
③ 그대로 통과한 먼지 = 2
④ 출구 먼지농도 = 0.16 + 2 = 2.16g/m³

[답] ∴ 출구의 먼지농도 = 2.16g/m³

13

공기를 사용하여 propane을 완전연소시킬 때 건조 연소가스 중의 $(CO_2)_{max}(\%)$를 계산하시오.

 07년 1회

[식] $(CO_2)_{max}(\%) = \dfrac{CO_2 \text{ 발생량}}{G_{od}} \times 100$

[풀이]
① 이론 공기량
 〈반응식〉 $C_3H_8 + 5O_2 \rightarrow 3CO_2 + 4H_2O$
 $A_o = O_o \div 0.21 = 5 \div 0.21 = 23.8095 \text{mol/mol}$
② $G_{od} = (1 - 0.21)A_o + CO_2$
  $= (1 - 0.21) \times 23.8095 + 3$
  $= 21.8095 \text{mol/mol}$
③ $(CO_2)_{max}(\%) = \dfrac{3}{21.8095} \times 100 = 13.7555\%$

[답] ∴ $(CO_2)_{max}(\%) = 13.76\%$

14

비중이 0.9이고 황함량 2.5wt%의 B-C유를 시간당 2kL 연소할 때 시간당 발생하는 SO_2 부피(m^3/hr)를 구하시오. (단, 연소온도 600도, B-C유에 함유된 황은 전량 SO_2로 전환)

[풀이]
① 〈반응식〉 $S + O_2 \rightarrow SO_2$
      32kg : 22.4Sm^3
      S 발생량 : X

S 발생량 $= \dfrac{2,000L}{hr} \Big| \dfrac{0.9kg}{L} \Big| \dfrac{2.5}{100} = 45 kg/hr$

$X = \dfrac{45 \times 22.4}{32} = 31.5 Sm^3/hr$

② 온압보정

$\dfrac{31.5 Sm^3}{hr} \Big| \dfrac{273 + 600}{273} = 100.7308 m^3/hr$

[답] ∴ $SO_2 = 100.73 m^3/hr$

15

10,000Sm³/hr의 가스에 질소산화물중 NO가 500ppm, NO₂가 5ppm 포함되어 있을 때, 이를 CO를 사용한 접촉환원법으로 처리할 때, 다음 물음에 답하시오.

가. 이론적인 CO의 필요량(Sm³/hr)
나. 이론적인 N₂의 발생량(kg/hr)

[풀이]
가. 이론적인 CO의 필요량
① 〈반응식〉 $2NO_2 + 4CO \rightarrow N_2 + 4CO_2$
$2NO + 2CO \rightarrow N_2 + 2CO_2$

② $NO = \dfrac{10,000Sm^3}{hr} | \dfrac{500mL}{m^3} | \dfrac{m^3}{10^6 mL} = 5Sm^3/hr$

③ $NO_2 = \dfrac{10,000Sm^3}{hr} | \dfrac{5mL}{m^3} | \dfrac{m^3}{10^6 mL} = 0.05Sm^3/hr$

④ $CO = 5 + 0.05 \times 2 = 5.1Sm^3/hr$

[답] ∴ 이론적인 CO의 필요량 = 5.1Sm³/hr

나. 이론적인 N₂의 발생량
① 〈반응식〉 $2NO_2 + 4CO \rightarrow N_2 + 4CO_2$
$2NO + 2CO \rightarrow N_2 + 2CO_2$

② $NO = \dfrac{10,000Sm^3}{hr} | \dfrac{500mL}{m^3} | \dfrac{m^3}{10^6 mL} = 5Sm^3/hr$

③ $NO_2 = \dfrac{10,000Sm^3}{hr} | \dfrac{5mL}{m^3} | \dfrac{m^3}{10^6 mL} = 0.05Sm^3/hr$

④ $N_2 = 5 \div 2 + 0.05 \div 2 = 2.525Sm^3/hr$

⑤ $N_2 = \dfrac{2.525Sm^3}{hr} | \dfrac{28kg}{22.4Sm^3} = 3.1563kg/hr$

[답] ∴ 이론적인 N₂의 발생량 = 3.16kg/hr

16

질소산화물을 접촉환원법으로 처리할 때 사용하는 환원성기체 3가지를 쓰시오. (단, CO는 정답에서 제외)

NH₃, H₂S, H₂

17

기상총괄이동높이가 0.6m인 충전탑에서 HF를 처리하여 HF 농도를 200ppm에서 4ppm으로 감소시키고자 한다. 이때 필요한 충전탑의 높이(m)는 얼마인지 구하시오. (단, HF 외 흡수되는 물질은 존재하지 않음)

[식] $H = H_{OG} \times \ln\left(\dfrac{1}{1-\eta}\right)$

[풀이]

① $\eta = \left(1 - \dfrac{C_o}{C_i}\right) = \left(1 - \dfrac{4}{200}\right) = 0.98$

② $H = 0.6 \times \ln\left(\dfrac{1}{1-0.98}\right) = 2.3472 \text{m}$

[답] ∴ 충전탑의 높이 = 2.35m

18

C_3H_8 1m³을 연소할 때 다음 물음에 답하시오. (공기는 질소와 산소만 포함한다고 가정)

가. C_3H_8의 완전연소 반응식(질소 포함)
나. 이론적인 AFR(부피 기준)
다. 이론적인 AFR(질량 기준, 공기 분자량 28.95g/mol)

가. $C_3H_8 + 5O_2 + 5 \times 3.76N_2$
$\rightarrow 3CO_2 + 4H_2O + 5 \times 3.76N_2$

나. 이론적인 AFR(부피 기준)

[식] $AFR_v = \dfrac{m_a \times 22.4}{m_f \times 22.4}$

[풀이]

① $m_a = 5 \div 0.21 = 23.8095$

② $AFR_v = \dfrac{23.8095 \times 22.4}{1 \times 22.4} = 23.8095$

[답] ∴ $AFR_v = 23.81$

다. 이론적인 AFR(질량 기준)

[식] $AFR_m = \dfrac{M_A \times m_a}{M_F \times m_f}$

[풀이]

① $m_a = 5 \div 0.21 = 23.8095$

② $AFR_m = \dfrac{28.95 \times 23.8095}{44 \times 1} = 15.6656$

[답] ∴ $AFR_m = 15.67$

19

배기가스량 360m³/min, 농도 6g/Sm³인 분진을 유효 높이 2.5m, 직경 220mm인 Back Filter를 사용하여 처리할 경우 필요한 Back Filter의 개수를 구하시오. (단, 여과속도는 1.5cm/sec)

빈출체크 12년 1회

[식] $n = \dfrac{Q_T}{\pi D L V_f}$

[풀이] ※ MKS 단위로 통일

① $Q_T = \dfrac{360 m^3}{min} \Big| \dfrac{min}{60 sec} = 6 m^3/sec$

② $D = \dfrac{220 mm}{} \Big| \dfrac{m}{10^3 mm} = 0.22 m$

③ $V_f = \dfrac{1.5 cm}{sec} \Big| \dfrac{m}{100 cm} = 0.015 m/sec$

④ $n = \dfrac{6}{\pi \times 0.22 \times 2.5 \times 0.015} = 231.4981$ 이므로 232개

[답] ∴ Back Filter의 개수 = 232개

20

원심력 집진장치로 점도 1.85×10⁻⁵kg/m·sec, 유량 2m³/sec의 함진가스를 처리한다. 분진의 밀도가 1.8g/cm³일 때, 다음 물음에 답하시오.

가. 표준 원심력 집진장치의 성상이 다음과 같을 때 입구의 유속 (m/sec)은 얼마인가?

[성상]
- Diameter(D_0) 100cm
- Height of Entrance(H) $D_0/2$
- Width of Entrance(W) $D_0/4$

나. 유효회전수가 5일 때, 50%의 효율로 제거되는 입자의 직경(μm)은 얼마인가? (단, 가스의 밀도는 무시)

가. [식] $Q = A \cdot V$

[풀이] $V = \dfrac{2}{0.5 \times 0.25} = 16 m/sec$

[답] ∴ 입구의 유속 = 16m/sec

나. [식] $d_{p.50} = \sqrt{\dfrac{9 \cdot \mu \cdot B}{2 \cdot \pi \cdot N_e \cdot V \cdot (\rho_p - \rho)}}$

[풀이] $d_{p.50} = \sqrt{\dfrac{9 \times 1.85 \times 10^{-5} \times 0.25}{2 \times \pi \times 5 \times 16 \times (1,800 - 0)}} \times 10^6$

$= 6.7828 \mu m$

[답] ∴ 입자의 직경 = 6.78 μm

필답형 기출문제 2022 * 2

01

다음은 물질별 용해도를 온도에 따라 작성한 표이다. 20℃ SO₂의 헨리상수(L·atm/g)를 구하시오.

온도	CO_2	NH_3	NO_2	H_2S	SO_2
0℃	…	…	…	…	20mL/mL
20℃	…	…	…	…	40mL/mL
40℃	…	…	…	…	…
60℃	…	…	…	…	…

[식] $P = C \cdot H$

[풀이]
$$H = \frac{P}{C} = \frac{1atm}{40mL} \Big| \frac{mL}{10^3 mL} \Big| \frac{L}{10^3 mL} \Big| \frac{22.4SmL}{64mg}$$

$$\Big| \frac{10^3 mg}{g} \Big| \frac{273+20}{273} = 9.39 \times 10^{-3} L \cdot atm/g$$

[답] ∴ SO₂의 헨리상수 = 9.39×10^{-3} L·atm/g

02

가우시안 모델의 가정조건 5가지를 적으시오.

- 연기의 분산은 정상상태 분포를 가정
- 바람에 의한 오염물의 주 이동방향은 x축이며, 풍속은 일정
- 대기안정도와 난류확산계수는 일정
- 오염물질은 점배출원으로부터 연속적으로 배출되므로 풍하방향으로의 확산은 무시
- 점오염원에서 풍하방향으로 plume이 정규분포를 따름
- 오염물질은 Plume 내에서 소멸되거나 생성되지 않음
- 배출오염물질은 기체(에어로졸 포함)

03

유효굴뚝높이가 60m인 굴뚝에서 오염물질이 50g/sec로 배출되고 있다. 그리고 지상 5.5m에서의 풍속이 5m/sec일 때 500m 하류에 위치하는 중심선상의 오염물질의 지표농도($\mu g/m^3$)를 계산하시오. (단, 풍속지수는 0.25, σ_y = 37m, σ_z = 18m이고, Deacon의 식, 가우시안 확산식을 이용)

[식] $C = \dfrac{Q}{2 \cdot \sigma_y \cdot \sigma_z \cdot \pi \cdot u} \exp\left[-\dfrac{1}{2}\left(\dfrac{y}{\sigma_y}\right)^2\right]$
$\times \left[\exp\left(-\dfrac{1}{2}\left(\dfrac{z-H_e}{\sigma_z}\right)^2\right) + \exp\left(-\dfrac{1}{2}\left(\dfrac{z+H_e}{\sigma_z}\right)^2\right)\right]$

[풀이]
(1) Deacon 식을 이용한 풍속
$U_2 = U_1 \times \left(\dfrac{z_2}{z_1}\right)^P = 5 \times \left(\dfrac{60}{5.5}\right)^{0.25} = 9.0869 \text{m/sec}$

(2) 중심선상의 오염물질의 지표농도
① 지표 오염물질: z = 0, 중심선상: y = 0
$C = \dfrac{Q}{\sigma_y \cdot \sigma_z \cdot \pi \cdot u} \exp\left(-\dfrac{1}{2}\left(\dfrac{H_e}{\sigma_z}\right)^2\right)$

② $Q = \dfrac{50\text{g}}{\text{sec}} \bigg| \dfrac{10^6 \mu\text{g}}{\text{g}} = 5 \times 10^7 \mu\text{g/sec}$

③ $C = \dfrac{5 \times 10^7}{37 \times 18 \times \pi \times 9.0869} \times \exp\left(-\dfrac{1}{2}\left(\dfrac{60}{18}\right)^2\right)$
$= 10.1668 \mu\text{g/m}^3$

[답] ∴ 지표농도 = 10.17 $\mu\text{g/m}^3$

04

잔류성유기오염물질(POPs) 특징 4가지를 적으시오.

- 독성(Toxicity): 암 등을 일으킬 수 있다.
- 잔류성(Persistence): 분해가 느려 생태계에 오래 남아 있다.
- 생물축적성(Bioaccumulation): 생체 내 축적 정도가 크다.
- 장거리 이동성(Long-range transport): 바람, 해류를 따라 이동한다.

05

제품을 하루에 100톤 생산하는 공장이 있다. 1톤당 20kg의 SO_2가 대기로 배출되고 있고 이중 80%(부피비)는 SO_3로 전환되고 SO_3는 90%(부피비)로 대기에 존재하는 수증기와 반응하여 H_2SO_4로 전환된다. 이때 하루에 배출되는 H_2SO_4의 양(kg/day)을 구하시오.
(단, 대기로 배출된 SO_2, SO_3, H_2SO_4의 생성과 손실 무시)

[풀이]

① SO_2 배출량 $= \dfrac{100톤}{day} \Big| \dfrac{20kg}{1톤} \Big| \dfrac{22.4Sm^3}{64kg} = 700Sm^3/day$

② 〈반응식〉
$SO_2 + 0.5O_2 \rightarrow SO_3$
$SO_3 = \dfrac{700Sm^3}{day} \Big| \dfrac{80}{100} = 560Sm^3/day$

③ 〈반응식〉
$SO_3 + H_2O \rightarrow H_2SO_4$
$H_2SO_4 = \dfrac{560Sm^3}{day} \Big| \dfrac{90}{100} = 504Sm^3/day$

④ $H_2SO_4(kg/day) = \dfrac{504Sm^3}{day} \Big| \dfrac{98kg}{22.4Sm^3} = 2,205kg/day$

[답] ∴ 하루에 배출되는 H_2SO_4의 양 = 2,205kg/day

06

원심력 집진장치의 집진효율 향상 조건 3가지를 적으시오.
(단, Blow Down 효과는 제외)

- 원통의 직경, 내경이 작을수록
- 입경과 밀도가 클수록
- 입구유속이 빠를수록
- 직렬로 사용하는 경우
- 회전수가 클수록

07

열섬현상의 정의 및 발생원인 4가지를 적으시오.

- 정의 : 1810년에 Luke Howard가 저술한 학술지에서 처음 등장한 개념으로 도시(직경 10km이상)가 태양의 복사열에 의해 도시에 축적된 열이 주위 지역보다 크기 때문에 발생하는 현상
- 발생원인
  - 도시 지역의 인구집중에 따른 인공열 발생의 증가
  - 도시의 건물 등 구조물에 의한 거칠기 길이의 변화
  - 도시 표면의 열적 성질의 차이 및 지표면에서의 증발잠열의 차이
  - 고기압의 영향으로 하늘이 맑고 바람이 약한 때

08

연료의 조성이 C : 87%, H : 11%, S : 2%에 대한 $(CO_2)_{max}$(%)를 계산하시오.

[식] $(CO_2)_{max}(\%) = \dfrac{CO_2 \text{ 발생량}}{G_{od}} \times 100$

[풀이]

① 이론 공기량

〈반응식〉 C + O_2 → CO_2
12kg : 22.4Sm³ : 22.4Sm³
0.87kg/kg : X : CO_2 발생량

$X = \dfrac{0.87 \times 22.4}{12} = 1.624 \text{Sm}^3/\text{kg}$

〈반응식〉 H_2 + 0.5O_2 → H_2O
2kg : 0.5×22.4Sm³
0.11kg/kg : Y

$Y = \dfrac{0.11 \times 0.5 \times 22.4}{2} = 0.616 \text{Sm}^3/\text{kg}$

〈반응식〉 S + O_2 → SO_2
32kg : 22.4Sm³ : 22.4Sm³
0.03kg/kg : Z : SO_2 발생량

$Z = \dfrac{0.02 \times 22.4}{32} = 0.014 \text{Sm}^3/\text{kg}$

$A_o = O_o \div 0.21 = (1.624 + 0.616 + 0.014) \div 0.21$
$= 10.7333 \text{Sm}^3/\text{kg}$

② $G_{od} = (1 - 0.21)A_o + CO_2 + SO_2$
$= (1 - 0.21) \times 10.7333 + 1.624 + 0.014$
$= 10.1173 \text{Sm}^3/\text{kg}$

③ $(CO_2)_{max}(\%) = \dfrac{1.624}{10.1173} \times 100 = 16.0517\%$

[답] ∴ $(CO_2)_{max}$(%) = 16.05%

09

입구농도 3.25mg/m³, 출구농도 0.1mg/m³일 때 다음 조건에 알맞은 답을 적으시오(1차 반응).

가. 집진장치가 1개일 때 집진효율은?
나. 같은 집진장치 2개를 직렬로 연결되어있을 때 집진효율은?
다. 집진장치를 직렬로 2개 설치했을 때, 하나가 0.75이면, 나머지 하나의 집진효율은?

가. [식] $\eta(\%) = \left(1 - \dfrac{C_o}{C_i}\right) \times 100$

[풀이] $\eta(\%) = \left(1 - \dfrac{0.1}{3.25}\right) \times 100 = 96.9231\%$

[답] ∴ 집진효율 = 96.92%

나. [식] $\eta_T = 1 - (1-\eta_1)^2$

[풀이] ① $0.9692 = 1 - (1-\eta_1)^2$
② $(1-\eta_1)^2 = 1 - 0.9692$
③ $1 - \eta_1 = \sqrt{1-0.9692}$
④ $\eta_1 = 1 - \sqrt{1-0.9692} = 0.8245 = 82.45\%$

[답] ∴ 집진효율 = 82.45%

다. [식] $\eta_T = 1 - (1-\eta_1)(1-\eta_2)$

[풀이] ① $0.9692 = 1 - (1-0.75)(1-\eta_2)$
② $0.9692 = 1 - 0.25(1-\eta_2)$
③ $0.9692 = 1 - 0.25 + 0.25\eta_2$
④ $0.25\eta_2 = 0.9692 - 0.75 = 0.2192$
⑤ $\eta_2 \fallingdotseq 0.8768 = 87.68\%$

[답] ∴ 집진효율 = 87.68%

10

아세트산 10Sm³를 완전 연소 시 이론 건조가스량을 구하시오. (단, 화학반응식 필수)

[식] $G_{od} = (1-0.21)A_o + CO_2 + SO_2$

[풀이]
〈반응식〉 $CH_3COOH + 2O_2 \rightarrow 2CO_2 + 2H_2O$

① $A_o = O_o \div 0.21 = 20 \div 0.21 = 95.2381 Sm^3$
② $G_{od} = (1-0.21)A_o + CO_2 = (1-0.21) \times 95.2381 + 20$
$= 95.2381 Sm^3$

[답] ∴ 이론 건조 가스량 = 95.24Sm³

11

다음 조건에서의 메탄의 이론연소 온도(℃)를 계산하시오.

[조건]

메탄, 공기는 18℃에서 공급되며, CO_2, $H_2O(g)$, N_2의 평균정압 몰비열(상온~2,100℃)은 각각 13.1, 10.5, 8.0[kcal/kmol·℃]이고, 메탄의 저위발열량은 8,600[kcal/Sm³]

[식] $t_1 = \dfrac{Hl}{G_{ow} \cdot C_p} + t_2$

[풀이]

〈반응식〉 $CH_4 + 2O_2 \rightarrow CO_2 + 2H_2O$

① $A_o = O_o \div 0.21 = 2 \div 0.21 = 9.5238 Sm^3/Sm^3$

② $G_{ow} = (1-0.21)A_o + CO_2 + H_2O$
  $= (1-0.21) \times 9.5238 + 1 + 2 = 10.5238 Sm^3/Sm^3$

③ 발생 기체의 성분

  I) $CO_2 = \dfrac{1}{10.5238} = 0.095$

  II) $H_2O = \dfrac{2}{10.5238} = 0.19$

  III) $N_2 = 1 - (0.095 + 0.19) = 0.715$

④ $C_p = 13.1 \times 0.095 + 10.5 \times 0.19 + 8 \times 0.715$
  $= 8.9595 kcal/kmol \cdot ℃$
  $= \dfrac{8.9595 kcal}{kmol \cdot ℃} \Big| \dfrac{kmol}{22.4 Sm^3} = 0.4 kcal/Sm^3 \cdot ℃$

⑤ $t_1 = \dfrac{8,600}{10.5238 \times 0.4} + 18 = 2,060.9883 ℃$

[답] ∴ 이론연소 온도 = 2,060.99℃

12

15μm의 입경을 갖는 입자를 중력 집진장치로 제거하려고 한다. 중력 집진장치의 유효길이는 3m, 폭은 1m, 유속은 1m/sec라고 할 때 중력 집진장치의 높이(cm)를 구하시오. (단, 공기밀도 0.11kg/m³, 입자밀도 320kg/m³, 점성계수 1.85×10⁻⁶kg/m·sec, 처리효율 60%)

[식] $\eta_d = \dfrac{V_g \cdot L}{V \cdot H} = \dfrac{d_p^2(\rho_p - \rho)g}{18\mu} \times \dfrac{L}{V \cdot H}$

[풀이]

① $d_p = \dfrac{15\mu m \Big| m}{10^6 \mu m} = 15 \times 10^{-6} m$

② $H = \dfrac{d_p^2(\rho_p - \rho)g}{18\mu} \times \dfrac{L}{V \cdot \eta_d}$

  $= \dfrac{(15 \times 10^{-6})^2 \times (320 - 0.11) \times 9.8}{18 \times 1.85 \times 10^{-6}} \times \dfrac{3}{1 \times 0.60}$

  $= 0.1059 m = 10.59 cm$

[답] ∴ 중력 집진장치의 높이 = 10.59cm

13

상업지역의 분진 농도를 측정하기 위하여 여과지를 통하여 0.3m/sec의 속도로 6시간 동안 여과시킨 결과, 깨끗한 여과지에 비해 사용한 여과지의 빛전달율이 75%이었다면 1,000m당 Coh를 구하고 오염도를 판정하시오.

 07년 1회

[식] $Coh_{1,000} = \left(\dfrac{\log(1/T) \div 0.01}{L} \right) \times 1,000$

[풀이]

① $L = \dfrac{0.3m}{sec} \left| \dfrac{6hr}{} \right| \dfrac{3,600sec}{hr} = 6,480m$

② $Coh_{1,000} = \left(\dfrac{\log(1/0.75) \div 0.01}{6,480} \right) \times 1,000 = 1.9281$

③ 0~3 사이값이므로 대기오염정도는 약하다.

[답] ∴ Coh = 1.93, 대기오염정도는 약하다.

14

환경정책기본법상 대기환경기준에 알맞은 수치를 적으시오.

가. SO_2 1시간 평균치	: ( )ppm
나. CO 8시간 평균치	: ( )ppm
다. NO_2 24시간 평균치	: ( )ppm
라. O_3 1시간 평균치	: ( )ppm
마. Pb 연간 평균치	: ( )$\mu g/m^3$
바. 벤젠의 연간 평균치	: ( )$\mu g/m^3$

 12년 2회 | 15년 4회

가. SO_2 1시간 평균치 : (0.15)ppm
나. CO 8시간 평균치 : (9)ppm
다. NO_2 24시간 평균치 : (0.06)ppm
라. O_3 1시간 평균치 : (0.1)ppm
마. Pb 연간 평균치 : (0.5)$\mu g/m^3$
바. 벤젠의 연간 평균치 : (5)$\mu g/m^3$

15

CO, CO_2, CH_4의 혼합기체를 기체크로마토그래프로 분석하여 기록지에 다음과 같은 결과 면적비 CO(40), CO_2(80), CH_4(25)를 얻었다. 혼합기체 속 CO, CO_2, CH_4의 몰 분율 및 질량 분율을 구하시오.

가. 몰 분율
나. 질량 분율

가. 몰 분율
[풀이]

① CO 몰 분율(%) = $\dfrac{CO}{혼합기체} \times 100$

$= \dfrac{40}{40+80+25} \times 100 = 27.5862\%$

② CO_2 몰 분율(%) = $\dfrac{CO_2}{혼합기체} \times 100$

$= \dfrac{80}{40+80+25} \times 100 = 55.1724\%$

③ CH_4 몰 분율(%) = $\dfrac{CH_4}{혼합기체} \times 100$

$= \dfrac{25}{40+80+25} \times 100 = 17.2414\%$

[답] ∴ CO = 27.59%, CO_2 = 55.17%, CH_4 = 17.24%

나. 질량 분율
[풀이]

① 혼합기체 질량 = $(0.2759 \times 28) + (0.5517 \times 44)$
$+ (0.1724 \times 16) = 34.7584$

② CO 질량 분율(%) = $\dfrac{CO}{혼합기체 질량} \times 100$

$= \dfrac{0.2759 \times 28}{34.7584} \times 100 = 22.2254\%$

③ CO_2 질량 분율(%) = $\dfrac{CO_2}{혼합기체 질량} \times 100$

$= \dfrac{0.5517 \times 44}{34.7584} \times 100 = 69.8387\%$

④ CH_4 질량 분율(%) = $\dfrac{CH_4}{혼합기체 질량} \times 100$

$= \dfrac{0.1724 \times 16}{34.7584} \times 100 = 7.9359\%$

[답] ∴ CO = 22.23%, CO_2 = 69.84%, CH_4 = 7.94%

16

다음 아래의 물음에 답하시오.

가. 흡착제 고려사항 2가지
나. 보전력 정의
다. 파과점 정의

가. 흡착제 고려사항
- 단위질량당 표면적이 큰 것
- 기체 흐름에 대한 압력손실이 적을 것
- 흡착제의 강도와 경도가 클 것
- 흡착율이 우수할 것
- 흡착제의 재생이 용이할 것
- 흡착물질의 회수가 용이할 것
- 온도, 가스조성에 대한 고려를 할 것

나. 보전력(Retentivity) : 일반적으로 흡착질로 포화된 활성탄을 주어진 온도와 압력 조건하에서 순수한 공기를 통과시킬 때 활성탄으로부터 탈착되지 않고 잔류하는 흡착질의 양

다. 파과점(Break point) : 흡착제의 이온교환 능력이 포화 상태가 되어 용질이 더 이상 흡착하지 못하는 지점

17

황 함량 3%인 중유를 시간당 10톤 연소하는 보일러에서 가스를 접촉산화법으로 탈황한 후 황산을 회수하려고 한다. 회수되는 H_2SO_4의 양(kg/hr)을 구하시오. (단, 탈황률 90%)

[풀이]

① 〈반응식〉 $S + O_2 \rightarrow SO_2$
$SO_2 + 0.5O_2 \rightarrow SO_3$
$SO_3 + H_2O \rightarrow H_2SO_4$

② 〈반응비〉　S　　:　H_2SO_4
　　　　　　32kg　:　98kg
　　　S 발생량 :　X

S 발생량 = $\dfrac{10톤}{hr} \Big| \dfrac{10^3 kg}{톤} \Big| \dfrac{3}{100} \Big| \dfrac{90}{100}$ = 270kg/hr

$X = \dfrac{98 \times 270}{32} = 826.875$ kg/hr

[답] ∴ 회수되는 H_2SO_4의 양 = 826.88kg/hr

18

면적 1.5m²인 여과집진장치로 먼지농도가 1.5g/m³인 배기가스가 100m³/min으로 통과하고 있다. 먼지가 모두 여과포에서 제거되었으며, 집진된 먼지층의 밀도가 1g/cm³라면 1시간 후 여과된 먼지층의 두께(mm)를 구하시오.

09년 4회 | 13년 2회 | 24년 3회

[식] $D_p = \dfrac{L_d}{\rho_d}$

[풀이]

① $V_f = \dfrac{Q}{A} = \dfrac{100m^3}{min} \Big| \dfrac{1}{1.5m^2} \Big| \dfrac{60min}{hr} = 4{,}000 m/hr$

② $L_d = \dfrac{1.5g}{m^3} \Big| \dfrac{4{,}000m}{hr} \Big| \dfrac{1hr}{} = 6{,}000 g/m^2$

③ $D_p = \dfrac{6{,}000g}{m^2} \Big| \dfrac{cm^3}{1g} \Big| \dfrac{(1m)^3}{(100cm)^3} \Big| \dfrac{10^3 mm}{m} = 6mm$

[답] ∴ 먼지층의 두께 = 6mm

19

A물질의 반응 후 농도가 1차 반응에 의해 180min 후 초기 농도의 1/100이 되었다면 99%를 제거하기 위해 소요되는 시간(min)을 구하시오.

19년 1회

[식] $\ln \dfrac{C_t}{C_o} = -k \cdot t$

[풀이]

① $k = \dfrac{\ln 0.1}{-180} = 0.0128 min^{-1}$

② $t = \dfrac{\ln 0.01}{-0.0128} = 359.7789 min$

[답] ∴ 소요 시간 = 359.78min

20

냄새제거 방법 5가지를 적으시오.

- 수세법
- 흡착법
- 냉각응축법
- 희석법
- 연소법
- 약액흡수법

2022 * 4

01

다음 아래의 물음에 답하시오.

가. 등유, 경유, 휘발유, 중유의 C/H비가 큰 순서대로 나열하시오.
나. 알맞은 내용을 선택하시오.

[성상]
- C/H비가 커질수록 이론공연비는 (커진다/작아진다).
- C/H비가 커질수록 휘도는 (높아진다/낮아진다).
- C/H비가 커질수록 방사율은 (커진다/작아진다).

가. 중유 > 경유 > 등유 > 휘발유
나. 작아진다 / 높아진다 / 커진다

02

순수한 빙정석(Na_3AlF_6)을 불소를 이용하여 알루미늄을 생성하려한다. 유입가스 유량 1,500m³/min, 알루미늄 생산량은 200kg/day이다. 불소의 배출허용농도가 10ppm일 때, 처리가스의 처리효율(%)을 구하시오. (단, 알루미늄과 불소의 원자량 27, 19, 온도 50℃, 압력 760mmHg)

[풀이]

① 〈반응비〉 Al : 6×F
  27kg : 6×22.4Sm³
  200kg/day : X

$$X = \frac{200 \times 6 \times 22.4}{27} = 995.5556 \text{Sm}^3/\text{day}$$

② $\frac{995.5556 \text{Sm}^3}{\text{day}} \mid \frac{273+50}{273} \mid \frac{\text{day}}{24\text{hr}} \mid \frac{\text{hr}}{60\text{min}}$
  $= 0.8180 \text{m}^3/\text{min}$

③ 현 불소 농도 $= \frac{0.8180}{1,500} \times 10^6 = 545.3333 \text{ppm}$

④ $\eta = \left(1 - \frac{10}{545.3333}\right) \times 100 = 98.1663\%$

[답] ∴ 처리가스의 처리효율 = 98.17%

03

굴뚝 배기량이 500m³/hr이고 HCl 농도가 800ppm일 때 pH 7, 5m³의 물을 순환 사용하는 수세탑을 설치하여 8시간 운영하였을 때 순환수의 pH를 구하시오. (단, 물의 증발 소실은 없으며 제거율은 85%)

[식] $pH = \log\dfrac{1}{[H^+]}$

[풀이]

① $N(eq/L) = \dfrac{\text{흡수 HCl 당량}}{\text{용액}}$

② 흡수 HCl 당량
$= \dfrac{800mL}{m^3} \Big| \dfrac{1eq}{22.4L} \Big| \dfrac{L}{10^3 mL} \Big| \dfrac{500m^3}{hr} \Big| \dfrac{8hr}{1} \Big| \dfrac{85}{100}$
$= 121.4286 eq$

③ 용액 $= \dfrac{5m^3}{1} \Big| \dfrac{10^3 L}{m^3} = 5,000L$

④ $N = \dfrac{121.4286}{5,000} = 0.0243$

⑤ $pH = \log\dfrac{1}{0.0243} = 1.6144$

[답] ∴ pH = 1.61

04

전기집진장치에서 효율이 80%인 집진장치가 처음 유량의 2배가 되었을 때 배출되는 농도는 몇 배가 되는지 구하시오.

[식] $\eta = 1 - e^{-\dfrac{A \cdot W_e}{Q}}$

[풀이]

① $e^{-\dfrac{A \cdot W_e}{Q}} = 1 - \eta = 1 - 0.8 = 0.2$

② $-\dfrac{A \cdot W_e}{Q} = \ln 0.2$

③ 유량이 2배가 되었을 경우
$-\dfrac{A \cdot W_e}{2Q} = \dfrac{\ln 0.2}{2} = \ln\sqrt{0.2}$ … 양변에 자연로그를 취함

④ $e^{-\dfrac{A \cdot W_e}{2Q}} = \sqrt{0.2} = 0.4472$

⑤ $\eta = 1 - 0.4472 = 0.5528$

⑥ 초기 배출 농도 $= C_i(1-\eta) = C_i \times (1-0.8) = 0.2 C_i$

⑦ 나중 배출 농도 $= C_i(1-\eta) = C_i \times (1-0.5528)$
$= 0.4472 C_i$

⑧ $\dfrac{0.4472 C_i}{0.2 C_i} = 2.236$배

[답] ∴ 배출되는 농도 = 2.24배

05

유효굴뚝높이가 60m인 굴뚝에서 풍속이 6m/sec일 때 500m 떨어진 중심선상의 오염물질의 지표농도가 66μg/m³, y방향 50m 지점에서의 지상농도가 23μg/m³일 때 표준편차 σ_y를 계산하시오. (단, 가우시안 방정식 사용)

11년 4회

[식] $C = \dfrac{Q}{2 \cdot \sigma_y \cdot \sigma_z \cdot \pi \cdot u} \exp\left[-\dfrac{1}{2}\left(\dfrac{y}{\sigma_y}\right)^2\right]$
$\times \left[\exp\left(-\dfrac{1}{2}\left(\dfrac{z-H_e}{\sigma_z}\right)^2\right) + \exp\left(-\dfrac{1}{2}\left(\dfrac{z+H_e}{\sigma_z}\right)^2\right)\right]$

[풀이]
① 지표 오염물질: $z=0$, 중심선상: $y=0$
$66 = \dfrac{Q}{\sigma_y \cdot \sigma_z \cdot \pi \cdot u} \exp\left[-\dfrac{1}{2}\left(\dfrac{H_e}{\sigma_z}\right)^2\right]$

② y방향 50m 지점, 지면이므로 $z=0$
$23 = \dfrac{Q}{\sigma_y \cdot \sigma_z \cdot \pi \cdot u} \exp\left[-\dfrac{1}{2}\left(\dfrac{y}{\sigma_y}\right)^2\right] \times \exp\left[-\dfrac{1}{2}\left(\dfrac{H_e}{\sigma_z}\right)^2\right]$

③ 1번식을 2번에 대입
$23 = 66 \times \exp\left[-\dfrac{1}{2}\left(\dfrac{50}{\sigma_y}\right)^2\right] \rightarrow \sigma_y = 34.4351\,m$

[답] ∴ $\sigma_y = 34.44\,m$

06

원심력 집진장치에서 처리가스의 온도가 증가하는 경우 아래의 물음에 답하시오.

가. 집진효율의 변화는 어떻게 되는가?
나. 집진효율의 변화가 왜 그렇게 일어나는가?

가. 집진효율 감소
나. 처리가스의 온도 증가 시 기체의 점성이 증가하여 집진효율이 감소한다.

07

환경정책기본법상 환경기준에 대한 수치를 적으시오.

항목	기준	
이산화질소 (NO₂)	연간 평균치	( )ppm 이하
	24시간 평균치	( )ppm 이하
	1시간 평균치	( )ppm 이하
오존 (O₃)	1시간 평균치	( )ppm 이하
	8시간 평균치	( )ppm 이하
일산화탄소(CO)	1시간 평균치	( )ppm 이하

10년 4회 | 12년 4회 | 13년 4회 | 14년 2회 | 17년 1회 17년 2회 | 18년 4회 | 20년 1회

항목	기준
이산화질소 (NO₂)	연간 평균치 : (0.03)ppm 이하
	24시간 평균치 : (0.06)ppm 이하
	1시간 평균치 : (0.10)ppm 이하
오존 (O₃)	1시간 평균치 : (0.10)ppm 이하
	8시간 평균치 : (0.06)ppm 이하
일산화탄소(CO)	1시간 평균치 : (25)ppm 이하

08

이온크로마토그래피의 측정원리를 간단하게 적고, 이온크로마토그래피의 장치 구성을 적으시오.

- 측정원리 : 이동상으로는 액체, 그리고 고정상으로는 이온교환수지를 사용하여 이동상에 녹는 혼합물을 고분리능 고정상이 충전된 분리관 내로 통과시켜 시료성분의 용출상태를 전도도 검출기 또는 광학 검출기로 검출하여 그 농도를 정량하는 방법이다.
- 장치 구성
  용리액조 → 펌프 → 시료주입장치 → 분리관 → 써프렛서 → 검출기

09

다음 아래의 물음에 알맞게 서술하시오.

가. 흑체의 정의
나. 스테판 - 볼츠만의 법칙
다. 키르히호프의 법칙

가. 흑체 : 입사각과 진동수에 관계없이 입사하는 모든 전자기 복사를 흡수하는 이상적인 물체이다.
나. 스테판 - 볼츠만의 법칙 : 흑체의 단위 면적당 방출하는 에너지의 세기는 흑체의 온도의 4제곱에 비례한다.
다. 키르히호프의 법칙 : 열역학 평형상태 하에서는 어떤 주어진 온도에서 매질의 방출계수와 흡수계수의 비는 매질의 종류에 상관없이 온도에 의해서만 결정된다는 법칙이다.

10

용해도가 큰 기체에 사용되는 세정장치 3가지, 용해도가 작은 기체에 사용되는 세정장치 3가지를 쓰시오.

- 용해도가 큰 기체에 사용 : 충전탑, 분무탑, 사이클론 스크러버, 제트 스크러버, 벤튜리 스크러버
- 용해도가 작은 기체에 사용 : 다공판탑, 포종탑, 기포탑

11

리차드슨 수의 공식 및 아래의 조건에 따른 안정도(불안정 / 안정 / 중립)를 판별하시오.

[조건]
- $R_i < -1$
- $-1 < R_i < 1$
- $R_i > 1$

- $R_i = \dfrac{g}{T_m} \times \dfrac{(\Delta T/\Delta Z)}{(\Delta U/\Delta Z)^2}$
- 안정도
  $R_i < -1$: 불안정
  $-1 < R_i < 1$: 중립
  $R_i > 1$: 안정

12

R(%) = 100exp(-0.058X)식을 이용하여 먼지입경 15㎛보다 작은 먼지의 농도는 몇 %인지 구하시오.

[식] $R(\%) = 100\exp(-0.058X)$

[풀이]
① $R(\%) = 100 \times e^{-0.058 \times 15} = 41.8952\%$

15㎛보다 큰 함량이므로

② $100 - 41.8952 = 58.1048\%$

※ Rosin - Rammler 분포 공식은 체상(체 위)의 누적되는 분포도이다.

[답] ∴ 15㎛보다 작은 먼지의 농도% = 58.10%

13

다음 아래의 물음에 답하시오. (단, 틀린 것을 적을 경우 0점 처리)

가. 광화학 옥시던트 종류 5가지

나. 광화학 스모그 발생 환경

- (여름/겨울)
- (낮/새벽/밤)
- (바람이 많이 불 때/바람이 많이 불지 않을 때)

가. O_3, PAN, H_2O_2, 아크롤레인, 케톤, NOCl, 알데하이드 등
나. 여름, 낮, 바람이 많이 불지 않을 때

14

H_2S 헨리상수가 0.0483×10^4 atm·m³/kmol, 온도 20℃, 몰분율이 0.050이고, 압력이 1atm인 물질의 농도(mg/L)를 구하시오.

[식] $C = \dfrac{P}{H}$

[풀이]

$C = \dfrac{0.05\text{atm}}{} \left| \dfrac{\text{kmol}}{0.0483 \times 10^4 \text{atm·m}^3} \right| \dfrac{34\text{g}}{\text{mol}} \left| \dfrac{10^3 \text{mg}}{\text{g}} \right.$

$\left| \dfrac{10^3 \text{mol}}{\text{kmol}} \right| \dfrac{\text{m}^3}{10^3 \text{L}} = 3.5197 \text{mg/L}$

[답] ∴ 물질의 농도 = 3.52mg/L

15

아래는 커닝험 보정계수 정의에 관한 내용이다. 알맞은 것을 고르시오.

- 입자가 미세화되면 커닝험 보정계수는 (커진다/작아진다).
- 처리가스 온도가 낮아질수록 커닝험 보정계수는 (커진다/작아진다).
- 처리가스 압력이 낮아질수록 커닝험 보정계수는 (커진다/작아진다).

커진다, 작아진다, 커진다

16

수분 39wt%, 회분 8wt%의 고체연료에서 수분과 회분을 제거하여 측정하였더니 휘발성분 54wt%, 고형물질 46wt%가 되었다. 다음 물음에 답하시오.

가. 원래 휘발성분 wt%

나. 원래 고형물질 wt%

가. 원래 휘발성분 wt%

[풀이]

① 제거 전 고형물과 휘발분 = 100 − (39 + 8) = 53%

② 휘발성분 = 53 × 0.54 = 28.62%

[답] ∴ 휘발성분 = 28.62%

나. 원래 고형물질 wt%

[풀이]

① 제거 전 고형물과 휘발분 = 100 − (39 + 8) = 53%

② 고형물질 = 53 × 0.46 = 24.38%

[답] ∴ 고형물질 = 24.38%

17

프로판의 과잉공기비율이 6%인 기체의 습연소가스량 중의 산소 농도부피(%)를 구하시오.

[풀이]
① 〈반응식〉 $C_3H_8 + 5O_2 \rightarrow 3CO_2 + 4H_2O$
$A_o = 5 \div 0.21 = 23.8095$
② $G_w = (m - 0.21) \times A_o + CO_2 + H_2O$
$= (1.06 - 0.21) \times 23.8095 + 3 + 4 = 27.2381$
③ $\dfrac{O_2}{G_w}(\%) = \dfrac{(1.06-1) \times 23.8095 \times 0.21}{27.2381} \times 100$
$= 1.1014\%$

[답] ∴ 습연소가스량 중의 산소 농도 = 1.10%

18

다음 표는 9일간의 오존농도를 기록한 표이다. 기하평균을 사용하여 오존(mg/Sm^3) 농도를 구하시오.

10월	1일	2일	3일	4일	5일	6일	7일	8일	9일
농도 (ppb)	19	30	33	32	25	27	29	20	36

[풀이]
① $C_m = (19 \times 30 \times 33 \times 32 \times 25 \times 27 \times 29 \times 20 \times 36)^{1/9}$
$= 27.3217 \text{ppb}$
② $\dfrac{27.3217\mu L}{m^3} | \dfrac{mL}{10^3 \mu L} | \dfrac{48mg}{22.4 SmL} = 0.0585 mg/Sm^3$

[답] ∴ 오존 농도 = $0.06 mg/Sm^3$

19

$500Sm^3$인 공간에서 NO_2 50ppm을 비선택적 촉매 환원법을 이용하여 NO_2를 질소가스로 환원하려고 한다. 이때 필요한 CO의 양(m^3)을 구하시오. (단, 온도는 100℃, 환원제는 CO)

[풀이]
〈반응식〉 $2NO_2 + 4CO \rightarrow N_2 + 4CO_2$
$2 \times 22.4 Sm^3 : 4 \times 22.4 Sm^3$
$500 \times 50 ppm : X$

$X = \dfrac{500 Sm^3 \times 50 ppm}{} | \dfrac{1}{10^6 ppm} | \dfrac{4 \times 22.4 Sm^3}{2 \times 22.4 Sm^3} | \dfrac{273+100}{273}$

$= 0.0683 m^3$

[답] ∴ 필요한 CO의 양 = $0.07 m^3$

20

중력집진장치(길이 10m, 높이 5m)를 사용하여 1.4m/sec의 속도로 들어오는 가스를 처리하는 경우 전부 제거될 수 있는 먼지의 최소 제거 입경(μm)을 구하시오. (단, 층류, 밀도 1g/cm³, 점성계수 2.0×10^{-4}g/cm·sec, 가스밀도는 무시)

[식] $d_{min}(\mu m) = \sqrt{\dfrac{18\mu \cdot V \cdot H}{(\rho_p - \rho) \cdot g \cdot L}} \times 10^6$

[풀이]
※ MKS 단위로 통일

① $\rho_p = \dfrac{1\text{g}}{\text{cm}^3} \Big| \dfrac{\text{kg}}{10^3\text{g}} \Big| \dfrac{10^6 \text{cm}^3}{\text{m}^3} = 1{,}000 \text{kg/m}^3$

② $\mu = \dfrac{2.0 \times 10^{-4}\text{g}}{\text{cm} \cdot \text{sec}} \Big| \dfrac{\text{kg}}{10^3\text{g}} \Big| \dfrac{100\text{cm}}{\text{m}} = 2.0 \times 10^{-5} \text{kg/m} \cdot \text{sec}$

③ $d_{min}(\mu m) = \sqrt{\dfrac{18 \times 2.0 \times 10^{-5} \times 1.4 \times 5}{(1{,}000 - 0) \times 9.8 \times 10}} \times 10^6$
$= 160.3567 \mu m$

[답] ∴ 최소 제거 입경 = 160.36μm

필답형 기출문제 2023 * 1

01

굴뚝에서의 가스가 22,400Sm³/hr씩 방출되고 있다. 가스는 HF 3,000ppm, SiF₄ 1,500ppm를 함유하며 100% 흡수율로 처리하고자 할 때 흡수되는 규불산의 양(kg/hr)을 구하시오.

[풀이]

⟨반응식⟩ $2HF + SiF_4 \rightarrow H_2SiF_6$
$2 \times 22.4 Sm^3$: 1kmol
HF 발생량 : X

HF 발생량 $= \dfrac{3,000mL}{m^3} \Big| \dfrac{22,400 Sm^3}{hr} \Big| \dfrac{m^3}{10^6 mL}$
$= 67.2 Sm^3/hr$

$X = \dfrac{67.2 \times 1}{2 \times 22.4} = 1.5 kmol/hr$

$\rightarrow \dfrac{1.5 kmol}{hr} \Big| \dfrac{144 kg}{kmol} = 216 kg/hr$

[답] ∴ 규불산의 양 = 216kg/hr

빈출 체크 10년 4회 | 16년 4회 | 20년 5회

02

다음 보기 중 오존파괴지수(ODP)가 큰 순서대로 나열하시오.

[보기]
① $C_2F_4Br_2$ ② CF_3Br ③ CH_2BrCl
④ $C_2F_3Cl_3$ ⑤ CF_2BrCl

② CF_3Br(10) > ① $C_2F_4Br_2$(6.0) > ⑤ CF_2BrCl(3.0) > ④ $C_2F_3Cl_3$(0.8) > ③ CH_2BrCl(0.12)

※ 괄호 안의 숫자는 암기할 필요 없음

03

아래 그림의 집진장치를 보고 집진효율을 η_1, η_2에 관한 식으로 적으시오.

$C_1 \rightarrow \boxed{\eta_1} \rightarrow C_2 \rightarrow \boxed{\eta_2} \rightarrow C_3$

[풀이]

① $\eta_1 = 1 - \dfrac{C_2}{C_1}$ ················· 양변에 C_1 곱하기

$C_1\eta_1 = C_1 - C_2$ ················· C_2에 대한 식으로 정리

$C_2 = (1-\eta_1)C_1$

② $\eta_2 = 1 - \dfrac{C_3}{C_2}$ ················· 양변에 C_2 곱하기

$C_2\eta_2 = C_2 - C_3$ ················· C_3에 대한 식으로 정리

$C_3 = (1-\eta_2)C_2$

③ ①번 최종 C_2값을 ②번 최종 C_2에 대입

$C_3 = (1-\eta_1)(1-\eta_2)C_1$

$\dfrac{C_3}{C_1} = (1-\eta_1)(1-\eta_2)$

④ ③번 식 중 $\dfrac{C_3}{C_1}$을 왼쪽 식에 대입 $\eta_T = 1 - \dfrac{C_3}{C_1}$

$\eta_T = 1 - (1-\eta_1)(1-\eta_2)$

[답] ∴ $\eta_T = 1 - (1-\eta_1)(1-\eta_2)$

04

굴뚝의 배출가스 온도가 227℃에서 127℃로 변화되었을 때, 통풍력은 처음의 몇 %로 감소되는지 계산하시오. (단, 대기온도는 27℃, 공기 및 가스밀도는 1.3kg/Sm³)

[식] $Z = 355 \cdot H \left(\dfrac{1}{273+t_a} - \dfrac{1}{273+t_g} \right)$

[풀이] $\dfrac{Z_2}{Z_1} = \dfrac{355H \left(\dfrac{1}{273+27} - \dfrac{1}{273+127} \right)}{355H \left(\dfrac{1}{273+27} - \dfrac{1}{273+227} \right)} \times 100 = 62.5\%$

[답] ∴ 처음의 62.5%로 감소

05

NO 250ppm, NO_2 22.4ppm을 함유한 배기가스 10,000m³/hr를 NH_3에 의한 선택적 접촉환원법으로 처리할 경우 NO_X를 제거하기 위한 NH_3의 이론량(kg/hr)을 계산하시오.

[풀이]

① 〈반응식〉 $6NO + 4NH_3 \rightarrow 5N_2 + 6H_2O$
　　　　　　$6 \times 22.4 Sm^3 : 4 \times 17 kg$
　　　　NO 발생량 :　X

$$\text{NO 발생량} = \frac{250 mL}{m^3} \left| \frac{10,000 m^3}{hr} \right| \frac{m^3}{10^6 mL} = 2.5 m^3/hr$$

$$X = \frac{4 \times 17 \times 2.5}{6 \times 22.4} = 1.2649 kg/hr$$

② 〈반응식〉 $6NO_2 + 8NH_3 \rightarrow 7N_2 + 12H_2O$
　　　　　　$6 \times 22.4 Sm^3 : 8 \times 17 kg$
　　　　NO_2 발생량 :　Y

$$NO_2 \text{ 발생량} = \frac{22.4 mL}{m^3} \left| \frac{10,000 m^3}{hr} \right| \frac{m^3}{10^6 mL}$$
$$= 0.224 m^3/hr$$

$$Y = \frac{8 \times 17 \times 0.224}{6 \times 22.4} = 0.2267 kg/hr$$

③ $X + Y = 1.2649 + 0.2267 = 1.4916 kg/hr$

[답] ∴ NH_3의 이론량 = 1.49kg/hr

06

전기집진장치로 분진을 집진할 경우 작용하는 집진원리 4가지를 서술하시오.

13년 4회 | 19년 4회

- 전기풍에 의한 힘
- 입자간의 흡입력
- 대전입자의 하전에 의한 쿨롱력
- 전계강도의 힘

07

500kg/hr로 공급되는 연료의 성분 분석결과 C : 85%, H : 5%, O : 6%, S : 2%, 회분 : 2%였을 때 건조가스 중 SO_2 농도(ppm)와 하루에 소비되는 공기량을 계산하시오. (단, 공기비 1.3, 하루 24시간 운영)

가. 건조가스 중 SO_2 농도(ppm)

나. 하루에 소비되는 공기량(ton)

가. 건조가스 중 SO_2 농도

[식] $SO_2(ppm) = \dfrac{SO_2 \text{ 발생량}}{G_d} \times 10^6$

[풀이]
① 이론 공기량
  ⟨반응식⟩   C   + O_2 → CO_2
              12kg : 22.4Sm³ : 22.4Sm³
              0.85kg/kg :   X   : CO_2 발생량

  $X = \dfrac{0.85 \times 22.4}{12} = 1.5867 Sm^3/kg$

  ⟨반응식⟩ H_2 + $0.5O_2$ → H_2O
              2kg   : 0.5×22.4Sm³ : 22.4Sm³
              0.05kg/kg :   Y   : H_2O 발생량

  $Y = \dfrac{0.05 \times 0.5 \times 22.4}{2} = 0.28 Sm^3/kg$

  ⟨반응식⟩   S   + O_2 → SO_2
              32kg : 22.4Sm³ : 22.4Sm³
              0.02kg/kg :   Z   : SO_2 발생량

  $Z = \dfrac{0.02 \times 22.4}{32} = 0.014 Sm^3/kg$

  $O_o = 1.5867 + 0.28 + 0.014 - 0.042 = 1.8387 Sm^3/kg$

  ※ 연료에 포함된 산소는 이론산소량에서 빼준다.

  $O_2 = \dfrac{0.06 \times 22.4}{32} = 0.042 Sm^3/kg$

  $A_o = O_o \div 0.21 = 1.8387 \div 0.21 = 8.7557 Sm^3/kg$

② $G_d = (m - 0.21)A_o + CO_2 + SO_2 = 8.5177 Sm^3/kg$
      $= (1.3 - 0.21) \times 8.7557 + 1.5867 + 0.014$
      $= 11.1444 Sm^3/kg$

③ $SO_2(ppm) = \dfrac{0.014}{11.1444} \times 10^6 = 1{,}256.2363 ppm$

[답] ∴ 건조가스 중 SO_2 농도 = 1,256.24ppm

나. 하루에 소비되는 공기량

[풀이]
① 이론 공기량(무게비)
  ⟨반응식⟩   C   + O_2 → CO_2
              12kg : 32kg
              0.85kg/kg :   X

  $X = \dfrac{32 \times 0.85}{12} = 2.2667 kg/kg$

⟨반응식⟩ $H_2 + 0.5O_2 \rightarrow H_2O$
  2kg : 0.5×32kg
  0.05kg/kg : Y

$Y = \dfrac{0.5 \times 32 \times 0.05}{2} = 0.4$kg/kg

⟨반응식⟩ $S + O_2 \rightarrow SO_2$
  32kg : 32kg
  0.02kg/kg : Z

$Z = \dfrac{32 \times 0.02}{32} = 0.02$kg/kg

$O_o = 2.2667 + 0.4 + 0.02 - 0.06 = 2.6267$kg/kg

※ 연료에 포함된 산소는 이론 산소량에서 빼준다.

$O_2 = \dfrac{32 \times 0.06}{32} = 0.06$kg/kg

$A_o = O_o \div 0.232 = 2.6267 \div 0.232 = 11.3220$kg/kg

② 하루에 소비되는 공기량
 = 실제 공기량 × 투입 연료량 × 하루 운영시간
 = $\dfrac{1.3}{} \Big| \dfrac{11.3220\text{kg}}{\text{kg}} \Big| \dfrac{500\text{kg}}{\text{hr}} \Big| \dfrac{24\text{hr}}{} \Big| \dfrac{\text{ton}}{10^3 \text{kg}}$
 = 176.6232

[답] ∴ 하루에 소비되는 공기량 = 176.6232ton

08

기체연료(C_xH_y) 1mol을 이론 공기량으로 완전연소시켰을 경우 이론 습연소 가스량(g)을 계산하시오.

[식] $G_{ow} = (1 - 0.21)A_o + CO_2 + H_2O$

[풀이]

① ⟨반응식⟩ $C_xH_y + \left(x + \dfrac{y}{4}\right)O_2 \rightarrow xCO_2 + \dfrac{y}{2}H_2O$

$A_o = O_o \div 0.232 = \left(x + \dfrac{y}{4}\right) \times 32 \div 0.232$

= 137.9310x + 34.4828y

② $G_{ow} = (1 - 0.232) \times (137.9310x + 34.4828y) + 44x + 9y$
 = 149.9310x + 35.4828y

[답] ∴ 이론 습연소 가스량 = (149.93x + 35.48y)g

09

유효굴뚝높이가 180m인 연돌에서 Sutton식에 의한 최대 지표농도가 절반이 될 때 높여야 하는 굴뚝 높이와 최대 착지거리를 계산하시오.
(단, $K_y = 0.07$, $K_z = 0.09$, 풍속은 10m/sec, 대기안정도 지수는 0.25)

가. 최대 지표농도가 절반이 될 때 높여야 하는 굴뚝 높이
나. 최대 착지거리

가. 최대 지표농도가 절반이 될 때 높여야 하는 굴뚝 높이

[식] $C_{max} = \dfrac{2Q}{H_e^2 \cdot \pi \cdot e \cdot u}\left(\dfrac{K_z}{K_y}\right)$

[풀이]

① $C_{max} = \dfrac{2Q}{H_e^2 \cdot \pi \cdot e \cdot u}\left(\dfrac{K_z}{K_y}\right)$ … 유효굴뚝높이 제외 A인자로 묶는다.

$= A \times \dfrac{1}{H_e^2}$

② $C_{max} : \dfrac{1}{180^2} = \dfrac{C_{max}}{2} : \dfrac{1}{H_e^2}$

$H_e^2 = 180^2 \times 2 \rightarrow H_e = 254.5584m$

③ 높여야 하는 굴뚝 높이 = 254.5584 - 180 = 74.5584m

[답] ∴ 높여야 하는 굴뚝 높이 = 74.56m

나. 최대 착지거리

[식] $X_{max} = \left(\dfrac{H_e}{K_z}\right)^{\frac{2}{2-n}}$

[풀이] $X_{max} = \left(\dfrac{180}{0.09}\right)^{\frac{2}{2-0.25}} = 5,923.8726m$

[답] ∴ $X_{max} = 5,923.87m$

10

10개의 bag을 사용한 여과집진장치에서 집진율이 90%, 입구의 먼지 농도는 10mg/L이었다. 가동 중 장치에 장애가 발생하여 전체 처리 가스량의 1/10이 그대로 통과하였다면 출구의 먼지농도(g/m^3)를 계산하시오.

빈출 체크 06년 1회 | 09년 4회 | 19년 2회

[식] $C_o = C_i \times (1-\eta)$

[풀이]
① 출구 먼지농도 = 처리되고 남은 먼지 + 그대로 통과한 먼지
② $C_o = 9 \times (1-0.90) = 0.9$
③ 그대로 통과한 먼지 = 1
④ 출구 먼지농도 = 0.9 + 1 = 1.9mg/L → 1.9g/m^3

[답] ∴ 출구의 먼지농도 = 1.9g/m^3

11

아래의 표를 이용하여 다음 물음에 답하시오.

[엔탈피]
- C_2H_6 : -20.24kcal/mol
- CO_2 : -94.05kcal/mol
- H_2O : -57.8kcal/mol

가. 저위발열량(kcal/mol)
나. 르샤틀리에 법칙을 적용할 경우 증가 / 변하지 않음 / 감소 중 어느 방향으로 진행되는가?

가. 저위발열량(반응엔탈피)

[풀이] 〈반응식〉
$$C_2H_6 + 3.5O_2 \rightarrow 2CO_2 + 3H_2O$$
$$\triangle H_f = \triangle H_p - \triangle H_R$$
$$\triangle H = 2\times(-94.05) + 3\times(-57.8) - (-20.24)$$
$$= -341.26 \text{kcal/mol}$$

[답] ∴ 저위발열량 = 341.26kcal/mol

나. 감소

12

대기오염물질 입자상 물질의 농도를 측정하고자 흡습관법, 경사마노미터, 피토우관, 습식가스미터를 이용하여 다음의 값을 얻었다. 다음 물음에 답하시오.

[조건]
- 시료채취 흡인가스량 : 1,200L
- 흡습 수분의 질량 : 2.0g
- 배출가스의 밀도 : 1.3kg/m³
- 가스미터 흡인가스차압 : 0mmH$_2$O
- 가스미터 흡인가스온도 : 17℃
- 측정 대기압 : 760mmHg
- 피토우관 계수 : 0.8614
- 경사마노미터(경사각 30°)에서의 차압 눈금값 : 200mm
- 17℃에서 포화수증기압 : 14.5mmHg
- 먼지필터의 무게 : 0.801g
- 먼지 포집 후 무게 : 0.921g

가. 배출가스의 유속(m/sec)
나. 배출가스 중 먼지농도(mg/Sm³)

가. 배출가스의 유속

[식] $\overline{V} = C\sqrt{\dfrac{2gh}{\gamma}}$

[풀이]
① $h = \gamma \cdot L \cdot \sin\theta = 1 \times 200 \times \sin 30° = 100 \text{mmH}_2\text{O}$

② $\overline{V} = 0.8614 \sqrt{\dfrac{2\times 9.8 \times 100}{1.3}}$
$= 33.4473 \text{m/sec}$

[답] ∴ 배출가스의 유속 = 33.45m/sec

나. 배출가스 중 먼지농도

[풀이]
① $V_m = 1,200\text{L} \times \dfrac{273}{273+17} \times \dfrac{760-14.5}{760}$
$= 1,108.1025 \text{SL}$

② 배출가스 중 먼지농도
$= \dfrac{(0.921-0.801)\text{g}}{1,108.1025 \text{SL}} \times \dfrac{10^3 \text{L}}{\text{m}^3} \times \dfrac{10^3 \text{mg}}{\text{g}}$
$= 108.2932 \text{mg/Sm}^3$

[답] ∴ 배출가스 중 먼지농도 = 108.29mg/Sm³

13

유효굴뚝의 높이가 70m인 연돌에서 H₂S 가스가 80g/sec의 속도로 배출되고 있다. 풍속은 10m/sec, 지면에 있는 오염원으로부터 바람이 부는 방향으로 500m 떨어진 연기에 중심선상 지표면에서의 H₂S 농도($\mu g/m^3$)를 계산하고 H₂S의 대기 중 냄새한계 농도를 0.47ppb라 할 때 감지되는지의 여부를 판단하시오. (단, σ_y = 36m, σ_z = 18.5)

[식] $C = \dfrac{Q}{\pi \cdot \sigma_y \cdot \sigma_z \cdot u} \exp\left[-\dfrac{1}{2}\left(\dfrac{H_e}{\sigma_z}\right)^2\right]$

[풀이]

① $Q = \dfrac{80g}{sec} \Big| \dfrac{10^6 \mu g}{g} = 8 \times 10^7 \mu g/sec$

② $C = \dfrac{8 \times 10^7}{\pi \times 36 \times 18.5 \times 10} \times \exp\left[-\dfrac{1}{2}\left(\dfrac{70}{18.5}\right)^2\right]$
 $= 2.9755 \mu g/m^3$

③ $ppb = \dfrac{2.9755 \mu g}{m^3} \Big| \dfrac{22.4 \mu L}{34 \mu g} = 1.9603 \mu L/m^3$

[답] ∴ H₂S 농도 = 2.98$\mu g/m^3$, 1.96ppb이므로 감지 가능

14

PCB, 2,3,7,8-TCDD, 2,3,7,8-TCDF 구조식을 그리시오.

15

여과집진장치로 유입되는 유량 50,000Sm³/hr, 농도 2g/Sm³이라고 할 때 출구 오염물질이 60kg/day 이하로 하려면 집진율을 얼마 이상으로 해야하는지 계산하시오.

[식] $\eta(\%) = \left(1 - \dfrac{C_t}{C_o}\right) \times 100$

[풀이]

① 유입 오염물질 = $\dfrac{50,000Sm^3}{hr} \Big| \dfrac{2g}{Sm^3} \Big| \dfrac{kg}{10^3 g} \Big| \dfrac{24hr}{day}$
 = 2,400kg/day

② $\eta(\%) = \left(1 - \dfrac{60}{2,400}\right) \times 100 = 97.5\%$

[답] ∴ 집진율 = 97.5% 이상

16

파장이 5,520Å인 빛 속에서 상대습도가 70% 이하인 경우 밀도가 0.95g/cm³이고, 직경이 0.6㎛인 기름방울의 분산면적비(K)가 4.1일 때 먼지의 농도가 0.4mg/m³이라면 가시거리(m)는 얼마인지 계산하시오.

[식] $L = \dfrac{5.2 \cdot \rho \cdot r}{K \cdot C}$

[풀이] $L = \dfrac{5.2 \times 950 \times 0.3}{4.1 \times 0.4} = 903.6585\text{m}$

[답] ∴ 가시거리 = 903.66m

17

가스 1Sm³의 함량이 CH₄ 55%, C₂H₄ 5%, C₃H₆ 3%, O₂ 1%, CO₂ 1%, N₂ 16% 일 때 이론 공기량(Sm³)을 계산하시오. (단, N₂는 전부 NO로 산화)

[풀이]
① 이론 공기량
〈반응식〉
$CH_4 + 2O_2 \rightarrow CO_2 + 2H_2O$
0.55Sm³ : 2×0.55Sm³
〈반응식〉
$C_2H_4 + 3O_2 \rightarrow 2CO_2 + 2H_2O$
0.05Sm³ : 3×0.05Sm³
〈반응식〉
$C_3H_6 + 4.5O_2 \rightarrow 3CO_2 + 3H_2O$
0.03Sm³ : 4.5×0.03Sm³
〈반응식〉
$N_2 + O_2 \rightarrow 2NO$
0.16Sm³ : 0.16Sm³

$O_o = 2 \times 0.55 + 3 \times 0.05 + 4.5 \times 0.03 + 0.16 - 0.01$
$= 1.535\text{Sm}^3$

※ 가스에 포함된 산소는 이론 산소량에서 빼주며 CO₂는 연소하지 않는다.
$O_2 \rightarrow O_2$
0.01Sm³ : 0.0S1m³

$A_o = O_o \div 0.21 = 1.535 \div 0.21 = 7.3095\text{Sm}^3$

[답] ∴ 이론 공기량 = 7.31Sm³

18

유효높이(H)가 60m인 굴뚝으로부터 SO_2가 9,000g/min의 속도로 배출되고 있다. 굴뚝높이에서의 풍속은 4m/sec이고 풍하거리 500m에서 대기안정 조건에 따라 편차 σ_y는 110m, σ_z는 65m이었다. 이 굴뚝으로부터 풍하거리 500m의 중심선상의 지표면 농도($\mu g/m^3$)는 얼마인가? (단, 가우시안 모델식을 사용하고, SO_2는 배출되는 동안에 화학적으로 반응하지 않는다고 가정한다. 소수점 첫 번째 자리까지)

[식]

$$C = \frac{Q}{2 \cdot \sigma_y \cdot \sigma_z \cdot \pi \cdot u} \exp\left[-\frac{1}{2}\left(\frac{y}{\sigma_y}\right)^2\right]$$
$$\times \left[\exp\left(-\frac{1}{2}\left(\frac{z-H_e}{\sigma_z}\right)^2\right) + \exp\left(-\frac{1}{2}\left(\frac{z+H_e}{\sigma_z}\right)^2\right)\right]$$

[풀이]

① $Q = \frac{9{,}000g}{min} \left| \frac{10^6 \mu g}{g} \right| \frac{min}{60 sec} = 1.5 \times 10^8 \mu g/sec$

② 지표면 오염물질 : $z=0$, 중심선상 : $y=0$

$$C = \frac{Q}{2 \cdot \sigma_y \cdot \sigma_z \cdot \pi \cdot u} \exp\left[-\frac{1}{2}\left(\frac{0}{\sigma_y}\right)^2\right]$$
$$\times \left[\exp\left(-\frac{1}{2}\left(\frac{0-H_e}{\sigma_z}\right)^2\right) + \exp\left(-\frac{1}{2}\left(\frac{0+H_e}{\sigma_z}\right)^2\right)\right]$$

③ $C = \frac{Q}{2 \cdot \sigma_y \cdot \sigma_z \cdot \pi \cdot u} \exp[0] \times \left[2 \times \exp\left(-\frac{1}{2}\left(\frac{H_e}{\sigma_z}\right)^2\right)\right]$

※ 지수법칙 : $\exp(0) = 1$

$$C = \frac{Q}{2 \cdot \sigma_y \cdot \sigma_z \cdot \pi \cdot u} \times 1 \times \left[2 \times \exp\left(-\frac{1}{2}\left(\frac{H_e}{\sigma_z}\right)^2\right)\right]$$

④ $C = \frac{1.5 \times 10^8}{2 \times 110 \times 65 \times \pi \times 4}\left[2 \times \exp\left(-\frac{1}{2}\left(\frac{60}{65}\right)^2\right)\right]$
$= 1{,}090.3112 \mu g/m^3$

[답] ∴ 지표면 농도 = $1{,}090.3 \mu g/m^3$

19

헨리상수 $2.0 kmol/m^3 \cdot atm$, k_g $3.2 kmol/m^2 \cdot atm \cdot K$, k_l $0.7 m/hr$, 기체분압 $0.15 atm$, C_L $0.1 kmol/m^3$인 경우 흡수속도($kmol/m^2 \cdot hr$)를 계산하시오. (단, 소수점 세 번째 자리까지)

[식] $N_A = k_g(P_G - P_i) = k_l(C_i - C_L)$

[풀이]

① $k_g\left(P_G - \frac{C_i}{H}\right) = k_l(C_i - C_L)$ ⋯⋯⋯⋯⋯ ※ $P_i = \frac{C_i}{H}$

② $k_g P_G - k_g\frac{C_i}{H} = k_l C_i - k_l C_L$

③ $k_g P_G + k_l C_L = C_i\left(k_l + \frac{k_g}{H}\right)$

④ $C_i = \frac{k_g P_G + k_l C_L}{k_l + \frac{k_g}{H}} = \frac{3.2 \times 0.15 + 0.7 \times 0.1}{0.7 + \frac{3.2}{2.0}} = 0.2391$

$= 0.2391 kmol/m^3$

⑤ $N_A = 0.7 \times (0.2391 - 0.1) = 0.09737 kmol/m^2 \cdot hr$

[답] ∴ 흡수속도 = $0.097 kmol/m^2 \cdot hr$

20

가스크로마토그래피에서 사용하는 검출기 중 하나인 전자검출기(ECD)의 원리를 서술하시오.

전자 포획 검출기(electron capture detector, ECD)는 방사성 물질인 Ni-63 혹은 삼중수소로부터 방출되는 β선이 운반기체를 전리하여 이로 인해 전자 포획 검출기 셀(cell)에 전자구름이 생성되어 일정 전류가 흐르게 된다. 이러한 전자 포획 검출기 셀에 전자친화력이 큰 화합물이 들어오면 셀에 있던 전자가 포획되어 이로 인해 전류가 감소하는 것을 이용하는 방법

필답형 기출문제 2023 * 2

01

커닝험 보정계수의 정의 및 조건변동에 대한 내용 중 알맞은 것을 고르시오.

가. 정의

나. 조건변동

- 입자가 미세화되면 커닝험 보정계수는 (커진다/작아진다).
- 처리가스 온도가 낮아질수록 커닝험 보정계수는 (커진다/작아진다).
- 처리가스 압력이 낮아질수록 커닝험 보정계수는 (커진다/작아진다).

가. 미세한 기체분자가 입자에 충돌할 때 미끄러지는 현상으로 항력이 작아져 침강속도가 커지게 되는데 1㎛ 이하가 되면 더욱 심각해진다. 이를 보정한 계수를 커닝험 보정계수라 하며 항상 1보다 크다.

나. • 커진다.
   • 작아진다.
   • 커진다.

02

원심력 집진장치를 이용하여 분진을 처리하고자 한다. 아래의 조건을 활용하여 집진효율(%)을 계산하시오.

[조건]
- 유입구 폭 : 25cm
- 유효 회전수 : 8회
- 유속 : 6m/sec
- 점도 : 1.85×10^{-2} cPs
- 분진 밀도 : 1.8g/cm³
- 가스 밀도 : 1.2kg/m³
- 효율공식 : $\eta = \dfrac{1}{1+\left(\dfrac{d_{p.50}}{d_p}\right)^2}$

입경(μm)	10	30	60	80
중량분포(%)	10	20	50	20

[식] $d_{p.50}(\mu m) = \sqrt{\dfrac{9 \cdot \mu \cdot B}{2 \cdot \pi \cdot N_e \cdot V \cdot (\rho_p - \rho)}} \times 10^6$

[풀이]

① $d_{p.50}$

- $\mu = \dfrac{1.85 \times 10^{-2} \text{cPs}}{} \Big| \dfrac{\text{Ps}}{100 \text{cPs}} \Big| \dfrac{\text{kg/m} \cdot \text{sec}}{10 \text{Ps}}$

  $= 1.85 \times 10^{-5}$ kg/m · sec

- $d_{p.50}(\mu m) = \sqrt{\dfrac{9 \times 1.85 \times 10^{-5} \times 0.25}{2\pi \times 8 \times 6 \times (1,800 - 1.2)}} \times 10^6$

  $= 8.7594 \mu m$

② 입경별 부분 집진효율

- 10μm 부분 집진효율 → $\eta = \dfrac{1}{1+\left(\dfrac{8.7594}{10}\right)^2} = 0.5658$

- 30μm 부분 집진효율 → $\eta = \dfrac{1}{1+\left(\dfrac{8.7594}{30}\right)^2} = 0.9214$

- 60μm 부분 집진효율 → $\eta = \dfrac{1}{1+\left(\dfrac{8.7594}{60}\right)^2} = 0.9791$

- 80μm 부분 집진효율 → $\eta = \dfrac{1}{1+\left(\dfrac{8.7594}{80}\right)^2} = 0.9882$

③ 총 집진효율

$\eta_T = (10 \times 0.5658) + (20 \times 0.9214) + (50 \times 0.9791)$
$\quad + (20 \times 0.9882) = 92.805\%$

[답] ∴ 집진효율 = 92.81%

03

H_2S를 이용하여 SO_2 800ppm, NO 400ppm을 처리할 때 필요한 H_2S의 양(Sm^3/월)과 생성된 S의 양(ton/월)을 구하시오. (단, 영업시간 : 하루 8시간, 한달 25일, 유입량 : 2,000Sm^3/min)

가. H_2S의 양
나. S의 양

가. H_2S의 양
[풀이]
① 〈반응식〉
$SO_2 + 2H_2S \rightarrow 2H_2O + 3S$

SO_2 발생량 $= \dfrac{800mL}{m^3} \mid \dfrac{2,000Sm^3}{min} \mid \dfrac{m^3}{10^6 mL} \mid$

$\dfrac{60min}{hr} \mid \dfrac{8hr}{day} \mid \dfrac{25day}{월}$

$= 19,200 Sm^3/월$

$H_2S = 38,400 Sm^3/월$

② 〈반응식〉
$2NO + 2H_2S \rightarrow N_2 + 2H_2O + 2S$

NO발생량 $= \dfrac{400mL}{m^3} \mid \dfrac{2,000Sm^3}{min} \mid \dfrac{m^3}{10^6 mL} \mid$

$\dfrac{60min}{hr} \mid \dfrac{8hr}{day} \mid \dfrac{25day}{월} = 9,600 Sm^3/월$

$H_2S = 9,600 Sm^3/월$

③ 필요 H_2S의 양 = 38,400 + 9,600 = 48,000 Sm^3/월

[답] ∴ 필요 H_2S의 양 = 48,000 Sm^3/월

나. S의 양
[풀이]
① 〈반응식〉 $SO_2 + 2H_2S \rightarrow 2H_2O + 3S$

$\quad\quad\quad\quad 22.4 Sm^3 \quad : \quad 3 \times 32 kg$
$\quad\quad\quad SO_2$ 발생량 $: \quad\quad\quad X$

SO_2 발생량 $= \dfrac{800mL}{m^3} \mid \dfrac{2,000Sm^3}{min} \mid \dfrac{m^3}{10^6 mL} \mid$

$\dfrac{60min}{hr} \mid \dfrac{8hr}{day} \mid \dfrac{25day}{월}$

$= 19,200 Sm^3/월$

$X = \dfrac{3 \times 32 \times 19,200}{22.4} = 82,285.7143 kg/월$

② 〈반응식〉 $2NO + 2H_2S \rightarrow N_2 + 2H_2O + 2S$

$\quad\quad\quad\quad 2 \times 22.4 Sm^3 \quad : \quad 2 \times 32 kg$
$\quad\quad\quad\quad$ NO 발생량 $\quad : \quad\quad Y$

NO 발생량 $= \dfrac{400mL}{m^3} \mid \dfrac{2,000Sm^3}{min} \mid \dfrac{m^3}{10^6 mL} \mid$

$\dfrac{60min}{hr} \mid \dfrac{8hr}{day} \mid \dfrac{25day}{월}$

$= 9,600 Sm^3/월$

$Y = \dfrac{2 \times 32 \times 9,600}{2 \times 22.4} = 13,714.2857 kg/월$

③ X + Y = 96,000 kg/월

$= \dfrac{96,000 kg}{월} \mid \dfrac{ton}{10^3 kg} = 96 ton/월$

[답] ∴ 생성된 S의 양 = 96톤/월

04

전기집진장치의 전기적 구획화(electrical sectionalization)의 이유를 서술하시오.

빈출체크 20년 5회

입구는 분진농도가 높아 코로나 전류가 상대적으로 감소하며, 출구는 분진농도가 낮아 코로나 전류가 급증하여 전기집진장치의 효율이 감소하므로 전기적 특성에 따라 몇 개의 집진실로 구획하여 집진장치의 효율을 증가시키기 위함이다.

05

1kg의 석탄이 공기비 1로 연소하고 있다. 아래 표의 석탄 함량을 이용하여 습연소가스량에 대한 SO_2 발생량(ppm)을 구하시오. (단, 질소는 연소에 참여하지 않는다)

구분	C	H	S	O	N
함량(wt%)	77.2	5.2	2.6	5.9	9.1

[풀이]

① 이론 공기량

⟨반응식⟩ C + O_2 → CO_2
　　　　12kg : 22.4Sm^3 : 22.4Sm^3
　　　　0.772kg : X : CO_2 발생량

$X = \dfrac{0.772 \times 22.4}{12} = 1.4411 Sm^3$

⟨반응식⟩ H_2 + 0.5O_2 → H_2O
　　　　2kg : 0.5×22.4Sm^3 : 22.4Sm^3
　　　　0.052kg : Y : H_2O 발생량

$Y = \dfrac{0.052 \times 0.5 \times 22.4}{2} = 0.2912 Sm^3$

⟨반응식⟩ S + O_2 → SO_2
　　　　32kg : 22.4Sm^3 : 22.4Sm^3
　　　　0.026kg : Z : SO_2 발생량

$Z = \dfrac{0.026 \times 22.4}{32} = 0.0182 Sm^3$

※ 연료에 포함된 산소는 이론산소량에서 빼준다.

$O_2 = \dfrac{0.059 \times 22.4}{32} = 0.0413 Sm^3$

$A_o = O_o \div 0.21$
　　$= (1.4411 + 0.2912 + 0.0182 - 0.0413) \div 0.21$
　　$= 8.1390 Sm^3$

② 습연소 가스량

⟨반응식⟩ N_2 → N_2
　　　　28kg : 22.4Sm^3
　　　　0.091kg : N_2 발생량

N_2 발생량 $= \dfrac{0.091 \times 22.4}{28} = 0.0728 Sm^3$

$G_{ow} = (1 - 0.21) \times 8.1390 + 1.4411 + 0.5824$
　　　　$+ 0.0182 + 0.0728 = 8.5443 Sm^3$

③ $\dfrac{SO_2}{G_{ow}} \times 10^6 = \dfrac{0.0182}{8.5443} \times 10^6 = 2,130.0750 ppm$

[답] ∴ 습연소 가스량에 대한 SO_2 발생량 = 2,130.08ppm

06

아래의 표를 참고하여 CH_4, $C_{12}H_{26}$ 중 발열량의 절대값이 작은 것은?

종류	$\triangle H_f°$(kcal/kmol)
$C_{12}H_{26}(l)$	-83
$CH_4(g)$	-17.89
$CO_2(g)$	-94.05
$H_2O(g)$	-57.80

[풀이]
① 〈반응식〉 $CH_4 + 2O_2 \rightarrow CO_2 + 2H_2O$
  $\triangle H_f = [-94.05 + 2 \times (-57.80)] - (-17.89)$
  $= -191.76$ kcal/kmol
② 〈반응식〉 $C_{12}H_{26} + 18.5O_2 \rightarrow 12CO_2 + 13H_2O$
  $\triangle H_f = [12 \times (-94.05) + 13 \times (-57.80)] - (-83)$
  $= -1,797$ kcal/kmol
③ CH_4의 절대값은 191.76, $C_{12}H_{26}$의 절대값은 1,797이므로 CH_4가 작다.

[답] ∴ 발열량의 절대값이 작은 것 = CH_4

07

A지점의 미세먼지(PM10) 측정농도가 46, 62, 53, 48, 57 $\mu g/m^3$일 때 다음 물음에 답하시오.

가. 기하학적 평균을 계산한 후 환경기준 연간 평균치와 비교
나. 산술평균을 계산한 후 환경기준 연간 평균치와 비교

가. 기하학적 평균을 계산한 후 환경기준 연간 평균치와 비교
[풀이] $C_m = (46 \times 62 \times 53 \times 48 \times 57)^{1/5}$
  $= 52.8821 \mu g/m^3$
[답] ∴ $52.88 \mu g/m^3$이므로 연간 평균치인 $50 \mu g/m^3$를 초과함

나. 산술평균을 계산한 후 환경기준 연간 평균치와 비교
[풀이] $C_m = (46 + 62 + 53 + 48 + 57) \div 5 = 53.2 \mu g/m^3$
[답] ∴ $53.2 \mu g/m^3$이므로 연간 평균치인 $50 \mu g/m^3$를 초과함

08

$150 m^3/min$, $10 g/m^3$을 95%의 효율을 갖는 평판형 전기집진장치로 처리하는 데 출구 농도를 $20 mg/m^3$으로 낮추려고 한다면 추가로 필요한 집진판의 개수를 구하시오. (단, 초기 집진판은 19개, 가로 4m, 세로 5m, 모든 내부 집진판은 양면이며 두 개의 외부 집진판은 한면의 집진면을 갖고 유량 및 유속은 변하지 않는다)

[식] $\eta = 1 - e^{-\frac{A \cdot W_e}{Q}}$

[풀이]
① 변경된 집진효율 $\eta = 1 - \frac{C_o}{C_i} = 1 - \frac{0.02}{10} = 0.998$
② 면적 비교
- $e^{-\frac{A_1 \cdot W_e}{Q}} = 1 - 0.95 = 0.05$
  $\rightarrow -\frac{A_1 \cdot W_e}{Q} = \ln 0.05$
- $e^{-\frac{A_2 \cdot W_e}{Q}} = 1 - 0.998 = 0.002$
  $\rightarrow -\frac{A_2 \cdot W_e}{Q} = \ln 0.002$
- $\frac{A_1}{A_2} = \frac{\ln 0.05}{\ln 0.002} \rightarrow \frac{(4m \times 5m) \times 2 \times (19-1)}{(4m \times 5m) \times 2 \times (n-1)} = \frac{\ln 0.05}{\ln 0.002}$
  $n = 38.3408$ 이므로 39개
③ 추가로 필요한 집진판의 개수 = 39 - 19 = 20개

[답] ∴ 추가로 필요한 집진판의 개수 = 20개

09

가로 5m, 세로 3m, 폭 3m인 연소실(실내온도 15℃)에서 C_8H_{18} 60g/hr이 연소되어 일산화탄소를 발생시키고 있다. 일산화탄소의 발생량이 100ppm이 될 때까지의 걸리는 시간을 구하시오.
(단, C_8H_{18}은 모두 불완전연소를 한다)

[풀이]
① 방안의 일산화탄소 부피
$$= \frac{100\text{mL}}{\text{m}^3} \Big| \frac{5\text{m} \times 3\text{m} \times 3\text{m}}{} \Big| \frac{\text{L}}{10^3 \text{mL}} = 4.5\text{L}$$

② 〈반응식〉 $C_8H_{18} + 8.5O_2 \rightarrow 8CO + 9H_2O$

$$\begin{array}{cc} 114\text{g} & : \ 8 \times 22.4\text{SL} \\ 1\text{g/min} \times X & : \ \dfrac{4.5\text{L}}{} \Big| \dfrac{273}{273+15} \end{array}$$

(표준상태로 온압보정)

$$\therefore X = \frac{114 \times 4.5 \times \dfrac{273}{273+15}}{1 \times 8 \times 22.4} = 2.7136\text{min}$$

[답] ∴ 걸리는 시간 = 2.71min

10

NOx 연소 시 화염온도에 민감한 이유를 쓰시오.

화염온도가 높을수록 질소의 흡열반응에 의해 산소와 반응하여 NOx의 생성량이 증가한다.

빈출 체크 20년 3회

11

A물질이 1차 반응에서 550초 동안 50%가 분해되었다면 20%가 남을 때까지의 시간(sec)을 계산하시오.

[식] $\ln \dfrac{C_t}{C_o} = -k \cdot t$

[풀이]
① $k = \dfrac{\ln(50/100)}{-550\text{sec}} = 1.2603 \times 10^{-3} \text{sec}^{-1}$

② $t = \dfrac{\ln(C_t/C_o)}{-k} = \dfrac{\ln(20/100)}{-1.2603 \times 10^{-3} \text{sec}^{-1}}$
$= 1,277.0276\text{sec}$

[답] ∴ 20% 남을 때까지의 시간 = 1,277.03sec

12

다음은 물질별 용해도를 온도에 따라 작성한 표이다. 20℃, 760mmHg H_2S의 헨리상수($atm \cdot m^3/kmol$)를 구하시오.

온도	CO_2	NH_3	NO_2	H_2S	SO_2
0℃	…	…	…	…	…
20℃	…	…	…	2.584mL/mL	…
40℃	…	…	…	…	…
60℃	…	…	…	…	…

[식] $P = C \cdot H$

[풀이] $H = \dfrac{P}{C} = \dfrac{1atm}{2.584mL} \Big| \dfrac{mL}{} \Big| \dfrac{22.4Sm^3}{kmol} \Big| \dfrac{273+20}{273}$

$= 9.3038 atm \cdot m^3/kmol$

[답] ∴ H_2S의 헨리상수 = $9.30 atm \cdot m^3/kmol$

13

아래의 표를 이용하여 다음 물음에 답하시오.

	진비중	겉보기비중
미분탄보일러	2.10	0.52
시멘트킬른	3.00	0.60
신소제강로	4.74	0.65
카본블랙	1.90	0.03
황동용전기로	5.40	0.36

가. 재비산이 가장 잘되는 물질

나. 카본블랙의 공극률

가. 카본블랙

※ 겉보기 비중이 작을수록 재비산이 잘 된다.

나. 카본블랙의 공극률

[식] 공극률(%) = $\left(1 - \dfrac{겉보기밀도}{진밀도}\right) \times 100$

[풀이] 공극률(%) = $\left(1 - \dfrac{0.03}{1.90}\right) \times 100 = 98.4211\%$

[답] ∴ 카본블랙의 공극률 = 98.42%

14

배기가스 중 NH_3를 활성탄을 사용하여 제거하고자 한다. NH_3가 56ppm인 배기가스에 활성탄 20ppm을 주입시켰더니 NH_3가 16ppm이 되었고, 활성탄 52ppm을 주입시켰더니 NH_3가 4ppm이 되었다. NH_3를 5ppm으로 하기 위해 주입해야 하는 활성탄의 양(ppm)을 계산하시오. (단, Freundlich 등온흡착식 적용)

[식] $\dfrac{X}{M} = kC^{1/n}$

[풀이]

① $k = \dfrac{X/M}{C^{1/n}} = \dfrac{(56-16)/20}{16^{1/n}}$

② $k = \dfrac{X/M}{C^{1/n}} = \dfrac{(56-4)/52}{4^{1/n}}$

③ ①식 ÷ ②식

$1 = \dfrac{2/16^{1/n}}{1/4^{1/n}}$

$4^{1/n} = 2$ ········· 양변에 log를 취함

$\log 4^{1/n} = \log 2$

$\dfrac{1}{n} = \dfrac{\log 2}{\log 4}$

$n = \dfrac{\log 4}{\log 2} = 2,\ k = 0.5$

④ $M = \dfrac{X}{kC^{1/n}} = \dfrac{(56-5)}{0.5 \times 5^{1/2}} = 45.6158\text{ppm}$

[답] ∴ 주입하여야 하는 활성탄의 양 = 45.62ppm

15

정압, 동압의 정의 및 피토우관 측정원리를 서술하시오.

가. 정의
 ① 정압
 ② 동압
나. 피토우관 측정원리

가. ① 유체의 흐름을 고려하지 않은 상태의 압력
  ② 유체가 흐를 경우 마찰에 의한 압력손실이 생길 때의 압력
나. 정압과 동압의 합이 일정하다는 법칙을 이용하여 속도를 측정

16

비중이 0.8인 에탄올 1.5L를 연소하였을 경우 필요한 공기량(Sm^3)을 계산하시오.

[풀이]
① 이론 산소량

〈반응식〉 $C_2H_5OH + 3O_2 \rightarrow 2CO_2 + 3H_2O$
　　　　　46kg　　:　$3 \times 22.4 Sm^3$
　　　　에탄올량：　X

→ 에탄올량 $= 1.5L \times \dfrac{0.8kg}{L} = 1.2kg$

$X = \dfrac{1.2 \times 3 \times 22.4}{46} = 1.7530 Sm^3$

② 이론 공기량

$A_o = O_o \div 0.21 = 1.7530 \div 0.21 = 8.3476 Sm^3$

[답] ∴ 필요한 공기량 = 8.35Sm^3

17

암모니아와 공기가 280m³(20℃, 1atm)으로 도입되며 암모니아는 3%를 함유하고 있다. 상부에서 물이 도입되어 향류 조작을 실시하고 있을 때 암모니아를 90%로 회수를 하기 위한 물의 최소 무게(kg)는 얼마인가? (단, 공기 분자량은 29g/mol, 밀도는 온도의 변화에 따라 변한다)

20℃에서 부분압력에 대한 암모니아의 용해도

암모니아 부분압력(mmHg)	12	18.2	22.8	31.7	50
암모니아/물 100g 기준 용해도	2	3	3.6	5	7.5

[풀이]
① NH_3 부분압력 $= 760mmHg \times 0.03 = 22.8mmHg$
② 물의 최소 무게

$= \dfrac{280m^3}{} \Big| \dfrac{3}{100} \Big| \dfrac{17kg}{22.4Sm^3} \Big| \dfrac{273}{273+20} \Big| \dfrac{100g_{H_2O}}{3.6g_{NH_3}} \Big| \dfrac{90}{100}$

$= 148.4962 kg$

[답] ∴ 물의 최소 무게 = 148.50kg

18

빛의 소멸계수(σ_{ext}) 0.45km⁻¹인 대기에서 시정거리의 한계를 빛의 강도가 초기 강도의 95%가 감소했을 때의 거리라고 정의할 때, 시정거리 한계(m)를 구하시오. (단, 광도는 Lambert-Beer 법칙을 따르며, 자연대수로 적용)

[식] $I_t = I_o \times e^{-\sigma_{ext} \cdot L}$

[풀이] $L = \dfrac{\ln(I_t/I_o)}{-\sigma_{ext}} = \dfrac{\ln 0.05}{-0.45 km^{-1}} \times \dfrac{10^3 m}{km}$

　　　　$= 6,657.1828 m$

[답] ∴ 시정거리 한계 = 6,657.18m

19

높이 2m, 직경 3m, Bag filter 424개, 손실압력 100mmH$_2$O, 집진율이 90%인 여과집진장치를 사용하여 먼지를 제거하려고 한다. Bag filter에서 먼지부하가 0.8kg/m^{2}일 때마다 부착먼지를 간헐적으로 탈락시키며, 유입가스 중의 먼지농도가 0.5g/m^{3}이고, 겉보기 여과 속도가 2cm/sec일 때 부착먼지의 탈락시간 간격(hr)을 구하시오. (단, 여과된 먼지에만 압력손실이 적용된다)

[식] $L_d = C_i \cdot V_f \cdot t \cdot \eta$

[풀이]

① $V_f = \dfrac{2cm}{sec} | \dfrac{m}{100cm} | \dfrac{3,600sec}{hr} = 72m/hr$

② $L_d = \dfrac{0.8kg}{m^2} | \dfrac{10^3 g}{kg} = 800 g/m^2$

③ $t = \dfrac{L_d}{C_i \cdot V_f \cdot \eta} = \dfrac{800}{0.5 \times 72 \times 0.90} = 24.6914 hr$

[답] ∴ 탈락시간 간격 = 24.69hr

20

100개씩 1㎛, 5㎛, 10㎛의 입자가 유입되고 있다. 1㎛는 80개, 5㎛는 50개, 10㎛는 10개가 배출된다고 할 때 개수기준 효율(가)과 질량기준 효율(나)을 계산하시오. (단, 모든 구형 입자의 밀도는 1g/cm^{3}으로 동일하다)

가. 개수기준

나. 질량기준

가. 개수기준

[식] $\eta(\%) = \left(1 - \dfrac{C_o}{C_i}\right) \times 100$

[풀이] ① $C_i = 100 + 100 + 100 = 300$

② $C_o = 80 + 50 + 10 = 140$

③ $\eta(\%) = \left(1 - \dfrac{140}{300}\right) \times 100 = 53.3333\%$

[답] ∴ 개수기준 효율 = 53.33%

나. 질량기준

[식] $\eta(\%) = \left(1 - \dfrac{C_o}{C_i}\right) \times 100$

[풀이] ※ 질량 = 밀도 × 부피 × 개수

① $C_i = \dfrac{\pi \rho}{6} [(1㎛)^3 \times 100 + (5㎛)^3 \times 100 + (10㎛)^3 \times 100] = \dfrac{\pi \rho}{6} \times 112,600 ㎛^3$

② $C_o = \dfrac{\pi \rho}{6} [(1㎛)^3 \times 80 + (5㎛)^3 \times 50 + (10㎛)^3 \times 10] = \dfrac{\pi \rho}{6} \times 16,330 ㎛^3$

③ $\eta(\%) = \left(1 - \dfrac{16,330}{112,600}\right) \times 100 = 85.4973\%$

[답] ∴ 질량기준 효율 = 85.50%

필답형 기출문제 2023 * 4

01

연소방법의 종류를 해당물질 1가지 이상을 언급하여 서술하시오.

가. 증발연소
나. 분해연소
다. 표면연소
라. 내부연소

가. 가연성 가스가 공기와 혼합되어 불꽃이 생기지 않는 상태로 연소하는 현상(유황, 나프탈렌, 파라핀 등)
나. 열분해에 의해 가연성 가스가 생성되고 긴 화염을 발생시키면서 공기와 혼합하여 연소하는 현상(종이, 석탄, 목재 등)
다. 휘발성분이 없는 고체연료의 연소형태로 그 물질 자체가 연소하는 현상(코크스, 목탄, 숯 등)
라. 공기·산소 없이도 연소하는 현상(히드라진류, 니트로화합물류, 니트로글리세린 등)

02

탄소 85%, 수소 15%인 경유(1kg)를 공기과잉계수 1.1로 연소했더니 탄소 1%가 검댕(그을음)으로 된다. 건조 배기가스 1Sm³ 중 검댕의 농도(g/Sm³)를 계산하시오.

빈출 체크 06년 4회 | 08년 1회 | 11년 4회 | 16년 1회 | 18년 1회 | 20년 2회 | 21년 1회

[식] $C = \dfrac{검댕\ 발생량}{G_d}$

[풀이]

① 이론 공기량

〈반응식〉 $C + O_2 \rightarrow CO_2$
  12kg : 22.4Sm³ : 22.4Sm³
  0.85kg : X : CO_2 발생량

$X = \dfrac{0.85 \times 22.4}{12} = 1.5867 Sm^3$

CO_2 발생량 $= 0.85 \times 0.99 \times 22.4/12 = 1.5708 Sm^3$

※ 1%는 검댕으로 변하므로 99%만 CO_2로 발생한다.

〈반응식〉 $H_2 + 0.5O_2 \rightarrow H_2O$
  2kg : $0.5 \times 22.4 Sm^3$
  0.15kg : Y

$Y = \dfrac{0.15 \times 0.5 \times 22.4}{2} = 0.84 Sm^3$

$A_o = O_o \div 0.21 = (1.5867 + 0.84) \div 0.21 = 11.5557 Sm^3$

② $G_d = (m - 0.21)A_o + CO_2$
   $= (1.1 - 0.21) \times 11.5557 + 1.5708$
   $= 11.8554 Sm^3$

③ 검댕 발생량 $= 0.85 \times 0.01 kg \times 10^3 g/kg = 8.5 g$

④ $C = \dfrac{8.5g}{11.8554 Sm^3} = 0.7170 g/Sm^3$

[답] ∴ 검댕의 농도 = 0.72 g/Sm³

03

입경의 종류 중 스토크스 직경과 공기역학적 직경에 대하여 서술하시오.

빈출 체크 09년 2회 | 10년 1회 | 14년 1회 | 18년 1회 | 21년 2회

- 스토크스 직경 : 입자상 물질과 같은 밀도 및 침강속도를 갖는 입자상 물질의 직경
- 공기역학적 직경 : 대상 먼지와 침강속도가 동일하며, 밀도가 1g/cm³인 구형입자의 직경

04

유효굴뚝높이가 50m인 연돌을 높여 최대지표농도를 1/4로 감소시키려 한다. 다른 조건이 동일할 경우 유효굴뚝높이(m)를 처음보다 얼마나 높여야 하는지 구하시오.

[식] $C_{max} = \dfrac{2Q}{H_e^2 \cdot \pi \cdot e \cdot u}\left(\dfrac{K_z}{K_y}\right)$

[풀이]

① $C_{max} \propto \dfrac{k}{H_e^2}$

최대지표농도는 유효굴뚝높이의 제곱에 반비례하므로 최대지표농도를 1/4로 감소시키기 위해서는 유효굴뚝높이를 2배로 해야 한다.
따라서, 기존의 50m의 2배인 100m

② 높여야 하는 유효굴뚝높이 = 100 - 50 = 50m

[답] ∴ 높여야 하는 유효굴뚝높이 = 50m

05

길이 4m, 높이 1.5m인 중력침강실이 바닥을 제외하여 8개의 평행판으로 이루어져 있다. 침강실에 유입되는 분진가스의 유속이 0.3m/sec일 때 분진을 완전히 제거할 수 있는 최소입경(μm)은 얼마인가? (단, 입자의 밀도는 2,000kg/m³, 분진가스의 점도는 0.0748kg/m·hr, 공기밀도는 무시하고 가스의 흐름은 층류로 가정한다)

[식] $d_{min}(\mu m) = \sqrt{\dfrac{18\mu VH}{(\rho_p - \rho)gL}} \times 10^6$

[풀이]

① $\mu = \dfrac{0.0748kg}{m \cdot hr}\Big|\dfrac{hr}{3,600sec} = 2.0778 \times 10^{-5} kg/m \cdot sec$

② $d_{min}(\mu m) = \sqrt{\dfrac{18 \times 2.0778 \times 10^{-5} \times 0.3 \times (1.5 \div 9)}{(2,000 - 0) \times 9.8 \times 4}} \times 10^6$
$= 15.4442 \mu m$

[답] ∴ 최소입경 = 15.44 μm

06

배기가스 채취 시 채취관을 보온, 가열을 하는 이유 3가지를 적으시오.

빈출체크 16년 1회 | 16년 4회 | 20년 5회

- 채취관이 부식될 염려가 있는 경우
- 여과재가 막힐 염려가 있는 경우
- 분석대상기체가 응축수에 용해해서 오차가 생길 염려가 있는 경우

07

충전탑으로 오염물질을 처리하는 경우 처리효율을 낮추는 편류현상과 그 대책 3가지를 적으시오.

 19년 4회

가. 편류현상(Channeling) : 충전물에 흡수액이 균일하게 분산하여 흐르지 않고 한쪽으로만 흐르는 현상

나. 방지대책
- 충전탑의 직경/충전재의 직경 비를 8~10으로 설정한다.
- 균일하고 동일한 충전재를 사용한다.
- 높은 공극률을 갖는 충전재를 사용한다.
- 저항이 적은 충전재를 사용한다.
- 정류판을 설치하거나 약 4m 간격으로 재분배기를 설치한다.

08

액분산형 흡수장치 중 분무탑의 장점 및 단점을 3가지씩 적으시오.

 19년 2회

가. 장점
- 구조가 간단하며 압력손실이 낮다.
- 침전물이 생기는 경우에 적합하다.
- 충전탑에 비해 설비비, 유지비가 적게 든다.
- 고온가스 처리에 유리하다.

나. 단점
- 가스의 유출 시 비말동반이 많다.
- 동력소모가 많다.
- 편류발생이 쉽고 분무액과 가스를 균일하게 접촉하는 것이 어렵다.

09

밀도 1.5g/cm³, 비표면적 5,000m²/kg인 구형입자가 직경이 2배가 될 경우 입자의 비표면적(m²/kg)을 구하시오.

 10년 4회

[식] $d_s = \dfrac{6}{S_v}$

[풀이] 비표면적과 직경은 반비례 관계이므로 직경이 2배가 되면 비표면적은 1/2배가 된다.
따라서 2배가 될 경우 비표면적은 2,500m²/kg

[답] ∴ 비표면적 = 2,500m²/kg

10

직경 20mm인 원통에 유량 25m³/hr로 공기가 흐른다. 유체질량은 29g/mol, 점도는 0.018cPs일 때 레이놀즈 수를 구하고 층류, 난류를 판단하시오. (단, 20℃, 1기압)

[식] $Re = \dfrac{D \cdot V \cdot \rho}{\mu}$

[풀이] ※ MKS 단위로 통일

① $D = \dfrac{20mm}{} | \dfrac{m}{10^3 mm} = 0.02m$

② $V = \dfrac{4Q}{\pi D^2} = \dfrac{4 \times 25m^3}{hr} | \dfrac{}{\pi \times (20mm)^2} | \left(\dfrac{10^3 mm}{m}\right)^2 | \dfrac{hr}{3,600sec}$

$= 22.1049 m/sec$

③ $\rho = \dfrac{29g}{22.4SL} | \dfrac{273}{273+20} | \dfrac{kg}{10^3 g} | \dfrac{10^3 L}{m^3} = 1.2063 kg/m^3$

④ $\mu = \dfrac{0.018cPs}{} | \dfrac{1P}{100cPs} | \dfrac{1kg/m \cdot sec}{10P}$

$= 0.000018 kg/m \cdot sec$

⑤ $Re = \dfrac{0.02 \times 22.1049 \times 1.2063}{0.000018} = 29,627.9343$

[답] ∴ 레이놀즈 수 = 29,627.93 / 난류

11

A도시면적이 965km²이고, 인구가 254만명, 가주면적 10%, 전국 평균 인구밀도가 480명/km²일 때 시료 채취 지점수를 계산하시오.

[식] 측정점수 = $\dfrac{\text{그 지역 가주지면적}}{25km^2} \times \dfrac{\text{그 지역 인구밀도}}{\text{전국 평균 인구밀도}}$

[풀이] 측정점수 = $\dfrac{965km^2 \times 0.10}{25km^2} \times \dfrac{2,540,000 \div 965}{480}$

$= 21.1667$이므로 22개가 된다.

[답] ∴ 측정점수 = 22개

12

탄소 85%를 함유한 중유(수소와 황 포함)를 공기비 1.3으로 완전연소하였다. 습배출가스 중 SO_2가 0.25%였을 때 중유 속에 포함된 황의 양(%)을 구하시오.

 19년 1회

[식] $SO_2(\%) = \dfrac{SO_2 \text{ 발생량}}{G_w} \times 100$

[풀이]
① 이론 공기량

〈반응식〉 　C　+　O_2　→　CO_2
　　　　　12kg　 : 22.4Sm^3 : 22.4Sm^3
　　　　0.85kg/kg :　X　: CO_2 발생량

$X = \dfrac{0.85 \times 22.4}{12} = 1.5867 \, Sm^3/kg$

〈반응식〉 　H_2　+　$0.5O_2$　→　H_2O
　　　　　2kg　 : $0.5 \times 22.4 Sm^3$: 22.4Sm^3
　　　0.01(15-a)kg/kg :　Y

$Y = \dfrac{0.01(15-a) \times 0.5 \times 22.4}{2} = 0.056(15-a) \, Sm^3/kg$

〈반응식〉 　S　+　O_2　→　SO_2
　　　　　32kg　 : 22.4Sm^3 : 22.4Sm^3
　　　　0.01(a)kg/kg :　Z　: SO_2 발생량

$Z = \dfrac{0.01 \times a \times 22.4}{32} = 0.007a \, Sm^3/kg$

$A_o = O_o \div 0.21$
$= (1.5867 + 0.056(15-a) + 0.007a) \div 0.21$
$= (11.5557 - 0.2333a) \, Sm^3/kg$

② $G_w = (m - 0.21)A_o + CO_2 + SO_2 + H_2O$
$= (1.3 - 0.21) \times (11.5557 - 0.2333a) + 1.5867$
$\quad + 0.007a + 0.112(15-a)$
$= (15.8624 - 0.3593a) \, Sm^3/kg$

③ $0.25 = \dfrac{0.007a}{15.8624 - 0.3593a} \times 100 \rightarrow a = 5.0209\%$

[답] ∴ 황 함유량 = 5.02%

13

알코올이 2,000m³/min, 250ppm으로 유입되고 있다. 배출 알코올량을 100kg 이하로 할 때의 최소효율을 계산하시오. (단, 24시간 운영, 25℃, 1atm) (※ 다양한 종류 중 한 가지를 기준으로 잡고 풀면 정답 인정)

가. 메탄올로 가정할 경우
나. 에탄올로 가정할 경우

[식] $\eta(\%) = \left(1 - \dfrac{C_o}{C_i}\right) \times 100$

가. 메탄올로 가정할 경우
[풀이]
- 유입 메탄올 $= \dfrac{250\text{mL}}{\text{m}^3} \Big| \dfrac{2{,}000\text{m}^3}{\text{min}} \Big| \dfrac{24\text{hr}}{} \Big| \dfrac{32\text{mg}}{22.4\text{SmL}} \Big|$
  $\dfrac{273}{273+25} \Big| \dfrac{\text{kg}}{10^6 \text{mg}} \Big| \dfrac{60\text{min}}{\text{hr}}$
  $= 942.2819\text{kg}$
- $\eta(\%) = \left(1 - \dfrac{100}{942.2819}\right) \times 100 = 89.3875\%$

[답] ∴ 메탄올 효율 = 89.39%

나. 에탄올로 가정할 경우
[풀이]
- 유입 에탄올 $= \dfrac{250\text{mL}}{\text{m}^3} \Big| \dfrac{2{,}000\text{m}^3}{\text{min}} \Big| \dfrac{24\text{hr}}{} \Big| \dfrac{46\text{mg}}{22.4\text{SmL}} \Big|$
  $\dfrac{273}{273+25} \Big| \dfrac{\text{kg}}{10^6 \text{mg}} \Big| \dfrac{60\text{min}}{\text{hr}}$
  $= 1{,}354.5302\text{kg}$
- $\eta(\%) = \left(1 - \dfrac{100}{1{,}354.5302}\right) \times 100 = 92.6174\%$

[답] ∴ 에탄올 효율 = 92.62%

14

NO 100ppm, NO_2 10ppm을 함유한 배기가스 1,000m³/hr를 NH_3에 의한 선택적 접촉환원법으로 처리할 경우 NO_X를 제거하기 위한 NH_3의 이론량(kg/hr)을 계산하시오.

[풀이]
① 〈반응식〉 $6NO + 4NH_3 \rightarrow 5N_2 + 6H_2O$
  $6 \times 22.4\text{Sm}^3 : 4 \times 17\text{kg}$
  NO 발생량 : X

NO 발생량 $= \dfrac{100\text{mL}}{\text{m}^3} \Big| \dfrac{1{,}000\text{m}^3}{\text{hr}} \Big| \dfrac{\text{m}^3}{10^6 \text{mL}} = 0.1\text{m}^3/\text{hr}$

$X = \dfrac{4 \times 17 \times 0.1}{6 \times 22.4} = 0.0506\text{kg/hr}$

② 〈반응식〉 $6NO_2 + 8NH_3 \rightarrow 7N_2 + 12H_2O$
  $6 \times 22.4\text{Sm}^3 : 8 \times 17\text{kg}$
  NO_2 발생량 : Y

NO_2 발생량 $= \dfrac{10\text{mL}}{\text{m}^3} \Big| \dfrac{1{,}000\text{m}^3}{\text{hr}} \Big| \dfrac{\text{m}^3}{10^6 \text{mL}} = 0.01\text{m}^3/\text{hr}$

$Y = \dfrac{8 \times 17 \times 0.01}{6 \times 22.4} = 0.0101\text{kg/hr}$

③ $X + Y = 0.0506 + 0.0101 = 0.0607\text{kg/hr}$

[답] ∴ NH_3의 이론량 = 0.06kg/hr

15

500MW, 열효율 34%을 갖는 석탄 화력발전소에서 7,000kcal/kg의 석탄을 사용 중이다. 연료의 구성은 탄소 62%, 수소 14%, 황 2%, 회분 22%라고 할 때 건조연소가스의 가스량(Sm^3/sec)을 계산하시오. (단, 공기비는 1.5이며 회분은 연소에 참여하지 않는다)

[식] 열효율(%) = $\dfrac{\text{전력생산량(kW)}}{\text{시간당 연료소비량(kg/hr)}} \times 100$

[풀이]

① 이론 공기량

 〈반응식〉 C   + O_2 → CO_2
     12kg : 22.4Sm^3 : 22.4Sm^3
     0.62kg/kg :   X   : CO_2 발생량

 X = $\dfrac{0.62 \times 22.4}{12}$ = 1.1573Sm^3/kg

 〈반응식〉 H_2 +   0.5O_2 → H_2O
     2kg : 0.5×22.4Sm^3 : 22.4Sm^3
     0.14kg/kg :   Y   : H_2O 발생량

 Y = $\dfrac{0.14 \times 0.5 \times 22.4}{2}$ = 0.784Sm^3/kg

 〈반응식〉 S   + O_2 → SO_2
     32kg : 22.4Sm^3 : 22.4Sm^3
     0.02kg/kg :   Z   : SO_2 발생량

 Z = $\dfrac{0.02 \times 22.4}{32}$ = 0.014Sm^3/kg

 $A_o = O_o \div 0.21 = (1.1573 + 0.784 + 0.014) \div 0.21$
   = 9.3110Sm^3/kg

② 건연소가스량

 $G_d = (1.5 - 0.21) \times 9.3110 + 1.1571 + 0.014$
   = 13.1825Sm^3/kg

③ 전력생산량 = $\dfrac{500\text{MW}}{} | \dfrac{10^3 \text{kW}}{1\text{MW}} | \dfrac{1\text{kJ}}{1\text{kW}\cdot\text{sec}} | \dfrac{\text{kcal}}{4.2\text{kJ}}$

     = 119,047.619kcal/sec

④ 0.34% = $\dfrac{119,047.619\text{kcal/sec}}{7,000\text{kcal/kg} \times X}$ → X = 50.02kg/sec

⑤ 가스량 = 13.1825Sm^3/kg × 50.02kg/sec
    = 659.3887Sm^3/sec

[답] ∴ 가스량 = 659.39Sm^3/sec

16

시멘트 공장에서 11.4g/m³, 60m³/min으로 분진이 배출되고 있다. 해당 분진을 겉보기 이동속도 5.8cm/sec, 길이 4.2m, 높이 4.8m의 집진판 2개(간격 23cm)를 갖는 전기집진장치로 처리하고자 할 때 처리효율 및 하루에 처리되는 먼지량(kg/day)를 구하시오.

가. 처리효율
나. 하루 처리되는 먼지량

가. 처리효율

[식] $\eta = 1 - e^{-\frac{A \cdot W_e}{Q}}$

[풀이] ① $A = 4.2m \times 4.8m = 20.16m^2$

② $W_e = \frac{5.8cm}{sec} \left| \frac{m}{100cm} \right. = 0.058m/sec$

③ $Q = \frac{60m^3}{min} \left| \frac{min}{60sec} \right. = 1m^3/sec$

④ $\eta = 1 - e^{-\frac{2 \times 20.16 \times 0.058}{1}} = 0.9035$

(※ 집진판 2개)

[답] ∴ 처리효율 = 90.35%

나. 하루에 처리되는 먼지량

[식] 처리먼지량 $= \eta \times C_i$

[풀이] 처리먼지량

$= \frac{0.9035}{} \left| \frac{11.4g}{m^3} \right| \frac{60m^3}{min} \left| \frac{60min}{hr} \right| \frac{24hr}{day} \left| \frac{kg}{10^3 g} \right.$

$= 889.9114 kg/day$

[답] ∴ 하루에 처리되는 먼지량 = 889.91kg/day

17

30,000ppm의 페놀이 250m³/min, 25℃, 1atm으로 배출되고 있다. 페놀을 처리하기 위한 충전탑 내부를 활성탄 1,000kg으로 채웠으며 활성탄 1kg당 0.2kg 페놀을 처리한다고 할 때, 페놀을 전부 제거하는데 소요되는 시간(min)을 구하시오.

[풀이]
① 페놀 발생량

$= \frac{30,000mL}{m^3} \left| \frac{250m^3}{min} \right| \frac{94kg}{22.4Sm^3} \left| \frac{273}{273+25} \right| \frac{m^3}{10^6 mL}$

$= 28.8328 kg/min$

② 페놀제거 소요시간

$= \frac{1,000kg_{활성탄}}{} \left| \frac{0.2kg_{페놀}}{kg_{활성탄}} \right| \frac{min}{28.8328kg_{페놀}}$

$= 6.9365 min$

[답] ∴ 페놀제거 소요시간 = 6.94min

18

0.5g/m³, 150m³/min로 유입되는 먼지를 여과집진기(50개의 여과재, 처리효율 0.985)로 처리하려고 한다. 이때 여과재 2개가 찢어져 그대로 가스가 배출되어 출구농도가 200mg/m³이 되었다고 할 때 여과재 1개에서 배출되는 가스량(m³/min)을 계산하시오. (단, 2개의 여과재를 통과하는 유량은 동일)

[식] $C_o = C_i \times (1-\eta)$

[풀이]
① 출구 먼지량 = 처리되고 남은 먼지량 + 그대로 통과한 먼지량
② 처리되고 남은 먼지량
 $= 0.5g/m^3 \times (150m^3/min - X) \times (1-0.985)$
③ 그대로 통과한 먼지량 $= 0.5g/m^3 \times X$
④ $0.2g/m^3 \times 150m^3/min$
 $= 0.5g/m^3 \times (150m^3/min - X) \times (1-0.985)$
 $+ 0.5g/m^3 \times X$
 $X = 58.6294 m^3/min$
 X값은 2개의 여과재이므로
 여과재 1개에서 배출되는 가스량은 29.3147m³/min

[답] ∴ 여과재 1개에서 배출되는 가스량 = 29.31m³/min

19

황이 4wt% 함유된 원유 1ton에 수소를 첨가하여 H₂S로 전환하고자 할 때 H₂S의 부피(Sm³)를 구하시오.

[풀이] 〈반응식〉 $S + H_2 \rightarrow H_2S$
  32kg   : 22.4Sm³
  1,000kg × 0.04 : X

$$X = \frac{1,000kg \times 0.04 \times 22.4 Sm^3}{32kg} = 28 Sm^3$$

[답] ∴ H₂S의 부피 = 28Sm³

20

화력발전소에서 발열량이 26,700kJ/kg, 회분 함량이 12%인 석탄을 연료로 태운다. 연소실 효율은 40%, 1,000MW를 생산하며 회분의 50%는 배기가스 내의 분진으로 방출된다고 할 때 아래 표를 참고하여 처리 후 대기로 방출되는 분진의 양(kg/sec)을 계산하시오.

입경(μm)	0~5	5~10	10~20	20~40	40 이상
부분 집진효율(%)	70	92.5	96	99	100
질량분포(%)	12	16	22	27	23

[풀이]
① $\eta_T = \sum_{i=1}^{n} \eta_i \cdot w_i$
 $= 0.70 \times 0.12 + 0.925 \times 0.16 + 0.96 \times 0.22$
 $+ 0.99 \times 0.27 + 1.00 \times 0.23$
 $= 0.9405$

② 열효율(%) $= \dfrac{\text{전력생산량(kW)}}{\text{시간당 연료소비량(kg/hr)}} \times 100$

$$40\% = \frac{1,000MW \left|\frac{10^3 kW}{1MW}\right|\frac{1kJ}{1kW \cdot sec}}{26,700 kJ/kg \times X} \times 100$$

 $\rightarrow X = 93.6330 kg/sec$

③ 방출 분진의 양
 $= 93.6330 kg/sec \times 0.12 \times 0.50 \times (1-0.9405)$
 $= 0.3343 kg/sec$

[답] ∴ 대기로 방출되는 분진의 양 = 0.33kg/sec

필답형 기출문제   2024 * 1

01

부피비 메탄 80%, 수소 20%를 함유하는 연료의 $(CO_2)_{max}(\%)$를 구하시오.

[식] $(CO_2)_{max}(\%) = \dfrac{CO_2 \text{ 발생량}}{G_{od}} \times 100$

[풀이]
① 이론 공기량

〈반응식〉 $CH_4 + 2O_2 \rightarrow CO_2 + 2H_2O$
            0.80 : 2×0.80 : 0.80

〈반응식〉 $H_2 + 0.5O_2 \rightarrow H_2O$
            0.20 : 0.5×0.20

$A_o = O_o \div 0.21$
$= (2 \times 0.80 + 0.5 \times 0.20) \div 0.21$
$= 8.0952 \, Sm^3/Sm^3$

② $G_{od} = (1 - 0.21)A_o + CO_2$
$= (1 - 0.21) \times 8.0952 + 0.80 = 7.1952 \, Sm^3/Sm^3$

③ $(CO_2)_{max}(\%) = \dfrac{0.80}{7.1952} \times 100 = 11.1185\%$

[답] ∴ $(CO_2)_{max}(\%) = 11.12\%$

빈출체크   09년 4회 | 15년 2회

02

접촉환원법에서 NO를 N_2로 제거하기 위한 반응식을 서술하시오.
(단, 환원제는 H_2, CO, NH_3, H_2S이다)

- $2NO + 2H_2 \rightarrow N_2 + 2H_2O$
- $2NO + 2CO \rightarrow N_2 + 2CO_2$
- $6NO + 4NH_3 \rightarrow 5N_2 + 6H_2O$
- $2NO + 2H_2S \rightarrow N_2 + 2H_2O + 2S$

03

다음은 굴뚝 배출가스 중 황화수소의 분석방법이다. ( ) 안에 알맞은 말을 쓰시오.

> 황화수소를 (가) 용액으로 흡수하여 (나) 용액과 (다) 용액을 첨가하고 황화 이온과 반응하여 생성하는 메틸렌블루의 흡광도를 파장 (라) nm로 측정하여 정량한다.

가. 아연아민착염
나. p-아미노다이메틸아닐린
다. 염화철(Ⅲ)
라. 670

04

지표 온도 15℃, 1,000m 10℃, 최대지표온도 20℃일 경우 다음 물음에 답하시오.

가. 환경감률를 계산하고 이에 맞는 대기안정도를 고르시오.
   : 대기는 (안정 / 불안정)이며, 연기모양은 (   )이다.
나. 최대혼합고도(m)를 구하시오.

가. [풀이] 환경감율 $= \dfrac{(10-15)℃}{(1,000-0)\text{m}} = -0.5℃/100\text{m}$

[답] -0.5℃/100m, 안정, Fanning or coning

나. 최대혼합고도

[식] $\text{MMD} = \dfrac{T_{max} - T}{\gamma - \gamma}$

[풀이] $\text{MMD} = \dfrac{(20-15)℃}{[(-0.5)-(-0.98)]℃/100\text{m}}$
$= 1,041.6667\text{m}$

※ -0.98이 아닌 -1도 인정됩니다.

[답] 최대혼합고도=1,041.67m

05

SO_2를 함유한 산성비가 내리고 있다. 빗물의 반경은 0.1cm이며 비중은 1, SO_2 0.1μg이 빗물에 흡수될 때 빗물의 pH를 구하시오. (단, 빗물은 구형입자, SO_2는 전부 HSO_3와 반응 및 전량 해리)

[풀이]
① 〈반응식〉
$SO_2 + H_2O \rightarrow HCO_3^- + H^+$ 이므로
SO_2 몰 농도 = H^+ 몰 농도

② SO_2 mol $= \dfrac{0.1\mu g}{}\Big|\dfrac{g}{10^6 \mu g}\Big|\dfrac{\text{mol}}{64g} = 1.5625 \times 10^{-9}\text{mol}$

SO_2 부피 $= \dfrac{\pi \times (0.002\text{m})^3}{6}\Big|\dfrac{10^3 L}{\text{m}^3} = 4.1888 \times 10^{-6} L$

SO_2 몰 농도 $= \dfrac{1.5625 \times 10^{-9}\text{mol}}{4.1888 \times 10^{-6} L} = 3.7302 \times 10^{-4} M$

③ $\text{pH} = \log \dfrac{1}{[H^+]} = \log \dfrac{1}{3.7302 \times 10^{-4}} = 3.4283$

[답] pH = 3.43

06

$3g/\text{Sm}^3$으로 유입하는 먼지입자(직경 5μm, 비중 2)를 액가스비 $1L/\text{Sm}^3$인 세정집진장치로 처리하고자 한다. 물방울 직경이 300μm 라고 할 때 먼지 입자의 개수는 물방울 입자의 개수의 몇 배 인가? (단, 먼지입자는 구형)

[풀이]
① 먼지 입자의 개수
$= \dfrac{3g}{\text{Sm}^3}\Big|\dfrac{\text{cm}^3}{2g}\Big|\dfrac{6}{\pi \times (5\mu m)^3}\Big(\dfrac{10^4 \mu m}{1\text{cm}}\Big)^3 = 2.2918 \times 10^{10}/\text{Sm}^3$

② 물방울 입자의 개수
$= \dfrac{1L}{\text{Sm}^3}\Big|\dfrac{6}{\pi \times (300\mu m)^3}\Big|\dfrac{10^{15}\mu m}{1L} = 7.0736 \times 10^7/\text{Sm}^3$

③ $\dfrac{\text{먼지 입자의 개수}}{\text{물방울 입자의 개수}} = \dfrac{2.2918 \times 10^{10}}{7.0736 \times 10^7} = 323.9934$

[답] 324배 or 323.99배

07

상당직경(D_o)이 1m인 표준원심력 집진기로 150m³/min(1atm, 350K)의 배출가스를 처리하고 있다. 다음 조건을 이용하여 물음에 답하시오.
(단, 밀도는 온도에 영향을 받고, 먼지입자의 밀도는 1,600kg/Sm³, 공기밀도는 무시, 350K에서의 점도는 0.075kg/m·hr)

[조건]
- 입구 폭 : 0.25D_o
- 원통부 길이 : 1.5D_o
- 입구 높이 : 0.5D_o
- 원추부 길이 : 2.5D_o
- 출구 직경 : 0.5D_o

가. 유입속도(m/sec)
나. 유효회전수
다. 절단입경(μm)

가. [식] $V = \dfrac{Q}{A}$

[풀이] ① $Q = \dfrac{150 \text{m}^3}{\text{min}} \Big| \dfrac{\text{min}}{60\text{sec}} = 2.5 \text{m/sec}$

② $V = \dfrac{2.5}{0.5 \times 0.25} = 20 \text{m/sec}$

[답] ∴ 유입속도 = 20m/sec

나. [식] $N_e = \dfrac{L_1 + (L_2/2)}{H_c}$

[풀이] $N_e = \dfrac{1.5 + (2.5/2)}{0.5} = 5.5 ≒ 6$회

[답] ∴ 유효회전수 = 6

다. [식] $d_{p,50}(\mu m) = \sqrt{\dfrac{9 \cdot \mu \cdot B}{2 \cdot \pi \cdot N_e \cdot V \cdot (\rho_p - \rho)}} \times 10^6$

[풀이] ※ MKS로 단위 통일

① $\rho_p = \dfrac{1,600 \text{kg}}{\text{Sm}^3} \Big| \dfrac{273}{350} = 1,248 \text{kg/m}^3$

② $\mu = \dfrac{0.075 \text{kg}}{\text{m} \cdot \text{hr}} \Big| \dfrac{\text{hr}}{3,600 \text{sec}} = 2.08 \times 10^{-5} \text{kg/m·sec}$

③ $d_{p,50}(\mu m) = \sqrt{\dfrac{9 \times 2.08 \times 10^{-5} \times 0.25}{2\pi \times 6 \times 20 \times (1,248 - 0)}} \times 10^6$

$= 7.0524 \mu m$

[답] ∴ 절단입경 = 7.05μm

빈출 체크 21년 2회

- $10^4 \Omega \cdot \text{cm}$ 이하 : 재비산 현상
  〈대책〉 ① 처리가스의 속도를 낮춤
  ② NH_3 주입
  ③ 온도, 습도 조절
  ④ 집진극에 Baffle 설치
  ⑤ 미연탄소분 제거
- $10^{11} \Omega \cdot \text{cm}$ 이상 : 역전리 현상
  〈대책〉 ① 황함량이 높은 연료 투입
  ② SO_3, TEA 주입
  ③ 온도, 습도 조절
  ④ 전극 청결 유지

08

전기집진장치는 비저항 값에 영향을 많이 받는다. 정상상태로 운영하기 위해서는 비저항값을 $10^4 \sim 10^{10} \Omega \cdot \text{cm}$을 유지해야 하는데 $10^4 \Omega \cdot \text{cm}$ 이하일 경우와 $10^{11} \Omega \cdot \text{cm}$ 이상인 경우 발생되는 현상 및 방지대책 1가지를 쓰시오.

09

연료를 완전연소했을 때 발생되는 습연소 가스량이 16.6Sm³/kg이었다. 이때 공기비(m)를 계산하시오. (단, 연료의 A_o = 11.3Sm³/kg, G_{ow} = 12.2Sm³/kg)

[식] $G_w = (m - 0.21)A_o +$ 산화생성물

[풀이]

① $G_{ow} = (1 - 0.21)A_o +$ 산화생성물

  $12.2 = (1 - 0.21) \times 11.3 +$ 산화생성물

  → 산화생성물 $= 3.273\,Sm^3/kg$

② $16.6 = (m - 0.21) \times 11.3 + 3.273$ → $m = 1.3894$

[답] ∴ 공기비 $= 1.39$

10

중력집진장치(길이 11m, 높이 2m)를 사용하여 1.5m/sec의 속도로 들어오는 가스를 처리하는 경우 전부 제거될 수 있는 먼지의 최소 제거 입경(㎛)을 구하시오. (단, 층류, 먼지의 밀도 1.2kg/m³, 입자의 밀도 2,000kg/m³, 점도 2.0×10^{-5}kg/m·sec)

[식] $d_{min} = \sqrt{\dfrac{18\mu \cdot V \cdot H}{(\rho_p - \rho) \cdot g \cdot L}} \times 10^6$

[풀이]

$d_{min} = \sqrt{\dfrac{18 \times 2 \times 10^{-5} \times 1.5 \times 2}{(2,000 - 1.2) \times 9.8 \times 11}} \times 10^6 = 70.7975\,\mu m$

[답] ∴ 최소 제거 입경 $= 70.80\,\mu m$

11

세정 집진장치의 기본원리와 포집원리 3가지를 적으시오.

빈출 체크 20년 2회

- 기본원리 : 액적, 액막, 기포 등을 이용하여 함진가스를 세정한 후 입자의 부착, 상호 응집을 촉진시켜 먼지를 분리·포집하는 장치
- 포집원리 : 관성충돌, 차단, 확산, 응축

12

가스 150m³/min를 1,000℃에서 100℃로 냉각하기 위해 물을 분사하였을 때 아래의 조건을 이용하여 다음 물음에 답하시오.

[조건]
- 1,000℃에서의 엔탈피 : 280kcal/kg
- 100℃에서의 엔탈피 : 20kcal/kg
- 물 1kg당 흡수열량 : 600kcal/kg
- 배출가스의 밀도 : 1.3kg/m³

가. 냉각시키기 위해 필요한 물의 양(kg/min)

나. 냉각 후 혼합가스 유량(m³/min)

가. [풀이]

물의 양

$= \dfrac{150m^3}{min} \Big| \dfrac{1.3kg}{m^3} \Big| \dfrac{(280-20)kcal}{kg} \Big| \dfrac{kg}{600kcal}$

$= 84.5\,kg/min$

[답] ∴ 냉각시키기 위해 필요한 물의 양 $= 84.5\,kg/min$

나. [풀이]

① 배출가스

$= \dfrac{150m^3}{min} \Big| \dfrac{(273+100)}{(273+1,000)} = 43.9513\,m^3/min$

② 물

$= \dfrac{84.5kg}{min} \Big| \dfrac{22.4Sm^3}{18kg} \Big| \dfrac{373K}{273K} = 143.6741\,m^3/min$

③ 냉각 후의 혼합가스 유량

$= 43.9513 + 143.6741 = 187.6254\,m^3/min$

[답] ∴ 냉각 후의 혼합가스 유량 $= 187.63\,m^3/min$

13

염소가스가 7,000ppm로 유입되고 있다. 직렬로 연결되어 있는 세정집진장치의 집진효율은 78%, 전기집진장치는 99.5%일 때 염소가스 처리 후 출구 농도(ppm)를 구하시오.

[식] $\eta_T = 1 - (1-\eta_1)(1-\eta_2)$
$C_o = C_i(1-\eta_T)$

[풀이] ① $\eta_T = 1 - (1-0.78)(1-0.995) = 0.9989$
② $C_o = 7,000 \times (1-0.9989) = 7.7\,\text{ppm}$

[답] 출구농도 = 7.7ppm

14

A공장에서 6,000kcal/kg의 발열량을 갖는 석탄을 연소하고 있다. SO_2의 규제 기준이 2.5mg SO_2/kcal라면 기준에 맞는 석탄의 황 함유량(%)을 계산하시오.

[식] 석탄의 황 함유량(%) = $\dfrac{S}{석탄} \times 100$

[풀이]

① $\dfrac{2.5\,\text{mgSO}_2}{\text{kcal}} = \dfrac{\text{kg}_{석탄}}{6,000\,\text{kcal}} \mid \dfrac{X\,\text{kg}_S}{\text{kg}_{석탄}} \mid \dfrac{64\,\text{kg}_{SO_2}}{32\,\text{kg}_S} \mid \dfrac{10^6\,\text{mg}}{\text{kg}}$

→ $X = 7.5 \times 10^{-3}\,\text{kg}$

② 석탄의 황 함유량 = $\dfrac{7.5 \times 10^{-3}\,\text{kg}}{1\,\text{kg}} \times 100 = 0.75\%$

[답] ∴ 석탄의 황 함유량 = 0.75%

15

고용량 공기 시료 채취법으로 비산먼지를 채취하고자 한다. 채취개시 직전의 유량이 1.4m³/min, 채취개시 후의 유량이 1.6m³/min일 때 흡입공기량(m³)을 계산하시오. (단, 포집시간은 25시간)

[식] 흡입공기량 = $\left(\dfrac{Q_s + Q_e}{2}\right) \times t$

[풀이] 흡입공기량 = $\left(\dfrac{1.6+1.4}{2}\right) \times 60 \times 25 = 2,250\,\text{m}^3$

[답] ∴ 흡입공기량 = 2,250m³

16

Freundlich 등온흡착식 $\dfrac{X}{M} = k \cdot C^{1/n}$ 에서 상수 k와 n을 구하는 방법을 기술하시오.

① $\dfrac{X}{M} = k \cdot C^{1/n}$ ·············· 양변에 log를 취함

② $\log \dfrac{X}{M} = \log k + \dfrac{1}{n} \log C$ logk는 y절편, 1/n은 기울기

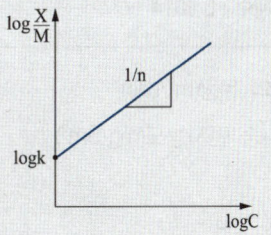

17

다음 조건에서의 메탄의 이론연소 온도(℃)를 계산하시오.

[조건]
메탄, 공기는 18℃에서 공급되며, CO_2, $H_2O(g)$, N_2의 평균정압 몰비열(상온~2,100℃)은 각각 13.6, 10.5, 8.0[kcal/kmol·℃]이고, 메탄의 저위발열량은 8,500[kcal/Sm³]

[식] $t_1 = \dfrac{Hl}{G_{ow} \cdot C_p} + t_2$

[풀이]
〈반응식〉 $CH_4 + 2O_2 \rightarrow CO_2 + 2H_2O$

① $A_o = O_o \div 0.21 = 2 \div 0.21 = 9.5238 Sm^3/Sm^3$

② $G_{ow} = (1-0.21)A_o + CO_2 + H_2O$
   $= (1-0.21) \times 9.5238 + 1 + 2 = 10.5238 Sm^3/Sm^3$

③ 발생 기체의 성분

  Ⅰ) $CO_2 = \dfrac{1}{10.5238} = 0.095$

  Ⅱ) $H_2O = \dfrac{2}{10.5238} = 0.19$

  Ⅲ) $N_2 = 1 - (0.095 + 0.19) = 0.715$

④ $C_p = 13.6 \times 0.095 + 10.5 \times 0.19 + 8 \times 0.715$
   $= 9.007 kcal/kmol \cdot ℃$
   $= \dfrac{9.007 kcal}{kmol \cdot ℃} \Big| \dfrac{kmol}{22.4 Sm^3} = 0.4021 kcal/Sm^3 \cdot ℃$

⑤ $t_1 = \dfrac{8,500}{10.5238 \times 0.4021} + 18 = 2,026.6870 ℃$

[답] ∴ 이론연소 온도 = 2,026.69℃

18

다음 자가측정 기록부를 보고 물음에 답하시오. (단, 270℃에서 배출가스의 밀도는 1.3kg/m³이고, 17℃에서 물의 포화수증기압은 14.5mmHg이다)

[자가측정 기록부]
- 연도직경 : 4m
- 대기압 : 1atm
- 경사마노미터(수액 : 물)
  - 경사각 : 30°
  - 액주이동거리 : 25cm
- 피토우관계수 : 0.8614
- 여과지 포집 전 질량 : 0.805g
- 여과지 포집 후 질량 : 0.95g
- 가스미터(습식)
  - 지시 흡인량 : 1,200L
  - 온도 : 17℃
  - 게이지압 : 0mmHg

가. 배출가스의 유량(m³/sec)
나. 배출가스 중 먼지농도(mg/Sm³)

가. [식] $Q = A \cdot V$

[풀이]

① $h = \gamma \cdot L \cdot \sin\theta \times \dfrac{1}{확대율}$
   $= 1,000 \times 0.25 \times \sin 30° = 125 mmH_2O$

② $\overline{V} = C\sqrt{\dfrac{2gh}{\gamma}} = 0.8614 \sqrt{\dfrac{2 \times 9.8 \times 125}{1.3}}$
   $= 37.3952 m/sec$

③ $A = \dfrac{\pi D^2}{4} = \dfrac{\pi(4)^2}{4} = 12.5664 m^2$

④ $Q = 12.5664 \times 37.3952 = 469.9230 m^3/min$

[답] ∴ 유량 = 469.92 m³/sec

나. [풀이]

① $V_m = \dfrac{1,200L}{1} \Big| \dfrac{273}{273+17} \Big| \dfrac{760+0-14.5}{760}$
   $= 1,108.1025 SL$

② $C = \dfrac{(0.95-0.805)g}{1,108.1025 SL} \Big| \dfrac{10^3 mg}{g} \Big| \dfrac{10^3 L}{m^3}$
   $= 130.8543 mg/Sm^3$

[답] ∴ 먼지 농도 = 130.85 mg/Sm³

19

80%의 효율을 갖는 송풍기를 이용하여 250m³/min의 가스를 처리하려고 한다. 배출원에서 송풍기까지의 압력손실을 200mmH₂O라 할 때 송풍기의 소요동력(kW)을 계산하시오. (단, 여유율은 1.2)

 06년 1회

[식] $P(kW) = \dfrac{\Delta P \cdot Q}{102 \cdot \eta} \times \alpha$

[풀이]

① $Q = \dfrac{250\text{m}^3}{\text{min}} \left| \dfrac{\text{min}}{60\text{sec}} \right. = 4.1667 \text{m}^3/\text{sec}$

② $P = \dfrac{200 \times 4.1667}{102 \times 0.8} \times 1.2 = 12.255 \text{kW}$

[답] ∴ 송풍기의 소요동력 = 12.26kW

20

유효굴뚝높이가 70m인 연돌에서 유해가스는 25μg/m³의 농도를 갖는다. 유효굴뚝높이가 125m일 때 최대지표농도(μg/m³)를 구하시오. (단, Sutton식을 적용하고, 다른 조건은 동일)

[식] $C_{max} = \dfrac{2Q}{H_e^2 \cdot \pi \cdot e \cdot u} \left(\dfrac{K_z}{K_y} \right)$

[풀이]

① $C_{max} = \dfrac{k}{H_e^2}$ (k : H_e를 제외한 인자들)

최대지표농도는 유효굴뚝높이의 제곱에 반비례한다.

$k = 25 \times 70^2 = 122,500$

② $C_{max} = \dfrac{122,500}{125^2} = 7.84 \mu g/m^3$

[답] ∴ 최대지표농도 = 7.84μg/m³

필답형 기출문제 2024 * 2

01

유효 굴뚝 높이가 200m인 연돌에서 배출되는 가스량은 40,000Sm³/hr, SO₂의 농도가 1,000ppm일 때 Sutton식에 의한 최대 지표 농도와 최대 착지거리를 계산하시오. (단, $K_y = K_z = 0.07$, 유속은 5m/sec, 대기안정도 지수는 0.25, 최대 지표 농도는 소수점 세 번째 자리까지)

가. 최대 지표 농도(ppm)

나. 최대 착지 거리(m)

 09년 2회 | 10년 1회

가. 최대 지표 농도

[식] $C_{max} = \dfrac{2Q}{H_e^2 \cdot \pi \cdot e \cdot u}\left(\dfrac{K_z}{K_y}\right)$

[풀이]

① $u = \dfrac{5m}{sec}\left|\dfrac{3,600sec}{hr}\right. = 18,000 m/hr$

② $C_{max} = \dfrac{2 \times 40,000 \times 1,000}{200^2 \times \pi \times e \times 18,000} \times \left(\dfrac{0.07}{0.07}\right)$

$= 0.0130 ppm$

[답] ∴ $C_{max} = 0.013 ppm$

나. 최대 착지 거리

[식] $X_{max} = \left(\dfrac{H_e}{K_z}\right)^{\frac{2}{2-n}}$

[풀이] $X_{max} = \left(\dfrac{200}{0.07}\right)^{\frac{2}{2-0.25}} = 8,905.0532 m$

[답] ∴ $X_{max} = 8,905.05 m$

02

세정집진장치의 효율공식 중 충돌수에 관한 관계식 및 효율을 증가시키기 위해 충돌수를 높이는 방안 2가지를 쓰시오. (단, 입자직경·밀도·가스온도·점도는 변화가 없다고 가정)

① 충돌수 관계식 = $\dfrac{d_p^2 \cdot \rho_p \cdot V_o}{18\mu \cdot d_w}$

② 충돌수를 높이는 방안
- 물방울 직경이 작을수록
- 물방울·처리가스의 상대속도가 클수록

03

저위발열량 10,000kcal/kg의 중유를 10kg/hr로 보일러 연소실에서 연소시키고 있다. 공기 중 필요 연소공기량은 13.5Sm³/kg이며 연료와 공기는 둘 다 20℃에서 80℃으로 예열해야 한다. 해당 장치효율이 90%, 연료 비열이 0.5kcal/kg·℃, 공기 비열이 0.3kcal/Sm³·℃일 때, 열 발생율(kcal/m³·hr)을 구하시오. (단, 보일러실의 부피는 5m³, 보일러실 벽 열손실은 100kcal/hr)

[식] $Q_v = \dfrac{Hl \cdot G_f}{V}$

[풀이]
※ 공기·연료현열량과 보일러실 벽 열손실을 고려한다.

① $Q_a = A \cdot C_p \cdot \Delta T$
$= 13.5 Sm^3/kg \times 0.3 kcal/Sm^3 \cdot ℃ \times (80-20)℃$
$= 243 kcal/kg$

② $Q_f = C_p \cdot \Delta T$
$= 0.5 kcal/kg \cdot ℃ \times (80-20)℃$
$= 30 kcal/kg$

③ 입열 $= (10,000 \times 0.90 + 243 + 30) = 9,273 kcal/kg$

④ 열발생율 $= \dfrac{9,273 kcal/kg \times 10 kg/hr - 100 kcal/hr}{5 m^3}$
$= 18,526 kcal/m^3 \cdot hr$

[답] ∴ 열발생율 $= 18,526 kcal/m^3 \cdot hr$

빈출체크 12년 2회 | 17년 2회 | 20년 4회

04

가솔린($C_8H_{17.5}$)을 연소시킬 경우 질량기준의 공연비와 부피기준의 공연비를 계산하시오.

가. 질량기준
나. 부피기준

가. 질량기준

[식] $AFR_m = \dfrac{M_A \times m_a}{M_F \times m_f}$

[풀이]
⟨반응식⟩ $C_8H_{17.5} + 12.375 O_2 \rightarrow 8CO_2 + 8.75 H_2O$

$AFR_m = \dfrac{12.375 \times 32 \div 0.232}{113.5 \times 1} = 15.0387$

[답] ∴ $AFR_m = 15.04$

나. 부피기준

[식] $AFR_v = \dfrac{m_a \times 22.4}{m_f \times 22.4}$

[풀이]
⟨반응식⟩ $C_8H_{17.5} + 12.375 O_2 \rightarrow 8CO_2 + 8.75 H_2O$

$AFR_v = \dfrac{12.375 \div 0.21 \times 22.4}{1 \times 22.4} = 58.9286$

[답] ∴ $AFR_v = 58.93$

05

다음은 굴뚝배출가스 중 브로민화합물의 분석방법이다. ( ) 안에 알맞은 말을 쓰시오.

> 싸이오사이안산제이수은법은 배출가스 중 브로민화합물을 수산화소듐용액에 흡수시킨 후 일부를 분취해서 산성으로 하여 (㉠)을 사용하여 브로민으로 산화시켜 (㉡)로/으로 추출한다. 흡광도는 (㉢)nm에서 측정한다.

 10년 2회 | 14년 4회

㉠ 과망가니즈산포타슘 용액(= 과망간산포타슘)
㉡ 클로로폼
㉢ 460

06

중유조성이 탄소 86.6%, 수소 4%, 황 1.4%, 산소 8%이었다면 이 중유연소에 필요한 이론 산소량(Sm^3/kg), 이론 습연소 가스량(Sm^3/kg)을 계산하시오.

가. 이론 산소량(Sm^3/kg)
나. 이론 습연소 가스량(Sm^3/kg)

 13년 4회 | 20년 1회

가. 이론 산소량
[풀이]
〈반응식〉 C + O_2 → CO_2
　　　　　12kg : $22.4Sm^3$: $22.4Sm^3$
　　　　　0.866kg/kg : X : CO_2 발생량

$$X = \frac{0.866 \times 22.4}{12} = 1.6165 Sm^3/kg$$

〈반응식〉 H_2 + $0.5O_2$ → H_2O
　　　　　2kg : $0.5 \times 22.4Sm^3$: $22.4Sm^3$
　　　　　0.04kg/kg : Y : H_2O 발생량

$$Y = \frac{0.04 \times 0.5 \times 22.4}{2} = 0.224 Sm^3/kg$$

〈반응식〉 S + O_2 → SO_2
　　　　　32kg : $22.4Sm^3$: $22.4Sm^3$
　　　　　0.014kg/kg : Z : SO_2 발생량

$$Z = \frac{0.014 \times 22.4}{32} = 0.0098 Sm^3/kg$$

$O_o = 1.6165 + 0.224 + 0.0098 - 0.056 = 1.7943 Sm^3/kg$

※ 연료에 포함된 산소는 이론산소량에서 빼준다.

$$O_2 = \frac{0.08 \times 22.4}{32} = 0.056 Sm^3/kg$$

[답] ∴ 이론 산소량 = $1.79 Sm^3/kg$

나. 이론 습연소 가스량
[식] $G_{ow} = (1 - 0.21)A_o + CO_2 + H_2O + SO_2$
[풀이]
① $A_o = O_o \div 0.21 = 1.79 \div 0.21 = 8.5238 Sm^3/kg$
② $G_{ow} = (1 - 0.21) \times 8.5238 + 1.6165 + 0.448 + 0.0098$
　　　　$= 8.8081 Sm^3/kg$

[답] ∴ 이론 습연소 가스량 = $8.81 Sm^3/kg$

07

NO 300ppm, NO_2 60ppm을 함유한 배기가스 10,000m³/hr를 NH_3에 의한 선택적 접촉환원법으로 처리할 경우 NO_x를 제거하기 위한 NH_3의 이론량(kg/hr)을 계산하시오.

[풀이]
① 〈반응식〉 $6NO + 4NH_3 \rightarrow 5N_2 + 6H_2O$
  $6 \times 22.4 Sm^3 : 4 \times 17 kg$
  NO발생량 : X

NO발생량 $= \dfrac{300mL}{m^3} \Big| \dfrac{10,000m^3}{hr} \Big| \dfrac{m^3}{10^6 mL} = 3m^3/hr$

$X = \dfrac{4 \times 17 \times 3}{6 \times 22.4} = 1.5179 kg/hr$

② 〈반응식〉 $6NO + 8NH_3 \rightarrow 7N_2 + 12H_2O$
  $6 \times 22.4 Sm^3 : 8 \times 17 kg$
  NO_2발생량 : Y

NO발생량 $= \dfrac{60mL}{m^3} \Big| \dfrac{10,000m^3}{hr} \Big| \dfrac{m^3}{10^6 mL} = 0.6 m^3/hr$

$Y = \dfrac{8 \times 17 \times 0.6}{6 \times 22.4} = 0.6071 kg/hr$

③ $X + Y = 1.5179 + 0.6071 = 2.125 kg/hr$

[답] ∴ NH_3의 이론량 = 2.13kg/hr

08

굴뚝배기가스 온도가 330℃이고, 대기온도가 25℃인 굴뚝에서, 통풍력 60mmH₂O를 유지하기 위한 굴뚝 높이(m)를 구하시오.

[식] $Z = 355 \cdot H \cdot \left(\dfrac{1}{273 + t_a} - \dfrac{1}{273 + t_g} \right)$

[풀이]
$60 = 355 \times H \times \left(\dfrac{1}{273 + 25} - \dfrac{1}{273 + 330} \right)$

$H = \dfrac{60}{355 \times \left(\dfrac{1}{273 + 25} - \dfrac{1}{273 + 330} \right)} = 99.5764 m$

[답] ∴ 배출가스의 온도 = 99.58m

09

다음은 물리적 흡착과 비교한 화학적 흡착에 대한 설명이다. 알맞은 것을 고르시오.

① 반응계는 (가역적 / 비가역적)이다.
② 흡착제의 재생이 (가능 / 불가능)하다.
③ 흡착열은 물리적 흡착보다 (큰 / 작은)편이다.

① 비가역적
② 불가능
③ 큰

10

처리가스량 1,000Sm³/hr, 압력손실 800mmH₂O, 1일 16시간 운전하는 집진장치의 연간 동력비는 1,160만원이다. 처리가스량 7,000 Sm³/hr, 압력손실 400mmH₂O일 때 이 장치의 연간 동력비(원)를 계산하시오.

[풀이] 동력비는 소요동력과 비례

$$1{,}160\text{만원} : P(kW) = \frac{800 \times 1{,}000}{102 \cdot \eta}$$

$$= X : P(kW) = \frac{400 \times 7{,}000}{102 \cdot \eta}$$

$X = 4{,}060$만원

[답] ∴ 연간 동력비 = 4,060만원

11

원심력집진장치의 직경이 140cm, 유입속도가 12m/sec일 때 분리계수를 구하시오.

[식] $S = \dfrac{V^2}{R \cdot g}$

[풀이] $S = \dfrac{12^2}{0.7 \times 9.8} = 20.9913$

[답] ∴ 분리계수 = 20.99

12

배출가스유량 300m³/min, 입구먼지농도 12g/m³인 함진가스를 98%의 집진효율, 여재비 3(m³/min)/m²를 갖는 여과집진장치로 집진하였다. 압력손실이 220mmH₂O에서 탈진할 경우 탈진주기(min)를 구하시오.

[관련공식]
- $\Delta P = K_1 \cdot V_f + K_2 \cdot C \cdot \eta \cdot V_f^2 \cdot t$
- $K_1 = 59.8 \text{mmH}_2\text{O}/(\text{m/min})$
- $K_2 = 127 \text{mmH}_2\text{O}/(\text{kg/m} \cdot \text{min})$

[풀이] $220 = 59.8 \times 3 + 127 \times 0.012 \times 0.98 \times 3^2 \times t$

$t = 3.0205 \text{min}$

[답] ∴ 탈진주기 = 3.02min

13

A사업장에서 유량 10,000m³/hr, 150℃, 부피기준 수분농도 5%, 아황산가스가 농도 500ppm으로 배출되고 있다. 처리된 가스는 70℃에서 배출되어야 한다. 황은 전량 석고 ($CaSO_4 \cdot 2H_2O$)로 처리된다. 100% 습도상태에서 습식 탈황장치로 해당 가스를 처리하려면, 시간당 보충해야하는 물의 양(kg/hr)은 얼마인가? (단, 상대습도 70℃에서 0.3kg H_2O/kg dry-gas이며, 건조가스밀도는 1.1kg/m³이다)

[풀이]

① 건조가스에서 발생하는 H_2O

$$= \frac{10,000\text{m}^3}{\text{hr}} \left| \frac{95}{100} \right| \frac{273+70}{273+150} \left| \frac{1.1\text{kg}}{\text{m}^3} \right| \frac{0.3\text{kg}}{\text{kg}}$$

$= 2,542.0922\text{kg/hr}$

② SO_2 유입량

$$= \frac{10,000\text{m}^3}{\text{hr}} \left| \frac{500\text{mL}}{\text{m}^3} \right| \frac{\text{m}^3}{10^6 \text{mL}} \left| \frac{64\text{kg}}{22.4\text{Sm}^3} \right| \frac{273}{273+150}$$

$= 9.2199\text{kg/hr}$

석고처리 시 발생하는 H_2O

〈반응비〉 SO_2 : $CaSO_4 \cdot 2H_2O$
　　　　　64kg : 2×18kg
　　　SO_2 유입량 : X

$X = \frac{9.2199 \times 2 \times 18}{64} = 5.1862\text{kg/hr}$

④ 배출가스 중 H_2O

$$= \frac{10,000\text{m}^3}{\text{hr}} \left| \frac{273+70}{273+150} \right| \frac{1.1\text{kg}}{\text{m}^3} \left| \frac{5}{100} \right.$$

$= 445.9811\text{kg/hr}$

⑤ 보충해야하는 물의 양

$= 2,542.0922 - 5.1862 - 445.9811$

$= 2,090.9249\text{kg/hr}$

[답] ∴ 시간당 보충해야하는 물의 양 = 2,090.92kg/hr

14

다음은 대기환경보전법상 저공해 자동차 기준이다. 빈칸에 알맞은 것을 쓰시오. (단, 2020년 4월 3일 기준, 3종 배출차량)

차량 종류	일산화탄소	질소산화물	탄화수소
대형 승용·화물, 초대형 승용·화물	(①)g/kWh	(②)g/kWh	(③)g/kWh

① 4.0
② 0.35
③ 0.10

15

C 75%, H 15%, O_2 5%, N_2 3%, S 2%인 중유 1kg를 연소시켰을 때, 배출가스 분석결과 O_2 농도가 5%이라면, 습연소 가스량(Sm^3/kg)은 얼마인가?

[식] $G_w = (m - 0.21)A_o + CO_2 + H_2O + SO_2 +$ 연료중 N_2

[풀이]

① 이론공기량

〈반응식〉 C + O_2 → CO_2
12kg : 22.4Sm^3 : 22.4Sm^3
0.75kg/kg : X : CO_2 생성량

$$X = \frac{0.75 \times 22.4}{12} = 1.4 Sm^3/kg$$

〈반응식〉 H_2 + 0.5O_2 → H_2O
2kg : 0.5×22.4Sm^3 : 22.4Sm^3
0.15kg/kg : Y : H_2O 생성량

$$Y = \frac{0.15 \times 0.5 \times 22.4}{2} = 0.84 Sm^3/kg$$

〈반응식〉 S + O_2 → SO_2
32kg : 22.4Sm^3 : 22.4Sm^3
0.02kg/kg : Z : SO_2 생성량

$$Z = \frac{0.02 \times 22.4}{32} = 0.014 Sm^3/kg$$

💡 연료에 포함된 산소는 이론공기량에서 빼준다.

$$O_2 = \frac{0.05 \times 22.4}{32} = 0.035 Sm^3/kg$$

$$A_o = O_o \div 0.21 = (1.4 + 0.84 + 0.014 - 0.035) \div 0.21$$
$$= 10.5667 Sm^3/kg$$

② $m = \frac{21}{21 - O_2} = \frac{21}{21 - 5} = 1.3125$

③ 습연소 가스량

〈반응식〉 N_2 → N_2
28kg : 22.4Sm^3
0.03kg/kg : N_2 생성량

N_2 생성량 = $\frac{0.03 \times 22.4}{28} = 0.024 Sm^3/kg$

$G_w = (1.3125 - 0.21) \times 10.5667$
$+ 1.4 + 1.68 + 0.014 + 0.024$
$= 14.7678 Sm^3/kg$

[답] ∴ 습연소 가스량 = 14.77Sm^3/kg

16

건식 전기집진장치와 비교한 습식 전기집진장치의 장·단점을 2가지씩 쓰시오.

장점
- 처리속도가 빠르다.
- 장치규모를 작게 할 수 있다.
- 역전리 및 재비산을 방지할 수 있다.
- 집진면을 청결하게 유지하여 강한 전계를 얻을 수 있다.

단점
- 폐수로 인하여 부식이 발생할 수 있다.
- 장치의 구조가 복잡해진다.
- 압력손실이 크다.

17

다음 표를 이용하여 해당 집진장치의 총 집진효율(%)을 구하시오.

입자크기(μm)	0 ~ 5	5 ~ 10	10 ~ 15	15 ~ 20	20 ~ 25	25 ~ 30
중량분율(%)	5	25	30	20	15	5
부분집진효율(%)	92	94	96	98	99	99

[풀이]
$$\eta_T = (5 \times 0.92) + (25 \times 0.94) + (30 \times 0.96) + (20 \times 0.98)$$
$$+ (15 \times 0.99) + (5 \times 0.99)$$
$$= 96.3\%$$

[답] ∴ 총 집진효율 = 96.3%

18

70cm²의 단면적을 갖는 원통에서 C_3H_8 가스 22kg이 배출되고 있을 때 시간당 배출되고 있는 배출속도(cm/sec)를 계산하시오.
(단, 0℃, 1atm)

[식] $Q = A \cdot V$

[풀이]

① $Q = \dfrac{22\text{kg}}{\text{hr}} \Big| \dfrac{22.4\text{Sm}^3}{44\text{kg}} = 11.2\text{Sm}^3/\text{hr}$

② $V = \dfrac{Q}{A} = \dfrac{11.2\text{Sm}^3}{\text{hr}} \Big| \dfrac{1}{70\text{cm}^2} \Big| \left(\dfrac{100\text{cm}}{\text{m}}\right)^3 \Big| \dfrac{\text{hr}}{3,600\text{sec}}$

$= 44.4444 \text{cm/sec}$

[답] ∴ 배출속도 = 44.44cm/sec

19

다음 대기환경기준에 알맞은 수치를 적으시오.

가. SO_2 연간 평균치 (   )ppm 이하
나. CO 1시간 평균치 (   )ppm 이하
다. NO_2 24시간 평균치 (   )ppm 이하
라. O_3 8시간 평균치 (   )ppm 이하
마. Pb 연간 평균치 (   )$\mu g/m^3$ 이하
바. 벤젠의 연간 평균치 (   )$\mu g/m^3$ 이하

가. 0.02
나. 25
다. 0.06
라. 0.06
마. 0.5
바. 5

20

다음의 설명에 알맞은 용어를 쓰시오.

- 깨끗한 여과지에 먼지를 모은 후 빛 전달율의 감소율을 측정하여 구할 수 있는 수치
- 해당 수치가 0이면 대기가 깨끗한 것이고, 값이 커질수록 대기오염이 있음을 의미한다.

헤이즈 계수(Coefficient of haze, Coh)

필답형 기출문제 2024 * 3

01
직경 2m인 사이클론에서 외부선회류의 내측반경이 0.5m, 외측반경이 0.70m이며 장치의 중심에서 반경 0.6m인 곳으로 유입된 입자의 속도(m/sec)를 계산하시오. (단, 함진가스량은 1.5m³/sec)

 17년 4회

[식] $V = \dfrac{Q}{R \cdot W \cdot \ln \dfrac{r_2}{r_1}}$

[풀이]
① $W = 0.7 - 0.5 = 0.2\text{m}$
② $V = \dfrac{1.5}{0.6 \times 0.2 \times \ln \dfrac{0.7}{0.5}} = 37.1502 \text{m/sec}$

[답] ∴ 입자의 속도 = 37.15m/sec

02
악취방지법에 따른 지정악취물질 중 휘발성유기화합물 5가지를 적으시오.

- 스타이렌
- 톨루엔
- 자일렌
- 메틸에틸케톤
- 메틸아이소뷰틸케톤
- 뷰틸아세테이트
- i-뷰틸알코올

03
50mm 직경인 관에 공기가 통과한다. 1atm, 20℃에서 공기의 동점성계수는 $1.5 \times 10^{-5} \text{m}^2/\text{sec}$, 레이놀즈 수는 30,000이라고 할 때 관로의 풍속(m/sec)을 계산하시오.

[식] $\text{Re} = \dfrac{D \cdot V}{\nu}$

[풀이]
① $D = \dfrac{50\text{mm} \mid \text{m}}{10^3 \text{mm}} = 0.05\text{m}$
② $V = \dfrac{\text{Re} \cdot \nu}{D} = \dfrac{30,000 \times 1.5 \times 10^{-5}}{0.05} = 9\text{m/sec}$

[답] ∴ 관로의 풍속 = 9m/sec

04

대기오염물질의 농도를 추정하기 위한 상자모델 이론을 적용하기 위한 가정조건을 4가지만 서술하시오.

 13년 2회 | 16년 1회 | 21년 1회

- 오염물질의 분해가 있는 경우는 1차 반응에 의한다.
- 오염물질의 배출원이 지면 전역에 균등히 분포한다.
- 고려되는 공간에서 오염물질의 농도는 균일하다.
- 상자 안에서는 밑면에서 방출되는 오염물질이 상자 높이인 혼합층까지 즉시 균등하게 혼합된다.
- 고려되는 공간의 수직단면에 직각방향으로 부는 바람의 속도가 일정하여 환기량이 일정하다.
- 배출된 오염물질은 다른 물질로 변하지도 않고 지면에 흡수되지 않는다.

05

탄소 87%, 수소 10%, 황 3%를 함유하는 중유의 $(CO_2)_{max}(\%)$를 구하시오.

 06년 1회 | 10년 4회 | 18년 2회 | 21년 4회

[식] $(CO_2)_{max}(\%) = \dfrac{CO_2 \text{ 발생량}}{G_{od}} \times 100$

[풀이]
① 이론 공기량

〈반응식〉 C + O₂ → CO₂
　　　　　12kg : 22.4Sm³ : 22.4Sm³
　　　　　0.87kg/kg : X : CO₂ 발생량

$X = \dfrac{0.87 \times 22.4}{12} = 1.624 \text{Sm}^3/\text{kg}$

〈반응식〉 H₂ + 0.5O₂ → H₂O
　　　　　2kg : 0.5×22.4Sm³
　　　　　0.10kg/kg : Y

$Y = \dfrac{0.10 \times 0.5 \times 22.4}{2} = 0.56 \text{Sm}^3/\text{kg}$

〈반응식〉 S + O₂ → SO₂
　　　　　32kg : 22.4Sm³ : 22.4Sm³
　　　　　0.03kg/kg : Z : SO₂ 발생량

$Z = \dfrac{0.03 \times 22.4}{32} = 0.021 \text{Sm}^3/\text{kg}$

$A_o = O_o \div 0.21 = (1.624 + 0.56 + 0.021) \div 0.21$
$= 10.5 \text{Sm}^3/\text{kg}$

② $G_{od} = (1 - 0.21)A_o + CO_2 + SO_2$
$= (1 - 0.21) \times 10.5 + 1.624 + 0.021$
$= 9.94 \text{Sm}^3/\text{kg}$

③ $(CO_2)_{max}(\%) = \dfrac{1.624}{9.94} \times 100 = 16.3380\%$

[답] ∴ $(CO_2)_{max}(\%) = 16.34\%$

06

SO_2를 1,000ppm 함유한 가스(1기압, 25℃)가 유동층 연소로에서 10,000m³/hr로 배출될 때 이를 석회석으로 처리할 경우 필요한 $CaCO_3$의 양(kg/hr)을 계산하시오. (단, Ca/S비가 4일 경우 SO_2 100%처리)

빈출체크 10년 4회 | 11년 4회 | 16년 1회

[풀이]

⟨반응비⟩ SO_2 : $4 \times CaCO_3$
22.4Sm³ : 4×100kg
SO_2 발생량 : X

SO_2 발생량 $= \dfrac{1,000\text{mL}}{\text{m}^3} \Big| \dfrac{10,000\text{m}^3}{\text{hr}} \Big| \dfrac{273}{273+25} \Big| \dfrac{\text{m}^3}{10^6 \text{mL}}$

$= 9.1611 \text{Sm}^3/\text{hr}$

$X = \dfrac{4 \times 100 \times 9.1611}{22.4} = 163.5911 \text{kg/hr}$

[답] ∴ 필요한 $CaCO_3$ 양 = 163.59kg/hr

07

직경이 45㎛인 구형입자가 침강할 때 침강속도 ㉠(mm/sec)와 항력 ㉡(N)을 계산하시오. (단, 점성계수 : 1.5×10^{-4} poise, 입자의 밀도 : 1,900kg/m³, 공기밀도 1.29kg/m³, 커닝험 보정계수 : 1.0, 항력은 유효숫자 세 자리까지)

㉠ 침강속도(m/sec)

[식] $V_g = \dfrac{d_p^2(\rho_p - \rho)g}{18\mu} \times C_f$

[풀이] ※ MKS로 단위 통일

① $\dfrac{d_p = 45\mu\text{m}}{} \Big| \dfrac{\text{m}}{10^6 \mu\text{m}} = 4.5 \times 10^{-5}\text{m}$

② $\mu = \dfrac{1.5 \times 10^{-4}\text{g}}{\text{cm} \cdot \text{sec}} \Big| \dfrac{\text{kg}}{10^3 \text{g}} \Big| \dfrac{100\text{cm}}{\text{m}}$

$= 1.5 \times 10^{-5} \text{kg/m} \cdot \text{sec}$

③ $V_g = \dfrac{(4.5 \times 10^{-5})^2 \times (1,900 - 1.29) \times 9.8}{18 \times 1.5 \times 10^{-5}}$

$\times 1 \times \dfrac{10^3 \text{mm}}{\text{m}}$

$= 139.5552 \text{mm/sec}$

[답] ∴ 침강속도 = 139.56mm/sec

㉡ 항력(N)

[식] $F_d = 3\pi \cdot \mu \cdot d_p \cdot V_g$

[풀이] ※ MKS로 단위 통일

① $d_p = \dfrac{45\mu\text{m}}{} \Big| \dfrac{\text{m}}{10^6 \mu\text{m}} = 4.5 \times 10^{-5}\text{m}$

② $F_d = 3\pi \times 1.5 \times 10^{-5} \times 4.5 \times 10^{-5} \times 0.1396$

$= 8.88 \times 10^{-10} \text{kg} \cdot \text{m/sec}^2$

[답] ∴ 항력 = 8.88×10^{-10}N

08

충전탑을 이용하여 유해가스를 제거하고자 할 때 흡수액의 구비조건 4가지를 적으시오.

빈출 체크 07년 1회 | 07년 2회 | 16년 2회 | 19년 1회 | 19년 2회 | 20년 2회 | 21년 1회 | 22년 1회

- 흡수액의 손실 방지를 위해 휘발성이 작을 것
- 장치의 부식 방지를 위해 부식성이 낮을 것
- 높은 흡수율과 범람을 줄이기 위해 점도가 낮을 것
- 빙점이 낮고, 가격이 저렴할 것
- 용해도 및 비점이 높을 것
- 용매의 화학적 성질과 비슷할 것
- 화학적으로 안정적일 것

09

배기가스가 장변 0.25m, 단변 0.15m인 덕트를 흐를 때 장방형 덕트 15m당 압력손실(mmH₂O)을 계산하시오. (단, 마찰계수(f) : 0.004, 동압 : 14mmH₂O)

[식] $\Delta P = f \times \dfrac{L}{D_o} \times \dfrac{\gamma \cdot V^2}{2g}$

[풀이]

① $D_o = \dfrac{2ab}{a+b} = \dfrac{2 \times 0.25 \times 0.15}{0.25 + 0.15} = 0.1875 \text{m}$

② $\Delta P = 0.004 \times \dfrac{15}{0.1875} \times 14 = 4.48 \text{mmH}_2\text{O}$

[답] ∴ 압력손실 = 4.48mmH₂O

10

면적 1.5m²인 여과집진장치로 먼지농도가 1.5g/m³인 배기가스가 100m³/min으로 통과하고 있다. 먼지가 모두 여과포에서 제거되었으며, 집진된 먼지층의 밀도가 1g/cm³라면 1시간 후 여과된 먼지층의 두께(mm)를 구하시오.

빈출 체크 09년 4회 | 13년 2회 | 22년 2회

[식] $D_p = \dfrac{L_d}{\rho_d}$

[풀이]

① $V_f = \dfrac{Q}{A} = \dfrac{100\text{m}^3}{\text{min}} \Big| \dfrac{1}{1.5\text{m}^2} \Big| \dfrac{60\text{min}}{\text{hr}} = 4{,}000 \text{m/hr}$

② $L_d = \dfrac{1.5\text{g}}{\text{m}^3} \Big| \dfrac{4{,}000\text{m}}{\text{hr}} \Big| \dfrac{1\text{hr}}{} = 6{,}000 \text{g/m}^2$

③ $D_p = \dfrac{6{,}000\text{g}}{\text{m}^2} \Big| \dfrac{\text{cm}^3}{1\text{g}} \Big| \dfrac{(1\text{m})^3}{(100\text{cm})^3} \Big| \dfrac{10^3 \text{mm}}{\text{m}} = 6\text{mm}$

[답] ∴ 먼지층의 두께 = 6mm

11

질량비 기준 N_2 75%, O_2 15%, CO_2 10%인 혼합기체의 평균분자량 (g/mol)을 구하시오.

[풀이]

① 혼합기체 $mol = \frac{75}{28} + \frac{15}{32} + \frac{10}{44} = 3.3746\,mol$

② $N_2 = \frac{75 \div 28}{3.3746} = 0.7937$

③ $O_2 = \frac{15 \div 32}{3.3746} = 0.1389$

④ $CO_2 = \frac{10 \div 44}{3.3746} = 0.0673$

⑤ 혼합기체의 평균분자량
$= 28 \times 0.7937 + 32 \times 0.1389 + 44 \times 0.0673$
$= 29.6296\,g/mol$

[답] ∴ 혼합기체의 평균분자량 = 29.63g/mol

12

다음은 대기오염공정시험기준에 따른 용어설명이다. 빈칸에 알맞은 것을 쓰시오.

- 일정 농도의 VOCs가 흡착관에 흡착되는 초기 시점부터 일정 시간이 흐르게 되면 흡착관 내부에 상당량의 VOCs가 포화되기 시작하고 전체 VOCs양의 5%가 흡착관을 통과하게 되는데, 이 시점에서 흡착관 내부로 흘러간 총 부피를 (가)라 한다.
- 짧은 길이로 흡착제가 충전된 흡착관을 통과하면서 분석물질의 증기띠를 이동시키는데 필요한 운반기체의 부피. 즉, 분석물질의 증기띠가 흡착관을 통과하면서 탈착되는데 요구되는 양만큼의 부피를 측정하여 알 수 있다. 보통 그 증기 띠가 흡착관을 이동하여 돌파(파과)가 나타난 시점에서 측정된다. 튜브 내의 불감부피(dead volume)를 고려하기 위하여 메탄(methane)의 (가)를 차감한다.

가. 파과부피(BV, Breakthrough Volume)
나. 머무름부피(RV, Retention Volume)

13

S함량 4%의 B-C유 100kL를 사용하는 보일러에 S함량 1.5%인 B-C유를 2 : 3비율로 섞어서 110kL 사용하면 SO_2의 배출량은 몇 % 감소하겠는가? (단, 기타 연소조건은 동일하며, S는 연소 시 전량 SO_2로 변환되고, B-C유 비중은 0.95(S함량에 무관))

[식] 감소량(%) $= \left(1 - \dfrac{Q_2}{Q_1}\right) \times 100$

[풀이]

① $Q_1 = \dfrac{100\text{kL}}{\text{day}} \Big| \dfrac{4}{100} = 4\text{kL/day}$

② $Q_2 = \dfrac{110\text{kL}}{\text{day}} \Big| \dfrac{4}{100} \Big| \dfrac{2}{5} + \dfrac{110\text{kL}}{\text{day}} \Big| \dfrac{1.5}{100} \Big| \dfrac{3}{5} = 2.75\text{kL/day}$

③ 감소량(%) $= \left(1 - \dfrac{2.75}{4}\right) \times 100 = 31.25\%$

[답] ∴ 감소량 = 31.25%

14

원통형 전기집진장치의 집진극 직경이 12cm이고 길이가 2m이다. 배출가스의 유속이 1m/sec이고 먼지의 겉보기 이동속도가 10cm/sec일 때, 이 집진장치의 실제 집진효율(%)을 구하시오. (단, Deutsch 효율 공식 사용)

[식] $\eta(\%) = \left(1 - e^{-\dfrac{A \cdot W_e}{Q}}\right) \times 100$

[풀이]

① $A = \pi DL = \pi \times 0.12 \times 2 = 0.7540\text{m}^2$

② $W_e = \dfrac{10\text{cm}}{\text{sec}} \Big| \dfrac{\text{m}}{100\text{cm}} = 0.1\text{m/sec}$

③ $Q = A \cdot V = \dfrac{\pi \times (0.12\text{m})^2}{4} \times 1 = 0.0113\text{m}^3/\text{sec}$

④ $\eta(\%) = \left(1 - e^{-\dfrac{0.7540 \times 0.1}{0.0113}}\right) \times 100 = 99.8735\%$

[답] ∴ 집진효율 = 99.87%

15

가우시안 모델의 대기오염 확산방정식을 적용할 때 지면에 있는 오염원으로부터 바람부는 방향으로 300m 떨어진 연기의 중심축상 지상오염농도(mg/m³)를 계산하시오. (단, 오염물질의 배출량은 4.4g/sec, 풍속은 5m/sec, σ_y, σ_z는 각각 22.5m, 12m)

[식]
$$C = \dfrac{Q}{2 \cdot \sigma_y \cdot \sigma_z \cdot \pi \cdot u} \exp\left[-\dfrac{1}{2}\left(\dfrac{y}{\sigma_y}\right)^2\right]$$
$$\times \left[\exp\left(-\dfrac{1}{2}\left(\dfrac{z - H_e}{\sigma_z}\right)^2\right) + \exp\left(-\dfrac{1}{2}\left(\dfrac{z + H_e}{\sigma_z}\right)^2\right)\right]$$

[풀이]

① $Q = \dfrac{4.4\text{g}}{\text{sec}} \Big| \dfrac{10^3 \text{mg}}{\text{g}} = 4.4 \times 10^3 \text{mg/sec}$

② 지면 : z = 0, 중심축 : y = 0, $H_e = 0$

③ $C = \dfrac{Q}{2 \cdot \sigma_y \cdot \sigma_z \cdot \pi \cdot u} \exp[0] \times [\exp(0) + \exp(0)]$

$\Rightarrow C = \dfrac{Q}{2 \cdot \sigma_y \cdot \sigma_z \cdot \pi \cdot u} \times 1 \times 2 = \dfrac{Q}{\sigma_y \cdot \sigma_z \cdot \pi \cdot u}$

④ $C = \dfrac{4.4 \times 10^3}{22.5 \times 12 \times \pi \times 5} = 1.0375\text{mg/m}^3$

[답] ∴ 지상오염농도 = 1.04mg/m³

16

다음은 대기오염물질의 배출허용기준에 대한 표이다. 빈칸에 알맞은 것을 쓰시오. (2020년 1월 1일 이후)

대기오염물질	배출시설	배출허용기준
암모니아(ppm)	비료 및 질소화합물 제조시설	
이황화탄소(ppm)	모든 배출시설	
포름알데히드(ppm)	모든 배출시설	
페놀화합물(ppm)	모든 배출시설	
구리화합물(mg/Sm³)	모든 배출시설	
비산먼지(mg/Sm³)	시멘트 제조시설	

대기오염물질	배출시설	배출허용기준
암모니아(ppm)	비료 및 질소화합물 제조시설	12 이하
이황화탄소(ppm)	모든 배출시설	10 이하
포름알데히드(ppm)	모든 배출시설	8 이하
페놀화합물(ppm)	모든 배출시설	4 이하
구리화합물(mg/Sm³)	모든 배출시설	4 이하
비산먼지(mg/Sm³)	시멘트 제조시설	0.3 이하

17

먼지농도 850g/m³, 가스량 30m³/min을 집진율 80%인 집진장치와 다른 집진장치를 추가하여 배출량을 4,500g/hr로 맞출 때 추가 집진장치의 최소 집진효율을 구하시오.

[풀이]

① 유입량 = $\dfrac{850\text{g}}{\text{m}^3} \Big| \dfrac{30\text{m}^3}{\text{min}} \Big| \dfrac{60\text{min}}{\text{hr}} = 1{,}530{,}000\text{g/hr}$

② 집진율 80%로 처리한 먼지량
 $= (1-0.80) \times 1{,}530{,}000\text{g/hr} = 306{,}000\text{g/hr}$

③ 최소 집진효율 $= \left(1 - \dfrac{4{,}500}{306{,}000}\right) \times 100 = 98.5294\%$

[답] ∴ 최소 집진효율 = 98.53%

18

메탄을 완전연소하였을 때 다음 물음에 답하시오. (단, 과잉공기 10%, 연소 후 압력 1atm)

가. 완전연소 반응식(질소 포함)
나. 수증기의 부분압력(mmHg)

가. $CH_4 + 2.2O_2 + 8.272N_2$
 $\rightarrow CO_2 + 2H_2O + 0.2O_2 + 8.272N_2$

나. [풀이]

① $A_o = O_o \div 0.21 = 2 \div 0.21 = 9.5238$

② $G = (m - 0.21)A_o + CO_2 + H_2O$
 $= (1.1 - 0.21) \times 9.5238 + 1 + 2 = 11.4762$

③ 수증기의 부분압력
 $= \dfrac{H_2O}{G} \times P = \dfrac{2}{11.4762} \times 760 = 132.4480\text{mmHg}$

[답] ∴ 수증기의 부분압력 = 132.45mmHg

19

굴뚝의 직경이 2m인 공장에서 1,000m³/min의 가스가 배출되고 있다. 이 배출가스를 35L/min로 등속흡입하기 위한 흡입노즐의 직경(mm)을 구하시오.

[식] $Q = A \cdot V$

[풀이]

① $A = \dfrac{\pi D^2}{4} = \dfrac{\pi \times (2m)^2}{4} = 3.1416 m^2$

② $V = \dfrac{1,000}{3.1416} = 318.3091 m/min$

③ $\dfrac{35L}{min} \mid \dfrac{m^3}{10^3 L} = \dfrac{\pi \times d^2}{4} \times 318.3091$

$d = \sqrt{\dfrac{35 \times 4}{10^3 \times \pi \times 318.3091}} \times \dfrac{10^3 mm}{m} = 11.8322 mm$

[답] ∴ 흡입노즐의 직경 = 11.83mm

20

굴뚝 배기량이 60,000Sm³/hr이고 HF 농도가 100ppm일 때 10m³의 물을 순환 사용하는 수세탑을 설치하여 2시간 운영하였을 때 순환수의 pH㉠를 구하고, 해당 용액을 폐수처리장에서 중화시킬 경우 필요한 NaOH(kg)㉡를 구하시오. (단, 물의 증발 손실은 없으며 제거율은 90%이다)

㉠ pH

[식] $pH = \log \dfrac{1}{[H^+]}$

[풀이]

① $N(eq/L) = \dfrac{\text{흡수 HF 당량}}{\text{용액}}$

② 흡수 HCl 당량

$= \dfrac{100 mL}{m^3} \mid \dfrac{1 eq}{22.4 SL} \mid \dfrac{L}{10^3 mL} \mid \dfrac{60,000 Sm^3}{hr} \mid \dfrac{2hr}{} \mid \dfrac{90}{100}$

$= 482.1429 eq$

③ 용액 $= \dfrac{10 m^3}{} \mid \dfrac{10^3 L}{m^3} = 1 \times 10^4 L$

④ $N = \dfrac{482.1429}{1 \times 10^4} = 4.8214 \times 10^{-2}$

⑤ $pH = \log \dfrac{1}{4.8214 \times 10^{-2}} = 1.3168$

[답] ∴ pH = 1.32

㉡ NaOH(kg)

[풀이]

① $HF = \dfrac{100 mL}{m^3} \mid \dfrac{60,000 Sm^3}{hr} \mid \dfrac{2hr}{} \mid \dfrac{90}{100} \mid \dfrac{m^3}{10^6 mL}$

$= 10.8 Sm^3$

② 〈반응비〉 HF : NaOH

　　　　　$22.4 Sm^3$: 40kg

　　　　　HF량 : X

$X = \dfrac{10.8 \times 40}{22.4} = 19.2857 kg$

[답] ∴ NaOH = 19.29kg

대기환경기사 실기 무료특강

무료특강 신청방법

▲ 카페 바로가기

1 나합격 카페 가입
cafe.naver.com/napass4

2 사진 촬영
하단 공란에 닉네임 기입

3 카페 게시물 작성
등업 후 영상 시청 가능

카페 닉네임

- 가입한 카페 닉네임과 동일하게 기입
- 지워지지 않는 펜으로 크게 기입
- 화이트 및 수정테이프 사용 금지
- 중복기입 및 중고도서는 등업 불가능

처음이신가요?

자세한 등업방법은 QR 코드 참조

모바일 등업방법

PC 등업방법

나합격 대기환경기사 실기 + 무료특강

2021년 3월 5일 초판 발행 | 2022년 3월 5일 2판 발행 | 2023년 2월 5일 3판 발행 | 2024년 3월 5일 4판 발행 | 2025년 3월 5일 5판 발행

지은이 김현우 | 발행인 오정자 | 발행처 삼원북스 | 팩스 02-6280-2650
등록 제2017-000048호 | 홈페이지 www.samwonbooks.com | ISBN 979-11-93858-58-5 13500 | 정가 35,000원
Copyright©samwonbooks.Co.,Ltd.

· 낙장 및 파손된 책은 구입한 서점에서 바꿔드립니다.

· 이 책에 실린 모든 내용, 디자인, 이미지, 편집 형태에 대한 저작권은 삼원북스와 저자에게 있습니다. 허락없이 복제 및 게재는 법에 저촉을 받습니다.